高等学校规划教材·机械工程

微传感器创新应用实践

主　编　何　洋

副主编　谢建兵　赵　妮

编　者　何　洋　谢建兵　袁广民

　　　　赵　妮　申　强　吕湘连

西北工業大學出版社

西　安

【内容简介】 本书针对微传感器创新应用，介绍实用的理论和实践知识。本书分为创新思维与创新实例（第1～3章）、微传感器原理与测试标定（第4～5章）、微传感器创新应用实践（第6～9章）和创新应用知识产权保护（第10～11章），共4篇11章，包括创新思维概念与培养、竞赛实战、创新案例、微传感器基本原理、微传感器测试与标定、常用电子仪器、传感器电子实践、Arduino系统开发实践、STM32开发平台及其实例、知识产权相关理论和微传感器创新应用案例的专利撰写示例等内容。

本书可作为高等学校机械类、电子类、控制类等相关专业的创新实践教材，也适用于对微传感器创新应用感兴趣的大学生。

图书在版编目(CIP)数据

微传感器创新应用实践 / 何洋主编. — 西安 ：西北工业大学出版社，2021.4

高等学校规划教材. 机械工程

ISBN 978 - 7 - 5612 - 7448 - 4

Ⅰ. ①微… Ⅱ. ①何… Ⅲ. ①微型-传感器-高等学校-教材 Ⅳ. ①TP212

中国版本图书馆 CIP 数据核字(2021)第 071626 号

WEICHUANGANQI CHUANGXIN YINGYONG SHIJIAN

微 传 感 器 创 新 应 用 实 践

何洋 主编

责任编辑：朱晓娟 **策划编辑**：何格夫

责任校对：张 友 **装帧设计**：李 飞

出版发行：西北工业大学出版社

通信地址：西安市友谊西路127号 邮编：710072

电 话：(029)88491757，88493844

网 址：www.nwpup.com

印 刷 者：兴平市博闻印务有限公司

开 本：787 mm×1 092 mm 1/16

印 张：20.625

字 数：541千字

版 次：2021年4月第1版 2021年4月第1次印刷

书 号：ISBN 978 - 7 - 5612 - 7448 - 4

定 价：80.00元

前　　言

创新是社会进步的灵魂，创业是推进经济社会发展、改善民生的重要途径，而创新创业人才，则是这项国家大计的主力军。作为国家“双一流”重点建设高校，西北工业大学十分重视学生创新创业（简称“双创”）方面的培养，开展了创新创业类课程库建设。在此背景下，笔者开设了“微传感器创新应用实践”课程，特编写本书以指导教学工作的开展。

为了给微传感器领域的学生提供创新活动平台，西北工业大学教务处、西北工业大学机电学院和陕西省微纳米系统重点实验室联合，于 2003 年建设了微/纳米“小精灵”创新设计基地。2007 年，基地负责人苑伟政同北京大学张海霞共同发起了国际创新创业竞赛（International Contest of innovAtioN，iCAN），为创新创业产业挖掘青年人才。从 2007 年到现在，一共举办了 13 届大赛。目前，iCAN 已发展为有 30 个国家和地区，300 多所高校，5 000 多项项目，300 000多名学生参赛的国际性创新创业大赛。西北工业大学主办了第一届、第四届 iCAN，协办了第三届 iCAN，全校参赛人数、获奖人数逐年上升。作为西北工业大学 iCAN 和 iCAN 西北赛区组委会的组织机构，微/纳米“小精灵”创新设计基地也因此在双创人才的选拔、培养上获得了大量宝贵的教学经验。在参加大赛的 13 年里，该基地共获得全国一等奖 10 余项等优秀成绩，获奖质量和数量位居全国高校前列，多位优秀指导教师获得“iCAN 教育之星”奖项，西北工业大学也被评为优秀组织单位。

为了更好地总结和发扬这些双创实践的经验，本书将竞赛和教学相结合，通俗易懂地回答了学生在创新创业实践中使用微传感器时会遇到的问题，并通过分享参赛获奖作品案例，启发学生创新思维，拓展学生知识面，培养学生的知识产权保护意识。

本书由西北工业大学微系统工程系组织编写，何洋任主编，谢建兵、赵妮任副主编，具体分工如下：何洋编写第 1～3 章，谢建兵编写第 4 章，袁广民编写第 5 章和第 6 章，赵妮编写第 7 章和第 8 章，申强编写第 9 章，吕湘连编写第 10 章和第 11 章。

感谢西北工业大学教务处、机电学院、出版社对本书出版的大力支持，感谢微/纳米“小精灵”创新设计基地的黄哲、李海贞、尹旭、毛泽铭、郝琦、杨谨宇、王耀正等同学在编写本书的过程中做出的贡献。

在编写本书的过程中，参阅了相关文献资料，在此谨对其作者表示感谢。

希望本书能够为“微传感器创新应用实践”课程服务，为有意向参加 iCAN 的选手服务，为广大希望在创新创业领域一展身手的读者服务。

由于水平有限，书中仍存在疏漏和不足之处，请广大读者批评指正。

何　洋

2020 年 6 月

目　　录

第1篇　创新思维与创新实例

第2篇　微传感器原理与测试标定

第 3 篇 微传感器创新应用实践

第4篇 创新应用知识产权保护

第1篇　创新思维与创新实例

本篇以创新思维为切入点，介绍创新的概念，以及创新思维的培养方法。介绍 iCAN 情况，为学生参赛提供指导和参考。分享 2007—2019 年西北工业大学的优秀参赛获奖作品案例，从而拓宽学生知识面，启发创新思维，为开展微传感器创新应用实践提供良好开端。

第1章　创新思维概念与培养

1.1　创新概念

创新这个概念最早是由美籍奥地利经济学家约瑟夫在 1912 年提出来的。

创新这个词起源于拉丁语“innovare”，意思是更新，创造新的东西或改变。

创新的本质是突破，包括突破原有思维模式、原有的条条框框。创新的核心在于“新”，它可以是新技术、新产品、新思路、新方法、新实践等一切相对于原有而言的变革和组合。

1.2　创新思维概念

创新思维是以创新的意识、开放的心态和包容的心理，突破各种定势思维的束缚进行思考，并产生创新成果的思维。通俗地说，就是不受现有的、常规的思路所制约，以独特的角度去寻求对问题的解决方法的思维过程。

这里说的创新成果，主要是指对事物的新认识、新判断和解决问题的新方法、新途径等“思维的创新产物”。

创新思维不是一般性思维，它不是单纯依靠现有的知识和经验进行抽象和概括的，而是在现有知识和经验的基础上进行想象、推理和再创造的，对尚未解决的问题进行探索、寻究，找出新答案的思维活动。

创新思维的对立面主要是常规思维。常规思维反映在思维习惯上就是单一片面、机械刻板、思路固定，反映在思维结果上就是复制、模仿、千篇一律。

创新思维不是天生就有的，它是人们通过学习和实践而不断培养和发展起来的。

1.3 创新思维培养

1.3.1 思维模式培养

在创新思维培养中，批判性思维、想象力和好奇心是三个关键要素。

1. 批判性思维

批判性思维是以一种合理的、反思的、心灵开发的方式进行思考，从而能进行清晰准确的表达、逻辑严谨的推理和合理的论证，培养思辨精神。

批判性思维是一种评估、比较、分析、探索和综合信息的能力。批判思维者愿意探索艰难的问题，包括挑战流行的看法。

在接受外界的信息和他人的论证时思考：中心议题和观点是什么？对于这一观点我是同意、不同意，还是部分同意，为什么？这一问题的结论是建立在假设之上吗？如果是，这种假设是否合理？它的结论是不是仅仅在某种条件下有效？如果是，那是什么条件？有什么理由能支持我采取这样的立场？对方会以什么样的理由来反驳我的立场？我该怎样赞同或反驳他的观点？

在我们需要表达自己的观点，构建自己的论证时，确定问题是什么，然后有目的地思考。从不同的角度，正反两面来评估论点和证据。综合不同的角度来思考，提出自己的结论，看看是否相关，是否存在着偏见，有什么优势和劣势。

2. 想象力

提高我们的想象力是非常有必要的，想象力不仅表现在我们生活的方方面面，甚至还关系到个人的成功，想象力是人不可缺少的一种智能。哲学家狄德罗说："想象，这是一种特质。没有它，一个人既不能成为诗人，也不能成为哲学家、有思想的人、一个有理性的生物、一个真正的人。"

如何培养一个人的想象力呢？想象力的培养首先是从模仿开始的，模仿本身就是"再造想象"。我们的模仿能力越强，我们的再造想象能力就越强。模仿的过程就是我们抓住事物的外部与内部特点的联系过程，模仿使我们逐渐认识事物之间的某些必然联系。我们就会自觉地将一事物和与它有联系的另一事物进行对比，这也就是想象。作家写的第一部小说，往往都有他们喜欢的作者的痕迹，但是很快这些痕迹就会消失，这也恰恰说明了模仿对于想象力的作用。

其次就是丰富知识经验，想象是外界客观事物在人脑中的反映，它并非凭空产生，必须以丰富的知识与经验作为基础。没有知识与经验为基础的想象只能是毫无根据的空想。知识与经验越广博、丰富，想象力的驰骋面就越广阔。获取知识的最佳途径就是读书，阅读文艺作品不仅能培养良好的艺术修养，同样也能培养、提升一个人的想象力。

3. 好奇心

心理学家认为，好奇心是个体遇到新奇事物或处在新的外界条件下所产生的注意、操作、提问的心理倾向。好奇心是个体学习的内在动机之一，个体寻求知识的动力，是创造性人才的重要特征。

好奇心是创造性思维的源泉和动力。如果一个人完全适应了这个社会，他的思维也就失去了创造力。一旦人陷入观念的束缚中，就会对创造力、想象力的发挥带来制约和阻碍作用。

好奇心是人类的天性，孩子的好奇心往往是最强的，他们的思想还没有形成定势。怎样使自己保持一颗好奇心呢？对于自己不是很了解的事物，不要轻易下判断，要多查资料。除了多读书看报，还是要在生活中多观察并丰富自己的体会。生活是个大舞台，也是一本厚实的教科书。

1.3.2　思维技法

在培养了上述的思维模式以后，我们就要通过一些思维技法来锻炼自己的思维，从而提出自己的创新想法，这些方法有很多：智力激励法、特性列举法、设问探讨法、仿生创新法、联想创新法、类比创新法和移植创新法等。本小节着重介绍联想创新法和移植创新法。

1. 联想创新法

联想是想象中最活跃和最重要的内容，也是重要的创新技法。联想创新法，是指个人善于运用联想思维的方法，做到由此及彼，举一反三，触类旁通，不断创新开拓，以及促进企业的产品开发和管理水平的不断提高。联想创新法主要有以下 5 种类型：

(1)相似联想。由一事物联想到与其相似的另一事物，如由铅笔想到钢笔等。

(2)接近联想。因一事物在时间空间上比较接近另一事物而产生的联想，如由月亮想到黑夜等。

(3)因果联想。由事物的因果关系而产生的联想，如由下雨想到路滑。

(4)对比联想。由事物之间的相反或对比的关系产生的联想，如由炎热想到冰雪。

(5)强制联想。把两件毫无关系的事物强行地联系起来思考，如把人和花朵联系起来思考。

在这些联想中，相似联想占有重要地位，同时也是比较容易掌握的联想；强制联想虽比较困难，但产生的效果将会更好、更奇特。

2. 移植创新法

(1)原理移植。同一个原理的移植，例如，喷香水、喷药水、喷农药、喷漆、喷涂料、喷水泥等。

(2)方法移植。同一种方法移植，例如，电镀金属、电镀塑料、电镀鲜花。

(3)结构移植。同一种结构移植，例如，拉链结构的移植，大大小小的提包、皮箱上用，裤子上用，裙子上用。

1.3.3　思维工具的运用

创新思维的培养不仅要通过一些方法来锻炼，同时也要运用一些思维工具来获得帮助，这些简单而又高效的方法能帮助我们提炼想法，更好地培养自己的创新思维。本小节着重介绍思维导图法和 TRIZ 理论。

1. 思维导图

思维导图又叫心智图，是表达发散性思维的有效图形思维工具。它简单却又极其有效，是一种革命性的思维工具。思维导图运用图文并重的技巧，把各主题的关系用相互隶属与相关层级图表现出来，把主题关键词与图像、颜色等建立记忆连接，开启人类大脑的无限潜能。

思维导图除了提供一个正确而快速的学习方法和工具外，运用在创意的联想与收敛、项目企划、问题解决与分析、会议管理等方面，往往会产生令人惊喜的效果，其具体作用如下：

(1)可以帮助我们极快地提高记忆力；

(2)可以很好地开发大脑潜能、提高大脑的创造能力；

(3)具有很好的归纳、总结、分析和找重点的能力；

(4)能帮助我们认识到整体和提升全局观。

思维导图的应用方法如下：

(1)准备工作：一些 A3 或 A4 大的白纸，一套 12 支或更多的彩色笔，4 支或更多的涂色笔，一支标准签字笔。

(2)具体规则：①把核心主题体现在整张纸的中心，并且以图形的形式表现出来，称为中央图，中央图可以用三种以上的颜色；②把主题以主干的形式体现出来，有多少个主要的主题，就会有多少条大的主干；③每条主干要用不同的颜色，可以让你对不同的主题的相关信息一目了然；④只写关键词，并且要写在线条的上方；⑤用数字标明顺序。

2. 思维拓展：TRIZ 理论

TRIZ 的俄文拼写为 теории решения изобрет - ательских задач，俄语缩写"ТРИЗ"，翻译为"发明问题解决理论"，按 ISO/R9—1968E 规定，转换成拉丁文 Teoriya Resheniya Izobreatatelskikh Zadatch 的词头缩写。其英文全称是 Theory of the Solution of Inventive Problems，缩写为 TSIP，其意义为发明问题的解决理论。

创新从最通俗的意义上讲就是创造性地发现问题和创造性地解决问题的过程，TRIZ 理论的强大作用正在于它为人们创造性地发现问题和解决问题提供了系统的理论和方法工具。

现代 TRIZ 理论体系主要包括以下几方面的内容：

(1)创新思维方法与问题分析方法。TRIZ 理论中提供了如何系统分析问题的科学方法，如多屏幕法等，而对于复杂问题的分析，则包含了科学的问题分析建模方法——物-场分析法，它可以帮助快速确认核心问题，发现根本矛盾所在。

(2)技术系统进化法则。针对技术系统进化演变规律，在大量专利分析的基础上，TRIZ 理论总结提炼出 8 个基本进化法则。利用这些进化法则，可以分析确认当前产品的技术状态，并预测未来的发展趋势，开发富有竞争力的新产品。

(3)技术矛盾解决原理。不同的发明创造往往遵循共同的规律。TRIZ 理论将这些共同的规律归纳成 40 个创新原理，针对具体的技术矛盾，可以基于这些创新原理、结合工程实际寻求具体的解决方案。

(4)创新问题标准解法。针对具体问题的物-场模型的不同特征，分别对应有标准的模型处理方法，包括模型的修整、转换、物质与场的添加等。

(5)发明问题解决算法 AIPS(the Algorithm for Inventive Problem Solving)。AIPS 主要

针对问题情境复杂，矛盾及其相关部件不明确的技术系统。它是一个对初始问题进行一系列变形及再定义等非计算性的逻辑过程，实现对问题的逐步深入分析，问题转化，直至问题的解决。

(6)基于物理、化学、几何学等工程学原理而构建的知识库。基于物理、化学、几何学等领域的数百万项发明专利的分析结果而构建的知识库可以为技术创新提供丰富的方案来源。

对上述方式本书不再赘述，有兴趣的读者可自行查阅相关资料。

第2章 竞赛实战

2.1 iCAN竞赛介绍

iCAN(International Contest of innovAtioN,国际创新创业竞赛)是由国际iCAN联盟、教育部创新方法教学指导分委员会和全球华人微纳米分子系统学会联合主办、北京大学等发起的面向大学生创新创业的年度竞赛,是教育部质量工程支持项目之一。

iCAN始于2007年,秉承"自信、坚持、梦想"的精神,倡导科技创新创业、服务社会、改善人类生活,引导和激励高校学生勇于创新,发现和培养一批有作为、有潜力的优秀青年创新创业人才,促进和加强以物联网、智能硬件等为代表的高科技领域的产学研结合,推动高科技产业的发展,为高科技创新创业搭建国际交流平台。

2.2 实战方法

2.2.1 需求:从生活出发、寻找不满意

很多时候灵感往往来源于生活中一些不起眼的小事。今天很多科技创新其实也是来源于对生活的不满意,对生活不满意的背后其实也意味着有改进的空间,也就是可以提出创新的点,由此出发便可获得灵感。

例如,有同学总是忘带钥匙,由此启发他的舍友提出了防忘带钥匙的提醒系统,从而参赛获奖。

2.2.2 关注最新科技

如今是一个新科技层出不穷的时代,大量的学习网站为人们了解最新科技打开了一扇大门。了解—学习—联想—出新,这是一个奇妙的过程。产品融入了最新科技元素,便有了画龙点睛之妙。

例如,将增强现实(Augmented Reality,AR)、虚拟现实(Virtual Reality,VR)应用引入,可以极大地提升人们的生活和工作体验度。

2.2.3 挖掘文化特色

文化贯穿于一个人的一生,人们对于文化特色有极大的认同感,而且带有文化特色烙印的创新产品一向稀缺,也为我们今后创新提供了一个新的途径。

例如,融入茶道、中医等中国文化元素,将极大提高创新作品的竞争力。

2.2.4 多学科交叉

多学科交叉是创新思维的源泉，不同学科的碰撞与融合，就可能产生创新。拥有广博的跨学科知识、融会贯通的学习方法以及强烈的创新创业意识，便能产生创新想法。

例如，微电子技术融合了微加工和精密机械等技术，形成了微机电（Micro-Electro-Mechanical Systems，MEMS）技术，为很多设备的小型化提供了全新的思路。

2.3 参赛准备

2.3.1 组建团队

我们常说，一个人的成功往往离不开一个优秀团队的支撑。参赛者想要取得成功除了个人优秀的素养、毅力及信念以外，还需要和创新团队抱成一团，用共同的智慧去实现创新。组成创新团队是一种结合远景、理念、目标、文化、共同价值观的行为，它使创新团队成为一个思想与利益共同体的组织。

2.3.2 头脑风暴

现代科学技术发展史表明，一项技术革新或科技成果，大都先有一个创造设想。一般来说，创造性设想越多，发明越容易获得成功。那怎样才能从团队的智慧中获得大量创造性设想呢？

中国有句古语叫集思广益，这其实就算是最早的头脑风暴法，这个方法就可以快速、高效地获得大量创造性设想。

头脑风暴是一种智力激励方法，在一个轻松、自由的环境下，参与者围绕一个特定的兴趣领域，积极思考，大胆发言，让思维产生“共振”和“组合”，汇集集体智慧，获得有创意的见解，产生“1＋1＞2”的爆发式效果。头脑风暴并不是一群人坐在一起的简单议论，它有一整套完整规则，它是一种技能，也是一门艺术。有效且成功的头脑风暴需要系统的训练，参与者必须了解头脑风暴的规则和特点，学会联想和想象的宏观思维方法，并且能够进行自由的开放性思考。

头脑风暴的原则主要有以下四点：

(1)极大的鼓励。鼓励大胆设想，鼓励狂热的和夸张的观点，鼓励每个人畅所欲言。每个参与者都具备解决问题的独特视角，都能提出或者以自己的发言激发其他人引出更好想法的观点。

(2)最大的包容。头脑风暴的前期，鼓励至上，激励发言是首要，为了保证参与者的发言积极度，在前期一定要足够包容，延迟并且不给出对观点的评判。具备“引出观点—激励出新—收集观点—评判择优”的流程。请记住，头脑风暴过程中，每个人都是平等的，每个观点都有相等的价值。

(3)重“量”而轻“质”。头脑风暴是一场由无限扩展到逐渐收缩的过程。从数学角度来讲，基数大，选择的余地就大，也就更可能获得更优质的结果。在发言过程中，抓住每个观点本质，做好简要阐述，快速思考，最后整体论证。

(4)先说后筛选。前三个原则的集合即为此原则。

2.3.3 市场调研

头脑风暴提出来的方案还需要进行筛选,最后得出最为可行的方案。这其中需要考虑的因素非常多,例如,市面上是否已有同类产品,消费者对这类产品的需求在哪方面,消费者希望得到的改进,我们的产品面向什么消费者,等等,而这些问题都需要去经过市场调研来得到答案。针对不同的因素,选择最为合适的方案。

2.3.4 技术准备

想要参赛,光有想法是不够的,还要能将想法付诸实践,这时候就需要我们从以下几方面去进行准备:

(1)参加基地。对于大学生来说,在学校里学习到这些知识最好的途径就是创新基地。从自己所负责的部分或是兴趣出发,参加自己想参加的基地,学习知识,扩大社交圈,学习产品的制作,为参赛做好准备。

(2)产品制作。在有足够的准备之后即可开始着手产品的制作,在真正开始制作之前,先写一份计划书,保证产品最少能实现什么功能,以此为目标开始设计制造产品,并对成品的性能进行实验,提出改进方案,加以完善。

(3)外观设计。好的产品自然也离不开好的外观设计。产品具有良好的产品性能,如果还有高颜值这一特性,自然可以加分。

2.4 成果展示

比赛之中如何能把自己产品的创新点、竞争力完美地展示给评委也是对参赛选手的挑战。

2.4.1 PowerPoint(PPT,幻灯片)的制作

(1)突出重点。在一部 PPT 之中展示的内容十分有限,因此需要突出重点,其他内容适当地减少,使自己表达的内容逻辑清晰,易于接受。

(2)文图搭配。在展示内容旁加入合适的注解可以使 PPT 更加和谐,使观看者更加容易接受讲解人的想法。

(3)文字简洁。在 PPT 中展示的主体是图片,文字过多会使 PPT 显得枯燥,浪费观众精力,在一页 PPT 中字数最好不要超过三行。

(4)色彩简洁。太多的颜色会使 PPT 看起来杂乱无章,最好使用三种主色进行搭配,这样既不单调又不杂乱。

2.4.2 现场答辩

在答辩过程中,要瞄准痛点,展示亮点,突出重点,要逻辑清晰,语言精练,时间精准。如果作品能够找到很多消费者都认可的问题,使用创新的方法解决了这个问题,并且清楚明了地表达清楚,那么就容易得到评委和观众的共鸣和好评,取得优异的成绩。

案例分析

基于MEMS(微机电系统)的家庭中医调养设备——健康监护者

来自西北工业大学的程亚帅等同学发现当今工作和生活节奏快,人们的压力越来越大,工作、学习强度逐渐加大,亚健康人群逐渐成了主要群体。但是很多人却没有时间对自己的身体健康进行调理,由此受到启发,提出了开发一个小型调养医疗设备的创新想法。

由于作品想法涉及多个领域,他们便开始寻找不同学科的成员。一个由两名机电专业学生、两名计算机专业学生、两名医学专业学生和两名经济学专业学生组成的多学科创新团队就由此产生了。

有了想法的他们将现在热门的MEMS科技与自己的想法结合,开发了初步的设备。之后,他们提出了用富有中国文化特色的中医药学作为这个健康设备的核心。

首先,该作品通过生物光电传感器检测受测对象的脉象,然后与作品脉象数据库中的脉象进行对比,再根据几个简单的问题给对象提出合适的养生方法。之后,他们提出了两种商业模式:产品共享和产品整体出售,实现了产品的商业化,并在参赛之前针对市场同类产品做了调研,将自己的产品与市面上现有的产品做了对比,突出了自己的创新点,成功在比赛上得到了评委的青睐,在2018年iCAN中斩获全国二等奖。

从这个例子不难看出,这个想法最初起源于生活的需求,同学利用自己关注的最新科技,结合中国传统医学,多学科融合,与其他领域的人共同合作完成了这件出彩的作品。

第3章 创新案例

3.1 2019年精选案例

小型可越障擦窗机器人——Taichi Robot(全国特等奖)

团队成员:李事坪　薛栋　王海晨　邹志华　陈润博

指导老师:袁广民

学　　校:西北工业大学

1. 主要原理与功能

Taichi Robot是一个可越障擦窗机器人——Taichi Robot,不仅能够紧贴玻璃窗户壁面,实现整块玻璃擦洗,还具备独特的越障能力,从而快速、高效地完成窗户内外玻璃面的擦洗作业,如图3-1所示。

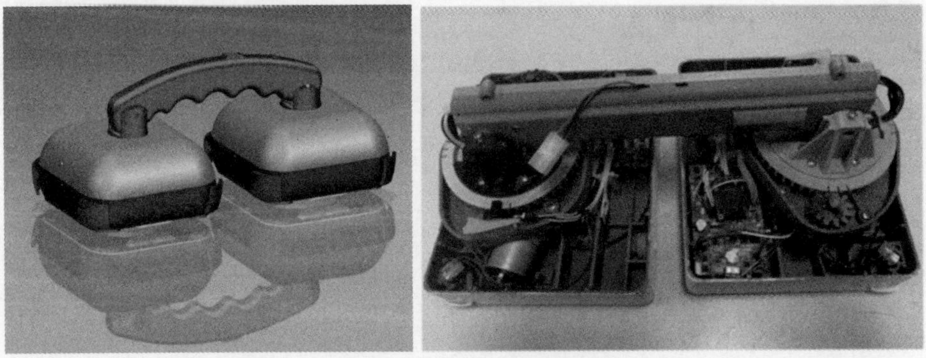

图3-1　小型可越障玻璃擦洗机器人模型与实物图

Taichi Robot具有以下功能特色。

(1)负压吸附功能。采用负压原理,机器人内部电机抽出吸盘内的空气,实现真空状态,以便机器人能够牢靠地吸附在多种材质上,如玻璃镜面、大理石、不锈钢表面等,吸附强劲,负压可以达到−30 kPa,载重性能约为自重的2倍。

(2)擦洗功能。自适应抹布,能够适应不同的玻璃面;具有干擦、湿擦和干湿混合擦三种擦洗模式,在机器人前进过程中对脏污进行擦—刮—抹处理,清洁效率高。

(3)越障功能。采用机械臂辅助抬高越障,两个机器人在擦完一块玻璃后迅速靠近另一块玻璃,其中一个机器人固定,另一个机器人依靠机械臂中的抬升电机缓慢抬升,实现越障。在第一个机器人越障成功并固定在还未擦洗的玻璃上以后另一个机器人再实施越障功能。该越障功能不仅使得Taichi Robot能够擦洗无框玻璃,而且能够自主越过具有落差的玻璃边框等障碍物。机器人在常规运行过程中，机体边缘的运动方向会与玻璃的窗框产生一些夹角，此时为了更好地探测到窗框，需要该机构在很小的作用力下轻易检测到玻璃边框，需要具有一定的旋转角度和预压缩量，为此设计了边缘触控机构。机器人相关机构示意图如图 3-2～图 3-4 所示，机器人结构简单、紧凑，主体尺寸为 400 mm×200 mm×70 mm，自身质量小于 3.5 kg。

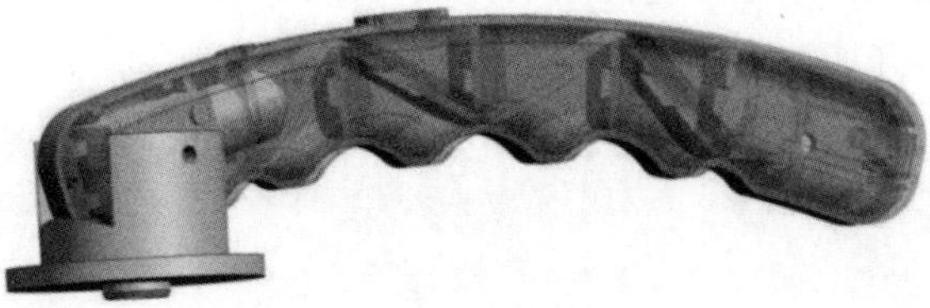

图 3-2 抬升机构连接安装图

图 3-3 旋转与抬升机构安装于壳体装配图

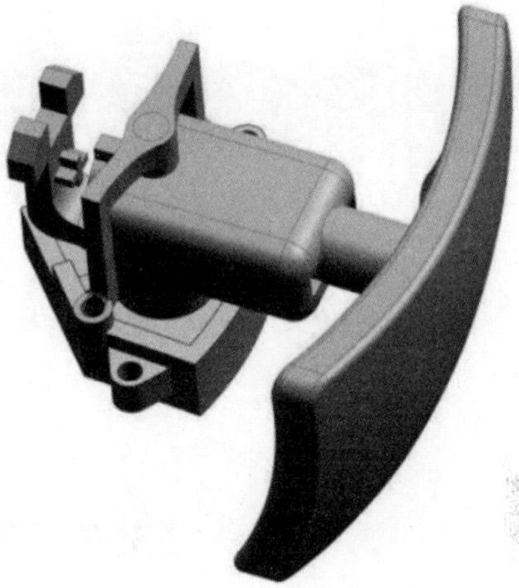

图 3-4 边缘触控机构图

(4)防跌落功能。装有防跌落传感器，能够有效感知吸附表面的边缘，尤其是无边框环境下，能够判断边缘位置，防止跌落发生。此外，Taichi Robot 具有防跌落安全扣，可承重约 100 N的垂直重力，为高空作业提供了额外的保障。

(5)自动清洁和手动清洁路径。具有自动清洁和手动清洁两种模式：自动清洁模式通过自动识别窗户的大小，优化出最优的“Z”字形清洁路径；手动清洁模式下，用户可以通过手机 App 端对机器人进行遥控，如图 3-5 所示，对部分污染地方进行重点擦洗清洁。

(6)紧急报警功能。搭载 Wi-Fi 无线通信模块。机器人在工作中，遇到突然断电情况时，机器人启动机载备用电源，保证机器人能够停滞在安全位置并报警，提醒用户采取措施。

2. 创新点

(1)Taichi Robot 安装了防跌落传感器，能够擦洗各种无边框玻璃。

(2)Taichi Robot 根据仿生学原理制作了“自适应浮动洗盘”和具有优异密封性能的“Z”形密封圈，实现了越障功能，能够完整擦洗具有高低落差的玻璃窗。

(3)Taichi Robot 具有干擦、湿擦和干湿混合擦三种擦洗模式，效率高，擦洗更干净。

(4)Taichi Robot 操作多样性，擦窗机器人既能自主进行玻璃擦洗，也能够受我们开发的

App——“掌上 Taichi”遥控，使得擦玻璃成为一种乐趣。

3. 市场价值

至今，95％城市高楼玻璃外壁采用人工清洗完成，主要包括蜘蛛人擦洗和擦窗机吊篮作业。但是这种方式不仅费用高、效率低、速度慢，而且极其危险，时常出现清洁工人在擦窗作业中出现意外事故的新闻。该小型可越障玻璃擦洗机器人可以代替人进行玻璃清洗任务，具有费用低、效率高的优点，并能减少意外事故的发生。

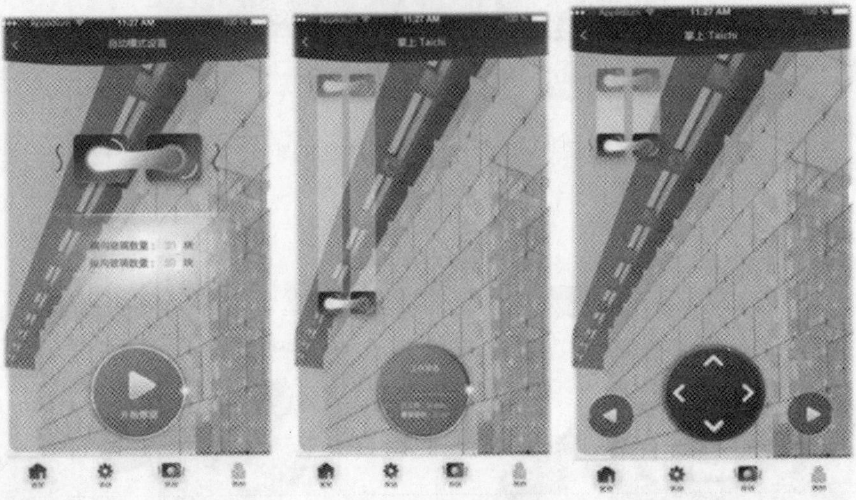

图 3－5　App 操作界面

3.2　2018 年精选案例

3.2.1　“伞先生”绿植小精灵（全国一等奖）

团队成员：黄哲　张晓瑞　刘啸霄　尹旭　戴宇尘

指导老师：何洋

学　　校：西北工业大学

1. 主要原理和功能

(1)机械部分。

1)整体设计思想。“伞先生”绿植小精灵是一个以传感监测控制技术为核心，集成机械设计技术、蓝牙通信技术、客户端 App 开发与 UI 设计(界面设计)、数据库管理及交互技术于一体的系统性智能家居助手，如图 3－6 所示。为实现全方位监测植物土壤及周围环境的相关数据，并实现与人的适时情感交互，在人的主动参与下对植物进行照顾护理，并考虑与护理目标——盆栽的尺寸搭配，以及实际使用过程中的操作。本着方便、简单、高效的设计原则，同时满足功能需求以及美观需求，“伞先生”整体设计贯彻微型、人文的原则，主要由“伞先生”“伞先生的伞们”“伞先生的朋友”三大主体组成。“伞先生”为一个精致的小王子形象，人物的身体跪坐在花盆旁边，内部搭载有产品的中央控制平台、蓝牙通信模块和电源模块。其一只手撑起伞具，另一只手通过 micro USB(通用串行总线)口连接有下装耐腐蚀 EC 探头的“宠物”，探头内置土壤湿度传感器、酸碱度传感器、养分传感器监测土壤情况数据；胸口内置光照传感器，身体中有温度传感器、湿度传感器监测环境情况，数据经采集后经由蓝牙模块实时传输至手机App，与我们建立的各类型植物盆栽养护数据库进行比对分析，快速针对植物现状做出诊断并反馈出来，提供清晰明了的操作指示，自主式更换伞具，并通过旋转调节王冠设定光照强度。根据我们详细统计分析的植物成长过程中最重要的环境因素，“伞先生的伞们”共设计有6种类型，分别用于实现不同的护理功能：补光伞、保温伞、通风伞、遮阳伞、防虫伞与补水菇，依照不同功能要求，6种伞具有不同机构设计，可折叠，可更换，可调节。“伞先生的朋友”通过更换打伞朋友可以同时照顾多盆植物，灵活移动，在微小的形体内实现复杂精细的养护要求与强度要求，并与呵护小王子人体准确对接，这是本产品设计的重点与难点。

图3-6 “伞先生”绿植小精灵实物图

2)“伞先生”机构设计。“伞先生”的呵护小王子人物造型是反映产品人文关怀及情感交互的主体要素之一，且人体内部空间需要装载本产品的功能控制平台，并符合在应用过程中的体型及动作与花盆的形状配置比例和位置嵌合度与强度。“伞先生”本身采用高强度复合材料制作，两只手臂的关节处可调整位置，以适应花盆的具体大小与位置，满足使用者的个性需求。撑伞的右手设置USB型接口与伞具实现电流对接，左手设置两个micro USB接口用于连接“伞先生的朋友”进行数据与电源的对接。人体下部有外置电源接口以及按钮开关。头部是一个调节王冠，通过旋转，可以方便、快捷地实现补光量、通风量和保温程度的调节。

3)“伞先生的伞们”机构设计。为达到微小化的要求，并考虑成员的技术能力，经过多次模拟推演与实物分析，伞的基本架构得到最大的简化与优化，由防水性伞柄、高强度金属伞架及不同伞面构成，对于需要通电的保温伞、通风伞、补光伞，伞柄处有与手臂配合的电源接口，下面针对不同类型的伞具分别进行详细分析和介绍。

保温伞：旨在实现加热保温的功能，伞架内置陶瓷加热片，在环境温度不高时，按需对植物进行保暖，特制伞面内层涂有银胶，可以很好地集中与反射热量，提高能量利用率，最大限度为植物提供一个适宜的环境。

通风伞：旨在实现通风、降湿和降温的功能，由716空心杯电机及扇叶构成主体，以伞柄为转轴，促进空气流通，降低植物所在环境的温度和湿度。

补光伞：旨在实现给植物补光，调整光周期等功能，通过安装LED小灯泡，补充植物所需光照，为植物提供贴心照顾。

遮光伞：旨在实现遮光、防晒作用，帮助植物调整光周期，由强度较强的伞架和黑纱组成，避免植物被强光晒伤或晒干。

防虫伞：旨在实现防虫的功能，由伞架垂坠而下的细纱网，在虫害季节为植物提供全方面的防护。

补水菇：旨在实现长时间持续补水，由仿生蘑菇盛水装置以及陶瓷渗透补水结构组成，在主人长时间离开的时候，能够长时间维持土壤的湿度。

4)“伞先生的朋友”机构设计。“伞先生的朋友”可以分为两大类：传感朋友以及打伞朋友。通过数据线与伞先生的左手的micro USB口相连，可自由放置在任意部位。

传感朋友实时读取土壤的温、湿度信息，发送至伞先生主体，再经由蓝牙传输至手机App与数据库数据做对比，实时监护植物健康。

(2)硬件部分。

1)整体部分。“伞先生”使用Arduino主控芯片，采用锂电池组供电，可接受外部充电，传感器采集的数据经由主控板传输至蓝牙模块，与手机App无线对接，得到相应指令后由主人接通对应电路，实现不同的功能需求，如图3-7所示。

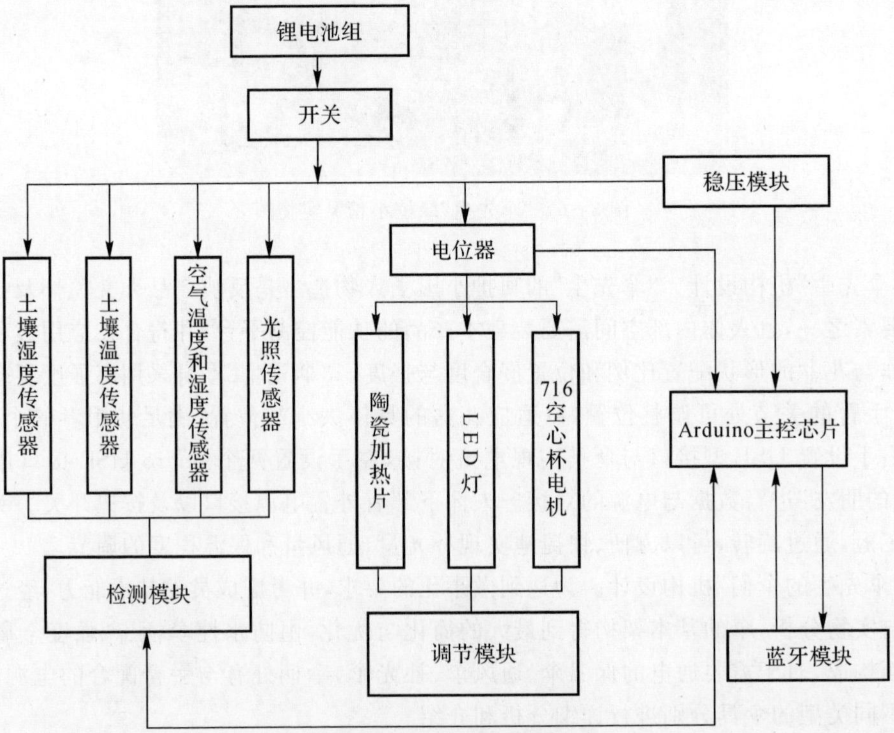

图3-7 “伞先生”的系统框图

2)具体实施方案。

a. 电源模块。电源模块要对系统各部分提供动力能源。考虑到各器件的实际电压需要以及体型限制,选择601745型号锂电池作为电源,电池规格为3.7V,420mA·h,可以实现各个电路的供电需要。

b. 监测模块。监测模块是由各种传感器并联构成的全方位数据采集模块。传感器的选择对微型化和高精确度有充分的要求,且传感器特点是功率小,需要较稳定的电压进行供电,电压波动会影响其工作,电压波动太大还会影响主控芯片的正常运行。采用稳压模块进行稳压,保证电压稳定。

土壤湿度检测使用YL-10土壤湿度传感器,表面采用镀镍处理,加宽感应面积,可以提高导电性能,防止接触土壤部分容易生锈的问题,延长使用寿命,比较器采用LM39芯片,工作电压为3.3~5 V。

土壤温度监测部分采用DS18B20温度传感器,EC探头采用不锈钢管封装屏蔽硅胶防水引线,工作电压为3~5 V,感温范围为-55~+125℃,分辨率为9~12位且可调。

空气温度及湿度监测部分采用DHT11温、湿度传感器模块,工作电压为3.3~5 V,温度测量范围为0~+55℃,测量误差为±2℃;湿度测量范围为20%~95%,测量误差为±5%。

光照监测部分采用GY-302 BH1750光强度模块,工作电压为3~5 V,数据范围为0~65 535,内置16位A/D转换器,并可对广泛的亮度进行1 lx的高精度测定。

c. 调节模块。调节模块由一个可变电阻与不同伞具中的功能器件构成,分为以下四个部分。

·使用陶瓷加热片实现加热功能。

·716空心杯电机是一种体型极其微小的电动机,工作电压为3.7 V,空载电流为110 mA左右,堵转为1.54A,空载转速为20 000 r/min,轴径为1 mm,轴长为9 mm,带动小型电风扇转动,实现便捷通风需要。

·大功率LED灯珠,功率为1 W,外形尺寸为3 mm,显色指数为60~70,发光角度为30°,光源类型选适宜植物生长的暖光,实现补光需要。

·调控电阻采用单连三脚电位器,使用B2K与B5K两种型号。

d. 主控部分。在"伞先生"的控制方面,选用Arduino pro mini-Atmeg328p为主控芯片。主控芯片在获取传感器的实时参数后,整合传输至蓝牙通信模块,接收并分析蓝牙模块返回的指令信号,控制可变电阻调节功能。

e. 蓝牙模块。在分析可行性,考虑实际需求以及实验的基础上,选用蓝牙通信的方式实现与客户端App的交互对接。选用HC-05蓝牙4.0数据传输模块,它的功耗低,支持无线唤醒,主从机一体,通信距离达10 m,可无障碍实现与Android系统的连接透传。

f. 控制程序。为适应Arduino主控芯片以及各传感器的控制要求,采用Arduino自主编程,在针对性地分析与协调接口以及各项监测、调节功能的基础上,简化数据框架,优化编程。

g. 接口模块。左手拓展接口:micro USB接口,用于链接拓展宠物,实现数据传输及功能,可以用拓展件进行拓展,实现一对多链接;右手热靴接口:用USB-B型接口制成,有效固定支撑各伞,并为伞们提供电源,性能稳定,方便拔插。

(3)客户端。为达到可视化呈现植物的生长状况,随时随地实现人与植物的情感互联,并提供全面、准确的植物护理解决方案,我们在搜集、分析、统计、处理大量植物健康生长属性的基础上建立起一个数据库，提供常见以多肉类为主体的观赏性植物的护理参数，并以此为依托开发一款“伞先生”App。App与“伞先生”蓝牙连通后，可以反映植物生长的点点滴滴，并及时通报和诊断问题，第一时间提供面向所有非专业群体的对应措施——更换哪种类型的伞以及具体的调节参数。

2. 创新点

“伞先生”绿植小精灵，创意点主要在于“伞先生”“伞先生的伞们”和“伞先生的朋友”三大主体的分立式设计，通过坐在花盆旁边的伞先生以及朋友们内部的各种传感器和电路结构，实现数据的采集和传输，实时与客户端App连接，与用户进行交互。独特的接口式可置换式的多伞具的设计是整个产品设计的核心。

在智能化时代的我们，应充分享受智能化带来的福利，运用传感器的数据监测，帮助我们更好、更省心地照顾好绿植。

“伞先生”作为一个创意性的智能产品，对那些在生活压力之下的人们、生活驱赶下的人们，它能做的绝不仅仅只是由智能创造带来的生活福利，更是一种互联网时代里弥足珍贵的对心理的治愈。

3. 市场价值

目前，虽然智能养花产品的硬件系统渐趋于完善，已悄然形成一条集“种子—培养基质—花卉幼苗—花盆—智能控制系统—互联网连接系统—App”的产业链，却始终没有大规模普及。要想使产品从“成长期”进入“成熟期”，必须“内外兼修”打造核心竞争力。首先要实现智能硬件模块化生产、组合化应用，提高产品的个性化、差异化，使消费者能够按需购买、搭配使用；其次需要注重配套组合盆栽与家居一体化设计，以满足消费者的审美追求，适应不同家庭家装风格的装饰要求。最重要的是要照顾到部分消费者想体验参与种植的乐趣，以及让用户与植物互动，从而产生情感交流。人们养盆栽究其根本是为了放松心情，是为了让自己参与到植物的生长过程中，用心去呵护它，使自己的内心有所寄托。

“伞先生”提供了一个小体积、智能化的绿植照顾解决方案，相较于市场上其他产品，“伞先生”采用非封闭结构，大大缩小了其体积，拓展式结构设计更加高效、灵活。相较于传统的植物环境监测仪，“伞先生”可以持续采样，持续分析，可以对植物健康进行更好的监护。更具设计感的外表，可以为我们的绿植和桌面增添许多光彩，它不只是简单的监测，更是一种呵护与关怀。在对上述产品吸取优点，并改掉缺点的同时，我们特别开发了一款客户端App，利用特制的算法将植物的健康状况转化为不同的情绪传达给主人，在提醒主人浇水、施肥的同时与主人产生情感交流，使主人产生一种成就感，从而达到减压放松的效果，使它不仅仅是一套普通的盆栽养护工具了，而是一种全新的概念，重新定义了人与植物的关系。

3.2.2 Mini Spectral CAM（全国一等奖）

团队成员：栾宇　张蒙蒙　王鹏超　石俊婷

指导老师：虞益挺

学　　校：西北工业大学

1. 主要原理和功能

该作品主要零部件有滤光片轮、窄带滤光片、压电陶瓷、摄像头模组、MEMS气体传感器及辅助电路。设计方案包含多光谱传感器架构、无线通信模块及软件平台三方面，具体如图3

-8和图3-9所示。

图3-8 Mini Spectral CAM样机实物图

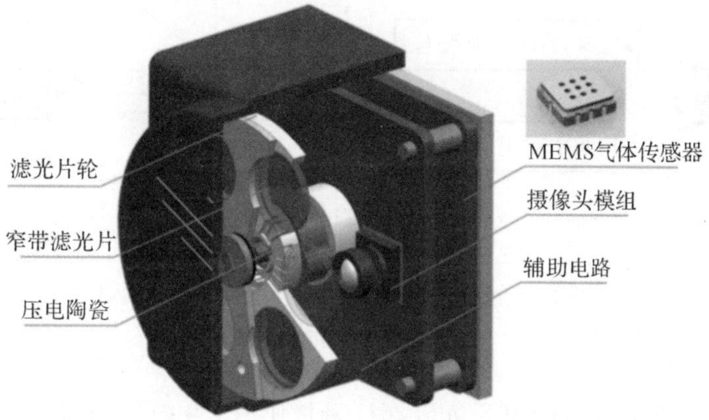

图3-9 模型剖视图

(1)多光谱传感器架构。考虑到无人机平台支持的大小、质量有限,作品围绕微小型化进行架构设计。一方面,在一般转轮式多光谱相机基础上,采用压电陶瓷(压电电机)代替步进电机进行驱动,省去复杂的减速机构;另一方面,通过合理的电路设计和元件选型,将电机的高频高压(200 V_{pp},70 kHz)驱动电路集成化。

如图3-10所示,工作时,受电压激励的压电陶瓷高频振动,通过摩擦力精确驱动滤光片轮偏转一定角度。这种驱动方式的优点有低速大扭矩、断电自锁,兼顾精度(0.02°)与响应速度。同时,由红外对管校准滤光片轮位置,从而切换光路中的窄带滤光片,实现分波段成像。

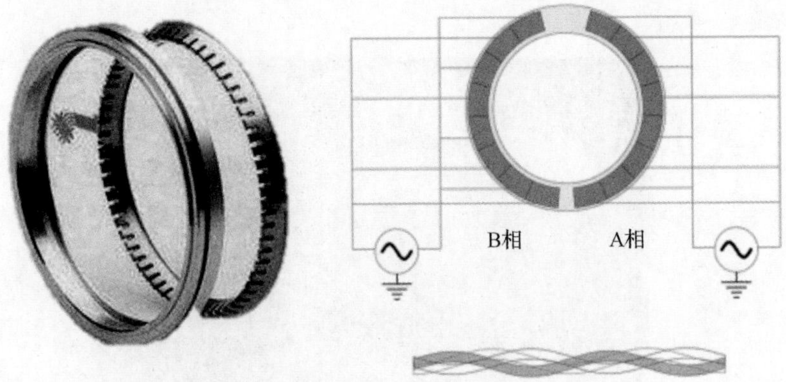

图 3－10　环形压电陶瓷(左)和电极激振示意图(右)

(2)无线通信模块。为使控制信号与图像信号互不干扰，作品采用了 2.4 GHz 与 5.8 GHz两个频段进行远距离通信，在终端通过蓝牙或 USB 接口与 PC(个人计算机)交互。图 3－11 表示无线通信传递数据的流程。

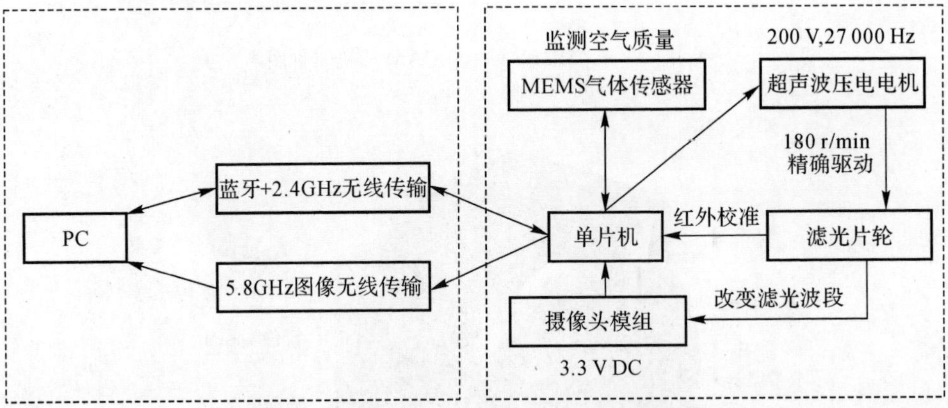

图 3－11　工作流程图

(3)软件平台。软件在 Visual Studio 2017 环境使用 C＃编写，主要实现所有数据的统一管理。通过界面可实现控制指令与反馈收发、摄像头设置、图像显示与保存、调用 MATLAB 引擎进行图像处理等功能，如图 3－12 所示。

2. 创新点

该作品创新性地设计了微小型化的多光谱传感器架构。

在小型无人机平台对传感器体积、质量、功率的限制下，兼顾集成度与性价比，可为垃圾填埋工程等复杂环境的目标识别提供更为有效的数据支持。

3. 市场价值

一方面，在环保要求日益提高的趋势下，垃圾填埋在未来很长一段时间内，将是我国最经济、最适应国情的城镇生活垃圾处理方式，是生态填埋和垃圾再利用工程的基石。

另一方面，专业的固体废物处置企业将占据越来越多的市场份额。推动填埋工程向智能监测、智能施工方向发展，不仅是企业提高废弃物处理效率、改善工人工作条件的需求，更是生态城市建设的重要一环。

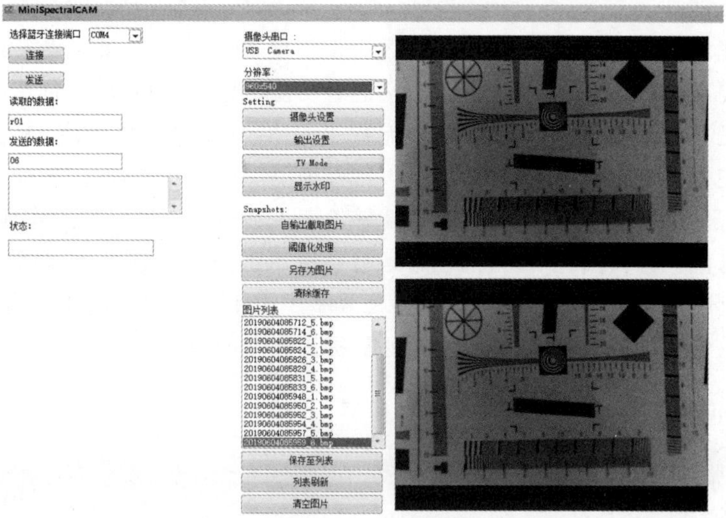

图3-12　软件界面

国内外尚无针对垃圾填埋工程的多光谱传感器产品。商业用途的多光谱传感器因器件成本、工艺成本较高，售价多在10万元以上，仍较为昂贵。

该作品基于转轮式多光谱相机工作原理，创新设计了适合无人机平台的微小型化多光谱传感器架构。对于工况复杂、目标多样的垃圾填埋工程，作品采集的图像可有效反映不同物体间的光谱反射差异，辅助工人作业，乃至降低图像分割算法的复杂度。此外，作品还根据工程需要集成了MEMS气体传感器用于空气污染监测。

3.2.3　智能调速电扇（全国一等奖）

团队成员：董伯贤　段安娜　金一鸣　李诗诗　刘青鑫

指导老师：任森

学　　校：西北工业大学

1. 主要原理和功能

智能调速电扇，通过湿度和温度传感器直接检测环境中温度和湿度的变化，或者通过智能手环对人体出汗量及湿度进行监测，然后通过电机进行实时反馈，从而实现电风扇的智能调速。智能风量和风速调节可使人在获得良好的纳凉体验的同时，有效避免因夜晚持续受风而生病等不适症状。

2. 创新点

(1)智能调速风扇是风扇的新一代革命性产品，与传统风扇相比，它更加智能、可靠。根据手环对人体排汗量和室内温度的监测来智能调节风速和风量，安全舒适。

(2)性价比高。以西安为例，夏季夜晚的体感温度在30℃左右，完全可以通过热对流的方式来散热，实际效果可能没有空调以热传导的方式散热那么好，但风扇是很天然的一种降温方式，不会引起“空调病”。另外，智能风扇更加节能环保，性价比优于空调。

(3)节能环保。节约电力资源等节能思想传递给大家的是田园自然的一种理念,后现代社会逐渐回归自然。

3. 市场价值

该智能调速电扇就其市场价值而言,可运用于学校、工厂、公司和一般家庭等。运用于学校能够极大地提高教室、办公室和寝室的散热避暑功能,给学生和教职工创造一个良好的学习和生活环境。尤其在寝室中,现有的电扇不能智能调速,夜晚很容易着凉,无法满足身体对散热的需要。但使用了智能调速电扇后,就可以很好地解决以上问题,并且智能调速与遥控相比更为方便,可满足学生的需要。运用于工厂能够给工人创造一个良好的工作环境,与此同时还能给设备散热降温,从而有利于设备的正常运行。运用于公司能够大大地增加公司内的散热避暑能力,增加公司内人员的舒适度,提高办公效率。运用于一般家庭也具有类似的效果,给忙碌与劳累的人们提供一个凉爽又舒适的场所,提高休息的效率。

3.2.4 Gentle 草莓采摘机器人(全国二等奖)

团队成员:张启轩　谭旭　孙奕诗　罗晟　黄德慧

指导老师:谢建兵　吕冰

学　　校:西北工业大学

1. 主要原理和功能

设计使用可视化模块自动识别理想采摘目标,设置识别成熟草莓,避免采摘未成熟草莓而造成资源浪费,并且结合我国当前草莓种植特点,自行设计机械结构使得电机驱动履带与传送带的正反转与速率保持协调,即传送带的滚动方向和车的实际前进方向相反,使槽内与车体相对静止,从而顺应作物生长特性,减小前进阻力。为了更好地剪切草莓,我们采用支架将草莓从自然状态下统一调整到合适的角度与排列,从而便于进一步的识别剪切工作。此外,我们还利用机械传动与重力效应,设计了循环收集装置,草莓从固定的位置落下,收集盒旋转避免造成草莓堆砌损伤,在装满后在最后的位置盒子失去支撑掉落下去,而新的收集盒便可以适时补充进初始位置,使得效率提高,进一步减轻人工作业压力。实物如图 3-13 所示。

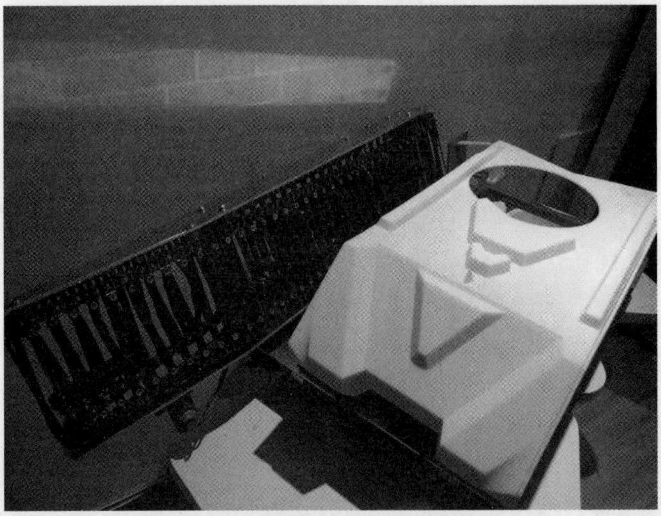

图 3-13　Gentle 草莓采摘机器人实物图

具体功能原理如下：

(1)Gentle采用四足履带式行进方式，每条履带分别由一个电机驱动，并加装减震弹簧系统(见图3-14)，集成在一张底盘上作为开发平台和驱动平台。采用履带式驱动能更好地适应工作环境中的土壤地形。同时，传送带运动方向与小车运动反向，速度相等保证了草莓与传送带相对来说基本静止，减少了大部分的摩擦，如图3-15所示。

图3-14 履带减震弹簧系统

图3-15 底盘载具效果图

(2)设计等速传送带，使得该装置可将草莓从自然生长状态统一调整到合适的角度与排列。传送带动力由纳英特电机控制，输出轴经过齿轮组减速(见图3-16)经同步带转动给动力轴，可得到较大的扭矩，从而带动整个传送带平稳运行。在传送带内侧上沿加装两具MG995舵机，通过曲柄滑块机构进行直线往复运动，进而实现碳纤维顶块突出和回收的运动。设计的目的是通过顶块产生的规律性起伏和周期性凹槽，在草莓经过传送带时，能够有效规整，达到整齐排列的预处理目的，为下一步的识别和剪切打好基础。

图 3-16　减速齿轮组

为了保证草莓采摘时不留下过多枝干，从而对其他草莓的外皮有损伤，Gentle 草莓采摘机器人利用支架将草莓从自然状态下统一调整到合适的角度与排列，科学剪切。在我们的发明制作过程中，先要通过实验测算与调试使得电机驱动履带与传送带的正反转与速率保持协调，从而顺应作物生长特性，减小前进阻力，体现节能减排。此外，传送带质地柔软，对草莓损伤小，使得该机构具有与生物体柔性相对应的处理功能，可以最大限度地保护作物。

(3)由一个电机控制的传送带将待检测草莓送至摄像头前，上位机在控制摄像头识别到成熟的草莓之后通过 RS485 通信协议向单片机发送采摘指令，再由单片机控制舵机操作刀片剪下草莓，然后通过步进电机收集采下的草莓。在限位装置下经过剪切后的草莓能够准确落入接纳滑轨中方便后续的收集，若识别到未成熟草莓，则舵机不剪切使其通过，从而避免浪费。剪切机构如图 3-17 所示。

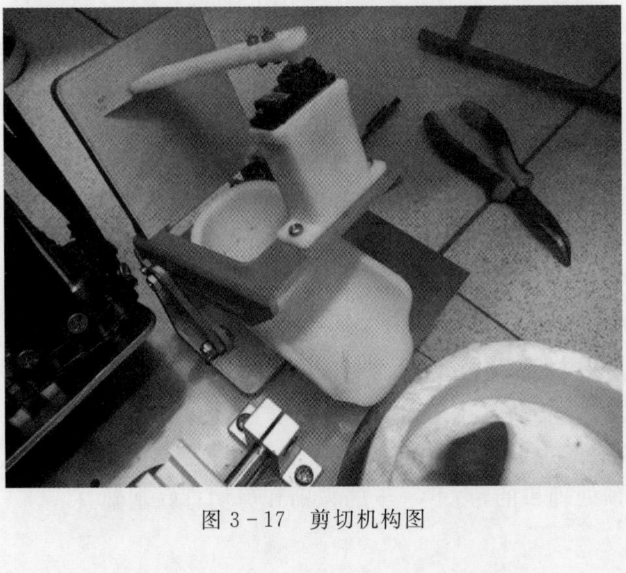

图 3-17　剪切机构图

(4)利用机械传动与重力效应,设计如图 3-18 所示的循环收集装置,进一步减轻人工作业压力。该收集装置由俯仰传动臂、导轨平台与循环收集盒组成。开始准备收集时,收集盒被平台转运至待收集位,由重力作用和限位装置固定,收集盒底部有 42 个步进电机控制的转盘。每落进一个剪切好的草莓,步进电机便带动收集盒转动一个孔位,待盒子装满后,下一个收集盒再由导轨传送至接收位,同时将已经装满的收集盒挤至地面以待人工收集。如此循环便完成了草莓的收集过程。

图 3-18 循环收集装置

2. 创新点

(1)当前社会已经研制的草莓机器人和草莓种植地需要配套使用,而 Gentle 草莓机器人中,绝大部分对草莓种植的环境有着一定的要求,即草莓采摘机器人可以根据草莓种植环境及条件进行调节,增大了采摘机器人的可操作性及经济性。

(2)Gentle 草莓采摘机器人采用清洁电能作为动力源,清洁环保。

(3)Gentle 草莓采摘机器人可以使作业、移动同时进行,并且巧妙地保持机器人行进过程中的前进速度与分类传送带速度相协调,从而使采摘过程更加流畅,同时减小了机器人的前进阻力,更加节省能源,符合节能减排与绿色环保的理念。

(4)Gentle 草莓采摘机器人和当前市场上的草莓采摘机器人相比,成本较低,经济实用,节约了资源成本,易于推广。

3. 市场价值

与当前国内适用于固定种植环境的草莓采摘机器人相比,Gentle 新型草莓采摘机器人通过创新型设计,最大限度地适应草莓实际生长环境,增大了采摘机器人的可操作性及高经济性,综合考虑传送带和小车之间的协调运动,科学利用重力、振动等因素减少草莓受到的冲击力和摩擦力,实现在完成高效采摘的过程中保持作物环境与状态的还原,并缓解劳动压力,适用于国内各类草莓种植园,市场空间大,应用前景广。

3.2.5 基于单片机的智能感应多功能烘干机(全国三等奖)

团队成员:刘畅 翁海鹏 梁海瑞 孙逸鸣 刘子琦

指导老师:常洪龙 赵妮

学　　校：西北工业大学

1. 主要原理和功能

图 3－19 所示的智能多功能烘干机基于 Arduino 单片机的控制，可以通过传感器组的输入信号和运行判断程序给出的命令而自动切换模式。为了实现产品功能，使用了一系列激光开关和红外距离传感器。为了满足安全要求，使用数字继电器和电流传感器隔离了交流电源。为了指导用户，使用 LED 和蜂鸣器构建出了吹风模式切换的提示系统。同时，产品结构和外观设计已经简化到最小状态，以满足用户的需求。

图 3－19　智能感应多功能烘干机实物图

2. 创新点

(1)绿色安全：从产品研发的角度来说，将传统吹风机的吹风功能加以利用，在一定的改造下可以再转化为烘干机，两者一体化其实是对资源的节约，对传统吹风机功能的开发再利用，极具设计创意。不仅如此，这种直接安装、即开即用的使用方式也使得该产品更具有安全性，无须用户自身插拔电源。

(2)自动便捷：从用户体验来说，烘干机通过传感器实现了自动控制与提示功能，会改变用户旧有的使用习惯，带来全新的，更加便捷、高效的使用体验。

(3)物美价廉：从购买方(商家)的角度来说，这改变了酒店房间(学校宿舍)的服务范围，节约了硬件配置成本，对购买方来说是十分有利的新尝试。

(4)功能灵活：从功能拓展方面来说，此产品拥有很高的灵活性，我们可根据不同用户的不同需求来开发不同类型的产品，如杀菌型、清香型与收纳型产品等。

3. 市场价值

本产品在酒店以及学生宿舍这样的住宿空间内有着巨大的需求量，在洗完手后有烘干手的需求，但因为经济条件等多方面限制没有安装烘干机，特别是在一些酒店内，客人不愿使用酒店提供的毛巾擦手，酒店企业也不愿多支出这不菲的一笔开支用来安装烘手机，我们的产品则很好地解决了这一问题。

3.2.6　自适性可重构智能管道机器人(全国一等奖)

团队成员：田雨顺　曾文元　梁玥莹　何飞越　孙明月

指导老师：高昂　邓进军

学　　校：西北工业大学

1. 主要原理和功能

(1)图3-20所示的功能平台主要分为上位机和下位机两个部分。其中，下位机主要由机器人和摄像头等功能模块组成。机器人部分提供运动控制，而摄像头则负责图像的采集。上位机是由Visual编写的软件界面，主要分为两个模块：借助directshow模块进行视频显示和利用串口对机器人发送控制命令。考虑到数据传输可能受到的干扰和速率的快慢，一方面，摄像头采集的数据直接传送给上位机而不经过单片机，从而上位机与机器人的直接的通信可以采用单向通信，加快了处理速度；另一方面，上位机与下位机之间采用有线传输，数据传输稳定，并且摄像头和机器人与上位机的通信可以共用同一条数据线路。

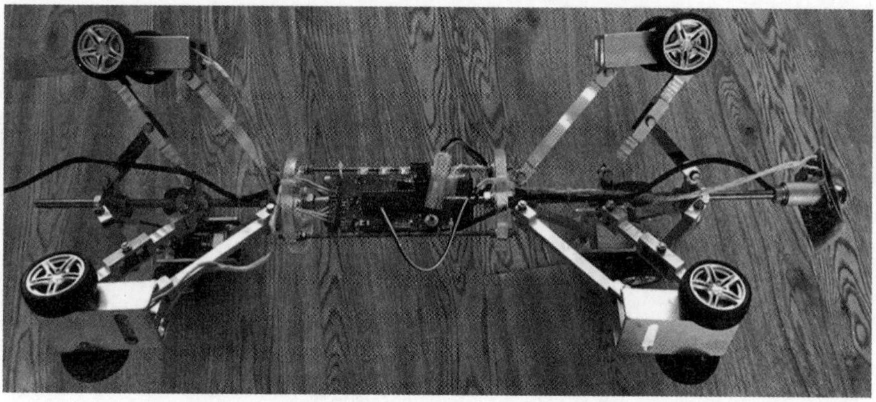

图3-20　自适性可重构智能管道机器人实物图

(2)机器人控制。主要借助stc15单片机完成以下任务：单片机在上位机和电机部分之间起到控制作用，上位机向单片机发送命令，单片机接收到上位机命令调整控制电机进而改变机器人当前运动状态。具体包括以下功能。

1)与上位机之间的通信：通过USB转串口进行连接；

2)运动速度与方向的控制：通过单片机直接控制电机，控制部分主要在单片机中断中完成；

3)摄像头采集：摄像头部分由于已经集成，此处不再介绍。摄像头部分可直接采集图像数据，并且在上位机软件上直接显示图像。

(3)上位机的设计。上位机控制系统如图3-21所示。

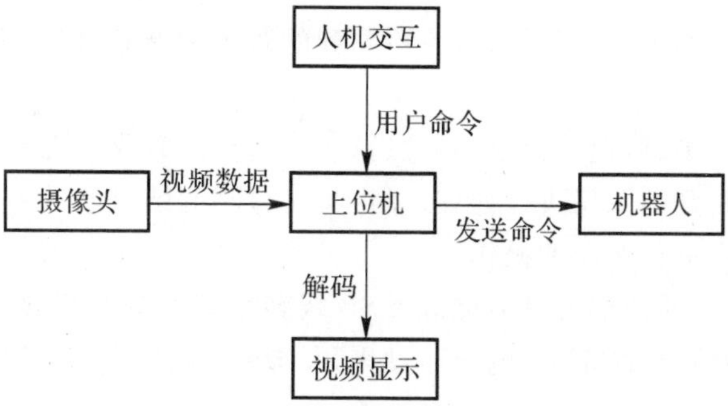

图3-21　上位机控制示意图

1)对摄像头传输的数据接收与处理并进行显示：与机器人之间进行通信，用户可以根据画面对机器人发送诸如前进、后退、加速、减速等命令。

2)取像功能设计。获取图像主要分为两个步骤：①下位机进行图像上传；②上位机对图像进行接收。采用模块化的设计，下位机的上传功能可以集成到摄像头模块中，上位机可通过通信进行控制，从而方便了开发。其中，图像传输按传输方式可以分为有线传输和无线传输，有线传输可以有效地克服金属屏蔽对信号干扰，而无线传输则避免了传输线缆所带来的麻烦。最终，综合考虑到不同环境对信号质量的要求，我们采用了有线和无线并行的方式，灵活选择，以适应不同的管道环境。考虑到图像传输实时性对传输速度的要求，我们在有线传输方面采用 USB 传输，无线传输选择 Wi-Fi 传输。

(4)人机交互界面。人机交互界面主要为方便人机交互，如图 3－22 所示，包括以下部分：

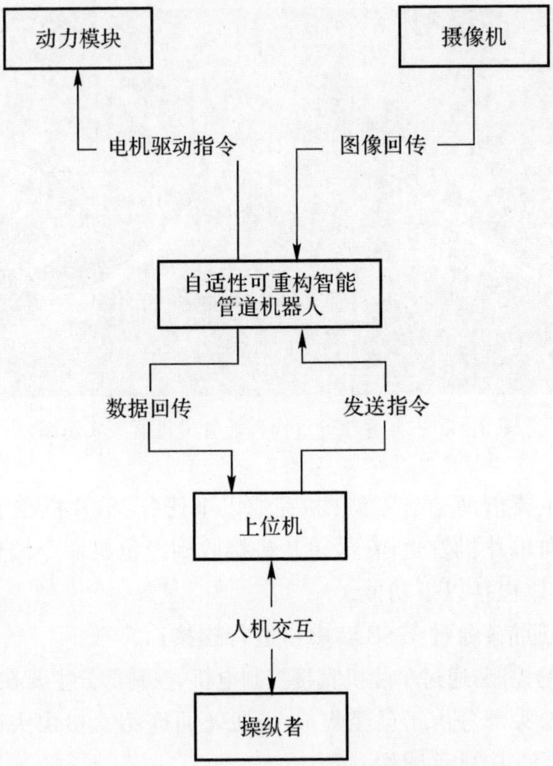

图 3－22　人机交互功能示意图

1)接收摄像头采集的画面并显示，接收检测到的管道检测机器人当前的运行状态信息如速度、距离等并显示；

2)接收用户诸如前进、后退的命令，并发送给下位机，以完成对机器人的控制；

3)上位机会对接收到的图像进行处理，并将实时检测的结果显示到界面上，以及在对结果进行分析后可提示用户进行相应的操作。

(5)通信模块设计。通信部分可由标准 USB 线转串口与单片机进行连接，因此电路设计主要是电机驱动和单片机控制部分，电机驱动采用 L298N，且用 TLP521 进行光电隔离，输入端可直接与单片机相连。

2. 创新点

(1)自适性极强的可调节结构。由于管道类型的不同，尺寸大小具有差异，尺寸单一的管道机器人无法满足需求，因此我们通过调节主轴上与轮架连接处的螺母调节轮架的张开程度实现，采用了平行支架与摆杆相结合的方式，能够根据管径的大小来调节摆杆的角度，进而改变平行支架上面轮子的高度，从而起到适用不同管径的要求。

(2)可重构，配以不同设备实现综合性。拟设计机器人可由不同结构设备组装而成，结构中部为一个单体，每个单体都可以配备安装不同的设备。每个单体可自由安装在结构上，满足单体与单体之间的组装和分离，达到多级可重构的效果。

(3)图像实时反馈等多种能力综合。在机器人最前端装配一高清摄像头，实现管道内信息的采集，并将信息分级处理后，由前端放置的摄像头模块将内部的信息实时传输到计算机上显示并储存下来。此外，还可以配备气体检测模块、裂纹检测模块等各种不同的检测设备，实现多功能性。

3. 市场价值

该产品是一款质量优良的经济型管道检测机器人，目前市场的需求较大。国内在管道检测机器人方面的研究起步较晚，对管道检测机器人的研究尚处于发展改进阶段，距离成熟市场化还有不小的距离。与市场现存管道机器人相比，该产品具有机身小巧轻便、实时利用蓝牙控制、对管道内部清晰录像等优点，在目前的市场竞争中可以稳居上游，市场空间巨大。综上所述，该产品在目前市场竞争环境下的生存空间较大，同类产品的竞争较小。未来，该产品可以通过线下开设产品宣讲会、网络推广等方式，不断提高产品的知名度，从而提升市场占有率。

3.3　2017年精选案例

3.3.1　天眼方舟(全国一等奖)

团队成员：贾威　陈慧慧　井龑东　郑烛烛　路易行

指导老师：史文涛　何洋

学　　校：西北工业大学

1. 主要原理与功能

图3-23所示的作品是一个自主巡航救生船，实现对落水目标的自主定位和紧急救援。

该系统具有自主性高、稳定性强两大特点。其自主性体现在：按照设定轨迹自主航行、自主避障、自主泊船、人员落水检测、摄像头目标跟踪等；该船的稳定性体现在：三通信方式互补(WiFi，NRF及GSM)、双推进方式互补(水力推进和气动推进)、自主航行兼4种遥控方式(电脑遥控、手机遥控、体感遥控及语音控制等)。

(1)系统总体。控制系统分为图3-24所示的上位机和下位机两部分。下位机通过各种传感器获取船体的姿态、位置及其他环境信息，进而控制船体自主巡航，同时又将自身状态及视频等信息通过WiFi传送给上位机，上位机接收并显示。必要时，可以通过上位机遥控船体。

图 3-23　救生船结构设计及实物

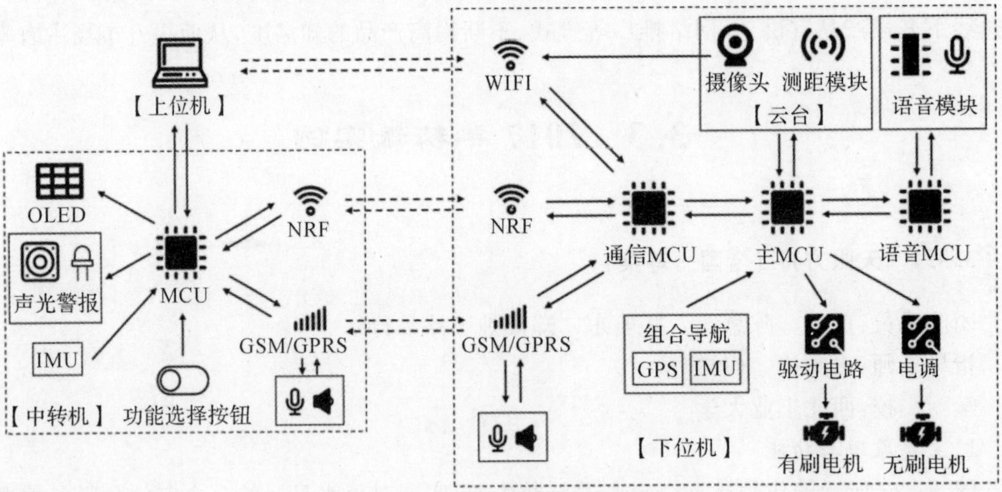

图 3-24　天眼方舟系统总统框图

(2)上下位机通信连接。上位机具有无线通信、信息显示和远程遥控三个主要功能。图3-24左侧的中转机可以将下位机传来的NRF无线信号解码，并通过串口发送给电脑，同时也可以通过串口接收电脑发出的指令数据，并通过NRF无线模块转发给巡航船。该中转机也可以一键切换为体感遥控器，在该工作模式下，通过使它倾斜来控制船的速度和航向，极易操作。此外，上位机能够通过电脑自身的WiFi接收巡航船上的WiFi模块传来的视频，对视频进行处理，检测预定目标，并能在如图3-25所示的界面中显示出来。

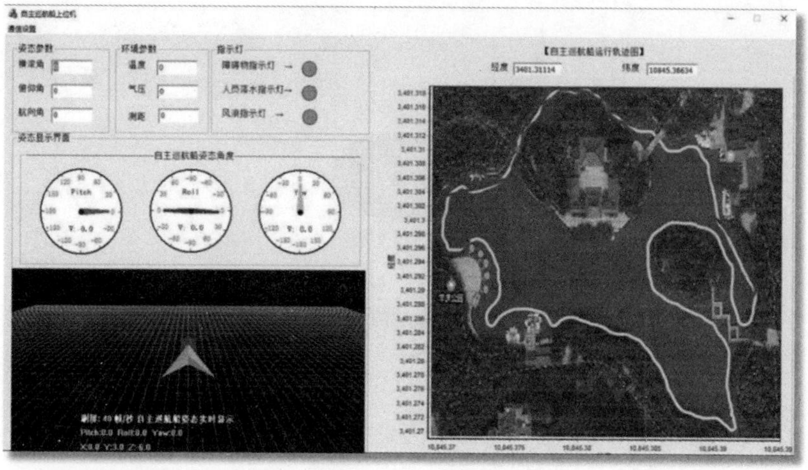

图 3－25 上位机信息显示界面

(3)推进方式。水动力推进和空气动力推进并行，其中气动推进转弯灵活，适合穿梭在复杂环境，水中螺旋桨堵转时可切换气动推进，且能提高航速。

(4)水上监控跟踪。巡航的过程中，巡航船借助图传模块将水面图像实时传送给上位机显示，如图 3－26 所示；辅助工作人员借此操控船的航行；亦可通过上位机追踪目标。

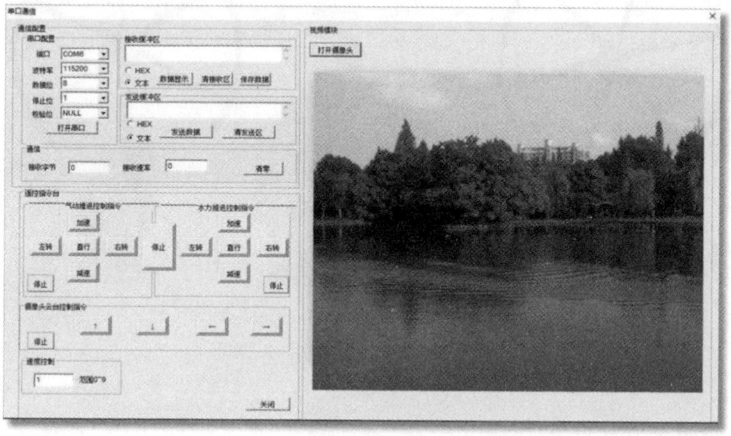

图 3－26 上位机远程遥控界面

(5)高精度组合导航。采用 MEMS－IMU 与 GPS 组合导航系统辅助船体沿预定轨迹航行；借助超声波传感器实现探测、绕行障碍物的功能。

(6)人员落水检测。该船可识别附近落水求救声，并向总控台发送报警信号，工作人员借助回传声音、图像控制船体迅速展开救援。

2. 创新点

(1)独特结构：在三体船的基础上，设计了图 3－27 所示的独特的船体分离式结构，将侧舱作为救生装置投放给落水者。必要时，主舱也可直接施救，实现多点救援，并结合声、光、电话报警实现及时救援。

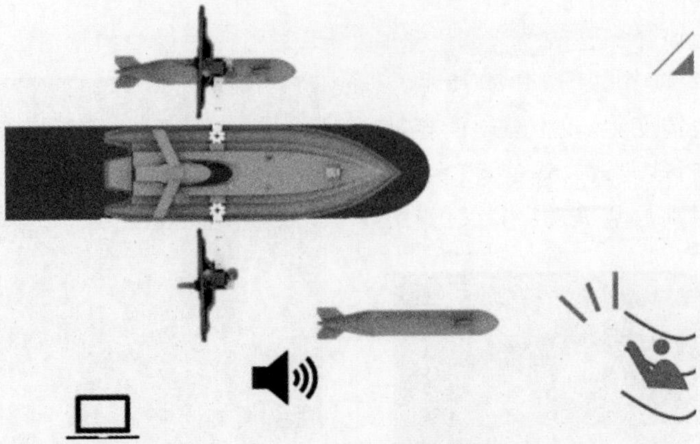

图 3-27 船体分离结构

(2)推进方案:该船具有双动力推进系统,如图 3-28 所示。气动系统和水动系统相互配合,极大提高了船的复杂水域通行能力。紧急情况下,船可在 2 min 内抵达相距 1 km 的事发地点。

图 3-28 双动力推进方式

(3)稳定性方案:4 套通信方式组合工作,多重控制方法相辅相成,高精度组合导航,共同提高了船的稳定性。

3. 市场价值

无人自主救生船是一个社会急需而又空白的领域。该作品在设计时,以自主性、可靠性、低成本为宗旨,可用在近海、景区、公园等水域的监控、救援及环卫工作。本船亦可应用于移动水质监测站、定位污染源、大型鱼塘监管、洪水救灾等领域,市场前景广阔。

3.3.2 “陪伴者”熬夜提醒精灵(全国一等奖)

团队成员:李海贞　马宝腾　李卓　张献　李浩妍

指导老师:侯海　何洋

学　　校:西北工业大学

1. 主要原理与功能

(1)主要功能。该作品针对熬夜刷手机、追剧或者打游戏但是又特别担心熬夜使自己变丑的大学生。“陪伴者”实物如图3-29所示,具备如下功能。

1)熬夜提醒:表情变化,模拟熬夜面容,黑眼圈加重;灯光变化,模拟皮肤变差;香薰让神经更舒缓,睡眠质量高;软萌语音提醒,夜晚好心情。

2)趣味交互:识别心情关键字,及时用图3-30中对应的表情给予回应;支持语音录入。

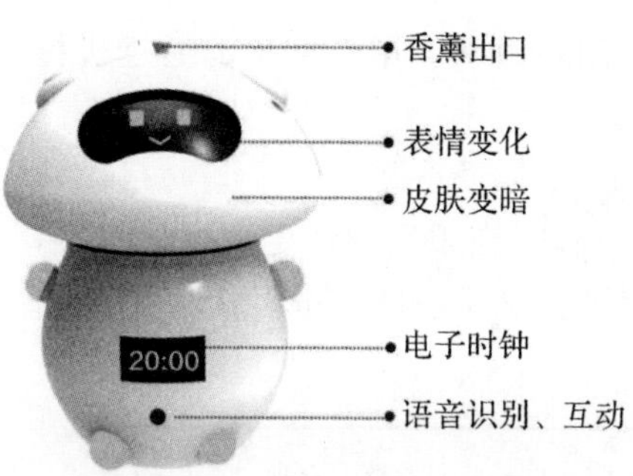

图3-29 “陪伴者”效果图

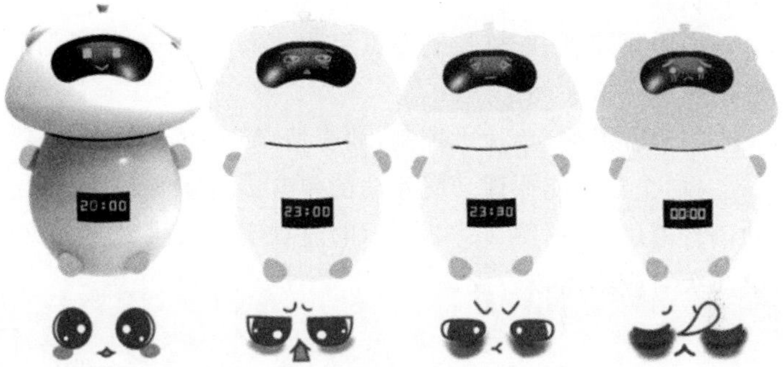

图3-30 “陪伴者”产品状态图与表情特写

3)时钟显示。

系统总的功能流程图如图3-31所示。

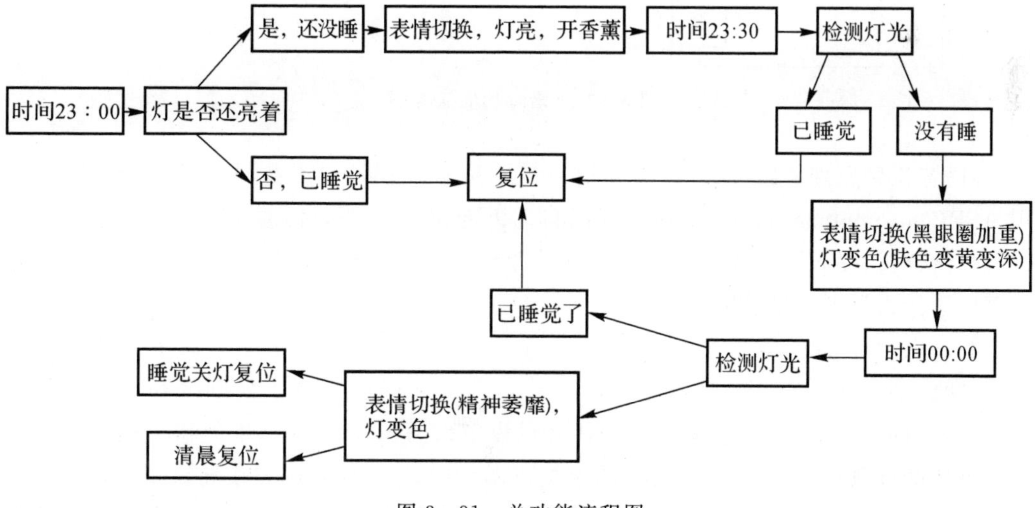

图3-31 总功能流程图

(2)模块介绍。

1)时钟模块,给主控单片机提供准确时间,在预设时间点,即熬夜(23:00)开始时,其他部分才开始工作。这相当于一个前提条件和工作基础,也起到节能的作用。

2)光敏传感器模块,在时间到了预设的睡觉时间点,光敏电阻感应光强,若光强大于预设值,则开启熬夜提醒模式。

3)步进电机模块将电脉冲转化为角位移的执行机构。步进驱动器接收到一个脉冲信号后，它就驱动步进电机按设定的方向转动一个固定的角度（即步进角），通过控制脉冲个数控制角位移量，从而达到准确定位的目的。

(3)提醒功能原理。

1)表情变化：将预设表情做好之后与步进电机相连，给步进电机添加运动时间和距离限制，带动表情变化，以提供直观提醒。

2)皮肤颜色变化：用单片机控制三只不同颜色灯的开关，在不同时间段内，会使皮肤呈现不同状态。

3)香薰控制：舵机控制香薰启闭，23:00 香薰开启，直至用户睡眠。用户可手动通过机械结构控制香薰关闭。

4)语音提醒，单片机控制，和表情、灯光同步切换，在特定时间，暖心提醒。

(4)交互功能原理。交互功能包含语音识别模块和语音模块，在识别到特定关键词时，启动语音模块，根据图 3-32 所示的流程实现人机交互。支持语音录入，两级感应，第一级唤醒，第二级对应给出语音反馈。

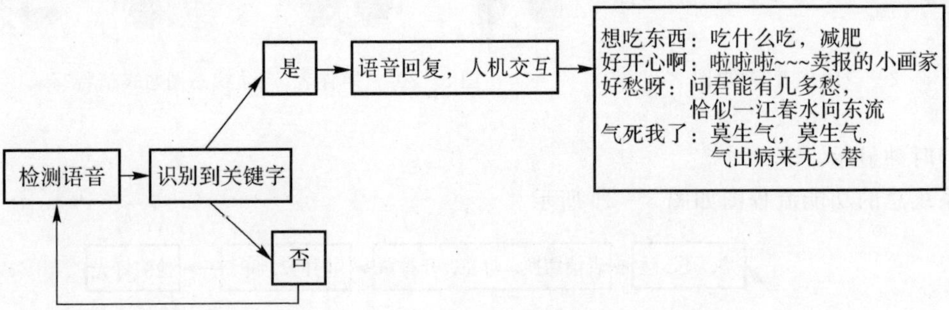

图 3-32　语音功能流程图

(5)语音识别原理。LD3320 提供的语音识别技术，是基于“关键词语列表”的识别技术：使用 ASR(Automatic Speech Recognition，自动语音识别)芯片，把通过话筒(MIC)输入的语音进行频谱分析、提取语音特征并与关键词语列表中的关键词语进行对比匹配，找出得分最高的关键词语作为识别结果输出。

2. 创新点

(1)功能创新。

(2)模式创新：针对大学生熬夜的原因和熬夜带来的伤害，产品从生理和心理上进行温和而直接有效的提醒。为保证安心睡眠，需要提供温和的条件，防止因熬夜导致心情烦躁。利用典型直观的颜色变化反映熬夜的危害以及恰到好处的香薰助眠，真正贴合使用者的生理和心理需求。具体使用方式如下：

1)随着熬夜时间变长，通过表情变化模拟熬夜使黑眼圈加重，面部表情越来越丑陋、疲倦；

2)通过身体颜色的变化模拟熬夜使皮肤变差；

3)通过香薰从嗅觉提醒的同时，还有助于睡眠；

4)软萌语音提醒，加倍呵护。

(3)外观创新：外观是消费者对产品的第一印象。产品外观设计基于被调查者的反馈为萌、可爱、简洁大方、精致。本产品所有设计均为原创。

3. 市场价值

针对自身的苦恼和需求，结合广泛的产品反馈调查和市场产品调查，发现大学生熬夜现象严重，熬夜时间长，熬夜原因主要是玩电子产品，尤其是女大学生担心熬夜使自己变丑，有市场需求且市场上无此类产品。

3.3.3　多功能视力保护器（全国二等奖）

团队成员：郭致远　何浩哲　黄淳彧　王赟

指导老师：刘磊　何洋

学　　校：西北工业大学

1. 主要原理与功能

(1)预计功能。本产品的主要功能是保护使用者的视力，纠正使用者不正确的学习姿势：学生在读写时，应在合适的亮度下，眼离读物1尺(1尺≈33.3 m)，身离书桌一拳。

系统以STC89C52单片机为核心元器件，围绕它进行硬件电路设计和软件程序设计。其中硬件电路有整体电路的核心单片机最小系统电路、用来检测书写距离的超声波检测电路、用来检测学习时光线强弱的光线检测电路、用来作为显示设备的LCD1602液晶显示电路，以及用来作为提醒报警的蜂鸣器LED提醒电路。软件程序方面，本设计主要利用C语言作为软件语言，其中主要的有超声波模块驱动程序、定时报警程序、LCD1602液晶屏驱动程序等，如图3-33所示。本设计以单片机原理与接口技术、C语言程序设计、数字电子技术、模拟电子技术等课堂里的知识和自学的传感器等知识为主要理论依据，具体对多功能视力保护器的理论与硬件设计进行了研究。

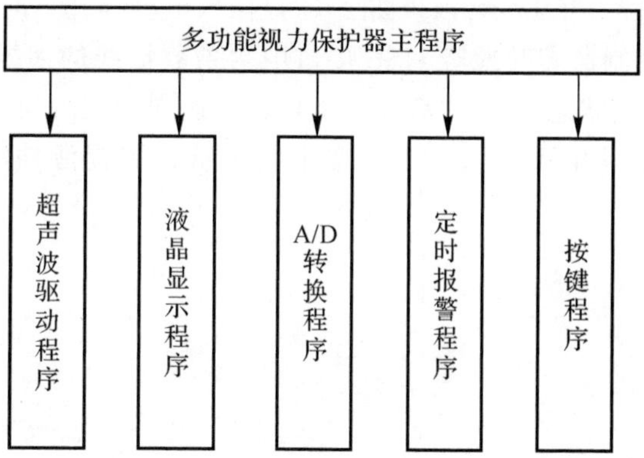

图3-33　主程序框图

(2)具体设计。

1)当使用者脸部与桌面之间的距离小于30 cm时，电路将发出声音提示；

2)当读写环境光线照度不足时，电路发出声音提示；

3)当使用时间达到45 min时，电路自动发出提示，提醒使用者注意休息；

4)电路测光报警的灵敏度可调；

5)电路可靠，做出的实物能够实现相应的功能。

2. 创新点

该作品发展了利用单片机设计视力保护器的思想，增加了单片机在现实生活中的应用；利用光敏电阻电路检测光照，通过超声波传感器辅助学生坐直，进而预防近视，简单方便。

该作品尽可能发挥系统优势，可以方便向其他功能扩展，也就是利用平台优势可以衍生如学习时间统计等更多功能。

3. 市场价值

通过对现有产品的调查，市场上的视力坐姿矫正器主要是机械平衡式坐姿矫正器。这类产品主要是通过力的作用，将身姿强行纠正，因此自身存在着很大的局限性。以人机交互和以人为本的理念，将电子学、物理学、人体工程学相结合的智能调控设备，是中高档视力保护器的发展趋势。随着家庭对儿童成长教育的不断重视，该产品应用前景广阔。

3.3.4 防丢 U 盘(全国二等奖)

团队成员：杨晶　陈川　李桦楠　谢辉

指导老师：申强

学　　校：西北工业大学

1. 主要原理与功能

此作品将微控制器集合于 U 盘之中，通过实时读取 U 盘与电脑之间数据线的信号判断 U 盘处于工作状态或是空闲状态。当 U 盘为空闲状态并达到一定时间时，U 盘将发出提示音提醒使用者将其从电脑插孔中取下。

此作品(见图 3-34)由 U 盘存储芯片、微控制器、采样电路、发声模块以及按键构成。防丢 U 盘的工作原理如图 3-35 所示：当该防丢 U 盘插入电脑插孔上时，在 U 盘存储芯片与电脑进行通信的同时，微控制器实时地对 USB 接口中两条数据线的采样信号进行分析，从而判断 U 盘与电脑之间的通信状态。当 U 盘为空闲状态并达到一定时间时，微控制器控制发声模块发出提示音。此外，使用者可以通过该 U 盘上的按键设置提醒功能的开关以及空闲时间阈值。

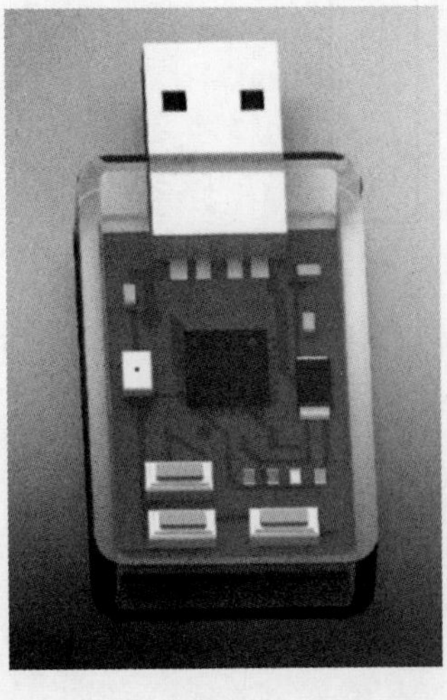

图 3-34　效果图

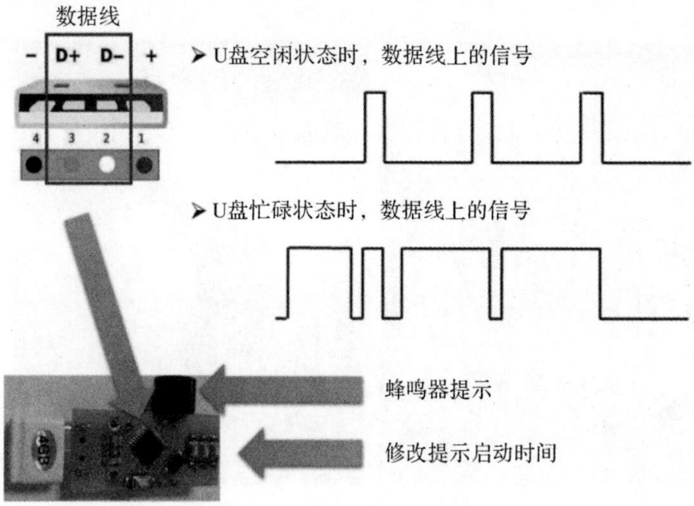

图 3-35　作品原理简图

2. 创新点

目前，市场上所谓的“防丢 U 盘”仅仅是额外连接了一根防丢绳或是带保密功能用于防止信息泄露，并无法实现 U 盘自动提醒使用者将其拔出的功能。本作品中的防丢 U 盘则是将微控制器集合于 U 盘之中，能够真正让 U 盘实现自动提醒使用者将其拔出的功能。

3. 市场价值

在校园中，经常出现有老师、同学将 U 盘遗漏在打印店、教室的电脑上的情况。因此该作品重点面向的客户为广大的在校师生。该作品体积小，与正常 U 盘无异，而且成本低，相比于普通 U 盘成本仅增加了不到 10 元，但是具有实用的防丢功能，市场前景广阔。

3.3.5　折纸发电机(全国二等奖)

团队成员：陈一鑫　董伯贤　李诗诗　贾泽蕊

指导老师：陶凯

学　　校：西北工业大学

1. 主要原理与功能

折纸发电机，利用电磁静电感应的发电原理，将周围环境中的振动能转化为电能，从而为微型元器件供电，并有发电结构简单、体积小、质量轻、可长期使用、柔性灵活、电压高等特点。

原理实现：两铜片条依次相互叠压，形成图 3-36 所示结构。通过一定的电路结构，与上、下板连接(见图 3-36)，当快速按压板面时，便能产生电压。

2. 创新点

(1)发电结构简单：采用两根薄铜条，通过简单的折叠即可形成一个发电的最小模块，如图 3-37 所示。

(2)体积小、质量轻：目前，大部分发电机基于电磁感应定律和电磁力定律，用适当的导磁和导电材料构成互相进行电磁感应的磁路和电路，以产生电磁功率，达到能量转换的目的，以至于产品体积大、质量重，而我们的折纸发电机，采用电磁静电感应的发电原理，结构简单、轻便，产品自然体积小、质量轻。

图 3-36　铜片折叠方式示意图

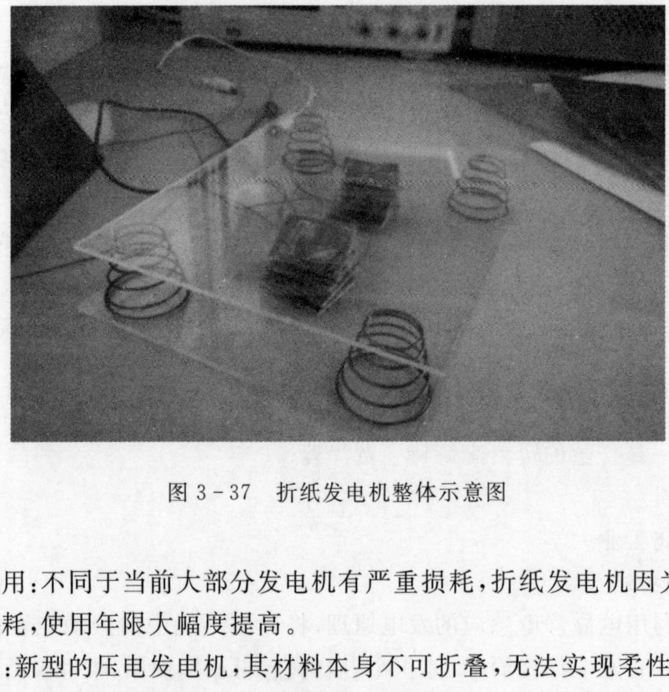

图 3-37　折纸发电机整体示意图

(3)可长期使用：不同于当前大部分发电机有严重损耗，折纸发电机因为其特殊的材质和结构，几乎没有损耗，使用年限大幅度提高。

(4)柔性灵活：新型的压电发电机，其材料本身不可折叠，无法实现柔性发电；折纸发电机因为其特殊的结构，具有一定的活动度，更加柔性灵活。

(5)电压高：折叠瞬间即可产生 300～1 000 V 的高电压。

3. 市场价值

(1)城市发电：让折纸发电机制成的地砖替代城市的地砖，那么人们只要走路就能为城市发电。

(2)电子娱乐：可以制作成指端按压式或脚踏式游戏机，以达到益智和锻炼身体的目的。

(3)医疗方面：可植入心脏或肌肉群内，实时监测人体生物机理变化，防止病变。

3.3.6 Sunbrella 太阳能晴雨伞(全国二等奖)

团队成员:张运星 郭子仪 马文吉 王鹏超

指导老师:申强

学 校:西北工业大学

1. 主要原理与功能

Sunbrella 太阳能晴雨伞是一款可以在白天随时给手机充电的多功能晴雨伞。雨伞主要由三部分组成:伞身、太阳能板和伞柄。Sunbrella 太阳能晴雨伞着重解决夏天人们出行时手机没电的问题,在遮阳的同时提供持续充电能力,适用于旅行、出差、日常出行等方面。

对自然光能量的有效获取是保证充足电力供应、畅游户外活动的重要基石。Sunbrella 太阳能晴雨伞采用超薄太阳能电池,功率大,电流足。遍布于伞面顶端的四组薄膜太阳能电池,充分保证了电子产品的充电功率需求。在此基础上,该薄膜太阳能电池还有轻便、易弯的优点,使得 Sunbrella(见图 3-38)可以被自由收纳,方便携带。

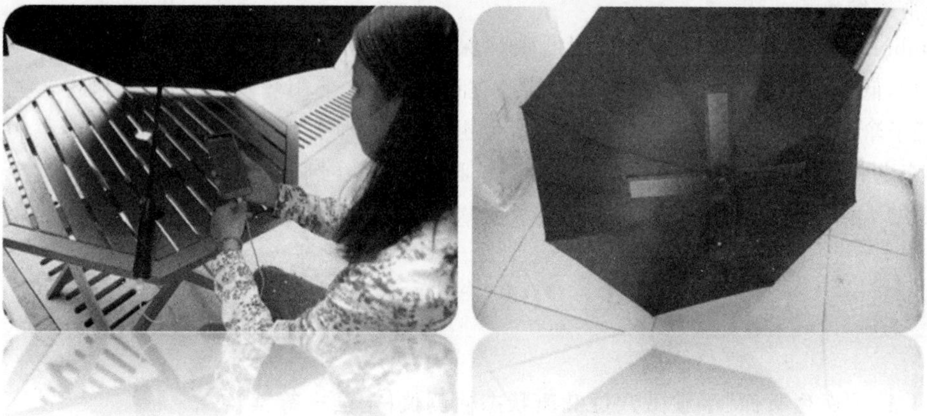

图 3-38 作品演示图

持续稳定的供电是对充电设备的必然要求。Sunbrella 太阳能晴雨伞采用 MP1484 同步降压稳压器,配合使用固态电容和超大电感,有机结合成轻便、高效的供电模块,使太阳能更平稳地流入电池中,延长电子产品的寿命。充电方式如图 3-39 所示,采用太阳能和外置电源双充电方式,保证了电池可以随时充电的特性。同时,供电模块内置过压保护装置,防止过充现象发生。整个模块集成在手柄内,小巧便捷,并有银白指示灯提示充电状况,贴心实用。此外,手柄内集成有超薄小型锂离子电池,可使用户在阴雨天时也能得到充足的电力供应。

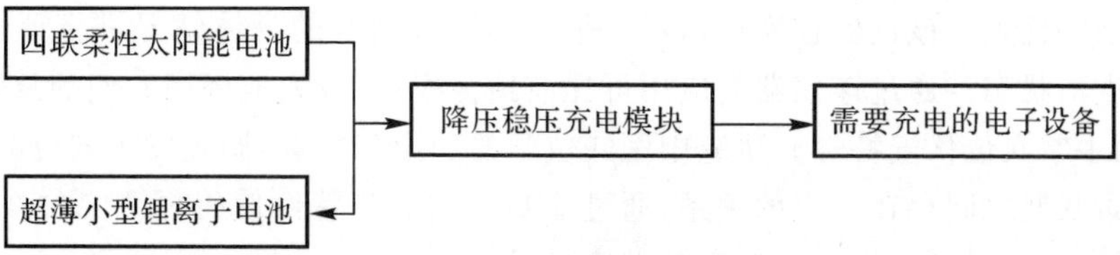

图 3-39 技术方案示意图

2.创新点

(1)突破性地将生活中经常使用但毫不相干的两样用品——移动电源和伞结合在了一起，实现了“1+1>2”的效果。很多人出门在外常常会携带一个分量十足的移动电源来保证手机的电量，而伞也是我们出门在外会带在身边的用品。我们尝试给大家的行李做减法，大胆地将两样物品融合在一起，产生了 Sunbrella 太阳能晴雨伞。

(2)Sunbrella 太阳能晴雨伞采用了来自大自然的馈赠——太阳能来为用户的电力供应保驾护航。而太阳能、常规充电双输入方式，让用户避免遇到电量不够的窘境。

(3)看着舒心，拿着贴心，用着放心，是 Sunbrella 太阳能晴雨伞人体工程学设计遵循的理念。为了保证用户的舒适度，Sunbrella 太阳能晴雨伞的手柄设计遵循人体工程学要求，具有舒适美观的手柄曲线，贴合用户触感需求。特殊的布线设计隐藏了多余的电线电路，且均应用了“三防”工艺，不仅精致美观，而且安全耐用。

(4)无限的可能：伞柄底部的 USB 接口让一把伞拥有更多玩法。充电口、风扇、小灯、音响等等有趣的组合等待用户去发掘。

3.市场价值

Sunbrella 太阳能晴雨伞主要采用低碳环保的太阳能充电方式，将充电与遮阳合二为一。绿色出行，低碳环保，告别手机没电的苦恼。在设计之初，采用超薄太阳能板和超轻锂离子电池，保证了伞的轻便、易携带，从而减少出行负担。在给伞柄内置电池充电方式上，我们采用了太阳能充电和外部输入双结合的充电方式，保证了电池随时有电可充。Sunbrella 这样一款低碳、环保的太阳能晴雨伞在市场上一定会大受欢迎。

3.4 2016 年精选案例

3.4.1 “医生有你”手掌微穴位健康状态检测仪(全国一等奖)

团队成员：岳子清　索旭飞　张泽勋　郑玮

指导教师：苑伟政

学校：西北工业大学

1.主要原理与功能

依据中医穴位诊断原理，基于 MEMS 技术研究手掌微穴位的电位变化规律，并通过图像匹配对比，检测确定身体健康状态。在此基础上设计开发了一种便携式手掌微穴位健康状态检测仪(见图 3-40)，可适用于在家庭或者医院普通体检，通过手掌穴位的检测结合中医理论对身体各器官进行检查，并能快速地出检测结果且对有问题的器官进行预警，提示被检测者进行进一步详细的检查。该仪器在家可以对一个人不同时间段的身体情况进行评估，提醒人们改善自身的生活状态。通过该仪器的应用可提前预警疾病，极大地提高人们的身体健康水平。

(1)利用手掌穴位伏安特性。研究中医穴位学的理论与特点，调查发现穴位的伏安特性和人体器官健康状况之间存在一定的关系，通过检测穴位伏安特性使得探测穴位在理论上可以成功实现，同时也可以推断出相应器官的健康状况。

(2)图像处理技术。如图 3-41 所示，检查仪将手掌经检测部分的图像显示在显示屏上，并能精确、快速地将穴位对应位置显示在手掌之上，正常部位显示为绿色，非正常部分显示为红色，更加直观地显示出身体的健康问题。

图 3－40　手掌微穴位健康状态检测仪系统图

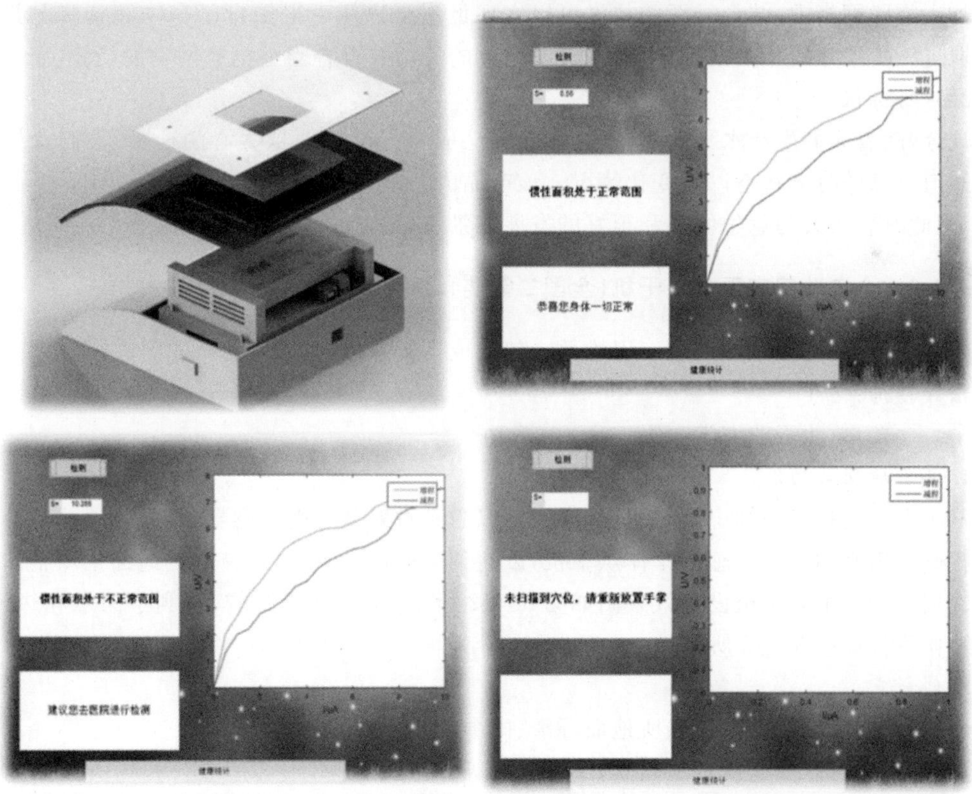

图 3－41　手掌微穴位健康状态检测仪系统及软件界面图

（3）MEMS 元器件制作方法。利用 MEMS 技术进行核心元器件的制作，经过建模、版图设计、光刻等一系列步骤制作出核心元器件——电极阵列，进行电位实时测量和比对，得出被测手掌部位上的穴位惯性面积大小，从而可以得出对应器官健康状况。研究元器件设计结构的优化方法和找到更高效的测量算法，保证测量时可以精准、快速地得出结论。

(4)针对测量电位高低的控制,研究其控制方法,设计控制程序,开发相应的控制模块;针对手掌穴位位置进行优化,设计可靠的测量和控制结构,保证其快速、准确地满足客户要求。

(5)恒流源和电压采集器的制作。设计可调恒流源,波动范围在 0～100 μV 之间,精度为 10 μV,然后测量皮肤对应部位的电压值,将恒流源大小逐级调节,就可以得到穴位部分对应的惯性面积。通过 MATLAB 运行检测程序,即可判断对应穴位是否正常。

(6)仪器总成的测试分析。对最终成品进行一系列实际实验,主要包括不同手掌的穴位探测与定位、特殊电位的发现与预警、每次数据分析的准确程度和扫描速度的测试等。

2. 创新点

目前,国内外均没有与本产品类似的成品出现,也尚未有人提出通过检测穴位伏安特性来判断身体健康情况这一思路。

产品结合 MEMS 技术和中医理论,与一般医疗检测仪器相比,具有检测方便、安全、便携的特点。

另外,此产品结合特殊的算法和测量方法,采用了一定量样本的观测和分析、相对准确地确定了身体重要器官的健康穴位模板图,可以同时满足家用和医用的需求。

加入物联网当中,结合云医院技术可以实现足不出户便可得知自己身体健康状况并且及时获取进一步诊疗的相关信息,大大减轻了医院的负担并符合当下物联网发展趋势。

3. 市场价值

现今,随着人们生活水平的提高,身体健康已成为人们越来越关心的话题,人们希望能够时刻知道自己的身体状态以及变化情况。该产品的智能化程度高,并且市场上尚无类似产品出现,因此有着很大的竞争优势和很好的发展前景。

3.4.2 全自动感应雨伞烘干机(全国二等奖)

团队成员:刘曜全　燕则翔　田均益　包汉成

指导教师:何洋

学　　校:西北工业大学

1. 主要原理与功能

基于现有的技术与知识,我们设计了一款以激光对射型光电传感器、湿度传感器以及电路自动控制为核心的全自动感应伞体烘干机,以达到迅速烘干伞面,保持室内地面干燥整洁的目的。家用款的雨伞烘干机设计效果图如图 3-42 所示,采用立式结构,有利于沥水和热传递。系统工作流程如图 3-43 所示。

2. 创新点

(1)本设计可以解决公共场所地面湿滑、雨伞乱放的问题。

(2)本机器可以快速烘干湿雨伞,不需人员等待过长时间,不会造成公共场所人员拥堵现象;机器会将伞面上无法烘干的多余雨水流入蓄水处并排到室外。

(3)使用湿度传感器可以减少耗电量,使伞面烘干更加高效,提高了安全性。

(4)本机器可由若干单体拼接而成,解决一伞一机的低效问题。

(5)由于系统采用了传感器,雨伞烘干机自动感知,所以只需在雨天将总开关打开便能自动工作,无须专职人员。

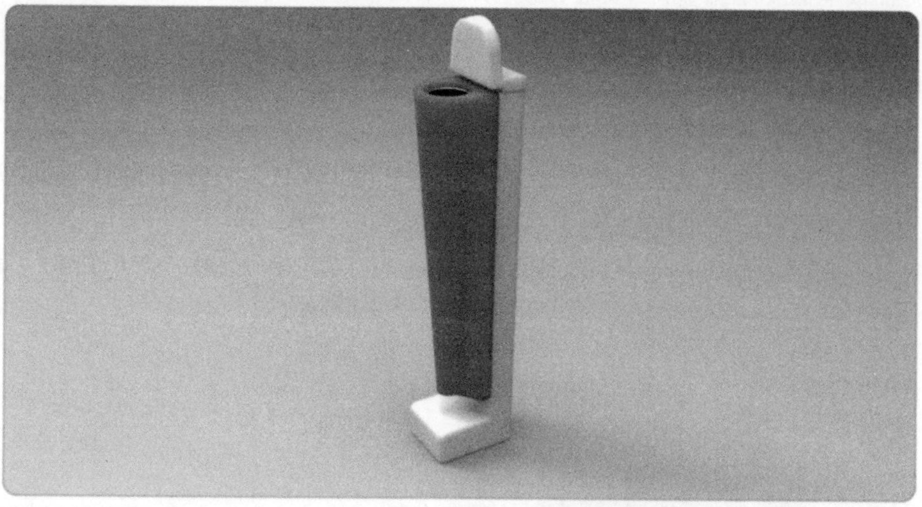

图 3-42 全自动感应雨伞烘干机3D效果图

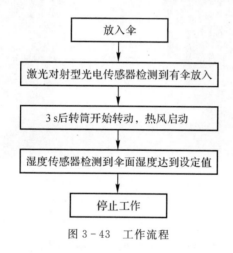

放入伞

↓

激光对射型光电传感器检测到有伞放入

↓

3 s后转筒开始转动，热风启动

↓

湿度传感器检测到伞面湿度达到设定值

↓

停止工作

图 3-43 工作流程

3. 市场价值

现在阴雨天人们进入大型公共场所或用伞套，或将伞放在伞架上，没有彻底解决湿雨伞的方法，导致自己携带不便，公共场所地面湿滑，影响美观，还存在安全隐患，也无法给雨伞干燥，让雨伞存在异味。

本产品运用激光对射型光电传感器、湿度检测、全自动除水烘干伞体技术，通过旋转伞体使受风和受热面积达到均匀。本产品同时包含一套湿度控制的反馈系统，实现节能的目的，同时控制湿度保持适度的值。本产品节能高效，在顾客将伞插入全自动伞体烘干机后，桶内壁的激光对射型光电传感器传输信号，使烘干器开始工作，桶内的湿度传感器实时监测桶内湿度，当湿度小于预定的湿度时停止烘干，并发出提示信息，提示顾客可取走雨伞。本产品将除水、烘干与排水的功能合为一体，高效、安全。

本产品成本低廉，操作简单，安装方便，烘干伞面快速，节约空间。本产品面向大中型商场、图书馆、宾馆等大型公共场所，仅需在公共场所入口处架设几台烘干机，便可以解决地面湿滑，无须人力清扫，保持空间美观、安全性。本产品具有广阔的市场前景。

本产品未来有三个发展方向：

(1)公共场所速干型。本产品针对地铁口、电梯处等人流量大、空间狭窄的场所，安全、高效。雨伞经过传送带后迅速烘干，节约时间，无须排队。

本产品外观设计如图 3-44 所示，可由多个独立单元联排构成，也可采用像图 3-45 的优化外观结构。

图 3-44　公共场所速干型

图 3-45　公共场所速干型

(2)宾馆酒店实用型。本产品针对人流量较大的宾馆、酒店和对时间要求不是很高的公共场所，雨伞在转筒内迅速烘干，提高公共场所整洁度，减少人力，节约成本。

(3)私人订制型。本产品针对个人、家庭设计，成本低廉，烘干效率高，摆脱在阴雨天时湿雨伞在家中无处安放的困扰。

3.4.3　示踪鼠标垫(全国二等奖)

团队成员：陈一鑫　周俊生　姜山　黄潇乾

指导教师：任森

学　　校：西北工业大学

1.主要原理与功能

本产品如图 3-46 所示，通过对鼠标垫的改造，在保证鼠标垫原有功能的基础上，通过对传感器和 LED 的应用，使鼠标滑过鼠标垫时，在鼠标垫上留下一道逐渐熄灭的光的轨迹。通过控制单元，鼠标垫也可以显示不同的图案。在保证使用者使用体验的同时，提升使用时的娱乐性，而且更加美观。

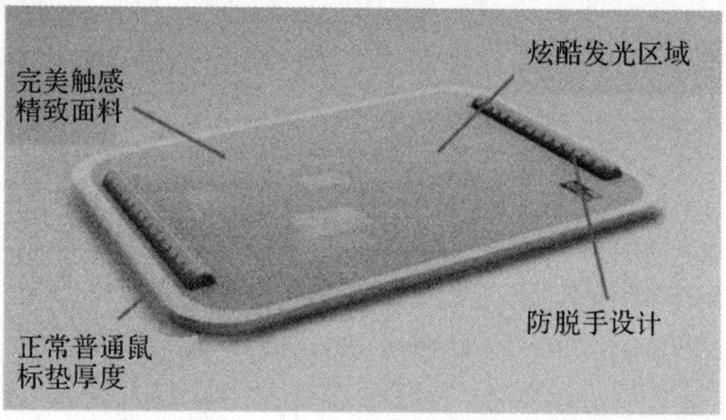

图3-46　示踪鼠标垫

我们经过多种方案的尝试后，目前第二代产品选用霍尔元件，检查鼠标垫表面磁变化点亮LED，与特制的小磁片粘在鼠标上配套使用。

示踪鼠标垫是采取分块发光的形式实现轨迹显示的。

示踪鼠标垫总共有4层结构。第一层（表面）采用适合鼠标的表面材料并有荧光材料涂层，第二层加入致密但柔软的填充层并植入传感器，放置发光元件，第三层布置电路，第四层（底层）作保护层。

第二、三层结构详述：鼠标垫按小面积连续密集的分块布置LED，即，在部分常用位置LED密度大，部分位置LED密度小，进而可以达到精确示踪的目的。在每一个分隔单元配置独立发光单元、基本元件、传感器，再将整体电路与可编程的控制单元连接，控制单元处理信号进而实现示踪功能。

电路结构由以计算机（计算机控制单元可以是计算机主机，也可以是单片机）为控制核心的鼠标位置检查电路、LED点亮控制电路和工作电路的技术方案予以实现，工作流程如图3-47所示。

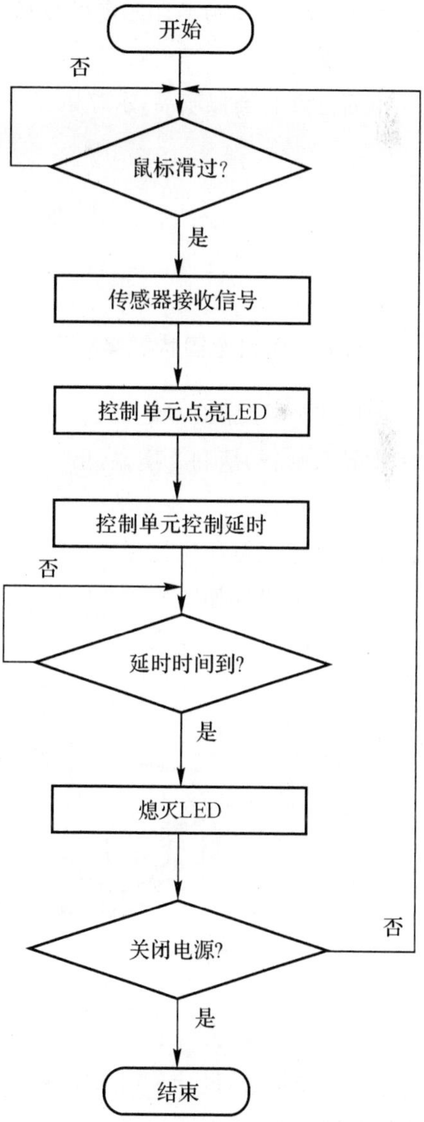

图3-47　示踪鼠标垫工作流程图

2.创新点

（1）示踪鼠标垫是针对人们对美观性和娱乐性的要求，在鼠标垫中内置传感器、单片机、LED

灯，使鼠标垫能显示鼠标滑过的轨迹，提升使用时的娱乐性，而且更加炫酷。

(2)精致外观，颜值与实用并重：完美示踪，流星般的光激活使用者视觉；细致纹理，获得恰到好处的阻力。给使用者手感与视觉的双重享受。

(3)优化外层，适应鼠标传感器：材料在透光与反光中找到平衡，保证反射光质量，不影响鼠标灵敏度。

(4)防滑橡胶底面，紧贴附着面不移动：游戏中，鼠标快速移动时，鼠标垫纹丝不动，保证鼠标质量。

(5)独特的防脱手设计：鼠标两侧设计防脱手设计，防止游戏时，鼠标垫脱手。

(6)柔性可弯曲，方便易携带：我们有两套方案使鼠标垫拥有柔性，分别是柔性 PCB (Printed Circuit Board，印制电路板)法，硬制 PCB 拼接法。

3. 市场价值

市面上没有类似产品，示踪鼠标垫可改变鼠标千篇一律的现状。

3.5 2015 年精选案例

3.5.1 iBag(全国特等奖)

团队成员：于鹏博　诸雅欣　杨嘉琛　李金一

指导教师：马炳和　虞益挺

学　　校：西北工业大学

1. 主要原理与功能

本产品的设计如图 3-48 所示，具体的功能和原理如下。

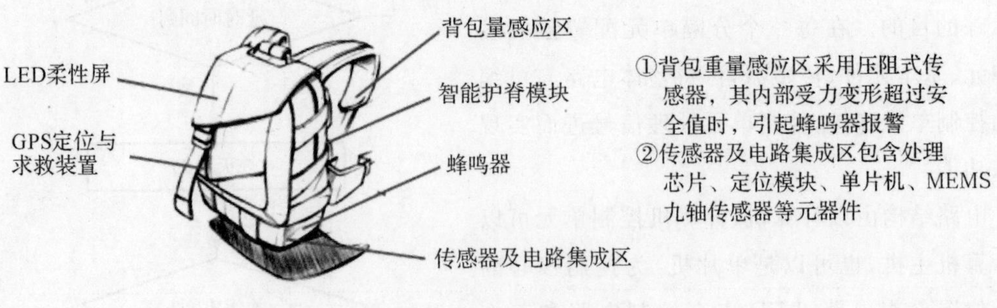

图 3-48　iBag 结构示意图

(1)智能护脊：设计采用压阻式传感器，位于“背包重量感应区”，通过应变片与程序设计实现“超重报警”的功能。记忆钛合金做成仿人体脊柱网架，背部受力设计如图 3-49 所示，外加高密度 50D 记忆海绵，使背包科学承重，保护用户的脊柱健康。

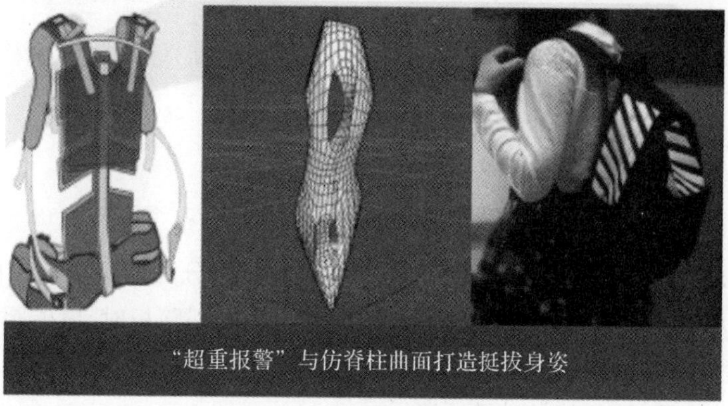

图 3-49 iBag 功能示意图

(2)转向警示与DIY(手工制作)设计:产品装有柔性LED点阵屏,由MEMS九轴传感器检测角速度,当使用者转弯时屏幕可如图3-50所示显示转向箭头,成为"随身转向灯",保障出行安全。直行时,LED屏就是使用者的个性标识,使用者可进入UI界面选择个性图案、颜色、图案切换时间,甚至可以自己动手制作一个图案。友好的UI环境使"个性化"变得简单。

图 3-50 iBag UI界面

(3)定位与呼救:内置GPS芯片和SIM卡,实现实时定位,使用者在手机端下载智护宝App即可轻松完成"实时追踪"功能。包内置有紧急呼救装置,孩子只需长按呼救键,即可向预设手机端发送呼救消息及其定位,贴心、安全。

2. 创新点

iBAG创新性地集成了智能护脊、转向警示、定位呼救等功能,提供了一款可保障青少年健康和安全出行的学习用具,满足了学生和家长的需求。

3. 市场价值

以科技力量助力青少年脊柱健康保护和人身出行安全,为青少年打造智能背负新体验,致力于使该产品成为家长的贴心助手,成为孩童的亲密伙伴。

3.5.2 踩踏式智能冲水器(全国二等奖)

团队成员:许涛　雷铁　张博文　王文瑾

指导教师:何洋　谢建兵

学　　校:西北工业大学

1.主要原理与功能

本智能冲水器是针对蹲厕而设计的一种踩踏式冲水器,分为踏板和电磁阀两部分。踏板可放置于蹲厕前方,嵌在地砖上,电磁阀和冲水管相连,用脚踩踏板时,电磁阀打开冲水。使用该产品既干净卫生,又达到了“强制”使用者离开时冲水的目的。此外,这款冲水器还能根据踩踏时间智能调节冲水量,确保能够冲洗干净。

该智能冲水器的控制流程如图 3-51 所示,采用压力传感器判断压力大小,并将结果输送给单片机,当压力满足一定条件(一般都是正逻辑,也可以改为根据压力判断出人离开蹲厕)时,单片机控制电磁阀打开进行冲水。总体分为踏板和电磁阀两部分,原理简单可靠,成本低廉,实用性强。

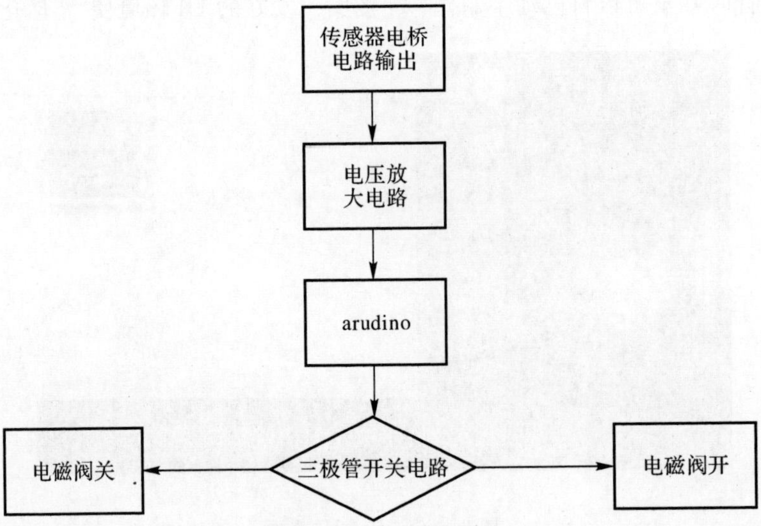

图 3-51　控制流程图

2.创新点

(1)设计的智能冲水器直接用脚踩踏即可冲水,十分方便,对行动不便或者残疾人士都是一种帮助。

(2)常见的蹲便冲水器往往需要用手按,对于公共场合来说,这种方式明显不卫生,该智能冲水器则弥补了这个缺点。

(3)将踏板设计成地板的形式,压力传感器分布在板下方,如图 3-52 所示,既美观又不占空间,如果能对踏板稍加设计,还能进一步增加卫生间的美观程度。

(4)加入延时功能,既能自动冲水,又能手动控制。

(5)将踏板置于蹲厕前方,“强制”使用者离开时冲水,避免了使用者不冲水的情况发生。

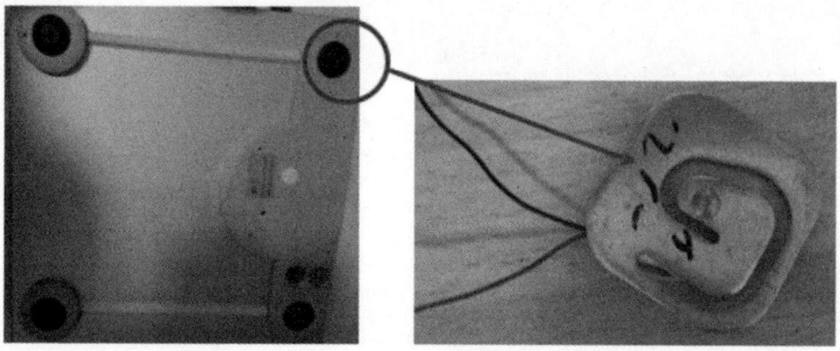

图 3-52 压力传感器分布图

3. 市场价值

我们设计的智能冲水器，是针对蹲厕冲水而设计的一种踩踏式冲水器，踩踏踏板即可冲水，并具备自动延时功能，既能手动控制，又能自动冲水，极其方便，而且干净、卫生。在公共场合的蹲厕内，特别是人流量大的地方，有很多人因为冲水不方便、不卫生而放弃冲水，导致蹲厕的卫生情况令人不满，该款智能冲水器完美地解决了这些问题，令公共场所蹲厕内的卫生情况焕然一新，具有广阔的市场前景。

3.5.3 车载式测高雷达(全国二等奖)

团队成员：陈剑飞　王子尧　李慕仁　颜正川

指导教师：何洋　罗俊

学　　校：西北工业大学

1. 主要原理与功能

车载测高雷达如图 3-53 所示，安装于车顶部，其原理和功能如下。利用不可见激光发射器发射出一束激光，激光遇到障碍物后反射，传感器可接收到反射信号。利用激光传感器发射与接收激光的时间差，经信号处理器处理后计算出物体距离。该产品不仅可以使用于自然表面，也可用于加反射板。本产品测量距离远，具有很高的频率响应。

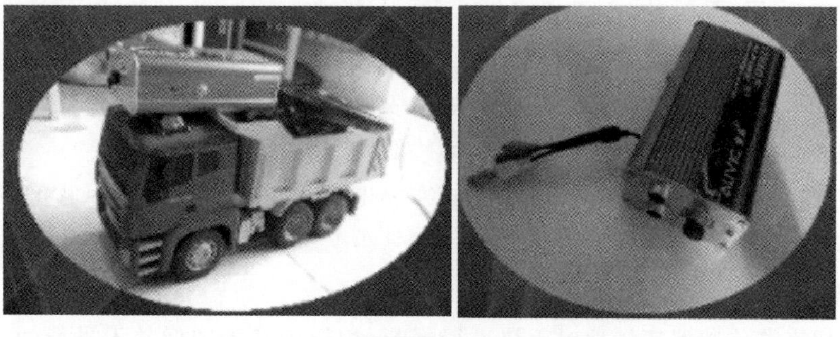

图 3-53 车载式测高雷达安装示意图

2. 创新点

(1)利用激光测距，通过信号发射和接收的时间差计算离障碍物的距离。

(2)自动判断距障碍物是否为安全距离,小于安全距离自动开启报警装置。

3. 市场价值

(1)国内市场相关产品空缺,需求量可观。

(2)产品制作成本低廉,方便实用。

(3)性能稳定可靠,误差小。

(4)汽车需求量日益增长,产品有巨大潜力。

3.5.4 EG Helper -游戏助手(全国二等奖)

团队成员:杨晶　姚天锋　石杨　于婉诗

指导教师:何洋

学　　校:西北工业大学

1. 主要原理与功能

本作品是一个可以自定义设置按键并模拟电脑键盘输入的设备。其功能如下:

(1)使用者可以在本作品上的按键输入区输入合适的按键并进行储存,随后只要挥动手势或是按下本作品上的快捷按键,即可对应电脑之前存储的按键组合。

(2)本作品附带有温度传感器,对于笔记本电脑的使用者,将本作品放于电脑旁,可检测电脑温度。

(3)本作品主要针对电子游戏爱好者而设计。在玩电子游戏的过程中,能不断打出精彩的操作是每个玩家的梦想。而精彩的操作往往具有较高的操作难度,玩家时常需要在极短的时间内连续以正确的顺序按下多个按键,而这也是很多低端玩家所难以达到的。但是借助本作品,玩家可通过一个手势或是按下作品上的快捷按键即可输入一连串的操作,极大程度地简化了操作难度。同时,本作品可以实时监测电脑温度,提醒玩家注意保养自己的电脑。

(4)本作品的核心器件由 HC-SR04 超声波测距传感器、DS18B20 温度传感器、LCD1602 显示屏、按键以及主控芯片组成。

两个 HC-SR04 超声波测距传感器用以对手势进行判断。LCD1602 显示屏用以显示温度以及玩家自定义的按键组合,方便玩家时刻了解自己设定的按键。

主控芯片采用了一块 STC89C52RC 单片机与一块 Atmel328P 单片机。其中,STC89C52RC 单片机对自定义按键进行处理,并负责采集 DS18B20 温度数据,同时驱动 LCD1602 显示屏。Atmel328P 单片机因其快速、高效、稳定等特点用以模拟键盘进行输入,并采集 HC-SR04 超声波测距传感器数据。两块单片机通过串口进行通信。

在供电方面,本作品与绝大多数键盘鼠标等游戏外设一样,直接采取电脑 USB 接口的 5V 电源供电。

2. 创新点

(1)运用超声波传感器巧妙地对手势进行判断:相较于基于图像技术进行的手势判断,运用超声波测距传感器能够轻易地对简易的手势动作进行判断,不仅具有灵敏度高,判断效果好的特点,而且造价低,易于被广大消费者所接受。

(2)操作简单,功能实用:虽然市面上已经出现了可编程键盘,但是其不仅价格高,而且使用起来十分复杂，导致可编程键盘并没有被广大游戏爱好者所接受。而本作品即插即用，自定义按键方便快捷，操作简单，同时成本更低，相比于可编程键盘有着极高的性价比。

3. 市场价值

如今电子游戏爱好者占据了青少年中的绝大多数，而本作品正能够服务广大的电子游戏爱好者，让游戏过程中复杂的操作变得简单。本作品即插即用，操作方便。同时本作品成本只需 20 元，若是以 80 元售价在市面上出售，相较于动辄七八百元的可编程键盘，本作品有着极高的性价比。同时，市场调查显示，在 10～25 岁的电子游戏爱好者人群之中，超过 80%的被调查者表示十分喜爱本作品的功能，并能接受 80 元的售价。由此可见，本作品有着广阔的市场前景。

3.5.5 Hello warm 智能提醒装置（全国二等奖）

团队成员：陈森　姜景明　蔡鑫

指导教师：罗剑

学　　校：西北工业大学

1. 主要原理与功能

在大型商场试衣间、高级酒店、饭店以及其他地方的公共卫生间等私人公共空间中，当顾客进去把随身物品挂在 Hello warm 智能提醒装置（财物小卫士）上时，小卫士会检测到人与物品，顾客走了而未带走随身物品，财务小卫士则会立即进行提醒，报警，直到顾客取走随身物品后，才停止报警，保证顾客的财物安全。

小卫士分为语音、红外感应、角度感应、CPU 四个模块。当有人进入时，红外模块会感应到人存在，在有放置物品时，挂钩下降，与挂钩相连的轴会旋转，角度感应模块工作，检测到物品存在；在人走后，红外感应模块会检测到，如果顾客没有带走物品，CPU 模块控制语音模块进行报警提醒，直到顾客回来取走物品。由于小卫士精度比较高，又有安全距离保护，顾客挂小至一串钥匙链大至一个背包，本装置都可以检测到，方便了顾客，也提高了商家的服务质量。

2. 创新点

（1）服务创新：本产品提高了商家的服务层次，以前顾客丢东西，然后被商家捡到收集起来等顾客来取，本产品可以大大减小这种情况出现的概率，提高企业服务质量，使顾客的满足感、幸福感得到提升。

（2）产品创新：目前市场上还没有这种产品，市场完全空白，同时本产品造价低廉、体积轻巧、实用美观，具有很大的应用前景。

3. 市场价值

经网上调查，由于消费者自身马虎大意导致财物损失的案例不胜枚举，也引发了一连串的财务纠纷，而其多发地往往出现在试衣间、医院挂号台、公共场所洗手间洗手台等。财务小卫士体积小，结构适应性强，可以很好地满足市场需求，应用在上述场合。另外，其反应灵敏，可靠性高，人性化设计更能诠释行业以消费者为中心的服务理念，拉近消费者与商家的距离，同时为商家避免商业纠纷，使得源于生活的科技，真正服务于生活。

3.6 2014年精选案例

3.6.1 Follow ur Heart 随心所动(全国特等奖)

团队成员:刘诗宇　郝琦　杨帆　饶逸文

指导教师:吕湘连

学　　校:西北工业大学

1. 主要原理与功能

本作品具备自动变速的功能,能根据不同状态控制自行车挡位。

本作品可以替代自行车手动变速器,自动变速器的霍尔传感器与位于车轮辐条上的磁铁共同作用产生脉冲,通过单片机计算不断输出时速,单片机根据设定好的速度区间进行监测,一旦速度达到要求便控制嵌入的电机转动,驱使变速器伸缩,从而改变飞轮与链条的配合关系,实现自动变速。该系统采用的各模块及结构如图3-54所示。

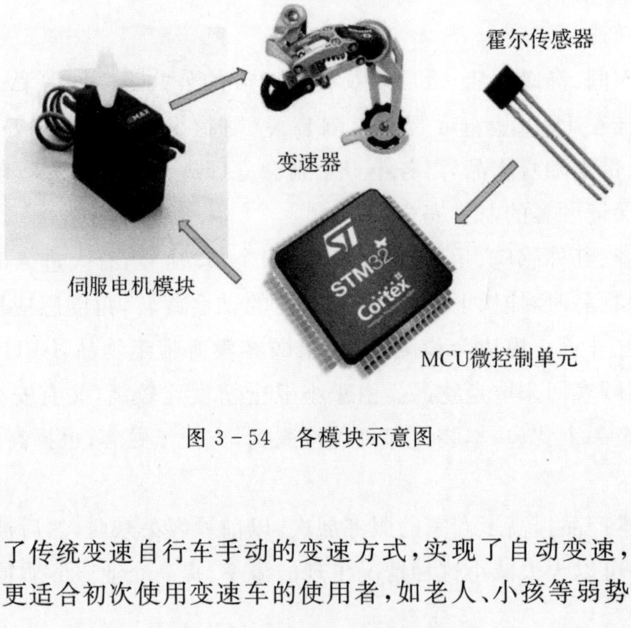

图3-54　各模块示意图

2. 创新点

(1)本作品改变了传统变速自行车手动的变速方式,实现了自动变速,更加方便并且有助于骑行者节省体力,更适合初次使用变速车的使用者,如老人、小孩等弱势群体以及长途骑行爱好者等。

(2)本作品安装简易,适用范围广,可随车出厂,也可用于后期对手动变速车进行改装。

(3)本作品实现了自动变速器一体化,省去了传统变速器拉线,变速拨盘等结构,节省空间。

3. 市场价值

拨盘换挡操作较复杂,市场缺乏自动变速器,可应用于一切变速自行车实现自动变速。

3.6.2 "把我取出来"(全国二等奖)

团队成员:杨晶　李锡铭　张坤

指导教师:袁广民

学　　校：西北工业大学

1. 主要原理与功能

“把我取出来”是一个钥匙及时拔出提醒装置。其核心器件是人体红外感应模块和对射式红外传感器。

在钥匙插入锁孔后，本作品会发出提示音以提醒开门者钥匙未拔出。

在没有光照且有人靠近门锁时，本作品会通过点亮发光二极管照亮锁孔的位置，以便在黑暗环境中操作。

本作品具有高度模块化的特点，而其核心部件为 HC－SR501 人体红外感应模块、HD－DS25CM－3MM 对射式红外传感器、语音模块。电源由 5～6 V 直流电提供。在 HC－SR501 模块中，我们加入了一个光敏电阻使得该模块在受到光照时不工作。当没有光照时，如有人靠近，该模块输出由低电平转为高电平从而驱动发光二极管工作以实现本作品的第一个功能。图 3－55 中的深色线条表示红外线光路。当对射式红外传感器之间没有遮挡物时，输出高电平。有钥匙插入后，红外传感器输出低电平使得语音模块被驱动以实现本作品的第二个功能。插入钥匙后，红外线光路被阻挡，语音模块发出提示音。

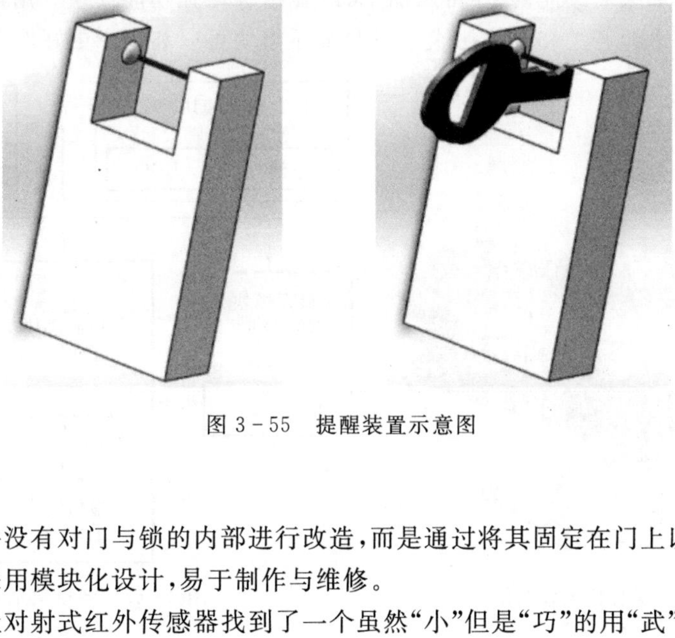

图 3－55　提醒装置示意图

2. 创新点

(1)本产品并没有对门与锁的内部进行改造，而是通过将其固定在门上以发挥其功效。

(2)本产品采用模块化设计，易于制作与维修。

(3)本作品让对射式红外传感器找到了一个虽然“小”但是“巧”的用“武”之地。

3. 市场价值

相信很多人都有将钥匙插入门锁后未拔钥匙直接进入房间的经历，尤其是对于年龄较大的人群以及小孩，这种情况时有发生。于是，本作品的一个功能——钥匙插入锁孔后会发出提示音以提醒主人取出钥匙，便是专为防止这种意外发生而设计的。我国大多数居民楼的楼道里都装有声控感应灯，但是我们经常发现有相当一部分的感应灯会出现感应不灵敏的现象，这也令我们在黑夜中开门感到不便。于是，本作品具有另一个功能——当没有光照且有人靠近时，发光二极管发光提示锁孔的位置。可以说，本作品虽然小巧、简易，但是所具有的功能却能为我们的生活带来极大的便利，而其具有成本低廉的特点，具有很好的市场前景。

3.7　2013 年精选案例

安智精灵(全国一等奖)

团队成员:袁晓峰　李岩　赵越　雷怡

指导教师:谢建兵

学校:西北工业大学

1.主要原理与功能

“安智精灵”具有寻物和防丢两大功能,如果把“安智精灵”挂在钥匙、相机、平板电脑、公文包等物品上,就能轻松让它们“发”出声音,避免“地毯式”寻找的烦恼;把挂件系到皮包上,可以防止皮包遗失,让贵重物品完全在自己的监控之下,避免损失。“安智精灵”体积小巧,外观设计如图 3-56 所示,可当作一个钥匙挂件携带。

(1)“安智精灵”硬件系统:“安智精灵”寻物防丢系统包括硬件系统和控制软件两部分。“安智精灵”硬件系统如图 3-57 所示,主要模块包括控制模块、蓝牙通信模块、电源模块、指示模块、报警模块等,如果后续需要,还可添加 LCD 显示等增强功能模块。用户通过按键,可以控制“安智精灵”的电源开关和复位功能。LED 显示模块可以和用户更好地交互。

图 3-56　安智精灵效果图

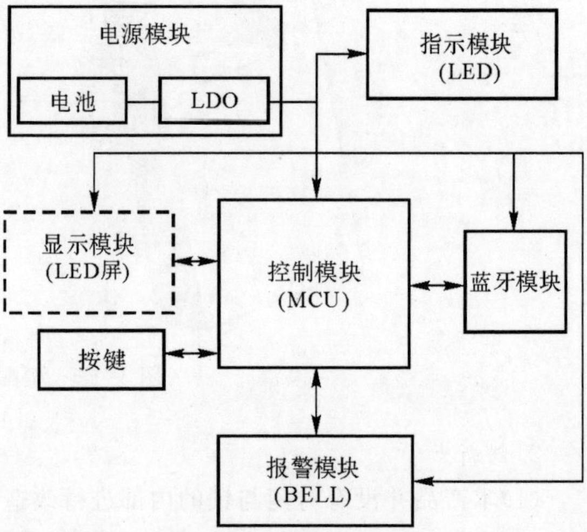

图 3-57　各模块示意图

(2)“安智精灵”软件系统组成如下:

1)响铃寻物:基于 Android 系统的手机通过安智精灵软件与模块挂件建立蓝牙连接,这样可以用手机给模块发送响铃指令,模块挂件发出响铃声,提示主人目标物体的位置。当然,也可以用手机发送停止响铃指令。

2)信息设置:由于手机与“安智精灵”挂件可以实现“一对多”连接,即手机需要监控钥匙、相机、平板电脑、公文包、宠物、小孩等多个目标,为了方便管理,需要给模块挂件设置相应名称,设置密码可以提高安全保密性。

3)防丢功能:只需要将“安智精灵”挂到需要防丢的物品上,并将安智精灵切换到防丢模式,在软件检测到距离超出所设置的安全距离后,手机和“安智精灵”立即响铃报警,及时提醒主人目标物品已不在监控范围。

2. 创新点

(1)本作品可测量目标物品与手机之间的距离。

(2)本作品可设置场景模式,根据嘈杂度的不同来提高测量距离以及增大铃声。

(3)本作品可设置安全距离,根据具体需求不同,来实现近身防盗和贴身防盗等多种不同物品的防丢失。

(4)本作品可进行手动和自动的报警,当目标物品距离超过之前设置的安全距离时,小精灵和手机便会自动进行报警;但我们找不到某件物品时,只需要通过手机轻轻一点,便可手动地让小精灵报警。

(5)本作品外观设计精美,体积精巧,便于携带。

(6)本作品采用低功耗设计,续航能力较强。

3. 市场价值

现代城市生活的节奏越来越快,经常会有物品被我们遗忘在凌乱的家中而找不到,本作品可以面对上班白领一族,当白领们无暇收拾家务时,本作品可以帮助他们快速地从凌乱的家中找到一些重要的物品。本作品还可用在贵重物品的防丢,例如忘拿手提包、火车上的行李箱被错拿等等。"安智精灵"适合有防丢功能需求的用户,而用户只要有一部智能手机就可控制安智精灵,而全球智能手机用户数量在迅猛增加。因此,"安智精灵"具有较好的市场前景。

3.8 2012 年精选案例

3.8.1 "Miss Around"(M. AD 远程孝心蘑菇灯)(全国一等奖)

团队成员:钟培峰 王娜 巩卓成 孙晓菲

指导教师:袁广民

学 校:西北工业大学

1. 主要原理与功能

M. AD 远程孝心蘑菇灯是一款互动产品,该产品特别适合家人与出门在外的子女之间的远程互动,联络感情。通过照片与语音信息的实时传递,简便、直观地将子女与父母的现状呈现给对方,让对方感受到家庭的温暖,架起亲情沟通的桥梁。

M. AD 远程孝心蘑菇灯的外观设计如图 3-58 所示,由家庭主机大蘑菇灯、与主机配套的同步闪烁小蘑菇灯以及一部能上网、拍照片的手机组成。

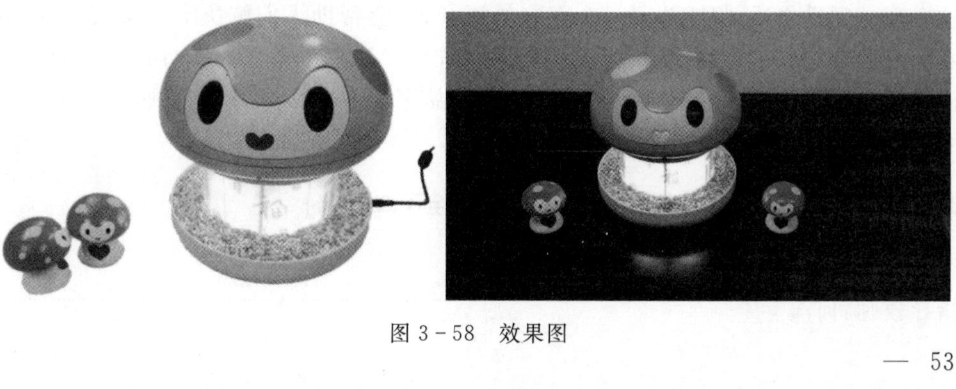

图 3-58 效果图

在没有信息的时候，M. AD远程孝心蘑菇灯是一盏美观实用的装饰灯具，轻拍它的蘑菇头，便可实现照明灯组的开关和亮度的调节。

当父母和子女需要互相了解对方的近况并送上一份关怀的时候，它的强大功能才体现出来。

它能一键拍摄家庭的生活场景，并通过网络传给远方的子女，送去一份家的温暖；同时，它还能自动显示子女用手机传来的照片，让父母少一份对子女的担心。

它可以实现读取语音短信功能，让父母能听到自己的声音，减少一份对子女的牵挂。

它更能记录父母想对子女说的心里话，在网络平台中永久保存一份。

系统硬件结构图如图3-59所示。

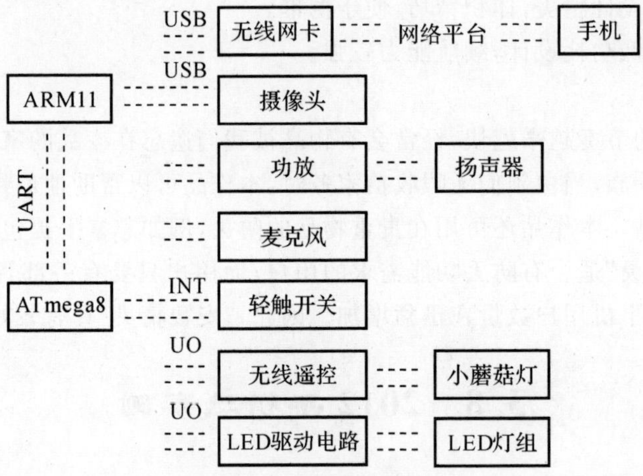

图3-59 系统结构简图

2. 创新点

该创意产品从实际出发，基于现代社会普遍存在的父母与子女问题，用较低的成本与更简单的操作方式解决了父母与子女异地面对面交流困难的问题。展望未来，我们期望未来社会每个家庭可以实现父母与子女的随时随地的异地可视智能交流，为社会带来福音。

3. 市场价值

跟随网络全球化的热潮，网络基本会覆盖到家家户户，该产品立足这样的高度，以一种发展的眼光看待问题，着手开发这个产品，既解决了现在萌生的问题，又为将来的应用做好了准备，最终我们能够将这个产品完全智能化。它会成为一款备受家家户户喜爱的时尚、简单又智能化的产品！

这个产品问世之后，将成为每一个家庭的福音，它会帮助人们解决异地交流难的困扰，父母也会因为拥有它变得更加幸福。我们能够看到，M. AD远程孝心蘑菇灯将会面对一个很大的人群，而且这个人群还会持续增加，这对一个产品来说将有一个相当可观的市场前景，我们对这个产品充满信心！

3.8.2 Hi-TV（手势操控式智能电视盒）（全国二等奖）

团队成员：王云龙　钟尧　严嘉琪　张菁芸

指导教师：何洋

学　　校：西北工业大学

1. 主要原理与功能

Hi-TV是一款作为普通电视与智能电视的转换媒介的智能电视盒，如图3-60所示。它最大的亮点是采用手势识别，摆脱遥控器的束缚，一切操作只需要一双手：控制手势图如图3-61所示，电视换台，只需挥手；享受电影，只需挥手；上网冲浪，只需挥动；一双手轻轻一动便可实现多种控制功能，方便快捷。

图3-60　Hi-TV示意图

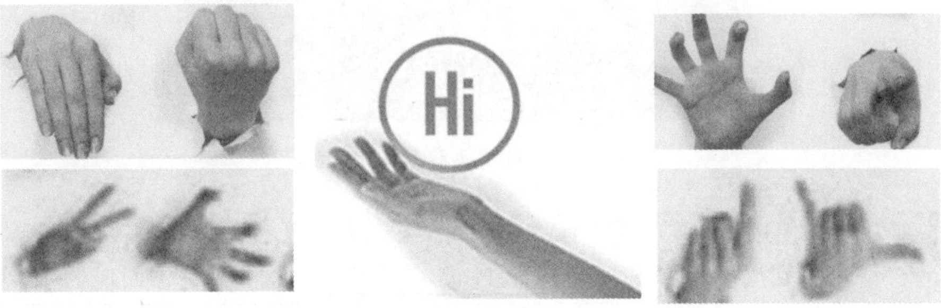

图3-61　控制手势图

2. 创新点

实际上，Hi-TV让普通的电视成为拥有最好人性化兼容性操作系统的智能微电脑，除了主页面显示时间、天气外，它还集合各种音视网站、新闻网站、购物网站等常用网站，让老百姓时时了解资讯，让世界掌握在我们老百姓的手中。当然，我们还可以体验大屏幕体感游戏的快感，比如隔空手切超大屏幕水果忍者，Hi-TV让我们真正High起来！

此外，Hi-TV整体外观高亮简洁，糖果色风格设计（三色可选：典雅白色、浪漫水粉、简洁黑色），防划伤做工，漂亮实用。

3. 市场价值

近年来，智能电视越来越热，但其高昂的价格让平民老百姓望而却步。然而针对中档消费市场推出的 Hi-TV 能让老百姓有机会和高科技说 Hi! 让高科技和草根们说 Hi!

3.9 2011 年精选案例

Hug 远程互动不倒翁(全国特等奖、国际一等奖)

团队成员：马银龙　艾凤明　柯栋梁　蔺蓉

指导教师：何洋

学　　校：西北工业大学

1. 主要原理与功能

如图 3-62 所示的 Hug，一对深爱着对方的"不倒翁"，特别适合分居两地的情侣、朋友、家人使用。通过 Hug，深处异地的情侣可以互表思恋之情，出差不能赶回家的父母可以抚慰一下在家等待的孩子。当两个 Hug 聚在一起时，我们会发现他们如此了解对方，可以进行如此有趣的互动。

图 3-62　Hug 远程互动不倒翁

(1)主要功能。使用时，双方各持有一个 Hug，当一方轻轻拍下其中一个 Hug 时，另一个 Hug 就会有反应，看到反应后自己再动一下 Hug，两个 Hug 之间便有了回应，这种互动回应可以表现在以下几种形式：

1)动作的回应：两个 Hug 之间心心相印，相互模仿动作——"你怎么动，我怎么动"。

2)温度的回应：当用手握住 Hug 时，Hug 能感受到手的温度，传递给另一个 Hug，对方就能感觉到远方传来的温暖。

3)光的回应：当摇动 Hug 时，另一个 Hug 便会根据动作发出不同颜色、不同节奏的光，双方可以进行光的互动。

4)声音的回应：当用特定的方式去操作 Hug 时，另一只 Hug 可以发出特定的声音，这样，可以对对方说一声"晚安"，或者送给对方一段美妙的音乐。通过这种远程的互动，感情的传递变得如此美妙。

该产品主要实现两个不倒翁之间的动作、温度、光、声音的相互回应。整个系统通过微控制单元(MCU)协调管理，双轴陀螺仪能够检测出不倒翁的晃动、拍打等动作，温度传感器可以检测温度，这些信号经过MCU处理后通过WiFi经互联网传递给另一个Hug，控制另一个Hug进行晃动、温度、光、声音等动作，从而实现不倒翁间的远程互动。

该产品的系统框图如图3-63所示，采用MCROCHIP的32位处理芯片PIC32MX440F128H作为主控芯片。通过双轴陀螺仪检测Hug的运动变化信息，通过温度传感器检测温度信息，这些信息经MCU处理后经WiFi传输到另一个Hug的MCU，从而控制其运动、发热、发光、发声。同时，Hug具有智能电源管理系统，不动作时会自动进入休眠状态以节省电力。

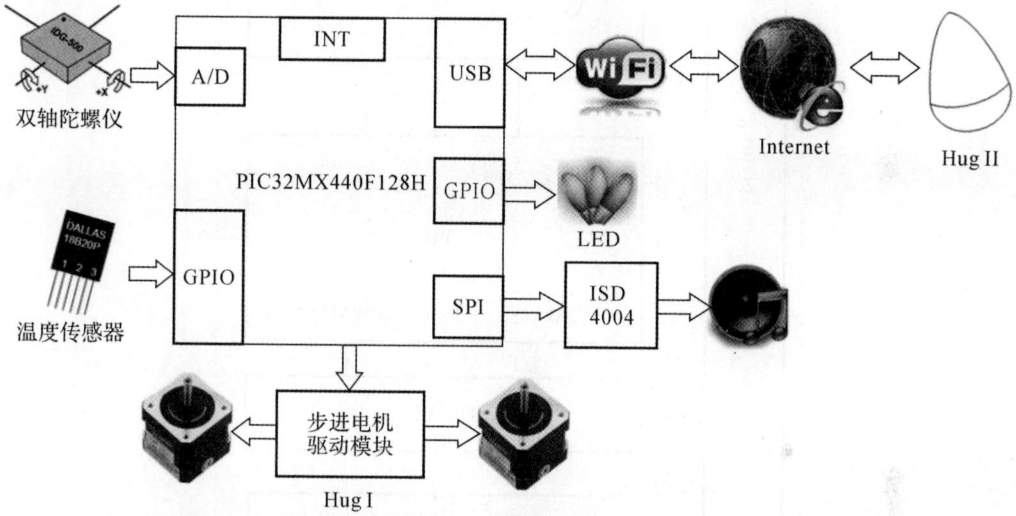

图3-63　系统结构框图

(2)机械随动实现方案。

1)机械结构设计。该部分机械设计如图3-64所示，电机MOTORX和电机MOTORY根据另外一个Hug传来的陀螺仪信号来控制相应的轴转动，进而控制底盘的运动。

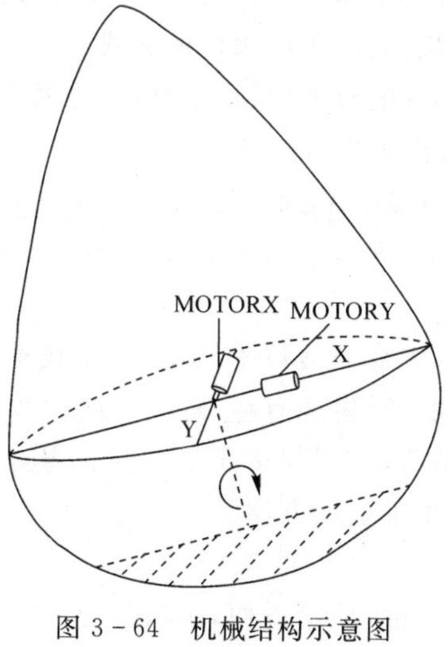

图3-64　机械结构示意图

2)硬件电路设计。该部分包括传感器、控制器、驱动电路、步进电机和供电电源的设计。传感器采用INVENSENSE公司的IDG-500双轴陀螺仪。硬件框图如图3-65所示。

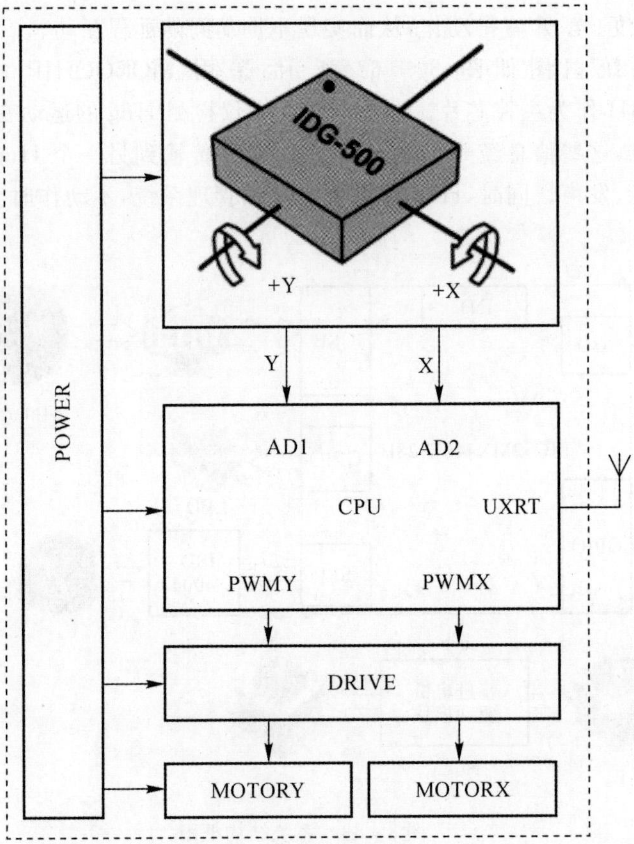

图3-65 硬件框图

3)软件设计。该部分主要有传感器数据采集、信号调理、通信模块和步进电机控制。为防止数据抖动、毛刺或高频信号干扰,采用多次采样的方式,并经数字滤波进行调理,提高采集精度。通信模块包括本系统中陀螺仪的数据发送和接收其他系统中陀螺仪的数据。接收的数据用于步进电机的控制。系统流程图如图3-66所示。

(3)语音模块。采用ISD4004语音芯片。

(4)通信模块。通信模块采用UG5681D-IPEX无线USB-WiFi模块。

2.创新点

(1)该产品通过传感器技术、无线通信技术、运动控制技术,实现远程动作、温度、光、声音的互动。多种形式的回应让互动变得更加有趣,意义更加深远。

(2)该产品外观美观,设计精巧,使用起来简单方便。内置智能电源管理系统,节省电力。无线技术摆脱通信线路的束缚,携带更加方便。

3.市场价值

(1)该产品酷炫,新颖,趣味性强,使用方便,小巧美观,特别适合情侣、朋友、亲人之间远程互动,联络感情,也可以作为近距离的互动型创意玩具。

(2)市场上类似产品有“异地情侣感应灯”“情侣发光联络枕”,但它们仍处于概念产品阶段,市面上很难买到。同时,搜索发现,网络上有很多网友发帖询问该两款产品的购买方式,因此此类产品市场较好,竞争对手较少,利于大力占据市场份额。

(3)产品成本较低,价格低廉。量产后,该产品成本仅需150元,具有极高的性价比,利于占领市场。

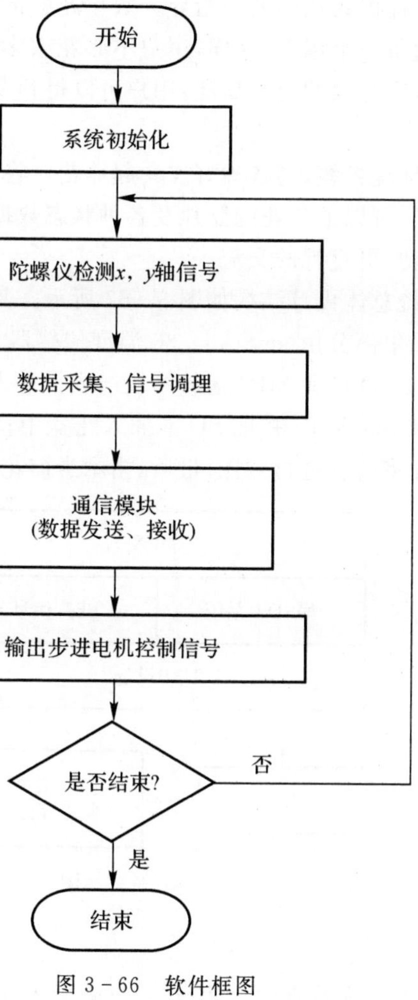

图3-66 软件框图

3.10 2010年精选案例

数字花盆(全国二等奖)

团队成员:周鹏跃 金宝龙 薛峰 王焕新 李静
指导教师:何洋
学 校:西北工业大学

1. 主要原理与功能

(1)打破传统养花方式,增强养花乐趣。数字花盆利用温度传感器、湿度传感器与光敏电阻,将植株的温度条件、浇水情况及光照状况量化,根据设定好的条件,让植株对当前状态做出"反应",可以通过"表情"来反应,用电子牌上的笑脸和哭脸来表示,也可以通过"声音"来反应,它们渴了会向我们"讨水喝",浇水之后我们可以得到它们的感谢,把植株放在合适的环境中会看到它们的"笑脸"。这种与植株的互动可以得到更多的新鲜感和愉悦感。

(2)建立专业数据库,提供养花辅助与指导。数字花盆的数据库可由养花专家建立,并可通过网络很方便地发送给每一个用户,这样,用户不必花太多时间,就可使数字花盆成为专业的养花辅助工具。配合数字花盆的交互功能,用户可以得到及时的提醒,而不必长时间地关注浪费时间。

(3)通过互联网打破地理界线,与各地好友一起养花。将花的实时状态量化以后可以建立专门的数字花盆养花社区,可以上传花的照片及各种状态数据,甚至是实时更新花卉当前状态数据,这样可以实现更方便、更直观的交流。

(4)设计方案。本系统总体设计结构如图 3 - 67 所示。其中信息采集、状态判别模块是本系统的核心部分。信息采集部分由 smt160 - 30 温度传感器、aht11 湿度传感器和光敏电阻组成;状态指示部分由数个 LED 灯和 MP3 播放模块组成。首先,将当前花卉适宜生长的环境信息通过计算机平台下载到 SD 卡中,并把 SD 卡插入花盆中;其次,MCU 读取 SD 中的花卉信息,采集当前环境信息,并将两者进行对比;最后,指示当前花卉的生长状态。

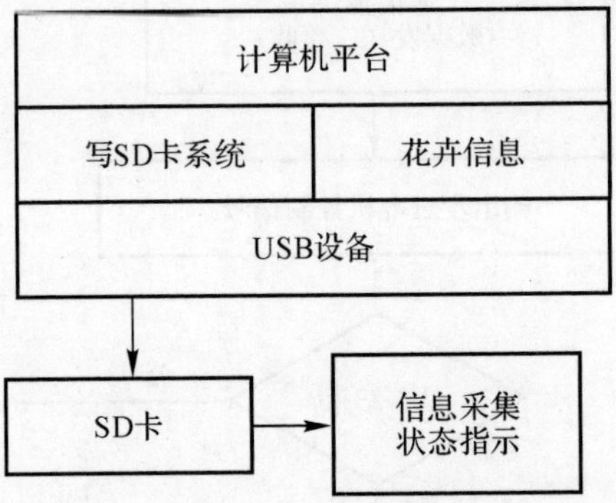

图 3 - 67　系统框图

2. 创新点

(1)本作品利用传感器作为花卉的表达载体,打破了传统独立、单一的养花方式,增强了养花的互动性和趣味性,并为养花交流提供了便利渠道。

(2)本作品建立的数据库可通过互联网传播,可为养花者节省大量时间,并提供较准确的养花辅助,帮助缺乏经验的人养花。

3. 市场价值

数字花盆是根据当前养花市场的特点提出的一种新型养花方式,相对于传统养花方式,它更具娱乐性,并不需要大量时间去管理,而且是一款很实用、低成本的辅助工具,所以数字花盆具有很客观的购买潜力。此外,随着"物联网"概念的兴起,数字花盆本身也具有广阔的发展空间,除了数字花盆网络版,它还可以与一些辅助装置配合,通过网络实现更多功能,比如好友远程管理、远程求助等,这样养花者之间就可以建立起更方便、更直感的交流平台,将进一步减弱时间、空间的约束。

3.11 2009年精选案例

桌Q(全国一等奖)

团队成员:申强 周洁 王焕新

指导教师:何洋

学 校:西北工业大学

1.主要原理与功能

该作品系统框图如图3-68所示,将加速度传感器、麦克风与电脑软件程序结合起来,将人们释放压力时做出的各种敲击、摔打的动作,用加速度传感器捕捉,将人的语言用麦克风捕捉,再输入电脑中,以一种虚拟的方式用电脑软件展现出来,将敲击的物品击碎,或者给用户展现一些美景或者幽默场景,从而达到发泄或者舒缓心情的作用,使用户的心情更为舒畅。作品能够在电脑前简单的敲击、摔打动作不损坏物体的同时,起到调节和发泄的作用。可以减缓长期使用电脑的疲劳。将这些元素结合起来,可以综合起来做一个简单的释放压力的工具,让生活变得更轻松。

该作品由电脑端服务程序和一个外形为装饰品造型的手持部分"桌Q"构成。桌Q中包含有声音、动作的采集及处理装置,通过网络将采集到的信息发送给主机,经主机处理后控制声、光、电等装置。

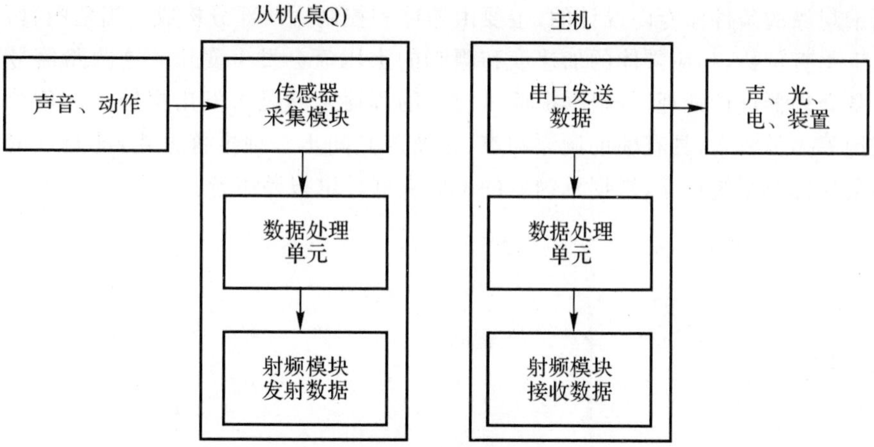

图3-68 系统示意图

2.创新点

(1)该作品将人们释放压力时做出的各种敲击、摔打的动作,以虚拟的方式用电脑软件中展现出来,将敲击的物品击碎,或者给用户展现一些美景或者幽默场景,从而达到发泄或者舒缓心情的作用,使用户的心情更为舒畅。

(2)该作品能够在电脑前简单的敲击、摔打动作不损坏物体的同时,减缓长期使用电脑的疲劳。

3. 市场价值

现代快节奏的生活中，人们压力相当大，脾气变得暴躁，进而将情绪发泄在周围人或无辜的物体（如手机）上面，这样不仅造成工作效率的下降，毁坏物品造成经济损失，同时使自己与家人及同事之间的关系不和谐，各种关系变得更为复杂。在“中国员工心理健康”调查中，被调查的 5 000 人有 25.04％存在一定程度的心理健康问题，也就是说每 4 个被调查者中，就有一人存在心理健康问题，对于人口众多的中国而言，这无疑是很严重的。而进一步的数据分析显示，被调查者经常出现的心理健康问题有感觉不快乐、郁闷、烦躁、彷徨、怀疑或轻视自己，总觉得自己在工作中无足轻重。调查同时表明，工作年限在 5 年内出现心理健康问题的人数多，尤其是工作年限为 5 年的人这一比例达到了 30.4％。一些行业有心理健康问题人数比例（由高到低排列）：金融业 33.7％，通信、电信业 27％，IT 业 26.9％。

该产品对缓解压力有很好的作用，成本低廉，市场前景较好。

3.12　2008 年精选案例

3.12.1　“千里眼”多功能电子鱼漂（全国三等奖）

团队成员：任森　罗剑　常杰　张星宇　苑曦宸

指导教师：何洋

学　　校：西北工业大学

1. 主要原理与功能

“千里眼”多功能电子鱼漂如图 3-69 所示，主要是针对广大钓鱼爱好者头痛的远距离、夜钓等不利于观漂的条件而专门设计的，主要由漂体和控制盒两部分构成。当鱼吸食鱼饵时，带动漂体发生垂直位移，相应漂体的加速度和漂脚的水压值会发生变化。这两路信号被迅速导入漂体内微处理器进行处理，并根据提前设定好的程序判断是否发出报警。该鱼漂可满足台钓和传统钓等多种要求，具有辅助调漂和声、光及声光同步三种报警方式，甚至可依据不同鱼种和使用条件修改系统程序，根据垂钓者的不同喜好设定报警声音。

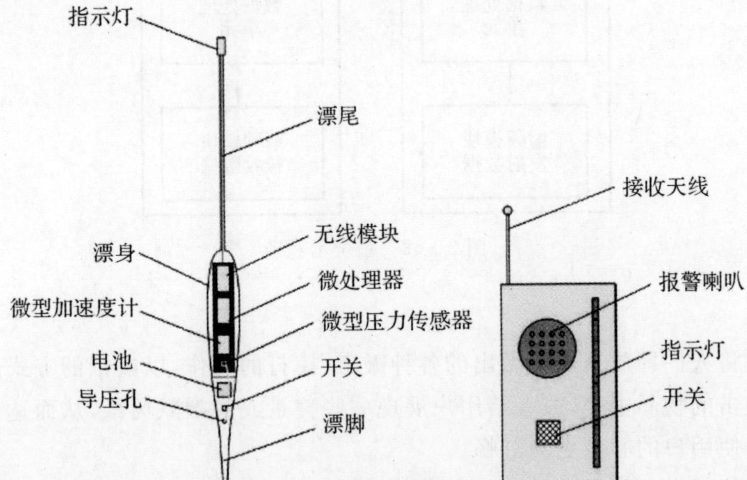

图 3-69　电子鱼漂示意图

“千里眼”多功能电子鱼漂的工作原理及操作步骤如图3-70和图3-71所示。

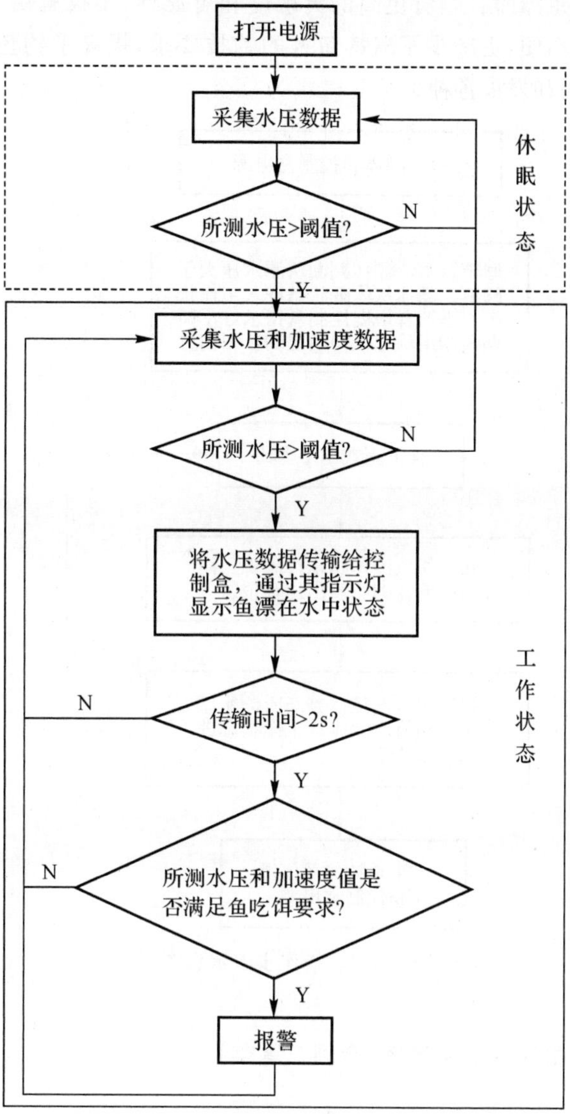

图3-70 工作原理示意图

2. 创新点

(1)该鱼漂利用电子信号代替了眼睛观察,降低了远距离垂钓和夜钓时对钓鱼人的视力要求。

(2)该鱼漂可满足台钓和传统钓等多种使用方法。

(3)该鱼漂可依据不同鱼种和使用条件设定系统参数。

(4)该鱼漂具有辅助调漂功能。

(5)该鱼漂具有声、光及声光同步三种报警方式,同时可根据钓鱼人的不同喜好设定报警声。

3. 市场价值

该鱼漂相对于传统鱼漂而言具有更高的灵敏度和可靠性，不仅解决了钓鱼人远距离垂钓和夜钓等条件下观漂的不便，更减少了对钓鱼人的钓技要求，提高了钓鱼运动的娱乐性、参与性，有着广阔的市场空间和发展前景。

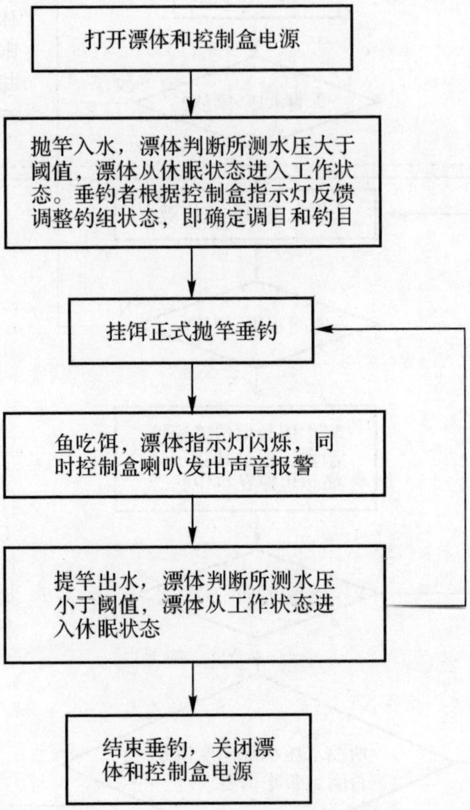

图 3-71　操作步骤示意图

3.12.2　微型直升机飞行控制系统(全国二等奖)

团队组员：张峰　秦伟　李彬　任嵘　张戈

指导老师：常洪龙

学　　校：西北工业大学

1. 主要原理与功能

本作品是一种应用于微型直升机的飞行控制系统研制方案。微型直升机飞行控制系统决定着微型直升机的各种飞行性能。方案采用 MEMS 陀螺仪作为获取微型直升机姿态信息的传感单元，以 ATmega128 单片机为机载 MCU，通过感测微型直升机的偏航角、角速度、加速度等姿态信息，并采用 PID 控制算法，实现对微型直升机稳定控制。本作品采用的 MEMS 陀螺仪由陀螺、加速度计和地磁传感器组成。其中，地磁传感器用于测量微型直升机的偏航角，陀螺用于感测微型直升机的角速度，加速度计用于感测微型直升机的加速度以及修正控制算法。

2. 创新点

MEMS陀螺仪作为获取微型直升机姿态信息的传感单元，以ATmega128单片机为机载MCU，通过感测微型直升机的偏航角、角速度、加速度等姿态信息，并采用PID控制算法，实现对微型直升机稳定控制。

3. 市场价值

本作品成本低廉、性能稳定、精度较高、反馈控制、误差补偿、通用性强、操控容易、易于维护、抗冲击性好、抗干扰性好、市场广阔、经济性好。本作品不仅具有广阔的市场前景和很好的经济效益，而且具有很高的研究价值，具体表现在：微型直升机相关研究涉及机械设计、空气动力学、无线通信、自动控制、复合材料等多门学科，开展微型直升机的研究，可以促进多学科的协同发展和应用，具有很高的学术研究价值，同时也是一个很好的科学实验平台。

3.13　2007年精选案例

魔笔(全国二等奖)

团队成员：毛尧辉　谢志雄　梁庆　虞益挺

指导教师：苑伟政

学　　校：西北工业大学

1. 主要原理与功能

魔笔是一种应用于电脑多媒体的无线笔设计作品。系统结构示意图如图3－72所示。该方案采用美新公司MEMS加速度传感器作为获取魔笔运动加速度的传感单元，通过感测魔笔在空间的二维加速度，并采用积分的方法得到魔笔的运动轨迹，由此实现在讲演文稿上标记的移动、画线、画圈和注释等功能。本系统集成了无线射频器件，利用射频技术将魔笔运动加速度信号发送给与电脑相连的射频接收卡，从而实现魔笔对电脑的数据传输和无线控制。

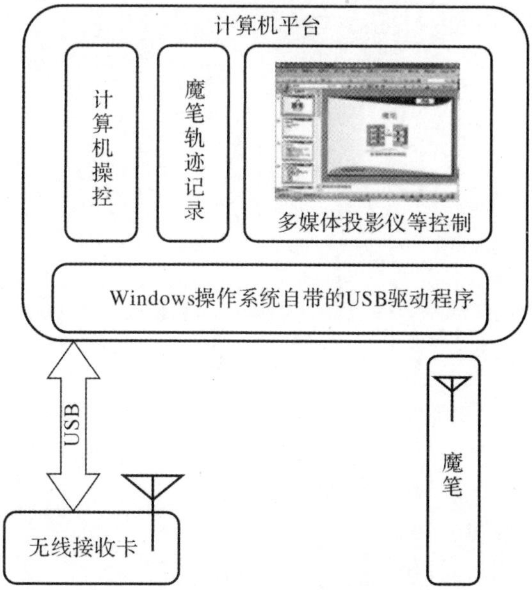

图3－72　魔笔系统结构示意图

2. 创新点

本系统极大地改进了目前广泛使用的遥控激光笔，对投影仪上的演示稿而言具有真实画笔的功能。

本系统具有对电脑的遥控操作功能，能完成大部分的电脑操作。

3. 市场价值

魔笔系统是集画笔、鼠标、多媒体和演示控制于一体的多功能高科技万用笔，能广泛用于多媒体教学、产品演示、会议、培训等众多场合，是教师、销售专员、市场专员、职业经理人等进行演讲的专业工具。使用者只需在一定距离范围内，便可无线控制讲解流程和操作电脑，同时使得教师和演讲者可以随心所欲地在演示稿上画线、圈重点和写字等，方便多媒体教学和演讲。

第 2 篇　微传感器原理与测试标定

微传感器以其微型化、智能化、低功耗、易集成等优点在航空航天、消费电子、汽车工业、生物医疗等领域起到了越来越重要的作用。与传统传感器相比，微传感器在工作原理、测试标定方法等方面具有一定的特殊性，因此，本篇将从传感器原理、测试标定方法两个方面展开论述，首先讨论微传感器的理论基础，包括尺度效应、材料及工艺基础，其次介绍 9 种典型的微传感器结构及工作原理，最后介绍微传感器的测试与标定方法，并以微机械陀螺、微加速度计、微型压力传感器为例，介绍其性能指标及测试标定方法。

第 4 章　微传感器基本原理

微传感器通常指利用半导体制造技术及微细加工技术加工的新型传感器器件，具有体积小、质量轻、功耗低、成本低、可批量生产等特点，因此成为传感器技术的重要发展方向之一。微传感器特征尺寸通常在微米量级，其尺寸效应、表面效应也为其控制和检测带来了新的敏感机理和物理化学反应。本章介绍微传感器的理论基础和材料基础，并介绍几种典型的微传感器结构及其工作原理，为后续微传感器的学习和使用奠定理论基础。

4.1　微传感器理论基础

4.1.1　微传感器

微传感器主要指基于微机电系统(Micro - Electro - Mechanical Systems，MEMS)技术的新型传感器。自 1989 年美国国家自然科学基金会首次提出 MEMS 概念以来，MEMS 在航空航天、军事、汽车电子工业、消费电子、生物医学等领域得到了广泛应用，被认为是继微电子技术之后的又一次技术革命，成为 21 世纪有望改变世界面貌的关键技术之一。MEMS 技术的应用使得微型传感器的体积、质量、功耗、成本都大幅降低，其典型结构如图 4 - 1 所示。MEMS 传感器不但替代了部分传统传感器在多个领域的应用，更重要的是拓展了传感器在体积狭小、质量有限、功耗不足、成本偏低的系统中的应用。MEMS 技术已经成为一项重要的使能技术，使得以往无法想象的多种应用成为可能。

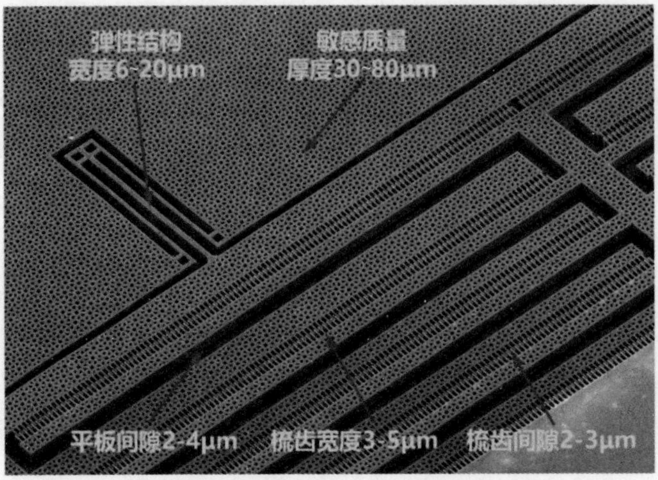

图 4-1　典型微传感器结构扫描电子显微镜(SEM)照片

早在20世纪70年代，MEMS概念还未正式出现之前，微型压力传感器就已经获得了成功应用；1979年，美国惠普公司发明了基于MEMS技术的喷墨打印头，并成功用于其打印设备。随后在20世纪80年代，MEMS加速度计问世；1988年，世界上第一个MEMS静电马达在美国UC Berkley大学问世；1989年，第一个静电梳齿结构在美国Sandia国家实验室问世，该结构成为静电MEMS器件的典型结构之一；1993年，美国Analog Devices公司将基于MEMS技术的加速度计产品化，并大量应用于汽车安全气囊，极大地降低了汽车安全气囊的成本；从20世纪90年代开始，MEMS技术开始逐步拓展在光学、生物、流体、能源等领域的应用；2010年，MEMS陀螺仪在智能手机中成功应用使MEMS技术第一次真正被大众熟知；目前，MEMS传感器大量应用于消费电子、汽车工业、生物医疗等领域，而随着其技术进步和产品成熟，航空航天、武器装备等也为MEMS传感器提供了更广泛的应用前景。

与传统传感器类似，MEMS传感器的分类方法多样，按照被测量的物理量可分为位移、力、速度、温度、电场、磁场、流量、气体成分等传感器，典型的包括微加速度计、微机械陀螺、微型磁强计、微麦克风、微型压力传感器、微型剪应力传感器、微型静电计等；按照传感器的工作原理可分为应变式传感器、压电式传感器、压阻式传感器、电感式传感器、电容式传感器、光电式传感器等。以微加速度计为例，它就包括压阻式微加速度计、压电式微加速度计、电容式微加速度计。另外，结合MEMS技术的特点，还出现了谐振式微加速度计、隧穿式微加速度计、热对流式微加速度计等。无论何种分类方法，MEMS传感器已经广泛应用于人类生活当中，世界著名的MEMS工业分析机构Yole Développement在2017年的报告中预计，到2021年，MEMS传感器市场规模将超过200亿美元，从手机、平板电脑等消费电子产品，到汽车、工业机器人，甚至高铁、飞机等，MEMS传感器已经悄悄改变了人类的生活方式。

4.1.2　尺度效应

在MEMS传感器领域，宏观世界基本的物理规律仍然起作用，但由于尺度大幅度减小，部分物理现象与宏观领域产生了较大差异，相应物理量的作用可能产生较大变化，而且与尺寸不一定呈线性关系。

例如，对于一个边长为 1 的正方体，当边长缩小到原来的 1/100 时，体积缩小到原来的 1/1 000 000，而表面积缩小到原来的 1/10 000，则表面积与体积之比增大为原来的 100 倍。因此，对于这个正方体而言，与表面积相关的力学特性的变化大于与体积相关的力学特性的变化。表 2－1 为常见物理量的尺寸效应，从中可以看出，在微观领域，相对于静电力而言，惯性力几乎可以忽略，这与宏观领域的作用明显相反；在宏观领域表现并不明显的固有频率同样也表现出了明显的尺度效应，将在微观领域起到重要作用。

表 4－1　常见物理量的尺寸效应

参　数	符号	关系式	尺寸效应	备　注
长度	L	L	L	代表尺寸
表面积	S	$\propto L^2$	L^2	
体积	V	$\propto L^3$	L^3	
质量	m	ρV	L^3	ρ：密度
压力	f_p	SP	L^2	P：压力
重力	f_g	mg	L^3	g：重力加速度
惯性力	f_i	$m\dfrac{d^2x}{dt^2}$	L^4	x：位移，t：时间
黏性力(动摩擦力)	f_f	$\eta\dfrac{s}{d}\dfrac{dx}{dt}$	L^2	η：黏性系数，d：间距
弹性力	f_e	$es\dfrac{\Delta L}{L}$	L^2	e：弹性模量
弹性常数	K	$2UV/(\Delta L)^2$	L^1	U：伸长单位体积所需能量
固有频率	ω	$\sqrt{k/m}$	L^{-1}	k：弹性系数
惯性矩	I	αmr^2	L^5	α：常数，r：回转体半径
雷诺数	Re	f_i/t_f	L^2	
热传导	Q_c	$\lambda\delta TA/d$	L	δT：温度差，λ：热导率
热对流	Q_t	$h\delta Ts$	L^2	A：截面积(γL^2)；h：对流系数
热辐射	Q_r	CT^4S	L^2	C：常数
静电力	F_e	$\dfrac{\varepsilon}{2}SE^2$	L^0	ε：介电常数，E：电场强度
电磁力	F_m	$\dfrac{\mu}{2}SH^2$	L^4	μ：磁导率，H：磁场强度
热膨胀力	F_T	$es\dfrac{\Delta L(T)}{L}$	L^2	

因此，在 MEMS 领域，与特征尺寸的高次方成正比的惯性力、电磁力等的作用相对减小，而与尺寸的低次方成正比的黏性力、弹性力、表面张力、静电力等的作用相对增大。

在自然界中，许多动植物也会表现出尺度效应，如动物的食物摄入量与体积成正比，而热流失与表面积成正比，因此越小的动物就需要花越多的时间进食；哺乳动物的水分流失与 L^2 成正比，因此哺乳动物的长度下限约为 25 cm，再小则无法保持水分。

尺度效应对于材料而言，不仅仅是改变了其尺寸参数，更重要的是引起材料特性、表面特性、电学特性、流动特性以及热学特性的变化。

1. 尺度效应对材料特性的影响

金属银的熔点为 962℃，但将银制作成纳米级银粉后其熔点仅为 100℃。这是由于纳米银粉的比表面积（表面积与体积的比值）显著增大，引起材料活性增加。如当银粉颗粒的粒径为 10 nm 时，表面原子数为总原子总数的 20%；而粒径为 1 nm 时，其表面原子百分数增大到 99%。1 g 超微颗粒表面积的总和可高达 100 m^2，此时，由于表面原子周围缺少相邻的原子（即有许多悬空键），具有不饱和性，故微粒表现出很高的化学活性。因此，在航天领域，可以采用纳米级的金属材料作为火箭的推进剂燃料。

2. 尺度效应对表面特性的影响

对于 MEMS 传感器而言，其表面特征形貌通常在微米及纳米量级，这就使得其表面特性与宏观机械的表面特性存在加大的尺寸效应，主要表现为结构表面的亲疏水特性。众所周知，荷叶具有自清洁特性，其根本原理在于荷叶表面具有的微纳复合结构具有超疏水特性。图 4-2为荷叶表面的微纳复合结构显微照片，可以看出在荷叶表面分布了众多的微米级凸起，而在微米级凸起的表面上又布满了纳米级颗粒，就如同微米级的小山上长满了纳米级的小草。

图 4-2　荷叶表面结构 SEM 照片

为了验证该结构具有的超疏水特性，研究人员在硅片表面制备了如图 4-3 所示的微纳复合结构，在硅片上首先制备出微米级的沟槽，接下来在微米级的沟槽上制备纳米级凸起，形成“长草”的黑色结构。实验结果表明，该结构表面表现出了良好的超疏水特性，水滴滴落后将发生弹跳，如图 4-4 所示。

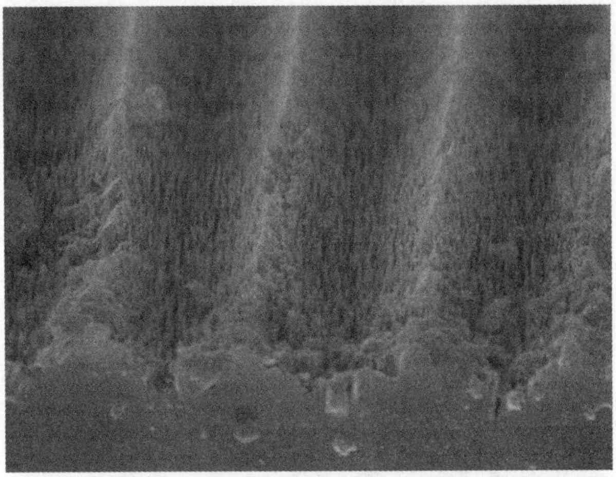

图 4-3　硅片表面制备的微纳复合超疏水结构 SEM 照片

图 4-4　微纳复合超疏水表面水滴弹跳照片

3. 尺度效应对分子间作用力的影响

壁虎能够在光滑垂直表面爬行，其根本原因是壁虎每只脚的脚垫上都长了大约 50 万个刚毛，每根刚毛的尖端又长了数千根纳米尺度的纤毛。当纤毛非常接近物体表面时，每根纤毛能够产生约 0.4 μN 的范德华力，这样，壁虎的每只脚可产生约 10 N 的范德华力，足以让壁虎悬挂在光滑表面上。

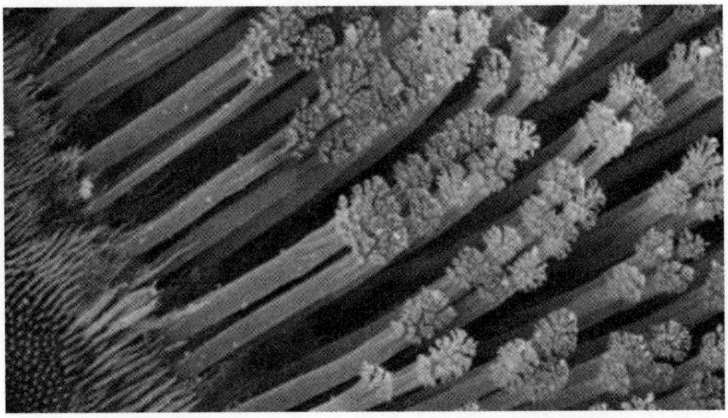

图 4-5　壁虎脚垫上的刚毛及纤毛 SEM 照片

利用这一特性，研究人员制备了仿生纤毛结构，如图 4-6 所示，该结构具有广阔的应用前景，如壁虎式机器人、单兵攀爬手套、足球守门员手套等，甚至是实现"蜘蛛人"的梦想。

图 4-6　纳米纤毛结构 SEM 照片

4. 尺度效应对电学特性的影响

在微观尺度，由于尺度效应的影响，静电力成为 MEMS 结构中的主要作用力。另外，由于 MEMS 中的电容结构尺寸与电容间隙尺寸差异不再明显，在宏观领域可以忽略的边缘场效应此时不可忽略。

以平行板电容器为例，当平板尺寸远大于间隙时，电场可认为是匀强场；当平板尺寸与间隙可比时，如图 4-7 所示，边缘处不能再近似为无限大，电场不再均匀，而发生弯曲，此为边缘场效应。

图 4-7　平板电容器边缘场示意图

而对于梳齿电容器而言，正常情况下，梳齿的主要电容来源于重叠部分形成的电容 C_2，如图 4-8 所示。然而，当梳齿重叠长度达到最大值或接近零时，梳齿顶端与对应梳齿形成的电容 C_1 和 C_3 不可忽略，会形成梳齿电容器的边缘场效应。

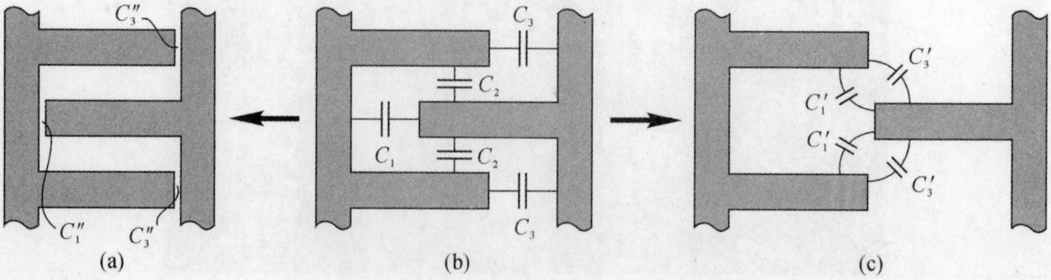

图 4-8　梳齿电容器边缘场示意图

5. 尺度效应对流动特性的影响

在微观领域，流体在运动过程中由于尺度效应的影响，表面力作用增强、惯性力作用减弱，从而导致了流体力学特性不同。

流体中的惯性力与黏性力之比称为雷诺数（*Re*），雷诺数较小时，黏性力对流体的影响大于惯性力，流动稳定，称为层流；雷诺数较大时，惯性力对流体的影响大于黏性力，流动不稳定，称为紊流。由于微尺度下的流体难以形成紊流，故两种流体难以混合，因此在微流控芯片技术中，多种流体的混合是一项专门的技术。另外，微型飞行器发展迅速，但随着飞行器尺寸减小，其空气黏性带来的影响变大，因此微型飞行器的气动布局和翼型设计与宏观飞行器有极大的差异。

6. 尺度效应对热学特性的影响

宏观尺度下热导率是材料的一项与体积大小无关的物理性质。但在微观领域，器件本身的尺寸，如厚度，与其中热载子（电子、原子、分子）的平均自由程处于相同尺度，热导率会随着尺度的缩小而降低，部分导热材料甚至会变成绝热材料。如金刚石薄膜厚度从 30 μm 降低到 5 μm 时，其热导率会降低至原来的 1/4。

4.1.3　微传感器材料基础

MEMS 传感器是利用 MEMS 技术制备的新型传感器件，其材料受加工工艺限制，大多为半导体工艺中的常用材料，如单晶硅、多晶硅、硅的化合物、金属、砷化镓、陶瓷等。另外，随着柔性 MEMS 技术的发展，PDMS，PMMA，Parylene 等柔性材料也在 MEMS 传感器中获得了广泛的应用。

1. 单晶硅

硅元素是地球上储藏最丰富的材料之一，其在地壳中的含量仅次于氧元素，占地壳总量的 26.3%。从 19 世纪科学家发现了晶体硅的半导体特性后，它几乎改变了一切，甚至人类的思维。到 20 世纪 60 年代，硅材料就取代了原有锗材料。因硅耐高温和抗辐射性能较好，特别适宜制作大功率器件的特性而成为应用最多的半导体材料，目前的集成电路半导体器件大多数是用硅材料制造的，其原因在于：

(1)硅的力学性能稳定，并且可被集成到相同衬底的电子器件上。

(2)硅几乎是一个理想的结构材料，它具有几乎与钢相同的弹性模量，但却与铝一样轻。

(3)硅具有高的强度密度比和高的刚度密度比，密度为不锈钢的 1/3，而弯曲强度却为不锈钢的 3.5 倍。

(4)硅的熔点为 1 400℃，约为铝熔点温度的两倍。

(5)硅的热膨胀系数是钢的 1/5，是铝的 1/10。

(6)单晶硅具有优良的机械、物理性质，其机械品质因数可高达 10^6 数量级；滞后和蠕变极小，几乎为零。

(7)硅的机械稳定性好，是理想的传感器和执行器的材料。

单晶硅具有基本完整的点阵结构的晶体，其晶格结构如图 4-9 所示。单晶硅是一种各向异性材料，即在不同的方向具有不同的物理及化学性质，同时是一种良好的半导材料。单晶硅的纯度要求达到 99.999 9%，甚至 99.999 999 9%以上，主要用于制造半导体器件、MEMS 器件、太阳能电池等。

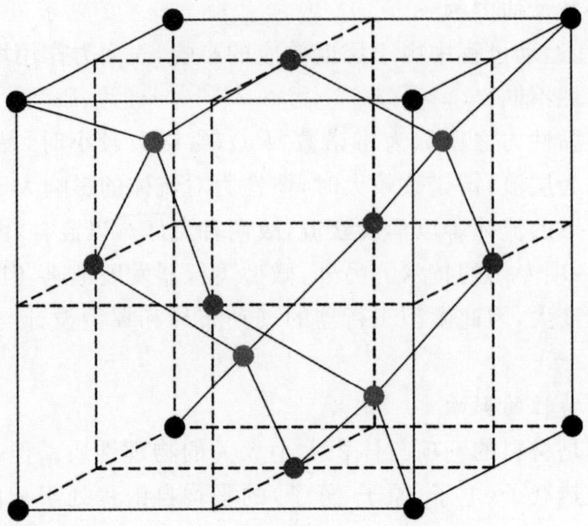

图 4-9　单晶硅晶格结构示意图

单晶硅具有准金属的物理性质，较弱的导电性，其电导率随温度的升高而增加，有显著的半导电性。在超纯单晶硅中掺入微量的ⅢA族元素，如硼，可提高其导电的程度，而形成P型硅半导体；如掺入微量的ⅤA族元素，如磷或砷，也可提高导电程度，形成N型硅半导体。

硅晶体属于金刚石型晶体结构，其晶胞都具有立方体的形式，在立方体的每个角上都具有一个原子。我们把这个立方体的边长定为晶格常数，用 a 表示，在室温标准大气压下 $a=5.43$ Å。由于单晶体是原子周期性规则排列所组成的，所以在单晶体中可以划分出一系列彼此平行的平面，这些面称为晶面。这些彼此平行的晶面组成了晶面族，晶面族有以下性质：

(1)每一晶面上节点排列的情况完全相同；

(2)相邻的晶面之间距离相等；

(3)一族晶面可以把所有的节点都包括进去。

晶体晶面和晶向用米勒指数——晶面与三坐标轴交点截距的倒数来描述，求该倒数的最简比值，并以($h\ k\ l$)表示，晶向可以用垂直于该晶面的法线方向来表示。另外，$\{h\ k\ l\}$表示晶面族，$[h\ k\ l]$表示晶向，$\langle h\ k\ l\rangle$表示晶向族。图 4-10 为三种常见的晶面示意图。

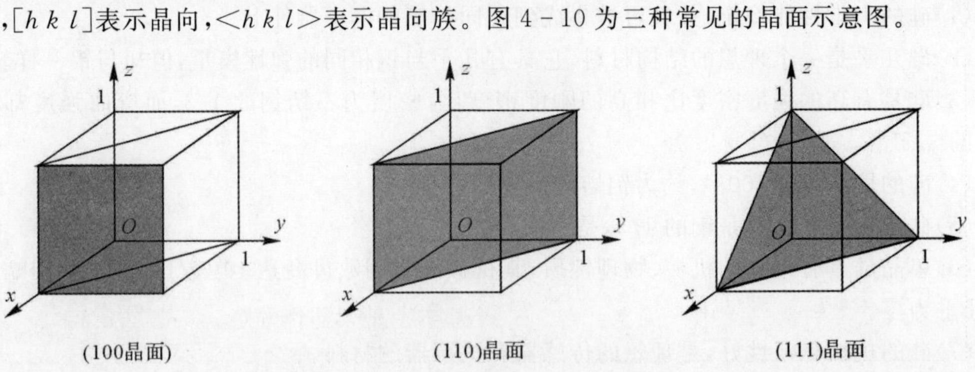

图 4-10　三种常见的晶面示意图

在MEMS或太阳能中用到的硅片通常是指单晶硅片，按其直径分为 2 in(1 in≈25.4 mm)、3 in、4 in(100 mm)、6 in、8 in、12 in、18 in 等。直径越大的圆片，所能刻制的集成电路越多,芯片的成本也就越低,但相应的对材料和加工技术的要求也越高。

硅片按照晶向晶面区分可分为(100)硅片、(110)硅片、(111) 硅片,按照掺杂类型可分为 P 型硅片和 N 型硅片。工业中常用的硅片包括 N 型(100)硅片、P 型(100)硅片、N 型(111)硅片、P 型(111)硅片,如图 4－11 所示。

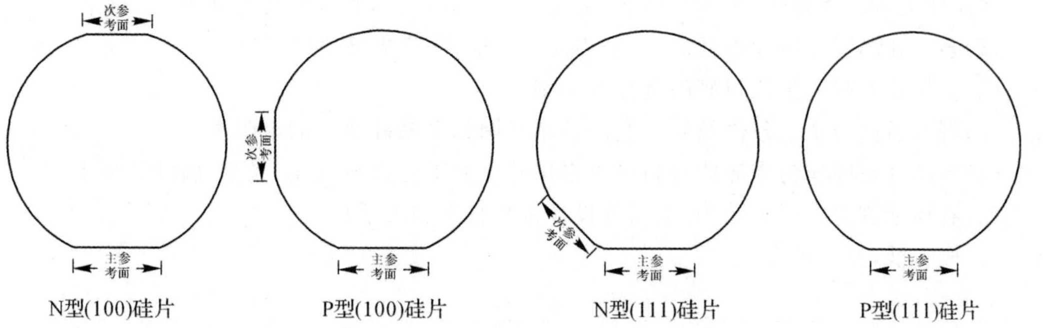

图 4－11　常用的四种硅片参考面示意图

单晶硅属于立方晶体结构,在不同晶面上原子的排列密度不同,导致硅晶体的各向异性,因此弹性模量、泊松比、杂质的扩散速度、腐蚀速度也各不相同。图 4－12 为(100)硅片上不同方向上的弹性模量、泊松比及剪切模量的参考值,可以看出,(100)硅片在平面内表现出了明显的各向异性。

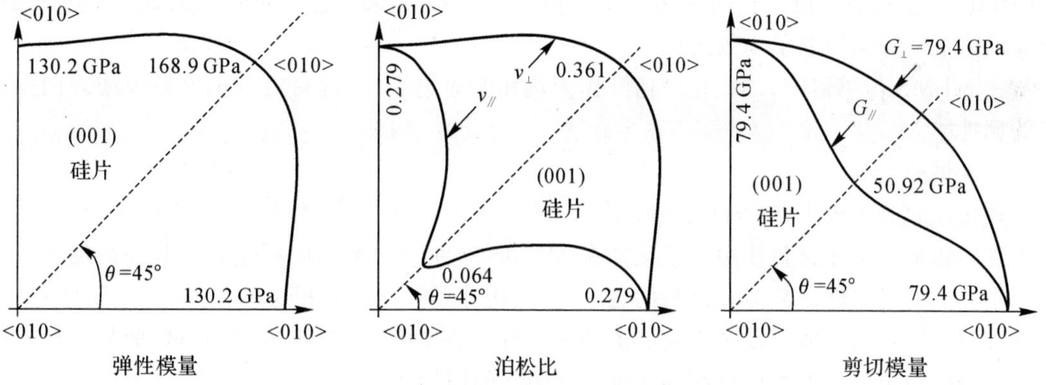

图 4－12　(100)硅片不同方向的物理量参考值

(图中//表示与硅片上表面平行,⊥表示与硅片上表面垂直)

单晶硅通常采用提拉法制备,先将沙子或硅石与碳反应生成粗硅,通过盐酸和氢气进行提纯后即可得到高纯度的单晶硅材料。通过提拉法可将硅材料加工成硅棒,再通过切割、研磨抛光等步骤即可得到单晶硅片。在 800℃以下,硅基本上是无塑性和蠕变的弹性材料,在所有的环境中几乎不存在疲劳失效,因此,单晶硅成为微传感器中常用的结构材料。

2. 多晶硅

多晶是指在晶体内各个局部区域里原子是周期性的规则排列,但不同区域之间原子的排列方向并不相同。因此,多晶体也看作是由许多取向不同的小单晶体组成的。

多晶硅可作拉制单晶硅的原料,多晶硅与单晶硅的差异主要表现在物理性质方面。在力学性质、光学性质和热学性质的各向异性方面，多晶硅远不如单晶硅明显；在电学性质方面，多晶硅晶体的导电性也远不如单晶硅显著，甚至于几乎没有导电性；在化学活性方面，两者的差异极小。多晶硅和单晶硅可从外观上加以区别，但真正的鉴别须通过分析测定晶体的晶面方向、导电类型和电阻率等。

多晶硅是一种优秀的 MEMS 材料，通常作为薄膜材料，其主要特点如下：

(1)多晶硅薄膜的生长温度低，一般为几百摄氏度，最低 200 ℃左右。

(2)多晶硅薄膜对生长衬底的选择不苛刻。

(3)可以通过对生长条件及后工艺的控制来调整多晶硅薄膜的电阻率。

(4)多晶硅薄膜作为半导体材料可以采用硅平面工艺进行氧化、光刻、腐蚀等加工。

(5)有利于制造多层膜结构，给器件设计带来较大的灵活性。

(6)成本低，易于扩大应用。

3. 氧化硅

二氧化硅又称硅石，化学式为 SiO_2。自然界中存在有结晶二氧化硅和无定形二氧化硅两种。沙状二氧化硅、结晶二氧化硅因晶体结构不同，分为石英、鳞石英和方石英三种。纯石英为无色晶体，大而透明的棱柱状石英称为水晶。若含有微量杂质的水晶则带有不同颜色，有紫水晶、茶晶、墨晶等。普通的砂是细小的石英晶体，有黄砂(较多的铁杂质)和白砂(杂质少、较纯净)。

二氧化硅晶体中，硅原子的 4 个价电子与 4 个氧原子形成 4 个共价键，硅原子位于正四面体的中心，4 个氧原子位于正四面体的 4 个顶角上，SiO_2 是表示组成的最简式，仅是表示二氧化硅晶体中硅和氧的原子个数之比。

在 MEMS 传感器中，二氧化硅通常作为热和电的绝缘体、硅衬底刻蚀的掩膜或表面微加工的牺牲层。

4. 碳化硅

碳化硅的分子式为 SiC，摩氏硬度为 9.25，仅次于金刚石，机械强度高于刚玉(Al_2O_3)，可作为磨料和某些工业材料使用。碳化硅在 MEMS 器件中的基本应用是利用其在高温下尺寸和化学性质的稳定性。甚至在极高的温度下，碳化硅对氧化也有很强的抵抗力。MEMS 器件经常沉积一层碳化硅薄膜以防止它们被高温破坏。在 MEMS 器件中使用 SiC 的另一原因是采用铝掩膜的干法刻蚀可以很容易实现 SiC 薄膜的图形化。

5. 氮化硅

氮化硅(Si_3N_4)是一种重要的结构陶瓷材料。它是一种超硬物质，本身具有润滑性，并且耐磨损，为原子晶体，高温时抗氧化，还能抵抗冷热冲击，在空气中加热到 1 000℃以上，急剧冷却再急剧加热，也不会碎裂。

氮化硅可以有效地阻挡水和离子(如钠离子)的扩散。氮化硅超强抗氧化和抗腐蚀的能力使其适于作深层刻蚀的掩膜。氮化硅可用作光波导以及防止水和其他有毒流体进入衬底的密封材料。氮化硅也被用作高强度电子绝缘层和离子植入掩膜。

6. SOI 硅片

绝缘体上硅(Silicon－On－Insulator，SOI)技术是一种随着硅材料与硅集成电路技术发展起来的新型技术，其结构通常为两层硅及一层绝缘层形成的三明治结构，其中绝缘层为中间层，也称为埋层，传统的 SOI 埋层一般为 SiO_2。

SOI 技术在 20 世纪 90 年代末期开始成为世界瞩目的焦点，它是一种在硅材料与硅集成电路巨大成功的基础上出现的、有独特优势的、能突破硅材料与硅集成电路限制的新技术，被国际上公认为是“21 世纪的微电子技术”。

SOI 器件与 Si 器件相比，具有功耗低、速度快、寄生电容小、抗辐射性能强、耐高温高压、可靠性高等一系列优点。

典型的 SOI 硅片制备方法包括 SIMOX 技术、BSOI 技术和 Smart Cut SOI 技术，其中 BSOI 技术是制备 MEMS 传感器所需的厚 SOI 层常用的工艺方法，其工艺步骤如图 4－13 所示。先将两片符合目标参数要求的单晶硅进行清洗，并氧化得到需要的氧化层厚度，接下来对两片氧化后的硅片抛光、键合、退火，最后根据实际需求对器件层硅片进行减薄、抛光，得到所需的 SOI 硅片。

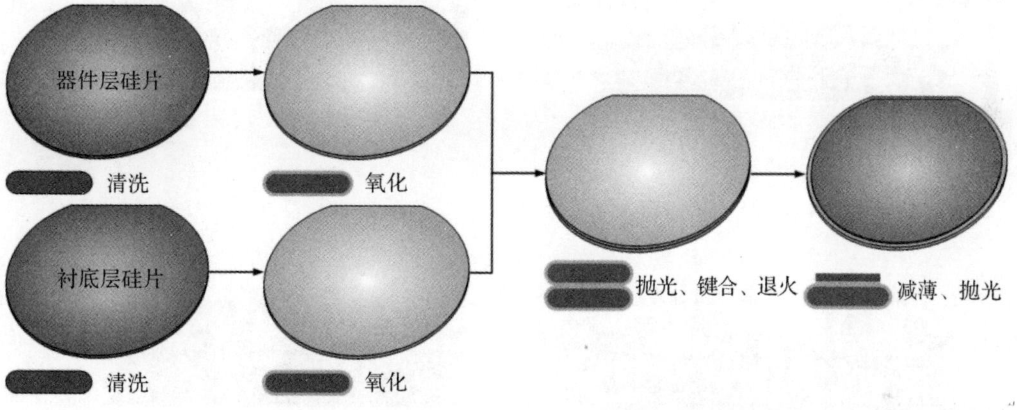

图 4－13　BSOI 工艺制备 SOI 硅片工艺流程

4.1.4　MEMS 传感器制造工艺基础

MEMS 传感器制造技术是在半导体制造技术上发展起来的新型交叉学科。其融合了半导体制造技术、微细加工技术、LIGA、非硅微加工和精密机械加工等技术。典型的 MEMS 传感器制造技术包括清洗、光刻、刻蚀、薄膜制备、键合、封装等，形成了表面微加工工艺、体硅微加工工艺、SOI 加工工艺等相对成熟的成套工艺流程。

表面微加工工艺(Surface Micromachining)是指通过在基底表面淀积多层膜和多次刻蚀加工出三维微机械结构的方法。其中硅片本身不被加工，器件的结构部分由淀积的薄膜层加工而成，结构与基体之间的空隙通过牺牲层技术实现。图 4－14 为法国 MEMSCAP 公司的 PolyMUMPs 工艺流程图。

PolyMUMPs 是一套典型的表面微加工工艺。该工艺中包含三层多晶硅(POLY0，POLY1，POLY2)，两层二氧化硅(1st OXIDE，2nd OXIDE)，一层氮化硅(NITRIDE)，一层金属(METAL)。其中，多晶硅用于形成机械结构，二氧化硅作为牺牲层，氮化硅作为绝缘层，金属作为电连接。该工艺能够与传统的集成电路(IC)工艺结合，适合于低成本 MEMS 器件的加工，但由于结构厚度较小，且残余应力较大，不适合于制备高性能 MEMS 器件。

体微加工工艺是对 MEMS 基底进行加工以获得三维结构的加工方法。利用硅片减薄和键合技术，获得加大的结构厚度和可动间隙。图 4－15 为常用的 SOG(Silicon On Glass)工艺流程。

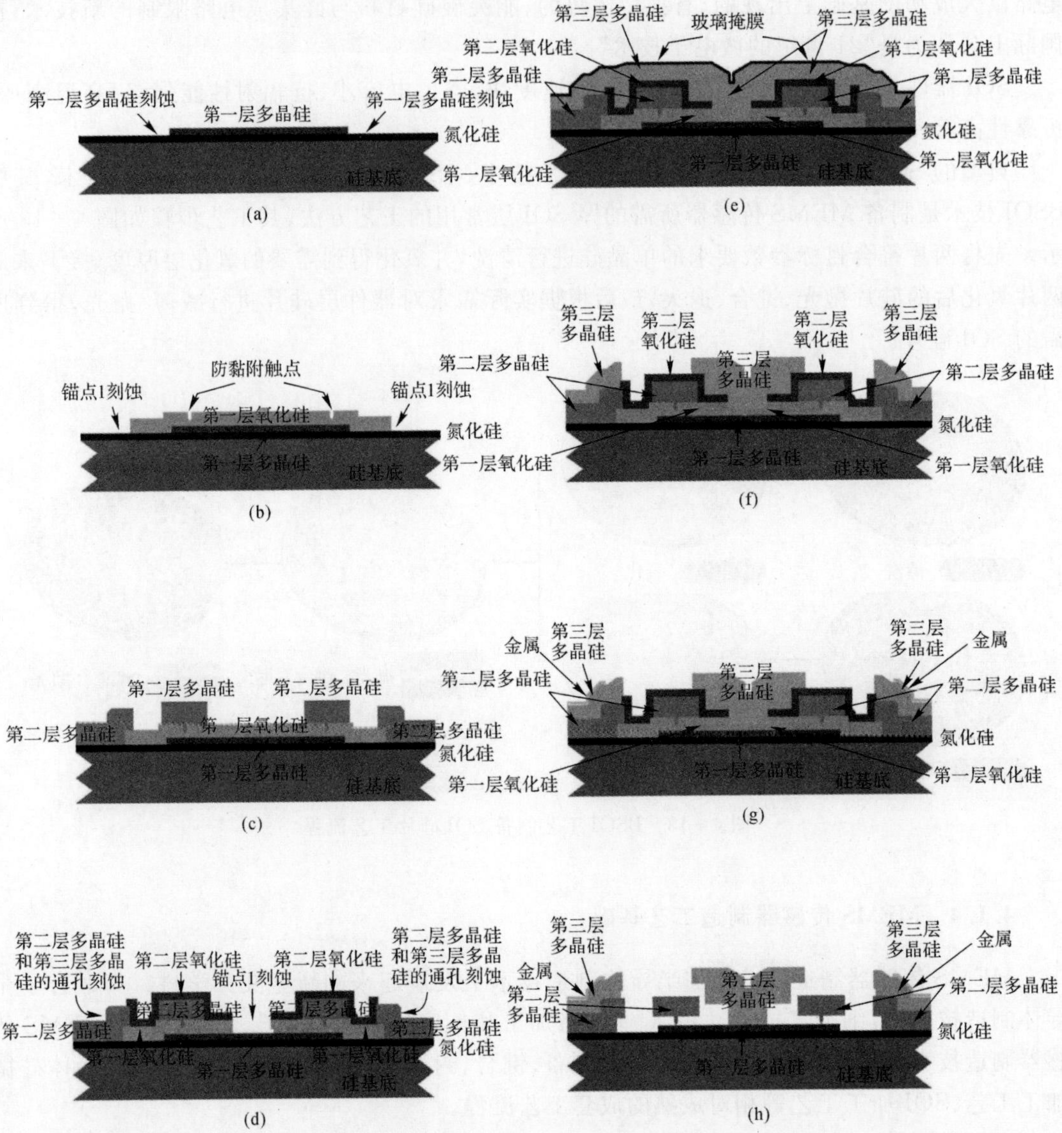

图 4-14　MEMSCAP 公司的 PolyMUMPs 工艺流程图

图 4-15 所示的 SOG 工艺在玻璃片上制作下电极和引线，利用深刻蚀技术制作的键合台阶作为活动间隙，利用减薄技术获得所需的结构厚度，最终利用 DRIE 技术刻蚀得到需要的结构。与表面微加工技术相比，SOG 工艺能够获得较大的结构厚度，特别适合于具有加大质量或刚度的结构，但由于引入了键合工艺，可能带来较大的键合应力。

SOI 工艺基于 SOI 硅片的新型 MEMS 加工工艺，该工艺结合了表面微加工工艺中的牺牲层技术和体微加工工艺的深刻蚀技术及键合技术，具有残余应力小、结构厚度可定制、工艺简单等特点，成为目前高性能 MEMS 器件的主流加工技术。图 4-16 为典型 SOI 工艺流程图。

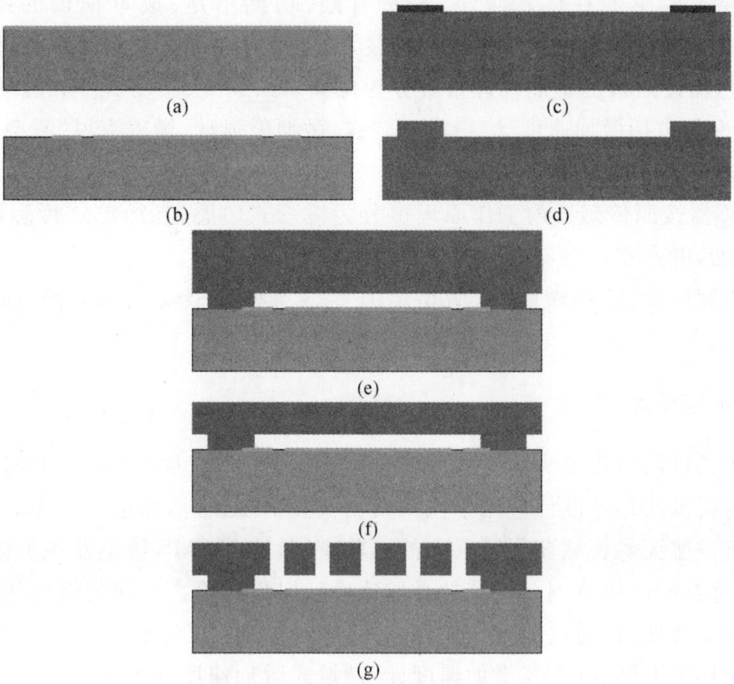

图 4-15　SOG 工艺流程图

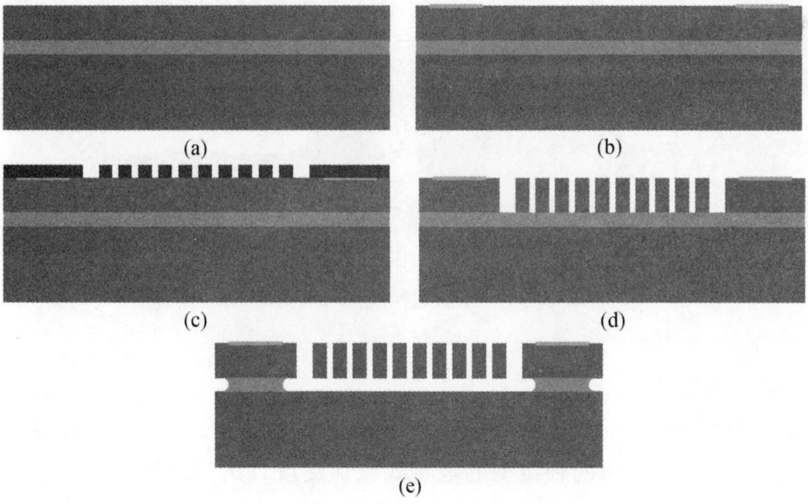

图 4-16　SOI 工艺流程图

4.2　MEMS 微传感器典型器件及工作原理

MEMS 传感器主要指基于 MEMS 技术的新型传感器，MEMS 技术的应用使得 MEMS 传感器的体积、重量、功耗、成本都大幅降低，不但替代了部分传统传感器在多个领域的应用，更重要的是拓展了传感器在体积狭小、重量有限、功耗不足、成本偏低的系统中的应用。MEMS 传感器技术已经成为一项重要的使能技术，使得以往无法想象的多种应用成为可能。

MEMS 传感器按照被测量的物理量可分为位移、力、速度、温度、电场、磁场、流量、气体成分等传感器，典型的包括微加速度计、微机械陀螺、微型磁强计、微麦克风、微型压力传感器、微型剪应力传感器、微型静电计等。

MEMS 传感器按照传感器的工作原理可分为应变式传感器、压电式传感器、压阻式传感器、电感式传感器、电容式传感器、光电式传感器等。

本节以微加速度计、微机械陀螺、微型压力传感器和微型麦克风为例，简要介绍典型的 MEMS 传感器及其工作原理。

4.2.1 微加速度计

微加速度计是目前应用最为广泛的 MEMS 传感器之一。从 20 世纪 80 年代中期微加速度计代替昂贵的机械式加速度计应用于汽车安全气囊中开始，微加速度计在汽车工业、消费电子、武器装备、航空航天等领域获得了巨大的成功应用，使 MEMS 传感器逐步替代了传统传感器，并拓展了传感器的应用范围。传统的微加速度计以牛顿第二定律为理论基础，加速度作用在敏感质量上形成惯性力，通过测量该惯性力间接得到载体受到的加速度。典型的微加速度计包括压阻式微加速度计、电容式微加速度计、谐振式微加速度计等。

1. 压阻式微加速度计

最早的微加速度计是美国斯坦福大学的研究者在 20 世纪 70 年代制造的压阻式微加速度计，如图 4－17 所示。在加速度 a 作用下，检测质量块 m 相对外部载体在 z 方向运动，引起硅弹性梁发生弯曲，压敏电阻测出该应变从而可反推出加速度值。

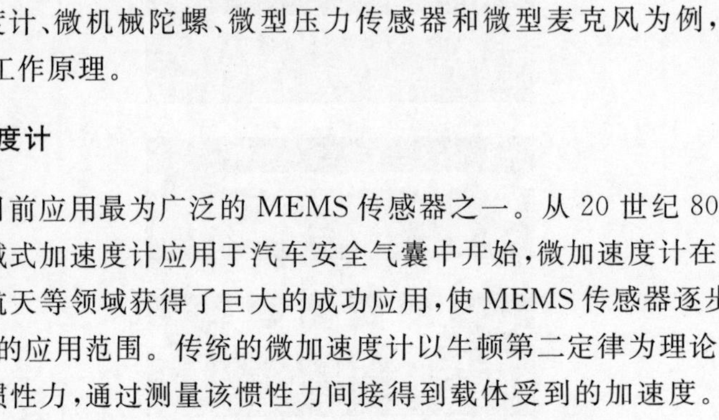

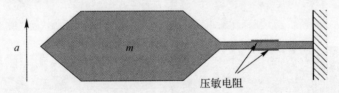

图 4－17　压阻式微加速度计原理图

2. 电容式微加速度计

电容式微加速度计是目前最为常见的加速度计方案，该方案通过敏感电容变化来检测外界输入的加速度。图 4－18 为两种典型的电容式微加速度计的原理图。图 4－18(a)所示为利用梳齿电容器进行电容检测的 x 轴加速度计。图 4－18(b)所示为利用平板电容器进行电容检测的 z 轴加速度计。

3. 谐振式微加速度计

谐振式微加速度计是一种典型的高精度加速度计方案，该方案通过敏感谐振器的固有频率变化来进行加速度检测。图 4－19 为典型的谐振式微加速度计原理图。当加速度计工作时，两个谐振器均处于谐振状态。当 x 轴方向有加速度输入时，惯性质量在 x 轴方向受到惯性力的作用，从而导致谐振器 1 和谐振器 2 分别受到拉应力和压应力的作用，进而改变两个谐振器的固有频率。通过敏感两个谐振器的固有频率变化即可反求出 x 轴方向外界输入的加速度。

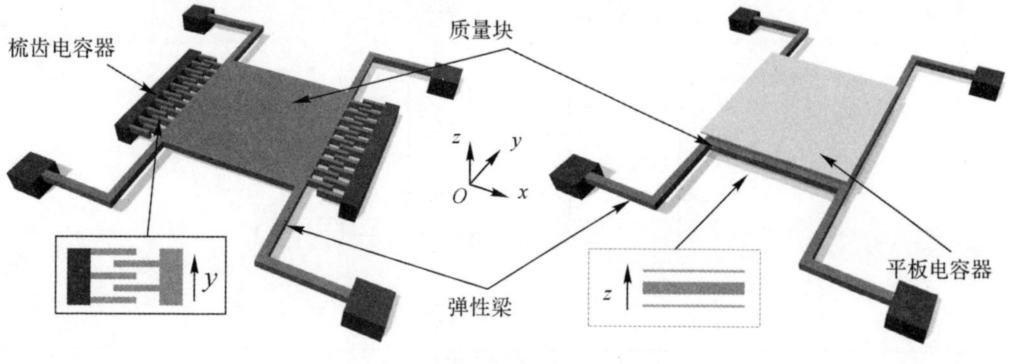

图 4-18　电容式微加速度计原理图
(a)梳齿电容器式；(b)平板电容器式

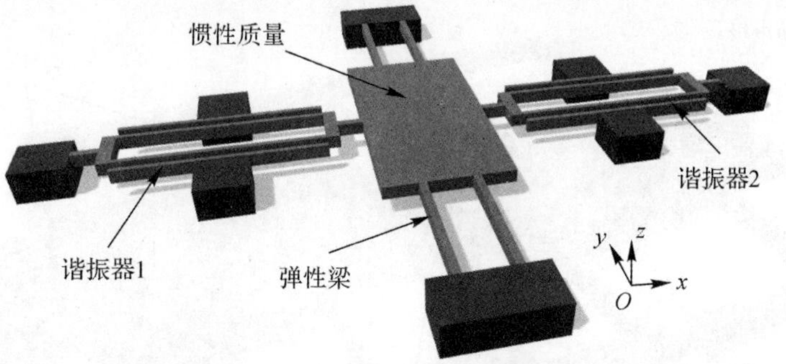

图 4-19　谐振式微加速度计原理图

4.2.2　微机械陀螺

微机械陀螺是利用科氏效应(Coriolis Effect)进行角速度检测的新型微惯性传感器，基于科氏效应的振动式微机械陀螺可以简化为一个仅具有沿平面内两个坐标轴线性自由度的刚体。如图 4-20 所示，以 x 轴方向作为微机械陀螺的驱动方向，微机械陀螺工作时，惯性质量在 x 轴方向振动，当 z 轴方向有角速度 Ω 输入时，由于科氏效应影响，质量块将受到 y 轴方向的科氏力作用，并在 y 轴方向产生振动。通过检测这一振动信号即可推导出外界角速度 Ω 的大小。

虽然绝大多数微机械陀螺均采用上述科氏效应原理进行角速度检测，但结构形式却多种多样，最典型的结构为音叉式微机械陀螺。音叉式微机械陀螺因其工作模态与音叉类似而得名，图 4-21 为典型音叉式微机械陀螺结构。两个敏感质量在驱动力作用下沿 x 轴方向反向运动，当 y 轴方向有角速度输入时，两个敏感质量将分别受到沿 z 轴正方向和负方向的科氏力，从而在 z 轴方向产生反向位移。通过敏感质量下方的两个平板检测电极的电容变化即可反求出外界输入的 z 轴角速度。

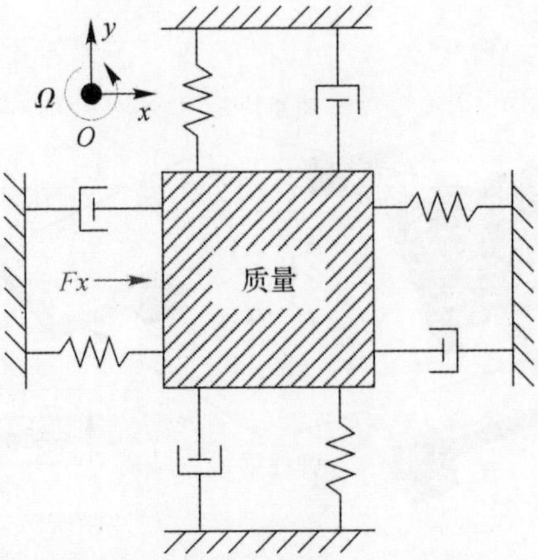

图 4 - 20　振动式微机械陀螺简化原理图

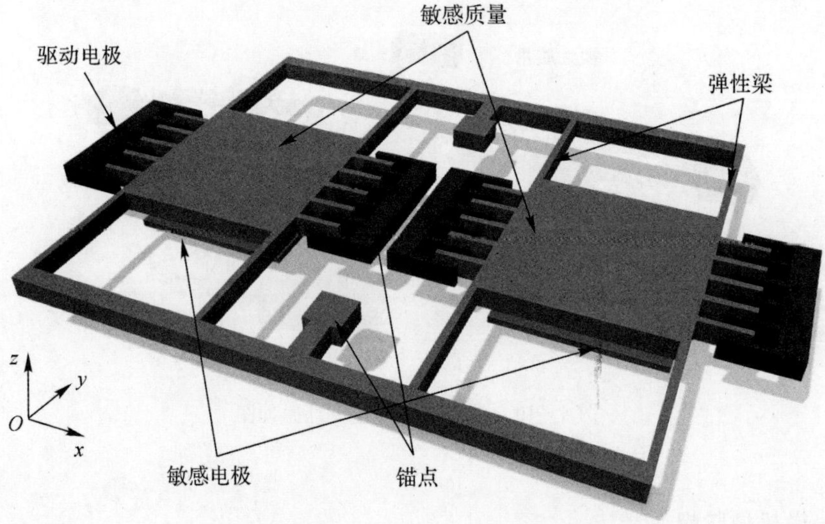

图 4 - 21　音叉式微机械陀螺结构原理图

4.2.3　微型压力传感器

微型压力传感器是检测气体或液体压强的传感器件。在 MEMS 领域，通常采用薄膜两侧压差引起的薄膜变形进行压力检测，图 4 - 22 所示为四种典型的压力测量方式。根据被测压力的压力范围，可分别选用真空、环境压力、参考压力以及可变参考压力进行检测，已获得合理的量程和最优的检测精度。

根据检测原理不同，压力传感器可以分为压阻式压力传感器、压电式压力传感器、电容式压力传感器和谐振式压力传感器。其中，压阻式压力传感器是目前在消费电子领域应用最为广泛的低成本压力测量器件，而谐振式压力传感器是目前精度最高的微型压力测量器件。

1. 压阻式压力传感器

压阻式压力传感器是利用半导体压阻效应制成的压力敏感器件，其压力测量原理如图

4-23所示。

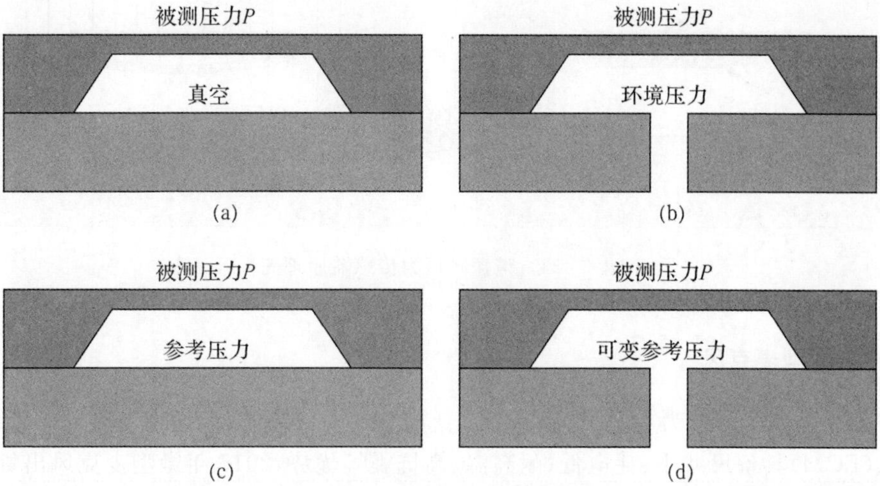

图 4-22　典型的压力测量方式

(a)绝对测量法；(b)非密封测量法；(c)密封测量法；(d)差分测量法

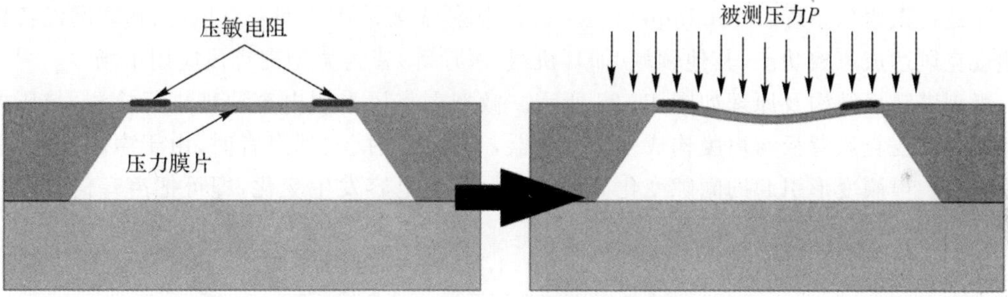

图 4-23　压阻式压力传感器原理图

在压力敏感膜片的特定方向上制作四个等值的压敏电阻，如图 4-23 所示，并连成惠斯通电桥。当压力膜片受外界压力作用时，膜片发生形变，压敏电阻阻值发生变化，导致惠斯通电桥失去平衡。若对电桥加激励电源便可得到与被测电压成正比的输出电压，从而达到测量的目的。

压阻式压力传感器已经广泛应用于消费电子及汽车工业等领域，如智能手机中的高度计、汽车胎压监测、血压计等，但其精度偏低，无法在航空航天、武器装备等高端领域进行应用。

2.谐振式压力传感器

硅微谐振式压力传感器是目前精度最高的硅微压力传感器。它通过检测物体的固有频率间接测量压力。由于其精度主要受结构机械特性的影响，所以其抗干扰能力很强，性能稳定。硅微谐振式压力传感器还具有响应快、频带宽、结构紧凑、功耗低、体积小、质量轻、可批量生产等众多优点。谐振式压力传感器结构原理如图 4-24 所示。

谐振式压力传感器包含一个固定于压力膜片上的谐振器。在没有压力作用时，谐振器以其固有频率 f_0 振动；当有外界压力时，压力膜片发生形变，该形变引起谐振器内应力的变化，导致其固有频率改变为 f_1。通过检测固有频率的变化即可反求出外界压力的变化。

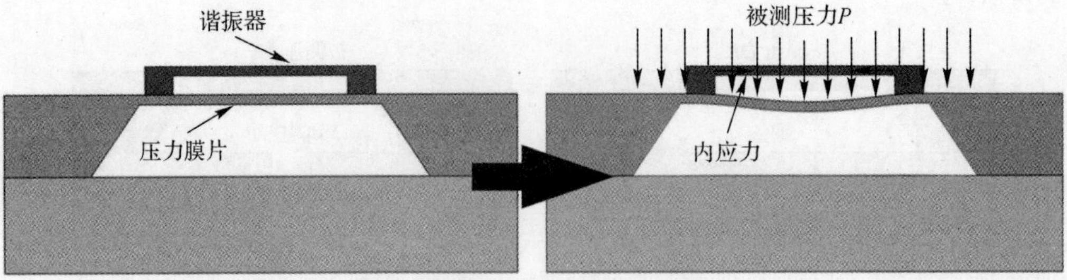

图 4-24　谐振式压力传感器原理图

4.2.4　微型麦克风

微型麦克风是当前最为成熟、应用最为广泛的 MEMS 传感器。微型麦克风较传统的驻极体麦克风(ECM)具备尺寸小、耗电低、耐高温、高抗震等优势，2015 年微型麦克风出货量 38 亿颗左右，首次超越 ECM 的 34 亿颗；2018 年微型麦克风出货量预计超过 50 亿颗。在用途方面，以智能型手机为主的手机市场系微型麦克风最大应用，其后为笔记本电脑、智能平板、掌上电脑(Personal Digital Assistant，PDA)、数码摄录影机等消费电子产品亦广泛搭载微型麦克风。车载资讯娱乐系统(Infotainment Systems)同样需要采用微型麦克风，而物联网设备更需微型麦克风达成声控功能，其他领域(如耳机组、医疗等)皆为微型麦克风应用市场。

微型麦克风结构及原理如图 4-25 所示。微型麦克风采用电容原理进行检测，与压力传感器类似。麦克风背板与声膜构成平板电容器，当麦克风接收到声音时，由于声压变化，引起声膜变形。声膜变形引起的间隙变化导致平板电容器电容发生变化，即可把声音信号转化为电信号，实现声音检测。

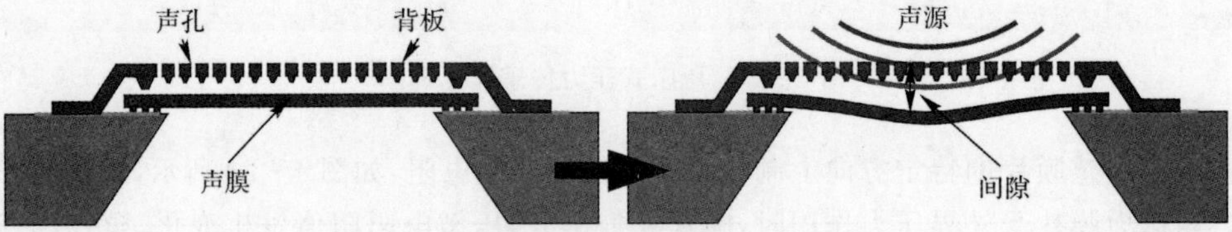

图 4-25　微麦克风结构原理图

4.2.5　微型磁场强度传感器

微型磁场强度传感器，也称磁强计，是用于磁场测量的传感器，在工业、农业、地质勘测、医疗卫生、交通运输、航空航天、军事国防等领域都有广泛的应用。微型磁强计主要包括霍尔效应式磁强计、磁阻式磁强计、磁通门式磁强计、隧道效应式磁强计和谐振式磁强计，其中谐振式磁强计就有灵敏度高、分辨率高等优点。图 4-26 为一种典型的谐振式磁强计原理图。谐振器通过两根扭转梁固定在基底上，谐振器表面具有多匝线圈，当磁强计处在磁场中时，线圈将产生洛伦兹力，使得谐振器在 z 轴方向振动，通过质量块下面的两个下电极实现差动检测，即可反求出磁场的大小及方向。

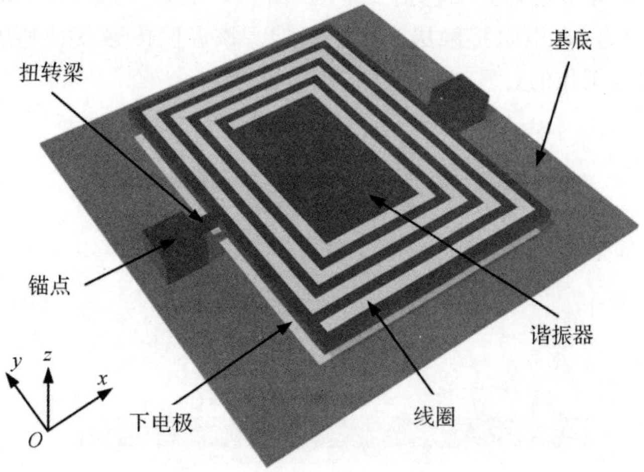

图 4-26　微型磁场强度传感器原理图

4.2.6　微型电场传感器

微型电场传感器是一种测量电场强度的新型传感器，其结构原理如图 4-27 所示。传感器采用硅材料制造，并且基于非常简单的工作原理：当该结构处于电场中时，质量块受静电力作用在水平方向发生偏移，弹性梁弯曲，只要通过电容、光学等检测方法能够检测出这个微小的位移，即可得到电场强度。

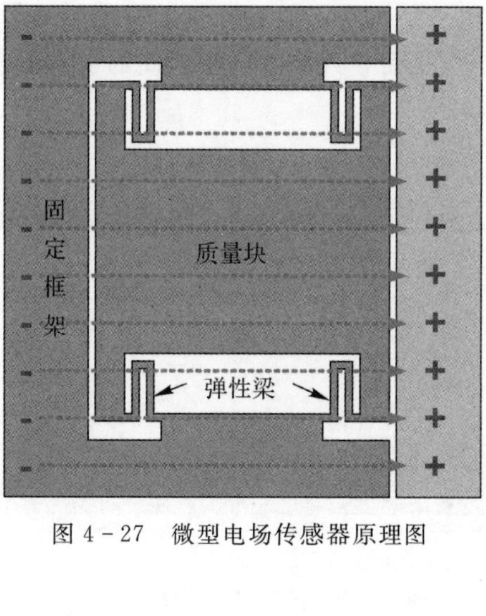

图 4-27　微型电场传感器原理图

4.2.7　微型温度传感器

温度传感器是检测温度物理量的敏感期间，它广泛地应用于工业生产、海洋气象、医疗仪器、航空航天等领域。传统的温度传感器包括铂电阻、铜电阻、半导体热敏电阻、热电偶、PN 结温度传感器等。其中，半导体温度传感器是应用最为广泛的微型温度传感器。

半导体材料的电阻率对温度非常敏感，因此可利用这种性质进行温度检测，该传感器结构如图 4-28 所示。N 型单晶硅片正面包括一个圆形的 N^+ 电阻接触区域、二氧化硅绝缘层，以及银电极层；芯片背面为 N^+ 电阻接触层和银电极层。该温度传感器是利用上下电极之间的电阻值随温度变化进行工作的。

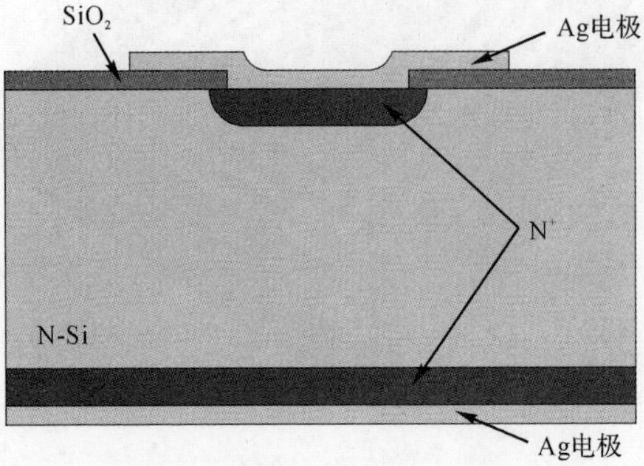

图 4-28 微型温度传感器原理图

4.2.8 微型湿度传感器

湿度传感器是测量环境中水汽含量的传感器件。最早的湿度传感器是达·芬奇利用毛发吸收水汽后长度增加而制成的毛发湿度计。随着半导体技术的发展，近年来微型湿度传感器得到了广泛应用，典型的微型湿度传感器包括电容型湿度传感器、电阻型湿度传感器、谐振型湿度传感器等。电容型湿度传感器是目前市场上应用最广泛的湿度传感器类型，其结构原理如图 4-29 所示。该传感器由上下两层金属电极和中间的感湿介质构成，当环境湿度变化时，感湿介质的介电常数随之变化，从而导致上下电极之间的电容发生变化。通过电容检测即可反求出湿度值。

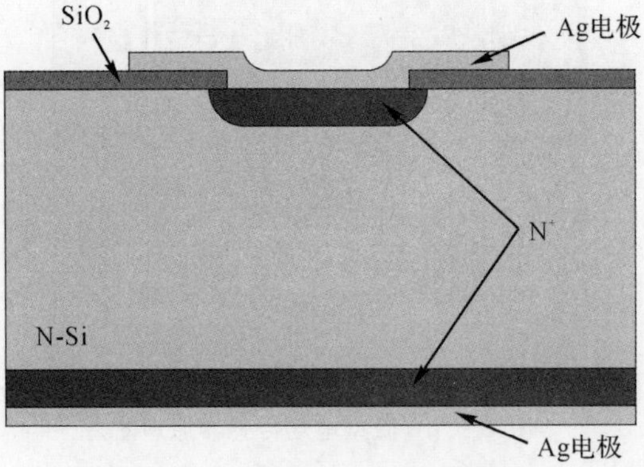

图 4-29 微型湿度传感器原理图

4.2.9 微型气体传感器

微型气体传感器是一种检测气体成分及浓度的新型传感器，其典型的工作原理是根据气敏材料在被测气体成分环境下机械或电学性质发生变化进行检测。图 4-30 是一种典型的气体传感器示意图。该气体传感器由硅基底、加热金属层、气敏电极层和绝缘层构成。当传感器处于待测气体环境中时,待测气体被吸附到气敏材料表面或与气敏材料发生反应,导致气敏材料构成的电极电容或电阻等电学性质发生变化,从而反求出气体成分及浓度。加热金属提供一定的温度,使得气敏材料更有效地与待测气体发生反应。

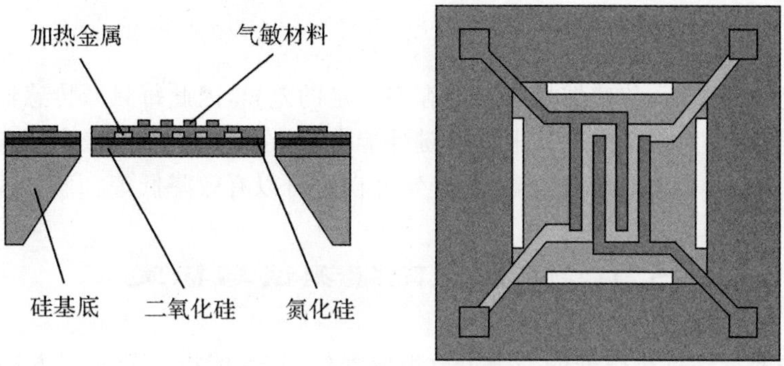

图4-30 微型气体传感器原理图

第 5 章　微传感器测试与标定

微传感器完成封装后，传感器性能参数存在一定的差异，因此每只微传感器在使用前必须进行性能测试与标定，以便于准确获取其关键性能参数，在后面使用中减少因各项误差对测试结果的影响，如确定性误差能准确消除，非确定性误差可以有效降低等。

5.1　微机械陀螺测试与标定

微机械陀螺是微惯性传感器的一个主要组成器件，其性能指标的测试方法较多地参考了《光纤陀螺仪测试方法》(GJB 2426A—2004)和美国《哥氏振动陀螺仪用标准规范格式指南和试验程序法》(ANSI/IEEE 1431/Cor 1—2008)。微机械陀螺测试通过下面三部分内容论述：微机械陀螺性能指标、微机械陀螺测试原理、实验设计与实例。

5.1.1　微机械陀螺性能指标

微机械陀螺的测试与标定就是确定陀螺的工作能力，并评定微机械陀螺本身是否适合其特定的用途。微机械陀螺的主要性能指标如图 5 - 1 所示。

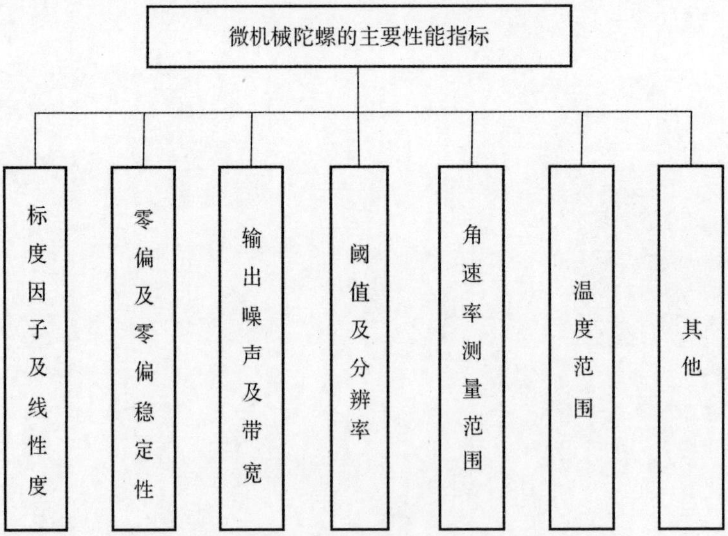

图 5 - 1　微机械陀螺的主要性能指标

5.1.2　微机械陀螺测试原理

1. 标度因子、线性度

微机械陀螺陀螺标度因子是微机械陀螺陀螺输出与输入角速率的比值，该比值是根据整个输入角速率范围内测得的输入/输出数据，通过最小二乘法拟和求出的直线斜率。

(1) 标度因子 K 计算。设 F_j 为第 j 个输入角速率 Ω_j 时陀螺输出的平均值：

$$F_j = \frac{1}{N}\sum_{j=1}^{N} F_{ij} \tag{5-1}$$

式中：F_{ij}—— 陀螺第 i 个输出值，V；

N—— 采样次数。

陀螺输入、输出的一元线性回归模型为

$$F_j = K\Omega_j + F_0 + v_j \tag{5-2}$$

式中：K—— 标度因子，V/[(°)·s]；

F_0—— 拟和零位，V；

v_j—— 拟和误差，V；

(2) 标度因子非线性度 K_n 的计算。标度因子非线性是测量得到的标度因子与标称值（这里以各次测试得到的标度因子的平均值作为标称值）最大偏差的绝对值，即

$$K_n = \frac{|K_j - K|_{\max}}{K} \times 100\% \tag{5-3}$$

式中：K_n—— 标度因子非线性度，%FS(FS 是指满量程)。

(3) 标度因子重复性 K_r 的计算。标度因子重复性是在同样的条件下及规定的时间间隔重复测量的标度因子之间的一致程度，用各次测试所得到的标度因子的标准差与其平均值的之比定义表示。测试陀螺标度因子，在规定的时间间隔（例如 2 ～ 24 h）内，陀螺处于断电状态。每天测试一次（连续 3 ～ 8 天），重复 3 ～ 8 次。

$$K_r = \left[\frac{\sum_{j=1}^{Q}\left(K_j - \frac{1}{Q}\sum_{j=1}^{Q}K_j\right)^2}{Q-1^*}\right]^{\frac{1}{2}} \Big/ \frac{1}{Q}\sum_{j=1}^{Q}K_j \tag{5-4}$$

注：当 $Q \leqslant 8$ 时，不用 $Q-1^*$ 而用 Q。

式中：K_r—— 标度因子重复性；

K_j—— 第 j 次测试标度因子。

(4) 标度因子不对称度 K_a。标度因子不对称度是正输入和负输入两种情况下测得的标定因子之间的差别，分别计算出正、反向输入角速度范围内标度因子 $(K_{+i}-\overline{K})_{\max}$ 和 $(K_{-i}-\overline{K})_{\min}$ 后，按下列公式计算：

$$K_a = \frac{|(K_{+i}-\overline{K})_{\max} - (K_{-i}-\overline{K})_{\max}|}{\overline{K}} \tag{5-5}$$

式中：K_a—— 标度因子不对称度；

$\overline{K}$—— 标度因子平均值。

2. 零偏与零漂

(1)零偏。零偏是指陀螺在零输入状态下的输出值，以规定时间内测得的输出量平均值相应的等效输入角速率表示。

(2)零漂。零漂是用来衡量当输入角速率为零时，陀螺输出量围绕其均值的离散程度。零

漂的大小标志着输出值围绕其均值的离散程度，其值越小，陀螺稳定性越好。理想情况下，零漂与时间和取向无关，且不敏感环境波动，用规定时间内输出量的标准差相应的等效输入角速率表示。

3.分辨率与阈值

分辨率与阈值均表征陀螺的灵敏度。

(1)阈值：表示陀螺能感知的最小输入角速率。

(2)分辨率：表示在规定的输入角速率下能感知的最小输入角速率增量。要求其输入信号变化量所产生的输出信号变化量至少可以达到理想输出变化量的1/2。

4.测量范围与满量程输出

陀螺正、反方向输入角速率的最大值表示了陀螺的测量范围。该最大值除以阈值即为陀螺的动态范围，该值越大表示陀螺感知速率的能力越强。对于同时提供模拟信号和数字信号输出的陀螺，满刻度输出可以分别用电压和数据位数来描述。如某陀螺的测量范围为±150(°)/s，满刻度输出模拟量为±4 V(DC)，数字量为－32 768～32 768。

5.输出噪声及其他

(1)输出噪声。当陀螺处于零输入状态时，陀螺的输出信号为白噪声和慢变随机函数的叠加(见图5-2)。其慢变随机函数可用来确定零偏或零偏稳定性指标，白噪声定义为单位检测带宽二次方根下等价旋转角速率的标准偏差，单位为$[(°)/s]/\sqrt{Hz}$或$[(°)/h]/\sqrt{Hz}$。这个白噪声也可以用单位为$(°)/\sqrt{h}$的角度随机游走系数来表示，随机游走系数是指白噪声产生的随时间积累的陀螺输出误差系数。

当外界条件基本不变时，可认为上面所分析的各种噪声的主要统计特性是不随时间推移而改变的。从某种意义上讲，随机游走系数反映了陀螺的研制水平，也反映了陀螺的最小可检测角速率，并间接指出与光子、电子的三粒噪声效应所限定的检测极限的距离。据此可推算出采用现有方案和元器件构成的陀螺是否还有提高性能的潜力。

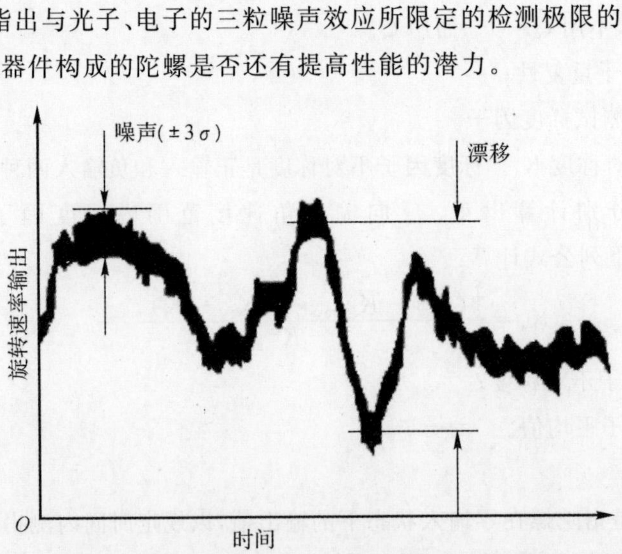

图5-2　典型微机械陀螺的静态输出噪声和漂移

(2)带宽。带宽是指陀螺能够精确测量输入角速度的频率范围。这个范围越大表明陀螺的动态响应能力越强。如某微机械陀螺在 3 dB 下带宽指标为 40 Hz。

(3)加温时间。在规定条件下通电后陀螺达到额定的性能指标需要的最长时间,用 min 表示。

(4)可靠性。陀螺工作到产生故障的平均时间或者保持正常工作的概率。

5.1.3　实验设计与实例

1.传感器选型

对上述主要性能指标进行测试,试验用微机械陀螺选用 AD 公司的 ADXR300,其各项性能指标的标称值见表 5-1。

表 5-1　微机械陀螺 ADXR300 的主要性能指标

序　号	参　数	条　件	使用范围	单位
1	测量范围	轴	±300	$rad \cdot s^{-1}$
2	温度范围		−40～+85	℃
3	带宽	−3 dB	40	Hz
4	工作电压		+4.75～+5.25	V
5	偏置电压		2.5±0.2	V
6	非线性度		±0.1	%(FS)
7	稳定度		±0.03	$rad \cdot s^{-1}$
8	标度因子		5	$mV/(rad \cdot s^{-1})$
9	角速度噪声密度		0.1	$rad/(s \cdot \sqrt{Hz})^{-1}$

2.测试试验

测试内容:标定陀螺的标度因子、偏置电压、非线性度等。

测试仪器:FDT-01 精密低速转台、TDS3014B 频谱议、PCI-6024E 数据采集卡、直流稳压电源等。

测试温度:室温(20～25℃)。

大气压:测试场所的气压。

测试原理:原理及计算方法见 5.1.2 节。

测试步骤如下:

(1)陀螺通过夹具固定于转台台面上,陀螺输入轴垂直(或平行)于转台速度平面,转台速度轴平行地垂线。

(2)接好陀螺测试电路,接通电源,预热 15～30 min。

(3)设定测试点角速度输入见表 5-2,在每个测试点正、反向各测一次,通过 Labview 测试平台采集数据,数据采集框图如图 5-3 所示,测试数据在表 5-2 中已列出。

(4)每个测试点处,设定采样频率取 0.05 s,采样点个数取 5 000 个。

表 5-2　陀螺在不同速率下电压输出值

输入角速度 (°)·s^{-1}	陀螺 1# 输出 V	相对输出 V	陀螺 2# 输出 V	相对输出 V	陀螺 3# 输出 V	相对输出 V
0	2.539 0	0.000 0	2.519 2	0.000 0	2.433 0	0.000 2
20	2.639 5	0.100 5	2.619 6	0.100 3	2.529 9	0.096 7
40	2.739 5	0.200 5	2.719 0	0.199 8	2.626 8	0.193 7
60	2.838 3	0.299 3	2.818 0	0.298 7	2.722 2	0.289 1
80	2.937 5	0.398 5	2.917 0	0.397 8	2.818 2	0.385 0
100	3.036 3	0.497 3	3.015 3	0.496 0	2.913 5	0.480 4
120	3.132 3	0.593 3	3.111 5	0.592 2	3.005 9	0.572 8
140	3.229 3	0.690 3	3.208 1	0.688 9	3.099 6	0.666 5
160	3.304 2	0.765 2	3.282 4	0.763 2	3.171 8	0.738 6
−160	1.779 2	−0.759 8	1.761 2	−0.758 0	1.699 5	−0.733 7
−140	1.847 4	−0.691 6	1.829 7	−0.689 6	1.765 0	−0.668 2
−120	1.940 0	−0.599 0	1.921 8	−0.597 4	1.854 9	−0.578 3
−100	2.040 4	−0.498 6	2.021 6	−0.497 6	1.951 2	−0.482 0
−80	2.140 2	−0.398 8	2.121 1	−0.398 1	2.047 8	−0.385 4
−60	2.238 6	−0.300 4	2.219 9	−0.300 4	2.144 2	−0.288 9
−40	2.338 6	−0.200 5	2.319 2	−0.200 1	2.239 1	−0.194 0
−20	2.439 0	−0.100 0	2.419 2	−0.100 0	2.336 5	−0.096 7
0	2.539 0	0.000 0	2.519 3	0.000 0	2.433 3	−0.000 1

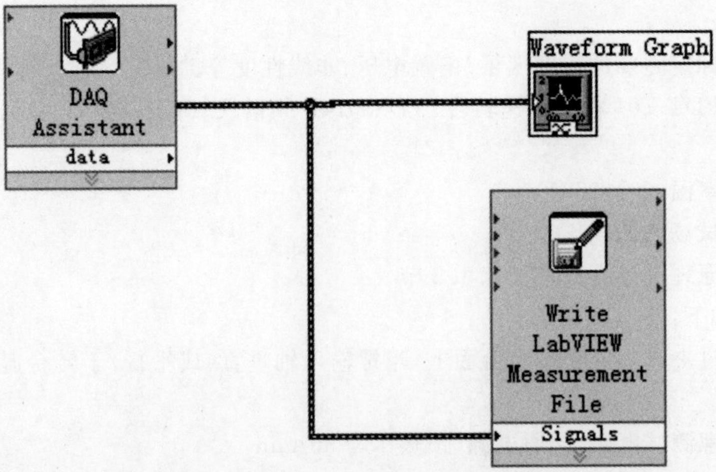

图 5-3　Labview 数据采集框图

测试结果如下：

选用 MATLAB 软件对表 5 - 2 中的实验数据进行处理，通过最小二乘法线性拟合得到的标度因子曲线图可直观地判断出微机械陀螺的标度因子输出稳定性及非线性度等。陀螺标度因子曲线如图 5 - 4～图 5 - 6 所示。

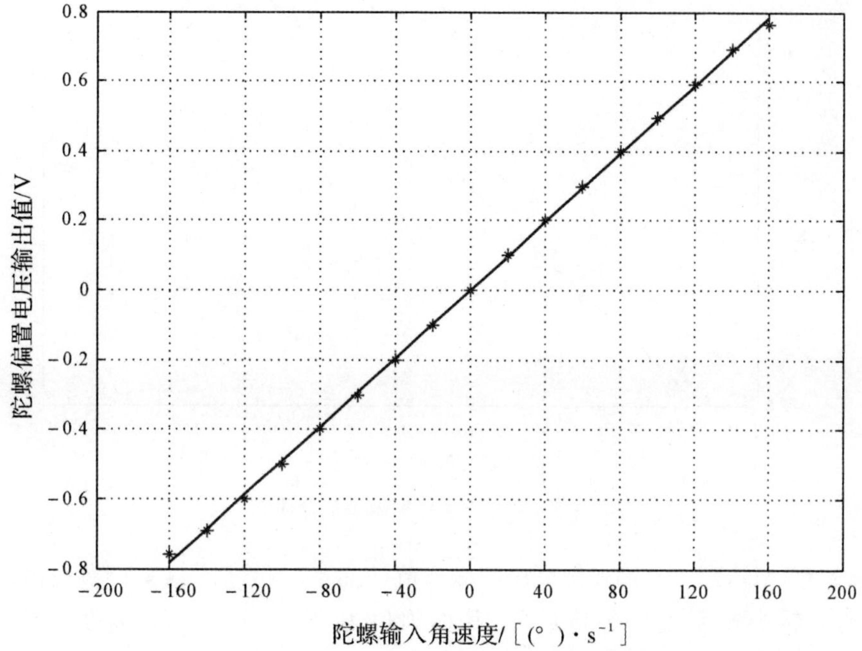

图 5 - 4　陀螺 1＃标度因子拟合曲线

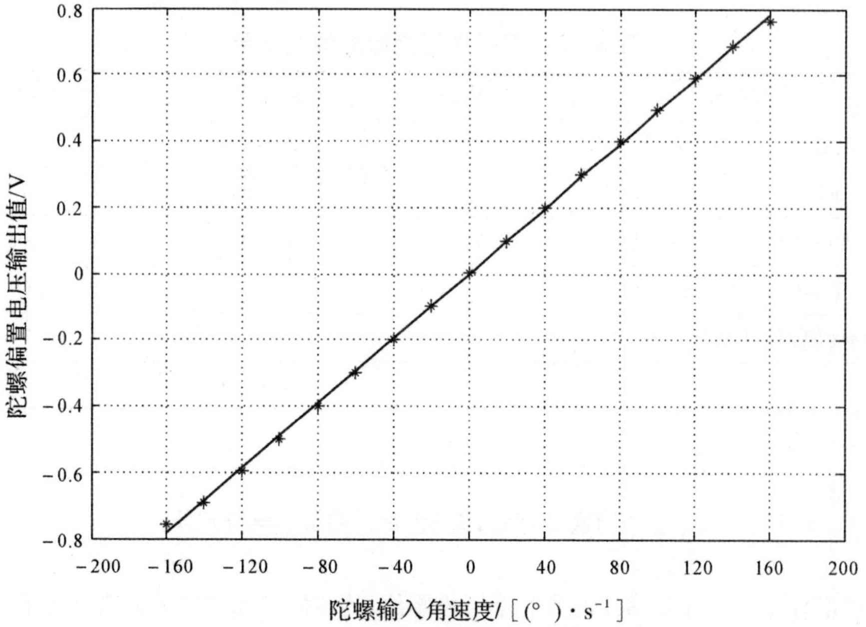

图 5 - 5　陀螺 2＃标度因子拟合曲线

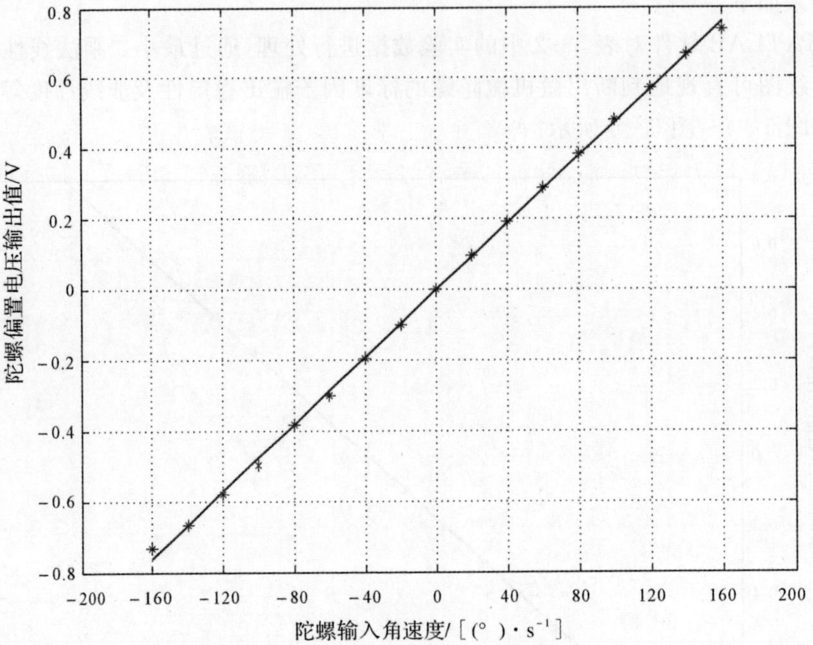

图 5-6 陀螺 3# 标度因子拟合曲线

微机械陀螺 ADXL300E 的偏置电压在标称值(2.5±0.1)/[(°)·s^{-1}]范围内,非线性度偏大原因是由转台速率不均匀造成的,其标称值为±0.1%(FS)。标度因子在标称值 5 mV/[(°)·s^{-1}]附近,偏差不大于0.3 mV/[(°)·s^{-1}]。从数据可以看出转台低转速速率比高转速的速率平稳度要好,各陀螺的标度因子和标称值比较一致。该型号陀螺的测试结果见表 5-3。

表 5-3 陀螺性能指标的测试结果

参数名称	陀螺 1#	陀螺 2#	陀螺 3#
偏置电压/[(°)·s^{-1}]	2.536 8	2.445 0	2.432 4
非线性度/(%)(FS)	0.937	0.905	0.940
标度因子/[mV/(°)·s^{-1}]	4.901 5	4.833 8	4.748 0
零偏(°)/[(°)·h^{-1}]	511.6	507.0	506.6
标度因子不对称度/(%)	0.075	0.139	0.042
一阶线性拟和残差	−2.151e−004	−3.1149e−004	−2.111e−003

5.2 微加速度计的测试与标定

微加速度计是微惯性传感器的另一个组成器件,其性能指标的测试方法参考了《单轴摆式伺服线加速度计试验方法》(GJB 1037A—2004)和美国《标准非陀螺式单轴线加速度计技术规范格式指南和试验方法》。微加速度计测试包括三部分内容:微加速度计性能指标、微加速度计测试原理、实验设计与实例。

5.2.1　微加速度计性能指标

根据不同的使用要求，微加速度计要进行力学试验、环境试验以及长时间稳定性和重复性试验等。按测试状态分类，微加速度计的测试与标定可分为静态性能测试、动态性能测试及其他测试。其主要性能指标如图 5-7 所示。

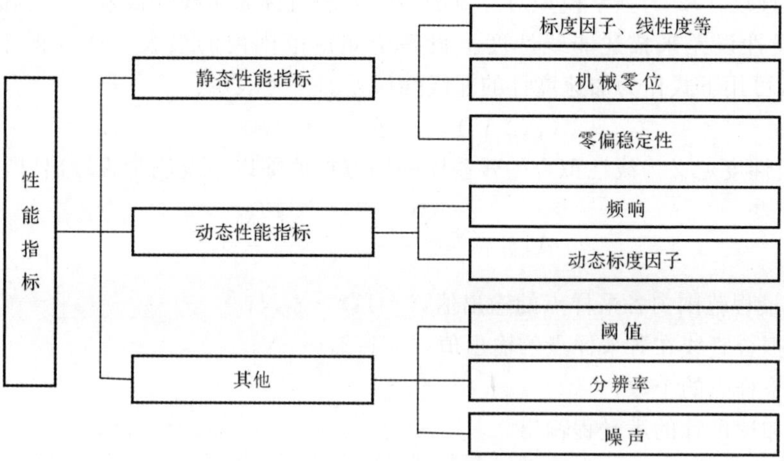

图 5-7　微加速度计的主要性能指标

5.2.2　微加速度计测试原理

1. 微加速度计标度因子、线性度

微加速度计标度因子、线性度测试利用了加速度计在静态翻滚状态下，重力场变化为 $\pm 1\ g$ 的特性，又称为重力场 1 g 静态翻滚测试。

（1）测试方法。微加速度计重力场静态翻滚实验可分为单轴位置滚转法和双轴位置滚转法。单轴位置滚转法实验一般在精密光学分度头和精密端齿盘上进行，双轴位置滚转法实验在双轴位置转台上进行。

（2）微加速度计的一般静态数学模型。静态数学模型方程是表达加速度计输出与沿平行或垂直于加速度计输入基准轴作用的加速度分量间的数学关系式。一般静态数学模型如下：

$$A = k_0 + k_1 a_i + k_2 a_i^2 + k_3 a_i^3 + k_4 a_i a_0 + k_5 a_i a_p \qquad (5-6)$$

式中：A—— 加速度计的输出电压，V；

a_i—— 敏感轴的加速度输入，g；

a_0—— 输入轴的加速度输入，g；

a_p—— 摆轴的加速度输入，g；

k_0—— 零偏电压，V；

k_1—— 标度因子，V/g；

k_2—— 二阶非线性系数，V/g^2；

k_3—— 三阶非线性系数，V/g^3；

k_4—— 输入轴和输出轴的交叉耦合系数，V/g^2；

k_5—— 输入轴和摆轴的交叉耦合系数，V/g^2。

(3) 一阶线性最小二乘法拟合数据处理方法。设加速度计的线性数学模型如下：

$$A = k_0 + k_1 a_i \tag{5-7}$$

式中：

$$a_i = \sin(\theta + \theta_0) \tag{5-8}$$

其中，θ—— 转动的角度；

θ_0—— 加速度计的初始安装角。

(4) 非线性度。$\overline{A}_i$ 与数学模型对应点的值的偏差值称为非线性误差。可取整个测量范围内的最大非线性误差来描述非线性度。设整个测量范围内的最大非线性误差的绝对值为 $|(\Delta A_L)_{max}|$，可用下式作为加速度计的非线性误差的一种表示：

$$(|(\Delta A_L)_{max}|/A_{F.S}) \times 100\% \tag{5-9}$$

一般非线性度定义为线性拟合的残差序列均方根值除以系统满量程输出，即

$$A_{nonl} = \frac{\sqrt{\sum (y_i - \overline{y}_i)^2 / N}}{F.S} \tag{5-10}$$

式中：y_i—— 量程范围内各采样点的输出值，$i = 1, 2, \cdots, N$；

$\overline{y}_i$—— 拟合直线在各采样点的输出值，$i = 1, 2, \cdots, N$；

N—— 采样点的个数；

F.S—— 加速度计的满量程输出。

2. 机械零位及零偏

(1)机械零位：加速度计的输入加速度为 0 g 的位置，即加速度计的敏感轴与重力加速度的方向正交、与水平方向重合的位置。通过机械零位的寻找可以确定加速度计的初始安装角 θ_0、偏置电压等。

常用的机械零位的确定方法有两点测试法和四点测试法两种。

(2)零偏：当外界加速度的输入为零时加速度计的输出值的漂移。它是加速度计的稳定性测试实验中最重要且比较容易实现的测试实验。稳定性实验分为短时间稳定性实验(≤8 h)和长时间稳定性实验(≥8 h)。

3. 频率响应

微加速度计的频率响应特性主要是对加速度计输入不同频率(不同幅值)的加速度信号，通过对微加速度计的输出的检测来得出其输出和输入信号之间的关系。

微加速度计频率响应实验是利用精密线振动台产生线振动加速度作为输入来测定加速度计各项性能的一种实验，主要用于标定加速度计的二阶线性系数和频率响应特性，还可以用于标定加速度计的标度因子和偏置电压的长期稳定性，以及结构强度等。

4. 阈值、分辨率

(1)阈值。阈值测试的目的是验证在 0 g 附近加速度输入时，在给定加速度输入增量的条件下，加速度计的输出是否大于规定的变化量。加速度增量和分度头角度增量的对应关系为

$$\Delta a = g\ [\sin(\theta + \Delta\theta) - \sin\theta_0] \tag{5-11}$$

式中：$\Delta\theta$—— 加速度计的阈值。

加速度计理想输出量的增量为

$$\Delta A = k_1 \Delta a \tag{5-12}$$

式中：ΔA—— 加速度计的输出增量。

测试时，先将分度头转到加速度计输出零位附近，记录加速度计的电压输出值；然后给定分度头一个角度增量为 $\Delta\theta$，记下此时加速度计输出值，转回零位，同时记录第二次转动零位时加速度计的输出值；重复上面的操作，但分度头的转动角度增量为 $-\Delta\theta$，依次记录每个位置的加速度计输出值。

数据处理方法：比较实测输出增量的平均值 $\Delta\overline{A}$ 和理想输出增量 ΔA 是否全部大于或等于50%，如果 $(\Delta\overline{A}/\Delta A)\times 100\% \geqslant 50\%$，则此刻角度增量 $\Delta\theta$ 即为该加速度计的阈值。

(2) 分辨率。分辨率的测试方法和阈值测试基本相同，只是测试点不用限制在 0 g 附近，通过选取多个位置点测试来求取分辨率，测试及计算方法和阈值相同。例如分辨率的测试可以选取 0 g，0.5 g，1 g 等多个位置做测试，各测试点处所得 $|\Delta\theta_i|_{\min}(i=1,2,\cdots,n)$ 即为该加速度计的分辨率。

5. 输出噪声

微加速度计的噪声测试，在加速度计信号输出稳定后，测量其短时间内的输出，根据输出的上下波动情况来计算噪声指标，由示波器来观测其波形，还可以用动态分析仪测量其噪声等级，即在频域内，用功率谱密度值量测微加速度计的噪声大小。随机信号的功率谱密度(PSD)由下式给出：

$$S_x(f)=\lim_{T\to\infty}\frac{E[\,|X_T(f)|^2]}{2T} \tag{5-13}$$

式中：$E[\,]$—— 期望值；

$X_T(f)$—— 在时间间隔 $-T<t<T$ 上估计的随机波形 $x(t)$ 的傅里叶变换。

5.2.3　实验设计与实例

1. 典型微加速度计

微加速度计的测试主要针对其静态性能指标，包括微机械加速度计的标度因子、非线性度、偏置电压以及加速度计的一阶数学模型等。微加速度计选用 AD 公司的 ADXL202，其各项性能指标的标称值见表 5-4。

表 5-4　微机械加速度计 ADXL202 的主要性能指标

序　号	参　数	条　件	使用范围	单　位
1	测量范围	轴	±2	g
2	温度范围		−40～+85	℃
3	带宽	由 C_x，C_y 设定	0.01～5 000	Hz
4	工作电压		3.0～5.25	V
5	零偏电压		2.5±0.1	V
6	非线性度		0.2	%/(FS)
7	标度因子		312	mV・g^{-1}
8	初始漂移		±2	%
9	分辨率		5	mV

2. 测试方案及实例

测试内容：标定加速度计的偏置电压、标度因子、非线性度等。

实验仪器：FDT-01 精密低速转台、TDS3014B 频谱议、PCI-6024E 数据采集卡、直流稳压电源、PC 机、万用表、长方体分度装置或精密光学分度头、水准仪或准直仪等。

测试器件：某姿态参照系统中使用的低精度加速度计 ADXL202。

测试温度：室温（20～25℃）。

大气压：测试场所的气压。

测试原理：原理及计算方法见 5.2.1 节。

测试步骤如下：

(1)利用夹具将加速度计测试电路板固定在光学分度头上，将台面调至水平；

(2)连接好加速度计的测试电路，并接通电源，实验前预热 10～15 min；

(3) 设惯性测量头上微机械加速度计的三个敏感轴为 a_x，a_y，a_z，先使 a_x 敏感轴与光学分度头安装面的主轴方向平行，a_y，a_z 分别处于水平和垂直基平面，使精密光学分度头依次转到位置 0°、位置 90°、位置 180° 和位置 270°，并记录 a_x，a_y，a_z 加速度计静态输出电压值，见表5-5。

表 5-5　X 轴与分度头的轴向平行

位　置	x 轴	y 轴	z 轴
0°	V_{x1}	V_{y1}	V_{z1}
90°	V_{x2}	V_{y2}	V_{z2}
180°	V_{x3}	V_{y3}	V_{z3}
270°	V_{x4}	V_{y4}	V_{z4}

根据表 5-5 中的加速度计输出可得

$$\left.\begin{aligned} V_{y0} &= (V_{y1} + V_{y3})/2 \\ V_{z0} &= (V_{z2} + V_{z4})/2 \end{aligned}\right\} \tag{5-14}$$

$$\left.\begin{aligned} K_y &= |V_{y2} - V_{y4}|/2 \\ K_z &= |V_{z1} - V_{y3}|/2 \end{aligned}\right\} \tag{5-15}$$

式中：V_{i0}—— 加速度计 i 的偏置电压；

V_{ij}—— 加速度计 i 在位置 j 处的输出；

K_i—— 加速度计 i 的标度因子（$i=x,y,z;j=1,2,3,4$）。

每个测试点处，设定采样频率取 0.01 s，采样点个数取 2 000 个，通过数据采集卡记录加速度计敏感轴的电压输出值。

(4) 同理，可分别求出 a_y，a_z 敏感轴与安装面轴线平行时的偏置电压、标度因子。对求得的各数据做算术平均处理。

(5) 由所得数据及在 5.2.1 节中数据处理方法经计算即可获得被测加速度计的偏置电压、标度因子、非线性度等。

在固定某水平轴方向的前提下，沿逆时针方向转动的微加速度计四位置 $\pm 1\ g$ 翻转实验。三次 $\pm 1\ g$ 翻转实验的测试数据见表 5-6 ～ 表 5-8。

表 5-6　x 轴与分度头的轴向平行测试数据

位　置	x 轴	y 轴	z 轴
0°	2.446 8	2.441 2	2.157 4
90°	2.441 5	2.746 8	2.468 0
180°	2.443 5	2.446 6	2.781 6
270°	2.446 6	2.140 6	2.469 2

表 5-7　y 轴与分度头的轴向平行测试数据

位　置	x 轴	y 轴	z 轴
0°	2.127 2	2.439 4	2.472 5
90°	2.445 6	2.440 2	2.156 7
180°	2.759 8	2.446 0	2.464 5
270°	2.444 4	2.447 9	2.780 8

表 5-8　z 轴与分度头的轴向平行测试数据

位　置	x 轴	y 轴	z 轴
0°	2.445 8	2.140 7	2.469 8
90°	2.760 4	2.447 5	2.466 3
180°	2.439 4	2.746 6	2.464 4
270°	2.127 3	2.438 2	2.471 8

测试结果：

利用式(5-14)和式(5-15)对每次翻转实验的实验数据进行计算，对同项测试结果进行算术平均后，即可得到微加速度计的标度因子和偏置电压值，见表 5-9。1 g 范围内的线性拟合方程如式(5-16)～式(5-19)所示。

表 5-9　微加速度计 ADXL202 性能指标测试结果

性能参数	标称值	x 轴	y 轴	z 轴
偏置电压 /V	2.5	2.444 3	2.443 3	2.468 5
标度因子 /(m · g^{-1})	312	316.4	303.1	312.7
非线性度 /(%)(FS)	0.2	0.387	0.641	0.591

x 轴加速度计的线性拟合方程为

$$A_i = 2.444\,3 + 0.316\,4\sin(\theta_i + \theta_0) \tag{5-16}$$

由于所测的 ADXL202 为低精度加速度计，θ_0 值较小，可忽略不计。式(5-16)可写为

$$A_i = 2.444\,3 + 0.316\,4\sin\theta_i \tag{5-17}$$

同理，y 轴加速度计的线性拟合方程为

$$A_i = 2.4433 + 0.3031\sin\theta_i \tag{5-18}$$

z 轴加速度计的线性拟合方程为

$$A_i = 2.4685 + 0.3127\sin\theta_i \tag{5-19}$$

5.3 压力传感器的测试与标定

压力传感器是 MEMS 传感器的一个重要组成领域，其性能指标的测试方法参考了《压力传感器》(JB/T 6170—2006)。压力传感器测试包括两部分内容：静态性能测试和动态性能测试。

5.3.1 压力传感器原理

压力传感器的种类有压阻式、电容式与谐振式。

图 5-8(a)表示的是硅压阻式压力传感器，利用单晶硅的压阻效应构成，单晶硅材料在受到力的作用后，电阻率发生变化，通过测量电路就可得到正比于力变化的电信号输出。

图 5-8(b)表示的是硅电容式压力传感器，沉积在膜片下表面上的金属层形成电容器的活动电极，另一电极沉积在硅衬底表面上，二者构成平行板式电容器。当膜片感受压力作用时，电容器的极板间距发生变化，从而引起电容量的变化，该变化量与被测压力相对应。

图 5-8(c)表示的是硅谐振式压力传感器，基于膜片或梁的谐振频率随被测压力变化而改变的原理来实现压力测量，硅膜片或梁由激励而产生谐振动，谐振频率为 f_0，当膜片(梁)受被测压力直接(间接)作用时，谐振频率发生变化。

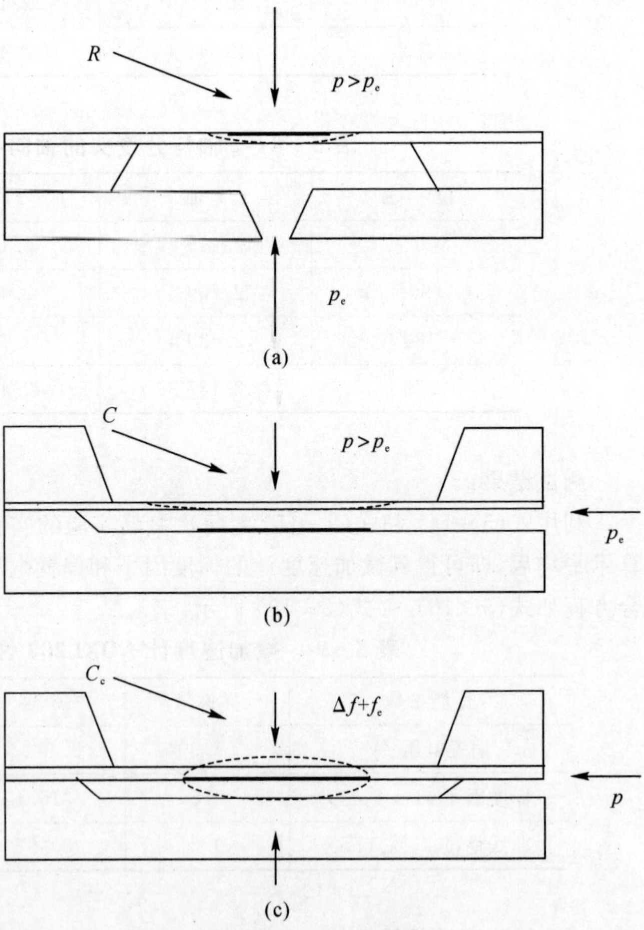

图 5-8 压力传感器

(a)硅压阻式压力传感器；(b)硅电容式压力传感器；(c)硅谐振式压力传感器

5.3.2 压力传感器性能指标

性能指标是评价传感器优劣的重要依据，传感器的各项性能的标定对于测试可行性及准确性具有重要

的实际意义。压力传感器的主要性能指标如图 5－9 所示。

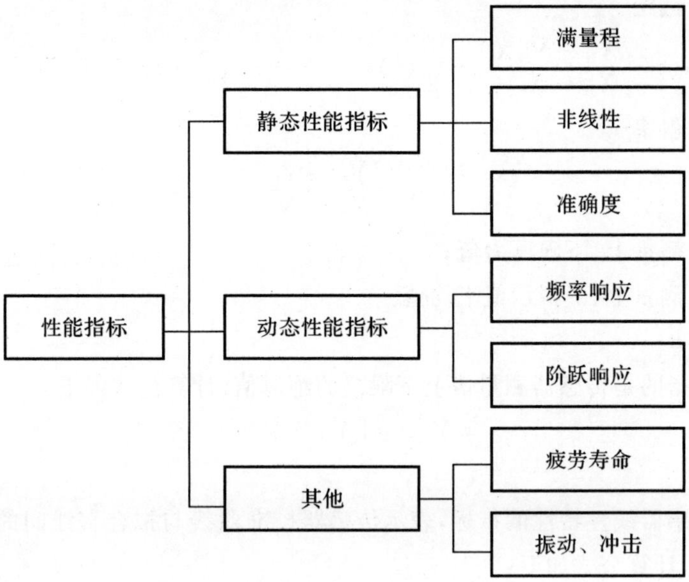

图 5－9　压力传感器性能指标

5.3.3　静态性能测试

给传感器施加不少于三次的预压，使被测传感器压力上升到测量上限值，待压力稳定后降压，返回零点。然后在传感器上、下限量程范围内选择均匀分布的 5 ～ 11 个校准点，并重复 n 次升、降压标准循环，则在任意一个校准点上都有 n 个正、反行程实验数据，通过实验获得的数据计算传感器的静态性能指标。

1. 实验数据计算方法

正行程平均值 $\overline{Y}_{\mathrm{Ui}}$：

$$\overline{Y}_{\mathrm{Ui}}=\frac{1}{n}\sum_{j=1}^{n}Y_{\mathrm{U}ij} \tag{5-20}$$

反行程平均值 $\overline{Y}_{\mathrm{Di}}$：

$$\overline{Y}_{\mathrm{Di}}=\frac{1}{n}\sum_{j=1}^{n}Y_{\mathrm{D}ij} \tag{5-21}$$

总平均值 $\overline{Y}_{\mathrm{i}}$：

$$\overline{Y}_{\mathrm{i}}=\frac{1}{2}(\overline{Y}_{\mathrm{Ui}}+\overline{Y}_{\mathrm{Di}}) \tag{5-22}$$

端点连线方程 Y_{EP}：

$$Y_{\mathrm{EP}}=\frac{Y_{\mathrm{L}}X_{\mathrm{H}}-Y_{\mathrm{H}}X_{\mathrm{L}}}{X_{\mathrm{H}}-X_{\mathrm{L}}}+\frac{Y_{\mathrm{H}}-Y_{\mathrm{L}}}{X_{\mathrm{H}}-X_{\mathrm{L}}}\overline{X} \tag{5-23}$$

理论工作直线方程：

$$Y = a + bx \tag{5-24}$$

式中：a—— 截距

$$a = \frac{\bar{Y}_L X_H - \bar{Y}_H X_L}{X_H - X_L} + \frac{1}{2}(|\bar{Y}_{Ui} - \bar{Y}_E P|_{max} - |\bar{Y}_{Di} - \bar{Y}_E P|_{max}) \tag{5-25}$$

b—— 斜率

$$b = \frac{\bar{Y}_H - \bar{Y}_L}{X_H - X_L} \tag{5-26}$$

X_H, X_L—— 测量上、下限压力值；

$\bar{Y}_H, \bar{Y}_L$—— 测量上、下限示值平均值。

2. 满量程输出

满量程输出指的是传感器测量值上下限差的绝对值，计算公式如下：

$$Y_{F.S.} = |\bar{Y}_H - \bar{Y}_L| \tag{5-27}$$

3. 非线性

非线性是传感器线性特性的指标，表示传感器校准曲线与拟合直线间的最大偏差与满量程输出的百分比，计算公式如下：

$$\xi_L = \frac{|\bar{Y}_i - Y_i|_{max}}{Y_{F.S.}} \times 100\% \tag{5-28}$$

式中：$\bar{Y}_i$—— 总平均值；

Y_i—— 由拟合直线求得的理论输出值；

$Y_{F.S}$—— 满量程输出值。

4. 准确度

准确度ξ是压力传感器的一个重要指标，反映的是系统误差与随机误差的综合作用，计算公式如下：

$$\xi = \pm \frac{|U_1| + |U_2|}{Y_{F.S}} \times 100\% \tag{5-29}$$

$$U_1 = \frac{1}{2}(|\bar{Y}_{Ui} - \bar{Y}_E P|_{max} + |\bar{Y}_{Di} - \bar{Y}_E P|_{max}) \tag{5-30}$$

$$U_2 = \pm 3\ s \tag{5-31}$$

式中，U_1—— 传感器的系统误差带；

$\bar{Y}_{Ui}$—— 正行程平均值；

$\bar{Y}_{Di}$—— 反行程平均值；

U_2—— 传感器随机误差；

$Y_{F.S.}$—— 传感器满量程输出。

5.3.4 动态性能测试

1. 频率响应

在规定频率范围之内，对施加在传感器上的正弦变化的输入信号，输入量与输出量的幅值之比以及输入量与输出量相位差随频率的变化即为频率响应。

对于 1 000 Hz 以下的频率，10 MPa 以下的峰值动态压力，可用正弦压力发生器直接测得传感器的频率响应。

2. 阶跃响应

将传感器与激波管或快速开户阀相连接，对于负压传感器用爆破膜片发生器产生一个负的阶跃压力信号，信号的上升时间应为传感器的上升时间的 1/3 或者更短，当激励装置产生一个阶跃信号时，用瞬态记录仪器记录传感器输出的波形，即为传感器的阶跃响应。

第3篇　微传感器创新应用实践

本篇以微传感器的应用实践为基础，分四部分介绍：第一部分介绍直流电源、示波器等几种在电子设计中最常用的测试仪器；第二部分介绍目前常用的开源软硬件开发平台——Arduino，按照硬件资源、资源调用编程实现以及传感器应用实践顺序介绍；第三部分介绍如何根据实际需求，经过简单剖析他人的硬件系统，设计出自己的 Arduino 开发系统；第四部分介绍另一款热门的开源平台——STM32 开发平台，从系统平台资源、开发平台使用以及应用实践等方面介绍。希望通过本篇的学习大家能迅速掌握微传感器系统设计的方法。

第6章　常用电子仪器

在做电子设计的时候，经常需要用到直流电源、信号源、示波器、万用表等电子仪器，下面对其进行详细介绍。

6.1　直流稳压电源

直流稳压电源可以为负载提供稳定的直流电源（见图 6－1），当交流供电电源的电压或负载电阻变化时，稳压器的直流输出电压都会保持稳定。

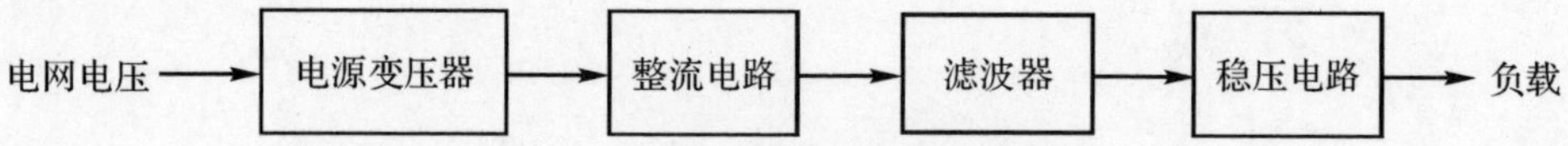

图 6－1　直流电压源的组成框图

6.1.1　基本原理

一般的直流稳压电源是一种将 220 V 工频交流电转换成稳压输出的直流电压的装置，工频交流电源经过变压器降压、整流、滤波、稳压四个环节后才能成为稳定的直流电。四个环节的工作原理如下：

（1）变压器：也是降压变压器，将电网 220 V 交流电压变换成符合需要的较低交流电压，并送给整流电路，变压器的变化由变压器的副边电压确定。

（2）整流电路：整流电路将交流电压 U_i 变换成脉动的直流电压。

(3)滤波电路:可以将整流电路输出电压中的交流成分大部分加以滤除,从而得到比较平滑的直流电压。

(4)稳压电路:稳压电路的功能是使输出的直流电压稳定,不随交流电网电压和负载的变化而变化。

电源接上负载后,通过采样电路获得输出电压,将此输出电压和基准压进行比较。如果输出电压小于基准电压,则将误差值经过放大电路放大后送入调节器的输入端,通过调节器调节使输出电压增加,直到和基准值相等;如果输出电压大于基准电压,则通过调节器使输出减小。

6.1.2　衡量性能的参数

直流电压源的主要性能指标如下:

(1)技术指标:输入电压、输出电压、输入电压和输出电压的范围、输出电流范围。

(2)质量指标:稳定系数、温度系数、输出电阻、纹波电压、输出电流范围。

(3)稳定系数是负载固定时输出电压的相对变化量与稳压电路的输入电压的相对变化量之比;温度系数是反映温度变化对输出电压的影响;输出电阻反映负载电路变化对输出电压的影响;纹波电压是指稳压电路输出端交流分量的有效值,表示了输出电压的微小波动。以上各系数越小,输出电压越稳定。

6.1.3　直流稳压电源的应用

直流稳压电源(见图 6-2)最基本的功能就是给直流电路提供电能。

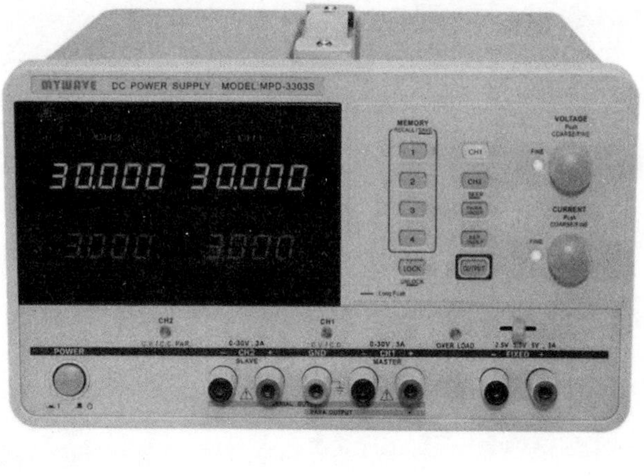

图 6-2　直流稳压电源

最常见的直流稳压电源多是 30 V 以内的直流电压输出,不同产品有不同的最大输出电流。大家首次使用该仪器设备时,为了快速掌握仪器的使用,请仔细看仪器面板上的标示,然后再结合说明书。例如,这款型号为 MPD-3303S 的麦威直流稳压电源,它的电源面板下方有 7 个端子,其中最右侧的两个旋钮写着“fixed”,意味着这两个端子之间的输出是固定的,但是可以设定输出为 2.5 V/3.3 V/5 V 输出,最大输出 3 A 电流。

再看左下方的 5 个端子,其中中间的最左侧的两个端子上画着接地符号,如果电路需要接地，就接到最左侧的两个端子上。最左侧的两个端子右侧的端子上写着 CH1，0～30 V，3A，意思就是这两个端子之间输出的电压是在 0～30 V 之间连续可调的直流电压，最大输出电流为 3 A。那也就说明这个通道输出的最大功率是 90 W。最左侧的两个端子上面写着 CH2，0～30 V，3 A，含义也是一样的。这三个输出通道都是独立的。

那到底怎样调节输出电压大小呢？请看面板最右上角的旋钮，上面写着电压输出调节，它下方的旋钮上写着电流输出调节。可是每个旋钮调节的是 CH1 的输出还是 CH2 的输出？面板上竖列着有按键 CH1，CH2，fixed，就是选择设定的哪一路输出的。

另外，可以看到有 4 组面板设定 Save/Recall 功能，可以把常用的参数保存起来。

有些时候需要更高的电压，那我们可以把两个最大输出 30 V 的通道串联起来，就可以达到最大输出 60 V 的直流电压。串联的时候，一定注意两个通道的输出极性要是同方向的。

还有些情况下，需要对称的正负电源对供电，例如，需要正负 12 V 电源对供电，只要将图 6-3 中串联的黄色导线接到电路的 GND 端就可以了，将两个通道的输出都设为 12 V 即可，则最左侧的端子对系统地的输出为－12 V，CH1 通道的红端子对系统地的输出为＋12 V。

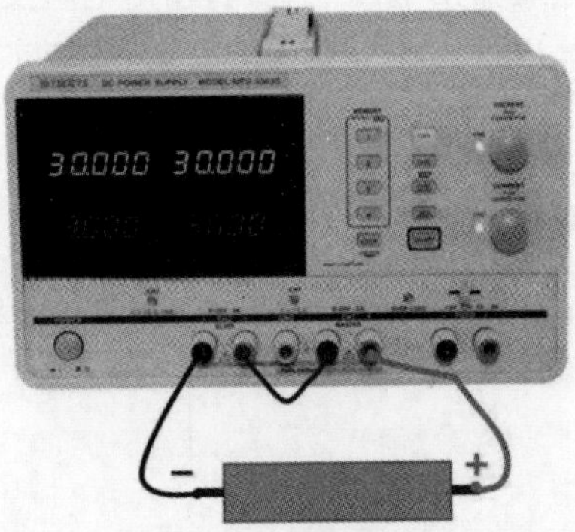

图 6-3　直流稳压电源通道串联扩大输出范围

大家做创新设计时，需要 5 V 电源且功率不大的情况，可以优先考虑充电宝供电。但是如果对电源精度要求高，如给高精度的传感器供电，或者要求高电压、大功率时，就只能用这样的高精度的直流稳压电源了。

6.2　$6\frac{1}{2}$万用表

万用表，一种多用途电子测量仪器，一般包含电流表、电压表、电阻表等功能。

万用表又分为台式万用表（见图 6-4）和普通万用表。台式表一般是指高精度万用表（见图 6-5），体积大过一般的常见手持式万用表，两者主要的区别总结如下：台式万用表的测量精度比手持万用表高；台式万用表测量功能会更加丰富，可测量的数据类型往往更多，除了常规的电压电流，往往包括电容、信号频率、温度等，还支持数学功能，常规万用表一般不支持这些高级功能；台式万用表拥有更丰富的通信接口，比如支持 RS-232，USB，GPIB 等，可以方便地与计算机或其他仪器通信，常规万用表则不支持这样的功能。台式万用表跟普通手持万用表价格差异非常大。

图 6-4　台式万用表

图 6-5　手持式万用表

6.2.1　基本原理

数字万用表是采用集成电路模/数转换器和液晶显示器，将被测量的数值以数字形式显示出来的一种电子测量仪表。此处仅就较简单的普通数字万用表进行简单的说明。

普通的数字万用表的基本构成如图 6-6 所示。

外围电路主要包括功能转换器、测量项目、量程选择开关及 LCD/LED 显示器。此外，还有蜂鸣器振动电路、驱动电路、检测电路、通断电路等。

现在来看看图 6-6 所示的测量原理，万用表测量的电流、电阻值最终都转化为电压量后再进行测量。测量的时候，其实是将电压信号通过量程选择电路进行不同的衰减，然后将衰减后的信号送给 A/D 转换器(模/数转换电路，可将模拟量转换为数字量输出)，测量的精度取决于 A/D 转换器的位数和量程的选择。使用时不要欠量程，但也不要过量程，才能尽量减小测量误差。

数字万用表或一些数字仪表的位数规定如下：

(1)能显示 0～9 所有数字的位(无论是不是小数位)是整数位。

(2)分数位的数值以最大显示值中最高位的数字为分子，以满量程时最高位的数字为分母。常见手持式万用表的显示位数有三位半、四位半的。

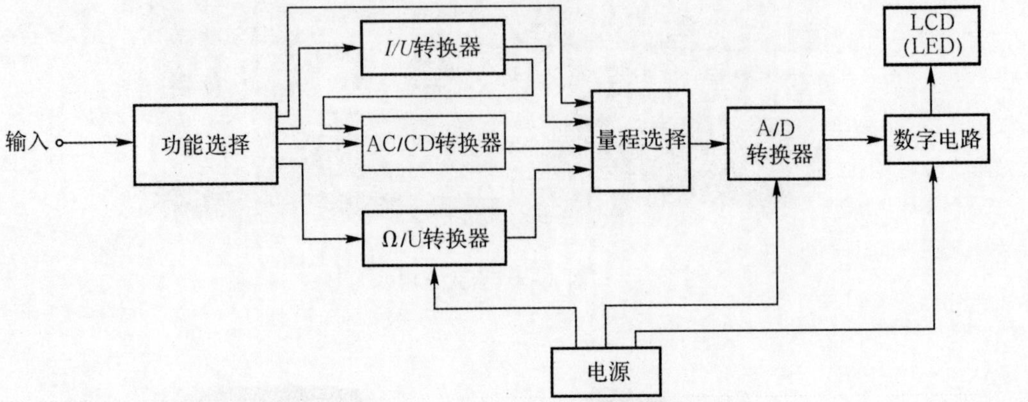

图 6-6　数字万用表电路框图

例如，图 6-4 所示的这台普源台式万用表，共有 7 位显示位，但是只有后面 6 位可以显示 0～9，最前面一位只能显示 0 或 1，所以这是一个 6 又 1/2 位台式万用表。如果最前面一位可显示的数是 0～3，则就是一个 6 又 3/4 位台式万用表。

例如，某数字万用表最大显示值为 1999，最高位可以显示 0 或 1，满量程计数值为 20 000，这表明该表有 3 个整数位，而满量程计数值的最高位是 2，最大显示值的最高位的数字位为 1，故分数位的数值是 1/2。因此，这个数字万用表称为 3 又 1/2 位万用表。

6.2.2　衡量性能的参数

1. 响应速度

响应速度与万用表内部采用的 A/D 转换芯片有关。普通的数字万用表大多采用双积分形式的 A/D 转换芯片。

2. 测量精度

常用数字万用表以显示的数字位数来评价其精度，有三位半、四位半、五位半、到台式的六位半的数表。

选择万用表时可根据实际需要来选择精度，精度越高，价格也越高。

3. 功能

部分万用表功能比较齐全，除了可以测试很宽范围的电压、电流、电阻外，还可以自动转换量程、测试脉冲频率、电容容量，监测电压电流的最大/最小值、温度等。

4. 安全保护和牢固性

部分万用表具有非常好的保护措施，具有过流、过压、表笔插错提醒功能（如测试电压时，将表笔插入电流测试孔）等。

6.2.3　万用表的应用

万用表一般可用于测量电流、电压、电阻、电感、电容、电导、温度、频率、占空比等参数。手持万用表还经常用来测量电路中点与点之间，或者导线的通断，有些还可以测量温度、双极性三极管的放大倍数等等。

手持式万用表使用时，需要注意测试表笔要根据测试的量选择对应的插孔：黑色的表笔始终插在“COM”端，红色的测试笔根据需要插到不同的插孔里，例如测量电流，那就插到“mA”“μA”的插孔里，如果测量电压，应该对应插到可以测电压的插孔。

除了测试表笔的位置，表面上还有一个很大的转盘，要根据测量的物理量将开关拨到对应的位置，例如测电阻，就将挡位开关拧到正对“Ω”的范围内，根据电阻的大小，选择具体哪个挡位会测得更精准。还要注意，测量电阻不能带电测量，否则可能烧坏保险。

另外，一般的手持万用表背后都有一个折叠板，可以打开，让表立到桌面上，方便观测。测量完毕后，关闭电源。

6.3　任意波形发生器

任意波形发生器(见图 6－7)(Arbitrary Function Generator)是仿真实验的最佳仪器。任意波形发生器是一种特殊的信号源，包括正弦波信号源、函数发生器、脉冲发生器、扫描发生器、任意波形发生器、合成信号源等，适合各种仿真实验的需要。

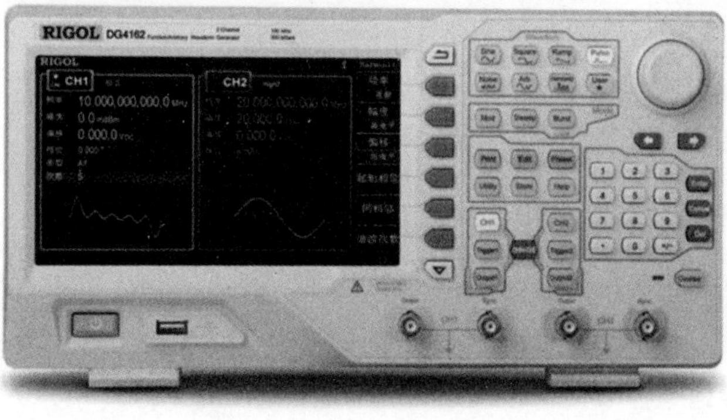

图 6－7　任意波形发生器

6.3.1　基本原理

产生任意波形的方法主要有两种：存储器和直接数字合成(DDS)。前者电路比较简单，分两种形式：相位累加器式与计数器式，但需要较深的存储容量，DDS 技术是目前的主流技术。DDS 基本结构框图如图 6－8 所示。

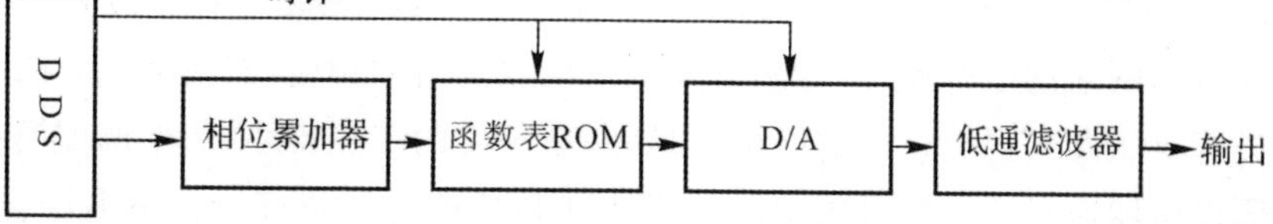

图 6－8

6.3.2　衡量性能的参数

下面就任意波形发生器(AFG)相关性能指标进行说明。

(1)带宽(Fw):带宽是所有测量交流仪器必须考虑的技术指标,指仪器输出或能测量的信号幅度衰减−3 dB处的最高频率。

(2)输出幅度(Vpp):信号源输出信号的电压范围,一般表示为峰-峰值。

(3)输出通道数(CH):信号源对外界输出的通道数量。

(4)垂直分辨率(DAC):垂直分辨率与仪器数模转换的二进制字长度(单位:位)有关,位越多,分辨率越高。

(5)水平分辨率(HA):水平分辨率表示创建波形可以使用的最小时间增量。一般来说,使用 $T=1/f$(T 是定时分辨率,单位为 s;f 是采样频率)来计算。

(6)存储深度(Wsiz):存储深度与时钟频率一起使用,确定波形的点数。存储深度决定着可以存储的最大样点数量。每个波形的样点占用一个存储器位置。每个位置等于当前时钟频率下采样间隔的时间。大的存储深度,可以建立更多周期的希望波形,能创建更好的波形细节。

(7)采样速率(fs):采样速率通常用每秒兆样点或千兆样点表示,表明仪器可以运行的最大时钟或采样速率。采样速率影响主要输出信号的频率带宽和保真度,公式如下:

信号输出频率带宽=采样速率÷存储深度

当然,各种信号源的性能指标和选择参数都不会完全相同,但是在使用信号发生器时,以上的几个指标在选型时必须尽量考虑,才能满足要求。

6.3.3 任意波形发生器的应用

任意波形发生器的功能越来越完善,已成为通信、雷达、导航、超声、自动测量等领域不可或缺的仪器。

任意波形发生器是一种数据信号发生器,该信号源在电子实验和测试处理中,常常根据使用者的要求产生一些确定信号提供给被测电路,以观察电路工作是否正常。它除了可以产生正弦波、方波、三角波等基本函数外,还可以产生 AM,FM,PM,FSK,ASK,DSB-AM 等模拟和数字调制信号,支持线性/对数扫频信号和脉冲串的输出,这是任意波形发生器区别于函数发生器的显著特征。在这两种模式中,触发源可以在内部、外部和手动三种中进行选择,当选择内部和手动触发源的时候,支持触发信号输出,便于实现多款不同的仪器之间的触发同步。

任意波形发生器有很多种应用方式,但是在电子测试、测量领域,其应用范围基本可以可以分为三种:检验、检定以及极限/余量测试。在产品的调试阶段,工程师需要测试产品的各项参数,以检验产品是否满足相关的出厂标准,在这个过程中,任意波形发生器需要发出标准规定的信号作为待测网络的激励源,通过测量并记录被测网络的响应,然后将记录的结果与标准规定的指标进行对照并且得出检验的结论。另外,新开发的工控模块,数据调理模块等都需要使用任意波形发生器通过穷尽测试来确定其线性度和单调性等指标。在很多场合中,任意波形发生器需要在其提供的信号中增加已知的,数量和类型可重复的失真或损伤,通过控制失真或损伤相关的参数可以对被测件进行极限/余量测试。下面是一些应用的典型场景。

(1)雷达信号仿真。雷科公司的任意波形发生器有调幅、调频和脉冲三组输出,组合调制信号输入微波信号发生器产生复杂的雷达信号模式,用于仿真飞行器的雷达信令。三组调制信号有严格的同步和低的相位噪声，使这种序列信号既稳定又相位噪声极低，序列内可插入触发、波形循环、断点而不会失去同步，从而扩展成为复杂波形产生设备。

(2)卫星音调仿真。任意波形发生器和微波信号发生器一起可产生通信卫星的音调仿真，用于测试地面接收站特性。任意波形发生器驱动上变频器在适当频率下产生几种音调，在被测通道的测试序列插入空白段，用于播送实况信号。

(3)微机电系统的驱动。微机电系统有机械、光学、电学的多种信号，需要几台任意波形发生器仿真激励和执行机构的复杂信号，信号之间有严格的时序关系。

(4)磁盘驱动器仿真。磁盘驱动器产生的同步数字和模拟信号可由任意波形发生器仿真，用于读/写数据的测试。这种混合信号仿真可作为平板 LED、等离子高清晰度电视等的测试信号。

(5)数字通信的仿真。第三代移动通信属于多制式多种信号的综合，对于这种包括语音、图像和数据的复杂调制信号，AWG 可发挥积极作用和产生非常逼真的信号。

(6)任意波形发生器复制数字示波器的偶发信号。利用两种仪器的互补特点，任意波形发生器可复制出数字示波器的很难捕捉到的毛刺信号。

(7)放大器性能测试。假如设计了一个音频放大器，需要实测放大器是否满足设计要求，那怎么做呢？一般给放大器送入一个幅度为固定值(例如 10 mV)的正弦信号，改变正弦信号的频率，测量对于每一个频率时的放大倍数，然后做出放大倍数和频率之间的曲线，就是这个音频放大器的幅频特性曲线，从曲线图上就可以大致得出这个放大器的通频带，看看是否满足通频带、放大倍数等设计要求。另外，还可能需要测量放大电路最大的输入信号，那就是正弦信号的频率点，调节信号幅度，看看不失真的最大输入是多大，在通频带内测很多个频率点，基本可以确定下来最大信号的输入范围，有助于设计、修整信号调理电路等。

(8)特殊信号的仿真。有些特殊信号通常情况下无法获取，也需要通过任意波形产生器来模拟，例如地震波形、汽车碰撞波形等。众所周知，实际的电子环境存在各种干扰，如过脉冲、尖峰、阻尼瞬变、频率突变等，这时候就可以用任意波形产生器的噪声信号等等进行模拟，测试实际电路的抗干扰能力。当然，在实验室条件下测量之后，还需要到实际环境中进一步实验才能保证可靠性。

6.4　示　波　器

示波器(Oscillograph)是能形象地显示信号幅度随时间变化的波形显示仪器，是一种综合的信号特性测试仪。

1. 模拟示波器

模拟示波器最早出现于 20 世纪 40 年代，由美国人泰克发明，泰克公司成功研发了带宽为 10 MHz 的同步示波器。

2. 数字示波器

数字示波器(见图 6－9)缺少余辉显示功能，采用专用图像处理芯片进行了该项功能的弥补，该项数字处理的显示、数据记录、处理、保存都十分方便。

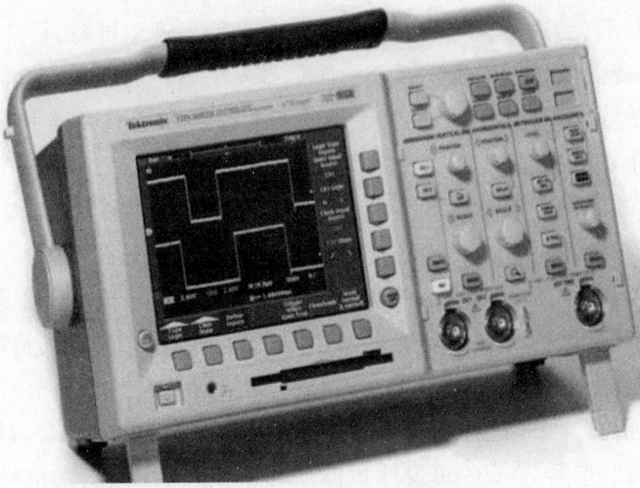

图 6-9　数字示波器

3. 数字荧光示波器(DPO)

数字荧光示波器为示波器系统增加了一种新的类型,能实时显示、存储和分析复杂信号的三维信号信息:幅度、时间和整个时间的幅度分布。

4. 基于 PC 的虚拟示波器及手持示波表

其具有便携特性、便于开发新的测试开发平台等优点。

6.4.1　基本原理

目前使用的示波器多为数字示波器,这里主要以数字示波器为例进行介绍。

数字示波器原理比较复杂,总的来说就是:信号通过 ADC 转换成数字信号,再通过复杂的运算(通过 CPU 等完成)最后在液晶显示器上显示波形。

数字示波器有五大功能,即捕获(Capture)、观察(View)、测量(Measurement)、分析(Analyze)和归档(Document)。

数字示波器原理框图如图 6-10 所示。

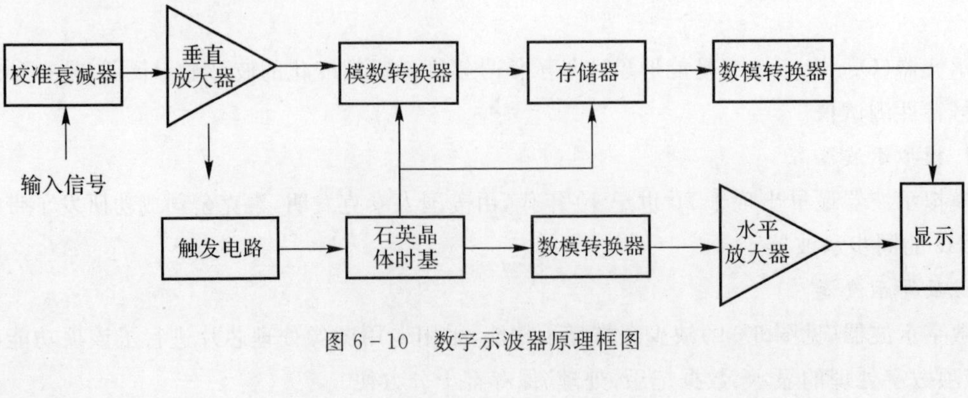

图 6-10　数字示波器原理框图

6.4.2　衡量性能的参数

衡量示波器的性能参数主要有带宽、采样率、存储深度、捕获率等。

1. 带宽(Hz)

带宽被称为示波器的第一指标,也是示波器最值钱的指标。示波器市场的划分常以带宽作为首要依据,工程师在选择示波器的时候,先要确定的也是带宽。

放大器的模拟带宽决定了示波器的带宽;形象地说放大器是信号进入示波器的大门,它的带宽决定了示波器的带宽,示波器能请进什么样的信号由这个大门来决定。举个例子,人的耳朵也是个滤波器,普通人只能听到 20～20 000 Hz 范围的声音,即耳朵的有效带宽是 20～20 000 Hz。对于示波器也一样,只有在它的通频带范围内的信号才会被示波器采集电路采集并存储、显示。

2. 采样率(sample/s)

采样率是单位时间内采样的个数,单位以"点/s"表示,主要有实时采样、随机等效采样、顺序等效采样 3 种方式。实时采样即采样是等间隔的进行;随机等效采样即以较低的 A/D 对信号采集,将多次触发采集到的资料进行重组,实现对重复信号的捕获和显示;顺序等效采样是随机等效采样方式的序列化。

3. 存储深度(Mpts——M points)

存储深度又叫记录长度或采集长度,是示波器可以存储的采样点数。存储深度是采样率与采样时间的乘积。存储深度和采样率决定了能对信号采样多长时间。

4. 捕获率(wfms/s——waveforms/s)

波形捕获率是指示波器采集波形的速度有多快。用"眨眼睛"可以形象地描述波形捕获率。所有的示波器都会"眨眼睛",它们会每秒睁开眼睛多次,来捕获信号,其他时间则会闭上眼睛。当示波器闭上眼睛的时候称为"死区",这是示波器对采集到的波形进行处理和显示的时间,在此期间,示波器不采集信号。普通示波器的死区通常远远大于显示区,这让绝大部分时间的信号都没有被显示,导致无法观察到异常信号;高捕获率大大减少了死区的时间,从而能迅速准确地发现异常信号。

6.4.3　数字示波器的应用

示波器是一种用途十分广泛的电子测量仪器,广泛应用于电子。电力、电工、压力、振动、声、光、热、磁等领域。它的主要功能是捕获信号、观察信号、测量信号、分析信号。它能把肉眼看不见的电信号变换成看得见的图像,便于人们研究各种电现象的变化过程,还常用来测试信号的一些参数,如大小,频率,周期,相位差,脉冲信号的上升时间、正负脉宽等。

我们常用示波器测量电压波形,如果需要测量电流波形,常把电流通过电阻转换为电压测量,然后再折算出电流来。或者使用专门的电流探头测量计。

数字示波器分为隔离通道的示波器和非隔离通道的示波器。

(1)隔离通道示波器。对于隔离型示波器来说,各通道的负极是相互隔离的,通道与通道之间不会有串扰，各通道的负极不会连在一起，因此隔离型示波器能够对多路不共地信号进行检测。

(2)非隔离通道示波器。非隔离示波器所有通道信号输入端的参考端是相通的，并且和示波器内部的屏蔽壳、裸露在外的BNC头外壳、市电的保护地(大地)相通，因此非隔离示波器只适合测量对地电压信号。非隔离示波器不可直接测量与市电有直接相通的信号，以免造成市电短路。

所有的示波器对输入信号的大小都是有限定的，如果超过输入范围，可通过衰减探头将输入信号衰减后再送入示波器。如果用的是“10×”的衰减探头，即意味着经过探头上的衰减器将信号减小为原来的1/10后再送给了示波器。为了保证测量数据的正确，需要在示波器里设置好探头的增益，否则测量结果将是错误的，还要注意测量电压不要超过探头耐压值。

示波器一定要在安全的情况下使用。示波器的具体操作方法见说明书。

第7章　Arduino开发系统及应用

当今，国家大力提倡大学生的创新创业能力培养，单片机控制就是一个很好的切入方向，其广泛应用于仪器仪表、家用电器、航空航天、机器人、智能家居、医疗器械等诸多领域。但单片机开发对开发人员的软、硬件基础要求较高，而Arduino开发平台的出现，让很多人不必从底层了解单片机就可以轻松加入创客行列，本章的电子实践课程就以Arduino为基础展开。

7.1　Arduino概述

Arduino 2005年冬诞生于伊夫雷亚交互设计学院，是由意大利交互设计学院的Massimo Nanzi和西班牙籍芯片工程师David Cuartielles以及Nanzi的学生David Mellis联合设计开发的一款开源开发平台。在它出现后的十几年时间里，它在全球拥有了大量用户，推动了开源硬件、创客运动，甚至是硬件创业领域的发展，越来越多的硬件支持Arduino。

Arduino包括硬件和软件两部分。它的硬件依然是以单片机为核心，加上一些外围电路和模块，跟普通的单片机开发板是一样的。所有的单片机都包括中央处理器(CPU)、存储器[随机存储器(RAM)和只读存储器(ROM)]、定时器/计数器、中断系统以及输入/输出(I/O)接口电路等，把它们集成到一块集成电路上就形成了单片机。

最早的Arduino硬件是基于AVR平台，也就是以AVR单片机为核心，它将单片机的I/O接口以及寄存器进行了二次编译、封装，用户不用再考虑寄存器、地址指针等，只要调用函数就可以轻松使用单片机的资源，开发者不需要过多的电子知识和编程能力，通过简单学习，就可以利用开发平台快速实现自己的创意甚至制作出工业产品，大大降低了开发难度，给非专业的爱好者提供了很好的平台。

Arduino开发平台优势如下：

(1)成本低廉。最简单的Arduino电路甚至可以自己用洞洞板或者面包板搭建，买一块兼容的Arduino入门级开发板价格不高。

(2)跨平台。Arduino IDE可以在Windows，Macintosh OS X，Linux三大主流操作系统上运行，而其他的大多数控制器只能在Windows上开发。

(3)简易的开发环境。Arduino IDE基于processing IDE开发。对于初学者来说，容易掌握，同时有着足够的灵活性。Arduino语言基于wiring语言开发，是对AVR GCC库的二次封装，不需要太多的单片机基础、编程基础，简单学习后，就可以快速进行开发。

Arduino软件(IDE)对于初学者来说很容易使用，对于高级用户也有足够的灵活性。

(4)开放性。Arduino的开源硬件原理图、电路图、IDE软件及核心库文件都是开源的，在开源协议范围内可以任意修改原始设计及相应代码。

(5)社区与第三方支持。Arduino有着众多的开发者和用户，可以找到他们提供的众多开源的示例代码、硬件设计。例如，可以在Github. com，Arduino. cc，Openjumper. com等网站找到 Arduino 第三方硬件、外设、类库等支持，更快、更简单地扩展你的 Arduino 项目。

(6)硬件开发的趋势。Arduino 不仅仅是全球最流行的开源硬件，也是一个优秀的硬件开发平台，更是硬件开发的趋势。Arduino 简单的开发方式使得开发者更关注创意与实现，更快捷地完成自己的项目开发，大大节约学习成本，缩短开发周期。

Arduino 的系列产品从最初的 8 位 AVR 单片机作为主控芯片，到使用 32 位的 ARM Cortex 系列单片机作为主控芯片，包括板、外围模块、盾牌(可以插入一个板上，以赋予它额外的功能)和工具包，可满足用户的不同需求。Arduino 系列产品如图 7-1 所示。

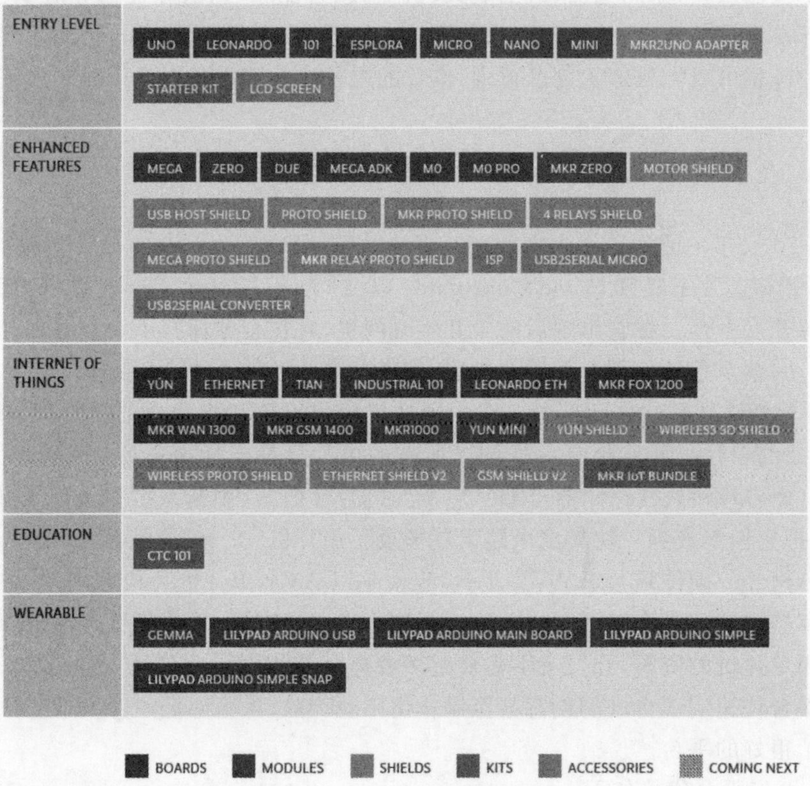

图 7-1 Arduino 系列产品

众多硬件公司基于 Arduino 的设计理念，开发了与 Arduino 兼容的硬件，在接口、外形和软件开发上都可以兼容，用户可以根据自己的需求选择一款 Arduino 开发板。

7.2 Arduino UNO 接口简介

Arduino UNO 是 Arduino 入门的最佳选择，本书以 Arduino UNO R3 版本为基础介绍 Arduino 开发的相关知识。

Arduino 开发板实质上还是一个单片机系统，从外部接口而言，常用的接口包括电源、复位、数字输入/输出端口、模拟量输入/输出端口、外部中断输入端、串口通信端。图 7-2 是 Arduino UNO R3 开发板的视图，可以看到开发板上有四个黑色接线端子排，这些端子排的外立面上分别写着 POWER(电源)、ANALOG IN(模拟输入端)、DIGITAL(PWM～)(数字输入/输出端、PWM 波端口后面带“～”符号)等。

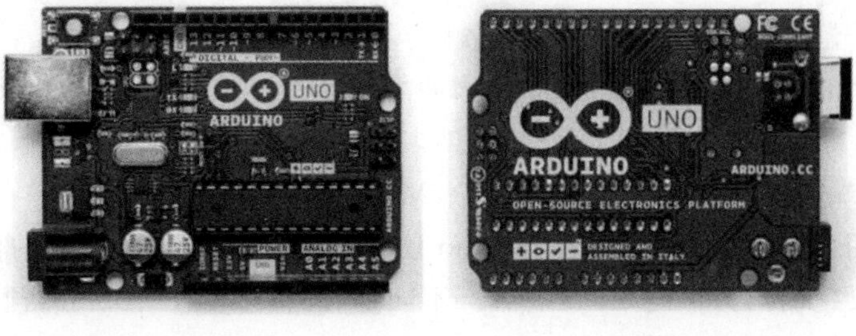

(a)　　　　　　　　(b)

图 7-2　Arduino UNO R3 开发板视图

(a)正面视图；　(b)反面视图

1. 电源接口

Arduino UNO 可以通过以下 3 种方式和接口供电：

(1)外部直流电源通过 DC 电源插头供电，供电电压为 7～12 V。图 7-2 中开发板正面视图左下方圆柱状的黑色端子是开发板的电源接口。

(2)电池连接电源连接器的 GND 和 VIN 引脚，供电电压为 7～12 V。VIN 引脚位于图 7-2中开发板正面视图下方 POWER 区域的最右侧端子。

(3)USB 接口直接供电，供电电压为 5 V。USB 接口位于图 7-2 开发板正面视图左上方。

2. 电源引脚说明

(1)VIN——当外部直流电源接入电源插座时，可以通过 VIN 向外部供电，也可以通过此引脚向 UNO 直接供电。VIN 有电压输入时将忽略从 USB 或者其他引脚接入的电源。

(2)5 V——通过 Arduino UNO 开发板上的稳压器或 USB 的 5 V 电压为 Arduino UNO 上的 5V 芯片供电。

(3)3.3 V——通过开发板稳压器产生的 3.3 V 电压，最大驱动电流 50 mA。

(4)GND——电源地的引脚。

当 Arduino UNO 开发板加上电源时，电源指示灯会点亮。

3. USB 接口

Arduino UNO 开发板正面视图左上方的 B 型 USB 接口，既可以通过此端口给开发板供电，也可跟其他设备通信，给 Arduino 下载程序时也通过 USB 接口下载。当下载程序时，开发板上的两个串口指示灯会闪烁，下载结束时停止闪烁。

开发板左上方的白色小按钮是系统的复位按钮。

4. 数字输入/输出端口

Arduino UNO 开发板正面视图上方标着数字 0～13 的黑色端子是开发板的 14 路数字输入/输出端口，后续用 D0～D13 表示这 14 个数字端口。由于开发板上的单片机工作电压是 5 V，因此每个数字端口输入、输出的高电平也相应为 5 V 的电压，端口能输出和接入最大电流为 40 mA，每一路数字端口配置了一个 20～50 kΩ 内部上拉电阻(默认不连接，通过指令控制

连接)。除此之外,有些引脚还有其他特定的功能,具体如下:

(1)串口信号端口 RX(D0),TX(D1):与开发板上的 USB 转 TTL 芯片相连,提供 TTL 电压水平的串口接收信号。

(2)外部中断端口(D2 和 D3):2 个外部触发中断信号连接端口。

(3)PWM(Pulse Width Modulation,脉冲宽度调制)信号端口(D3,D5,D6,D9,D10,D11):提供 6 路 8 位的 PWM 波输出。

(4)SPI 信号端口:SS(D10),MOSI(D11),MISO(D12),SCK(D13)。

(5)LED 专用端口(D13):D13 是 Arduino UNO 专门用于测试 LED 的保留接口,输出为高时点亮 LED,反之输出为低时 LED 熄灭。不同型号的开发板 Arduino,预留的 LED 控制端口有可能不同;很多兼容的开发板没有这个设计。

5. 模拟输入端口

Arduino UNO 开发板正面视图右下方一排黑色标有 A0～A5 的端子是 Arduino UNO 的 6 个模拟输入端口,每一路具有 10 位的分辨率。默认模拟输入信号范围为 0～5V,可以通过调整 AREF 端的参考电压来调整模拟信号输入上限。

除此之外,有些引脚有特定功能,具体如下:

TWI 接口[SDA(A4)和 SCL(A5)]:支持 TWI 通信接口,兼容 I^2C 总线。

6. 模拟输入的参考电压端

Arduino UNO 开发板正面视图左上方标着 AREF 的端子是模拟输入信号的参考电压端。用于输入模拟量时,给模/数转换电路提供参考电压。

7. 复位端

Arduino UNO 开发板正面视图左下方标着 Reset 的端子,信号为低时复位单片机芯片。Arduino UNO 提供了自动复位设计,可以通过主机复位。这样通过 Arduino 软件下载程序到 UNO 中软件可以自动复位,不需要再复位按钮。在印制板上丝印“RESET EN”处可以使能和禁止该功能。

8. 通信端口

(1)串口:ATmega328 内置的 UART 可以通过串行通信端口 RX(D0)和 TX(D1)与外设实现串口通信;ATmega16U2 可以访问数字端口实现 USB 上的虚拟串口。

(2)TWI(兼容 I^2C)端口。

(3)SPI 端口。

Arduino 开发板除了这些接口外,还需要有存储器保存程序和原始数据,Arduino UNO R3 使用的是 ATmega328 单片机,片内上有 32KB Flash,其中 0.5KB 用于 Bootloader。同时还有 2KB SRAM 和 1KB EEPROM。

初学者看不明白这些端口也没关系,后续用到的端口会另外说明。

7.3 Arduino 开发环境

7.3.1 开发环境概述

集成开发环境(Integrated Development Environment,IDE)是提供程序开发环境的应用

程序，一般包括代码编辑器、编译器、调试器和图形用户界面等工具，是集成了代码编写功能、分析功能、编译功能、调试功能于一体的开发软件服务套件。所有具备这一特性的软件或者软件套(组)都可以叫作集成开发环境。如微软的可视化开发环境 Visual Studio 系列和 Borland 的 C++ Builder，Delphi 系列等。

Arduino IDE 是 Arduino 开放源代码的集成开发环境，其界面友好、简洁，语法简单，使得 Arduino 的程序开发变得非常便捷。

7.3.2　Arduino 开发环境搭建

1. 下载、安装 Arduino IDE

可在 Arduino 网站下载最新版的 Arduino IDE 软件，网址为 https://www.arduino.cc/en/Main/Software(下载界面如图 7-3 所示)。下载安装软件时可以选择标准安装文件和压缩文件两种。建议直接选择标准安装文件，并指定安装地址，所有需要的文件就一起安装了。Arduino IDE 下载界面如图 7-4 所示。

图 7-3　Arduino IDE 下载界面

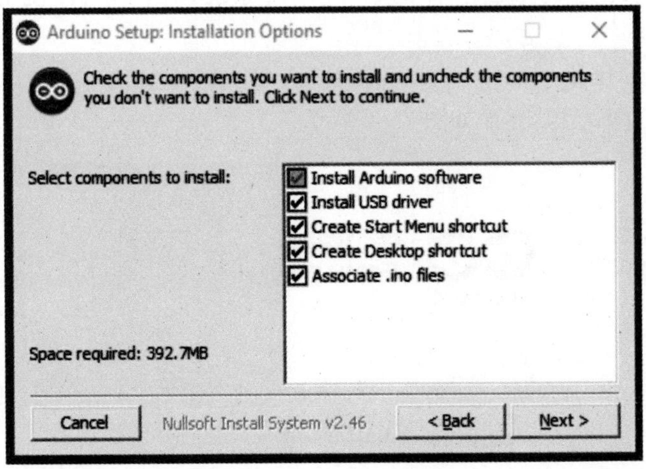

图 7-4　Arduino IDE 安装界面

如果下载的是压缩文件包，则需要手动安装开发板驱动，步骤如下：

(1)解压.ZIP 文件到文件夹后,将 Arduino 开发板连接到 UBS 接口上。

(2)Windows USB 工具自动弹出,但是提示无法为 Arduino 找到合适的驱动。

(3)打开电脑的设备管理器,双击“未知设备”图标。

(4)在未知设备属性对话框中单击“更新驱动程序”按钮,选择“浏览计算机以查找驱动程序”选项。

(5)选择路径为刚才解压的文件夹下的\drivers 子文件夹,并单击安装。

(6)安装成功后,设备管理器将为 Arduino 分配一个 COM 端口号,如图 7-5 所示,这里分配的是 COM4。后续设置 Arduino IDE 的串口时,就对应选择分配的这个 COM4 串口。

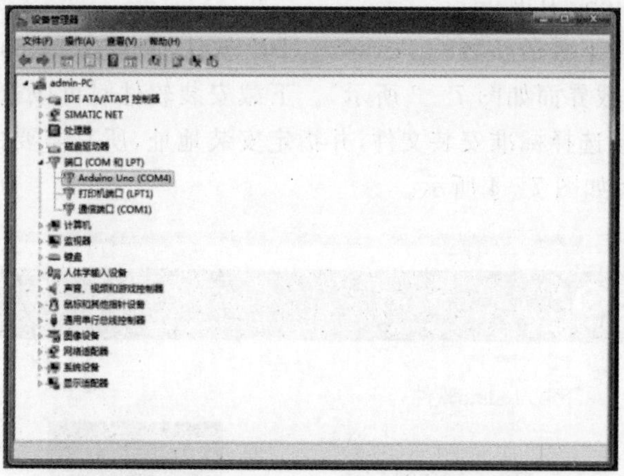

图 7-5　Arduino IDE 驱动设置界面

以上是以 Windows 操作系统为例描述的安装过程。在 Mac OS X 系统下,下载并解压 ZIP 文件,双击 Arduino.app 文件进入 Arduino IDE。如果还没有安装过 JAVA 运行库,系统会提示安装 JAVA 运行库,安装完成后即可运行 Arduino IDE。在 Linux 系统下,需要使用 make install 命令进行安装。如果使用的是 Ubuntu 系统,则推荐直接使用 Ubuntu 软件中心来安装 Arduino IDE。

2. 配置 Arduino IDE

打开 Arduino IDE,启动界面如图 7-6 所示。

图 7-6　Arduino IDE 启动界面

Arduino IDE 界面如图 7 - 7 所示，界面看起来相当简洁。工具栏中提供了图 7 - 8 所示的几个常用快捷键，各快捷键功能如下：

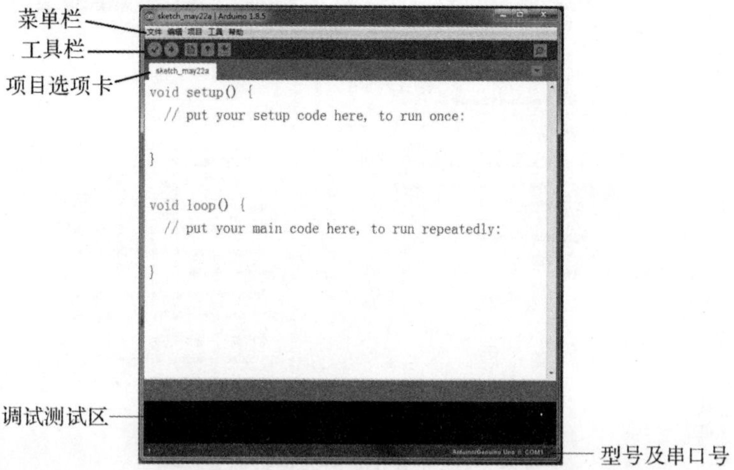

图 7 - 7　Arduino IDE 界面

图 7 - 8　Arduino IDE 工具栏

校验——验证程序是否有错误，如果无误对程序进行编译；

下载——下载程序到 Arduino 开发板；

新建——新建一个项目；

打开——打开当前路径下的文件夹或者是自带的库或者例程；

保存——保存当前的文件；

串口监视器——利用它可以监控串口发送和接收到的数据。

为了 Arduino 正常使用，需要设置以下两个配置。

(1)配置开发板型号。按照图 7 - 9 所示，在菜单栏选择“工具”→“开发板”，设置开发板为当前使用的型号，如果使用的是 Arduino UNO，就选择 Arduino UNO。如果分不清楚使用的型号，可以通过“工具”→“获得开发板信息”而获得。自动获取的开发板信息对话框如图7 - 10 所示。

(2)配置 Arduino 开发板的通信端口。计算机使用分配的串口和 Arduino 设备进行通信(数据传输、下载程序)。配置方法如图 7 - 11 所示，打开菜单栏“工具”→“端口”，观察哪个 COM 口上写着“Arduino/Genuino UNO”，就勾选哪个 COM 端口。

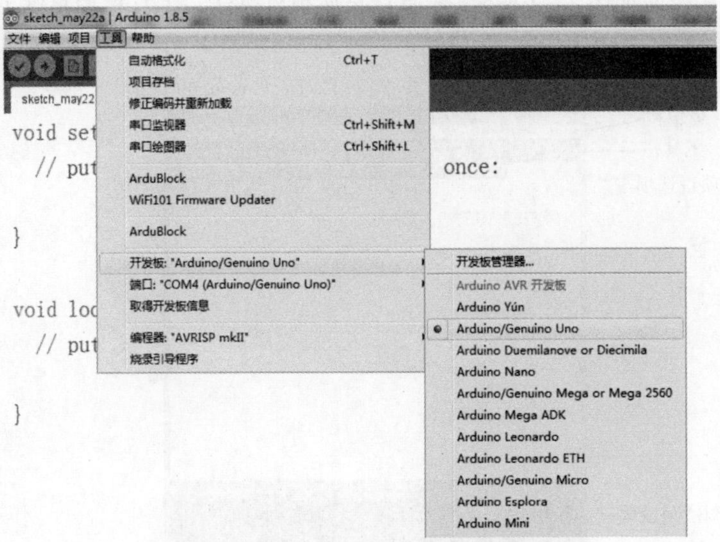

图 7-9　Arduino IDE 中开发板型号设置

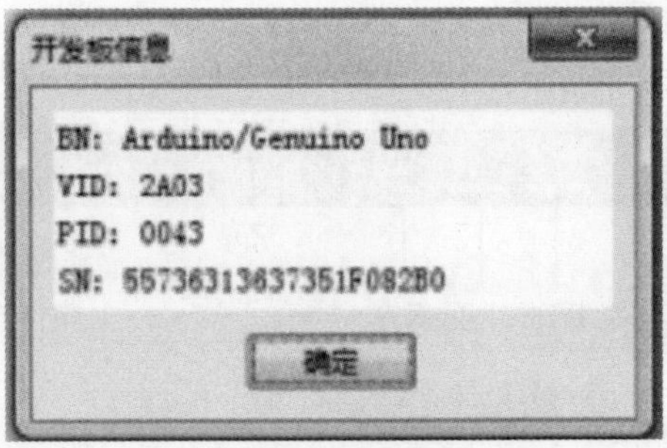

图 7-10　开发板信息对话框

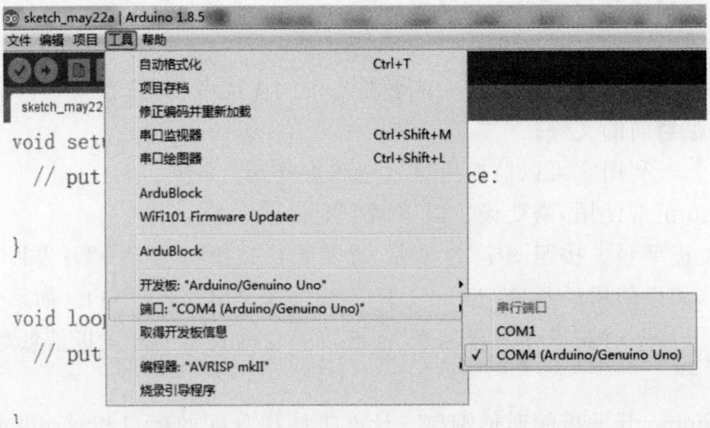

图 7-11　Arduino IDE 中串口设置

如果用户购买的是和 Arduino 兼容的开发板，系统可能不能自动识别设备，需要单独安装设备驱动。通信端口配置方法如下：打开设备管理器，打开端口项，查找写有“USB-SERIAL CH340”的 COM 端口，查询分配给兼容开发板的串口，如图 7-12 所示，分配的是 COM5。然后再在 Arduino IDE 中设置通信串口，设置为 COM5。不同的计算机系统，分配给开发板的串口可能是不同的。

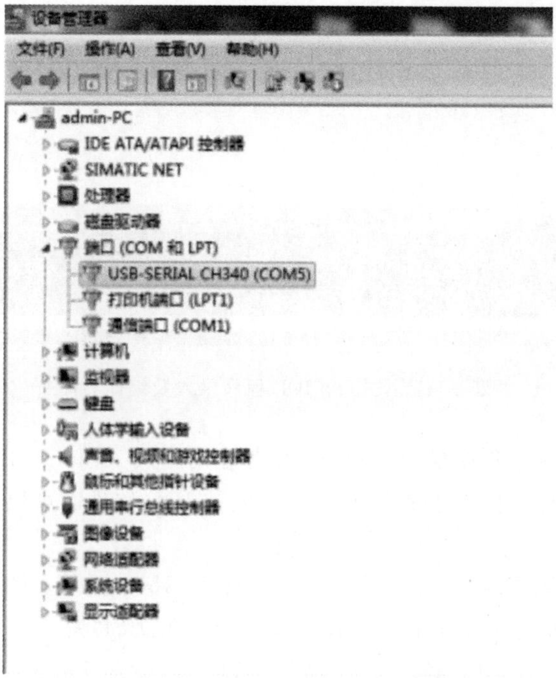

图 7-12 Arduino IDE 中兼容开发板的串口设置

另外，Arduino IDE 可能会读不出兼容开发板的型号，出现如图 7-13 所示的信息。但是只要开发板是兼容的，它的功能及开发方式就跟兼容的 Arduino 相同，只要按照上述方法设置好硬件的通信端口，将开发板的类型设置为兼容的 Arduino 开发板，就可以正常使用。

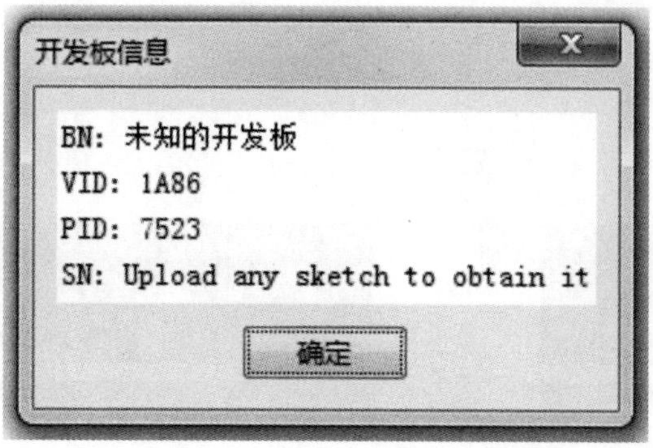

图 7-13 Arduino IDE 中兼容开发板的开发板读取信息

3. 程序输入、编译及下载

在图 7-14 所示的 IDE 界面下就可以输入程序代码。由于此时还未介绍指令和编程方法，可以先载入一个例程，借此检查 IDE 以及开发板能否正常工作。

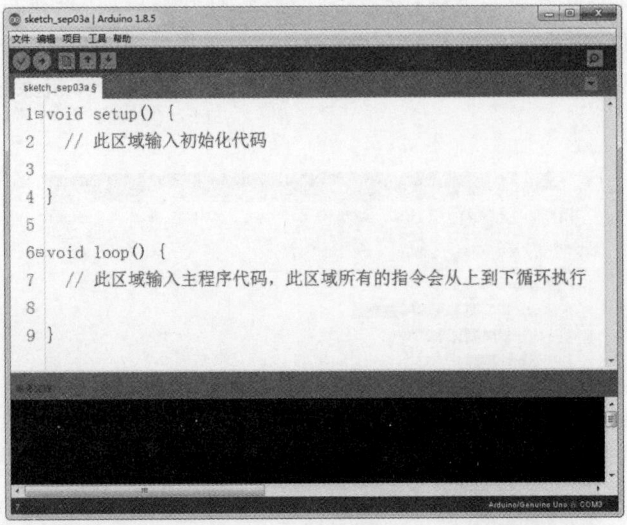

图 7-14　Arduino IDE 程序录入及编译界面

Arduino IDE 中自带了很多例程，方便学习者使用。从 Arduino IDE 界面中打开文件→示例，可以看到右侧出现了很多内置例程，它们在安装 IDE 软件时就已经建立了，不需要用户另外安装或者是建立。

请打开 Basics 例程中的 Blink，打开的位置如图 7-15 中所示。图 7-16 所示的是 Blink 程序代码，该例程的功能是使接在单片机数字端口 D13 的 LED 灯以 1 s 亮、1 s 灭的方式持续闪烁。

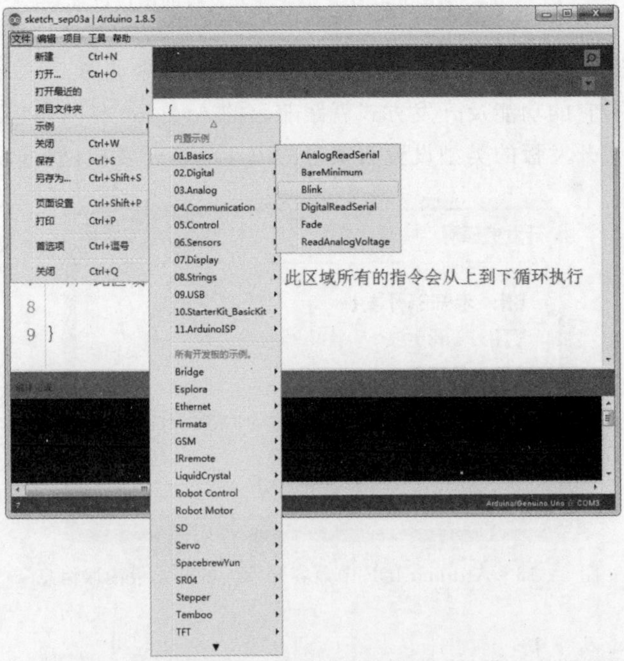

图 7-15　Arduino IDE 内置例程界面

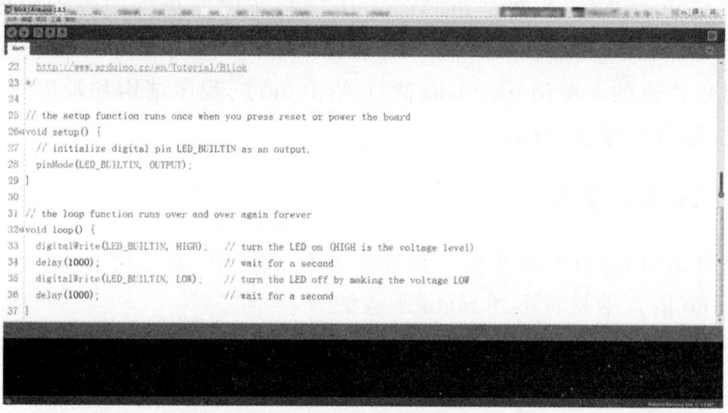

http://www.arduino.cc/en/Tutorial/Blink
*/
// the setup function runs once when you press reset or power the board
void setup() {
// initialize digital pin LED_BUILTIN as an output.
pinMode(LED_BUILTIN, OUTPUT);
}
// the loop function runs over and over again forever
void loop() {
digitalWrite(LED_BUILTIN, HIGH);   // turn the LED on (HIGH is the voltage level)
delay(1000);   // wait for a second
digitalWrite(LED_BUILTIN, LOW);   // turn the LED off by making the voltage LOW
delay(1000);   // wait for a second
}

图 7 - 16　Blink 例程

请将 Arduino UNO 开发板通过数据线连接到计算机上，这时会看到开发板的电源指示灯常亮。点击 上传（通过 IDE 软件将程序从电脑中下载到单片机中），这时就会将 Blink 例程自动下载到开发板的单片机中。上传是否成功的信息在 Arduino IDE 下方的对话框中显示，如图 7 - 17 中所示。上传成功后，会看到开发板上的 L13 指示灯闪烁，说明开发板以及 IDE 工作正常。

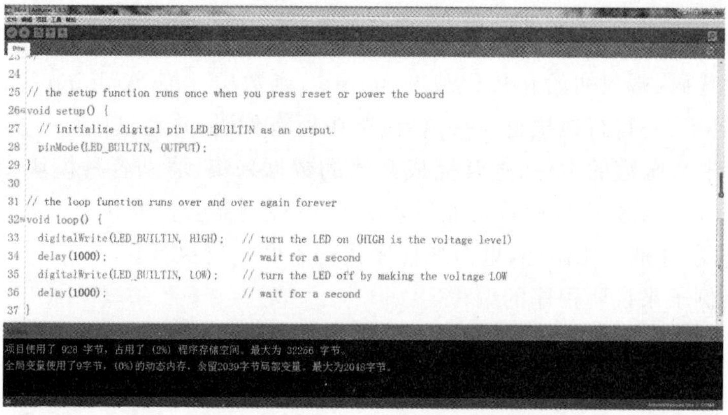

// the setup function runs once when you press reset or power the board
void setup() {
// initialize digital pin LED_BUILTIN as an output.
pinMode(LED_BUILTIN, OUTPUT);
}
// the loop function runs over and over again forever
void loop() {
digitalWrite(LED_BUILTIN, HIGH);   // turn the LED on (HIGH is the voltage level)
delay(1000);   // wait for a second
digitalWrite(LED_BUILTIN, LOW);   // turn the LED off by making the voltage LOW
delay(1000);   // wait for a second
}
项目使用了 928 字节，占用了 (2%) 程序存储空间。最大为 32256 字节。
全局变量使用了9字节，(0%)的动态内存，余留2039字节局部变量。最大为2048字节。

图 7 - 17　程序上传成功的信息

如果程序上传不成功，请检查是否选对了开发板连接的串口，或者看看数据线是否有问题等。

有的兼容开发板在数字端口 D13 没有接 LED 指示灯，虽然程序上传成功了，却看不到此实验现象。可以自己用面包板接一个 LED 灯电路，来观测程序的执行效果。

7.4　Arduino 语言及应用

Arduino 语言使用的是 C 语言和 C＋＋语言的混合编程，它的语言规范其实还是遵循 C/C＋＋语言的语言规范，所以对于标识符、关键字、语言运算符、控制语句等基本是跟C/C＋＋语言相同的，本节就不再累述，需要的读者可参考专门的书籍。

通常说的 Arduino 语言，其实是指 Arduino 核心文件库提供的各种应用程序编程接口(Application Programming Interface,API)的集合。用户无须了解单片机底层，借助这些库函数就可以实现对单片机的资源访问。下面就对 Arduino 的程序结构和常用的 Arduino 基本函数一一作以阐述，以方便编程使用。

7.4.1 Arduino 程序结构

使用任何一种语言，都有编程规范。在标准的 C 语言中，通常用 main 函数来定义程序的入口，而在 Arduino 语言中是看不到 main 函数的。

可以在 Arduino IDE 中建立一个新的程序，可以看到程序输入界面中显示的有两个函数：setup()和 loop()。

```
void setup() {
  set-up code  // 此处的代码只会运行一次
}

void loop() {
  // 此处的代码会不断重复运行
}
```

通常把启动代码、端口初始化代码放在 setup()函数中。当 Arduino 控制器通电或者复位时，即会从上到下、一行行地执行 setup()函数中所有代码，并且仅执行一次。

loop()函数中是函数的主体，通常完成系统的数据采集、驱动各种模块、和其他系统进行通信等功能。setup()函数中代码执行完后，Arduino 控制器会接着执行 loop()函数中的程序代码，loop()函数本身是个死循环，里面的程序代码不断重复执行。

下面举一个例子来说明程序的编写。

```
Int LED=10;                        //定义将 LED 接在 Arduino 控制器 I/O 接口 10 上

void setup() {
    pinMode(LED, OUTPUT);          //初始化,定义数字 I/O 接口 10 为输出模式
}

void loop() {
  digitalWrite(LED, HIGH);         // 使得 D10 输出高电平
  delay(1000);                     // 延时 1 s
  digitalWrite(LED, LOW);          //使得 D10 输出低电平
  delay(1000);                     // 延时 1 s
}
```

将一个 LED 指示灯串联一个 100 Ω 的限流电阻后跨接在 D10 管脚和 GND 之间，可以看到 LED 灯闪烁。输出高电平时，LED 灯点亮并持续 1 s；输出低电平时，LED 灯熄灭并持续 1 s。不停地重复这个过程。

对于普通发光二极管，引脚长的为正极，短的为负极。或者通过观察二极管管体内部金属极极片大小判断极性，金属极较小的是正极，大的片状的是负极。也可以用万用表测量二极管的极性。

请按照以上程序代码输入 Arduino IDE，然后按照图 7－18 接好硬件电路，接着选择 Arduino IDE 界面下的上传按钮，IDE 就自动先进行程序的编译，编译通过后进行程序上传。

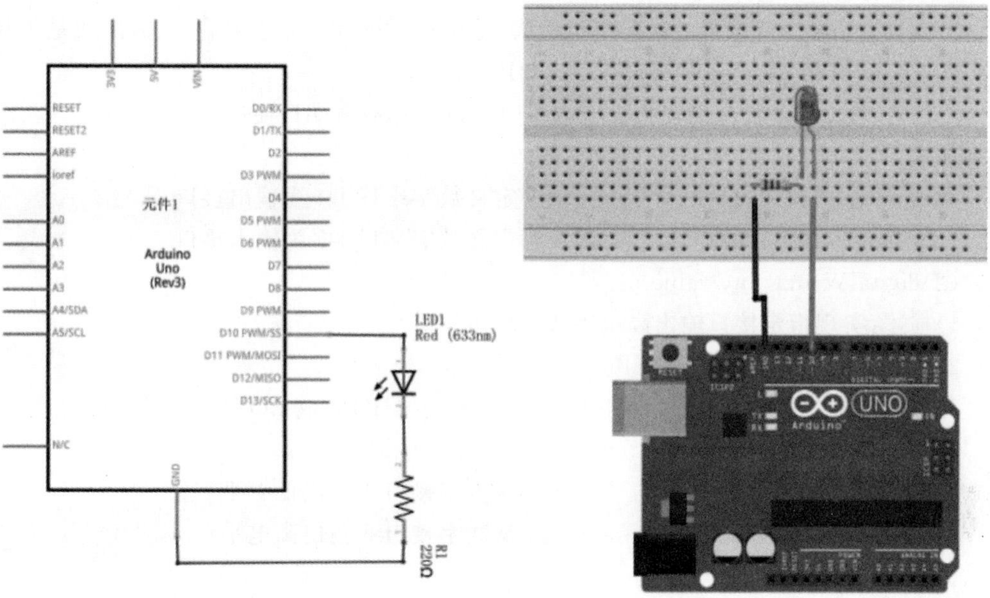

(a)　　　　(b)

图 7－18　LED 指示灯硬件电路

(a)原理图；　(b)Arduino UNO 接线图

上传程序过程中，正版的 Arduino 开发板会有两个 LED 灯不断闪烁，程序上传完毕后，灯不再闪烁。但是购买的兼容 Arduino 开发板可能在上传程序时没有灯闪烁，并不能代表开发板是坏的，而是设计的开发板功能上有些细微差别，例如没有设计串口数据传输的指示灯。只要开发板没有损坏，一般不会影响正常功能的使用。检验开发板和程序的方法就是上传程序、接好电路，看看运行的结果跟程序的设计意图是否是吻合。

在这里要特别提醒一点：Arduino 语言是区分大小写的，输入程序的时候，一定注意标点符号，不能是中文输入。程序编译错误经常都是因为标点符号的问题。

7.4.2　Arduino 基本函数及应用

1. 数字 I/O 接口

数字 I/O 接口是一个数字系统最常用的接口，很多物理量只用两个状态表征就可以了，例如开关的开和关两个状态，或者灯的亮和灭，我们通常把这样的物理量称为数字量。数字量的输入以及输出都是通过 I/O 接口实现的。例如,一个按钮的状态,可以通过 I/O 接口读入;一个继电器或者 LED 指示灯,都可以通过 I/O 接口控制。

Arduino 开发板在使用 I/O 接口之前,需要先设定接口的模式,设定它是输入或者输出接口,然后再通过接口读入开关或者数字量传感器的输出等数字量的状态,再根据输入的状态和控制逻辑输出一个相应的数字量或者模拟量去控制设备。

(1)pinMode(pin, mode)。

1)描述:配置指定的引脚 pin 为数字输入或数字输出模式以及输入上拉模式,它是一个无返回值函数。在使用 Arduino 的数字端口之前,要先使用此函数定义端口的模式。

2)语法:pinMode(pin, mode)。

3)参数:pin——待设置的数字端口引脚;mode——模式,可选为输入、输出或是上拉输入(INPUT、OUTPUT 以及 INPUT_PULLUP)。

4)注意:Arduino 板上的模拟输入端口也可以当作数字端口使用。

例程:

```
pinMode(4,OUTPUT);            //定义数字端口 D4 为输出接口
pinMode(8,INPUT);             //定义数字端口 D8 为输入接口
```

(2)digitalWrite(pin, value)。

1)描述:实现指定接口输出高电平或者低电平。

2)语法:digitalWrite(pin, value)。

3)参数:pin——指定输出的端口编号;value——HIGH 或 LOW。

例程:

```
digitalWrite(4,LOW);          //从数字接口 4 输出低电平
digitalWrite(6,HIGH);         //从数字接口 6 输出高电平
```

(3)digitalRead(pin)。

1)描述:读入指定端口的状态,通常会根据读入的高、低电平实现后续的控制逻辑。

2)语法:digitalRead(pin)。

3)参数:pin——指定读入状态的端口编号。

4)注意:模拟输入脚也可以当作数字脚使用。如果需要模拟接口 0 输出高电平,则写 digitalWrite(A0,1)就可以。

2. 数字 I/O 接口的基本使用

下面通过一个具体的例子来说明数字 I/O 接口的基本使用:设计一个简单控制系统,实现用一个按钮控制一个 LED 指示灯亮/灭的功能。

怎样能把按钮的状态告诉 Arduino 开发板或者数字系统呢?常用的方法是把开关的状态转换为电信号,用高、低电平表征开关的开、关两种状态。当 Arduino 工作电压为 5 V 时,−0.5~1.5 V的电压为低电压,3~5.5 V 的电压为高电压。

我们也经常将高、低电平用数字量表示,如果采用的是正逻辑,则高电平代表数字量 1,而低电平代表数字量 0。有的单片机中数字接口输出 0 或者 1,也就是输出低电平或者高电平的意思。下面根据实际需求设计硬件电路,电路如图 7-19 所示。

(1)输入电路:从接口 D5 接一个 10 kΩ 的下拉电阻接到 GND,再在 D5 和 5 V 电源之间接一个按钮。当未按按钮时,按钮断开,接口 D5 电压为低电压,Arduino 执行读入接口状态的

指令而得知接口状态为低电压；按钮按下时，D5 直接和 5 V 电源接通，输入高电压。

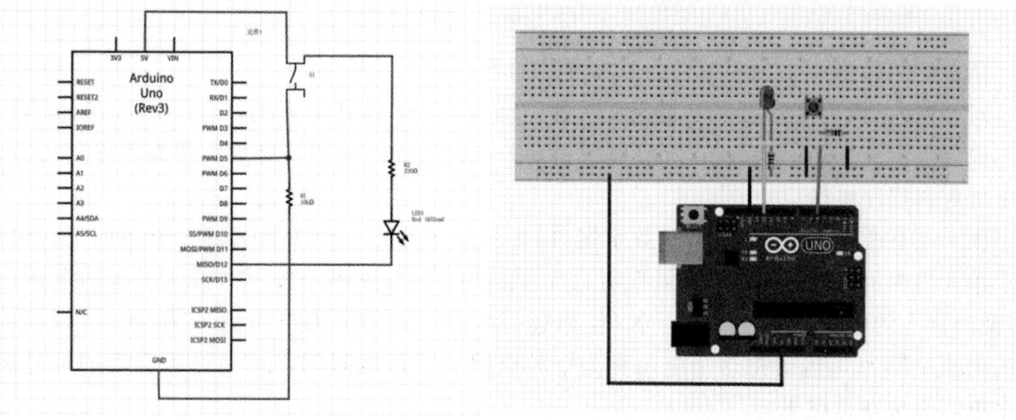

(a)　　　　　　　　　　　　　　(b)

图 7－19　按钮控制 LED 指示灯的电路图

(a)原理图；　(b)Arduino UNO 接线图

(2)输出电路：LED 指示灯串接一个限流电阻后跨接在 5 V 电源和接口 D12 之间。接线时请注意 LED 的极性，LED 有两根管脚，长管脚的是 LED 的阳极，短的是阴极。请将阳极接在高电平端，阴极接在低电平端。当数字端口 D12 输出高电平时，LED 指示灯两端电压过小，LED 指示灯灭；当数字端口 D12 输出低电平时，LED 指示灯亮。

实际接线图如图 7－19(b)所示。将按钮按照原理图接到 D5 引脚，将 LED 接到 D12 引脚上，用以下程序实现按钮控制 LED 的亮灭。

源程序：

```
int buttonpin = 5;              //定义按钮对应的接口为 D5
int ledpin = 12;             //定义 LED 指示灯对应的接口为 D12
int val;                      //定义变量 val,用于存储开关的状态
void setup()
{
  pinMode(ledpin, OUTPUT);          //定义 LED 指示灯接口 D12 为输出接口
  pinMode(inpin, INPUT);          //定义按键接口 D5 为输入接口
}
void loop()
{
  val = digitalRead(button);          //从数字端口 D5 读入按钮的状态
  if (val == LOW)                     //检测按键是否按下,按键按下时小灯亮起
  { digitalWrite(ledpin, LOW);        //数字端口 D12 输出"低",LED 指示灯亮
    delay(1000);     //延时 1 s
  }
  else
  {
    digitalWrite(ledpin, HIGH);        //数字端口 D12 输出"高",LED 指示灯亮
    delay(1000);                       //延时 1 s
```

```
    }
}
```

从以上例程可注意一些编程的基本规范如下：

对于输入/输出设备可以设置意义明确的别名，例如，按钮输入端，定义为 Buttonpin，LED 输出控制端定义别名为 ledpin；可给程序加上必要的注释。这些均能大大提高程序的可读性，便于理解和程序维护。

图 7-19 所示的原理图中，从数字端口 D5 接了一个电阻到 GND，这个电阻叫下拉电阻。由于单片机内部电路的原因，如果没有这个下拉电阻，当按钮未按下时，D5 引脚的电压为悬空，此时读入的电压是不稳定的。在 D5 引脚接入一个比较大的电阻到 GND 端，可以将此引脚的电压拉低为 0，因此把这个电阻称为下拉电阻。下拉电阻的作用是将不确定的信号通过一个电阻钳位在低电平。

相对应的也有上拉电阻的概念，上拉电阻的作用是将不确定的信号通过一个电阻钳位在高电平，电阻同时起限流作用。如图 7-20(a)所示，在端口 D5 和电源的阳极之间接了一个较大的电阻，这就是上拉电阻。未按按钮时，通过该电阻，将 D5 端口电平拉高为高电平；按下按钮时，D5 端口接地，为低电平。

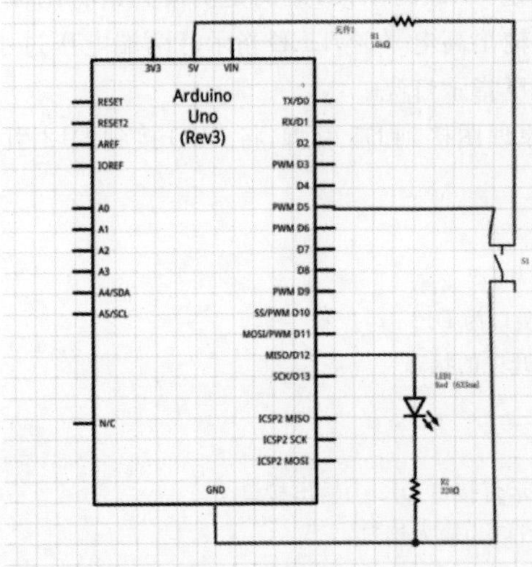

(a)

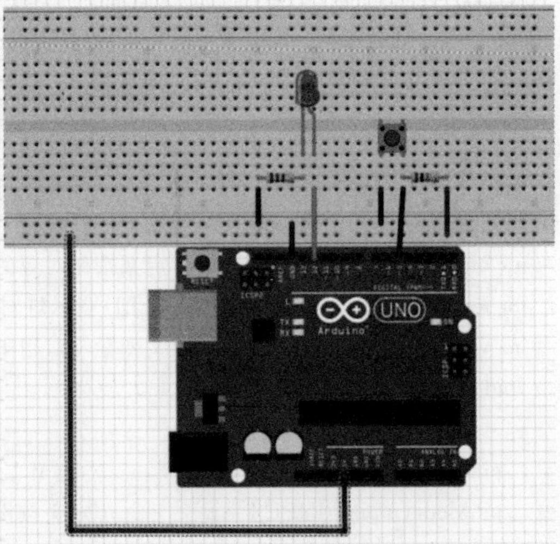

(b)

图 7-20　按钮控制 LED 指示灯的电路图

(a)原理图；（b)Arduino UNO 接线图

输出电路中的 LED 指示灯也可以按照图 7-20 所示连接，但是由于 I/O 接口的输出功率有限，可能会影响灯的亮度。另外，在编写程序的时候要注意分析：对于当前电路，按键对应的端口常态是高电平还是低电平；接 LED 灯的端口输出为高时，LED 是亮还是灭。大家可对照上面例程，尝试写出此电路对应的控制程序。

另外，Arduino 的单片机 I/O 接口内部有上拉电阻，如果将端口设置为输入上拉模式，相当于在内部已经在接口和电源之间接了一个上拉电阻，就不用外接上拉电阻了。

使用 I/O 口的注意事项如下：

(1)一定要先用 pinMode(pin, mode)定义接口的模式,才可以输入或者输出数字量。

(2)大多数的 Arduino 控制板(Arduino UNO 控制板接口见图 7-21)都有一个专门的 LED_BUILTIN 引脚,并且使用一个 LED 指示灯和限流电阻与其相连,这样做示例程序就很方便。不同型号的 Arduino 开发板,对应有不同的 I/O 接口 LED_BUILTIN 引脚,Arduino UNO 对应的 LED_BUILTIN 引脚为 D13,使用引脚时,尽量避开 LED_BUILTIN 引脚。可从以下网址查询不同型号开发板的 LED_BUILTIN 引脚:https://www.arduino.cc/en/Tutorial/BlinkD13-101。

(3)尽量避免使用 D0 和 D1 端口,因为这两个引脚同时是串口通信的收(RXD)和发(TXD)端,下载程序等都会用到这两个 I/O 端口的。其余的 D2-D12 端口可以随便使用。

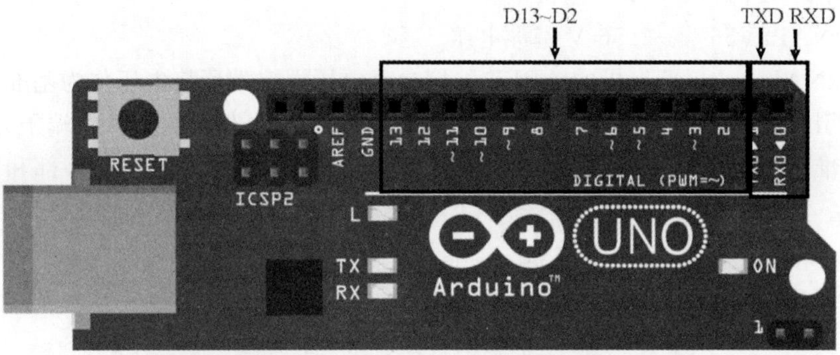

图 7-21　Arduino UNO 控制板接口

(4)如果想了解这些函数的底层实现,可以直接在 Arduino 开发环境目录下的 hardware\arduino\cores\arduino 文件夹里的 wiring_digital.c 和其他.c 文件中查看。熟悉这些原型函数有助于深入了解 Arduino 的基本函数的底层实现方式,学习后编制自己的原型函数。

3. 模拟 I/O 接口的使用

自然界中更多的信号是模拟信号。模拟信号就是随着时间连续变化的信号,它在时间上和取值上都是连续的。那么数字系统如何获取这些模拟量呢?它是通过采用一定的时间间隔对信号采样,并用有限位数字量逼近信号的连续值,也就是将模拟量用数字量逼近,实际读入的是数字量,在单片机内部再将这个数字量转换为模拟量,就获取到模拟量的值了。但是我们也从这个转换过程了解到,读取到的值和真实值之间必然是存在误差的。将模拟量转换为数字量的电路,就是模/数转换电路(ADC);将数字量转换为模拟量的电路,就是数/模转换电路(DAC)了。

Arduino UNO 控制板上的单片机内部有模/数转换电路,可以读入模拟量,但是没有真正的模拟输出端口。Arduino UNO 控制板上大多数的模拟接口既可以作为模拟输入接口,也可以作为数字输入接口使用。

所有的模/数和数/模转换电路,转换结果都和转换电路的基准电压有关系。下面就看怎么利用函数设定 Arduino UNO 模/数转换电路的基准电压以及读入模拟量。

(1)analogReference(type)。

1)描述:设定 A/D 转换电路的参考电压

2)说明:配置模/数转换电路的参考电压 V_{ref},也叫基准电压。此电压也决定了最大的模拟量输入，因为最大模拟输入电压不能超过 V_{ref}。函数 analogRead 在读取模拟值之后，将根据参考电压将模拟值转换到[0,1023]区间，有以下类型：

DEFAULT：默认 5V。

INTERNAL：低功耗模式，ATmega168 和 ATmega8 对应 1.1 V 到 2.56V。

EXTERNAL：扩展模式．通过 AREF 引脚获取参考电压.

3）语法：analogReference(type)。

4）参数：DEFAULT——基准电压 V_{ref} 为开发板的工作电压。

INTERNAL——在 ATmega168 和 ATmega328 开发板上的基准电压是 1.1 V；在 ATmega8 上基准电压是 2.56 V；Arduino Mega 上无此选项。

INTERNAL1V1——1.1 V 基准电压。

INTERNAL2V56——2.56 V 基准电压。

EXTERNAL——以开发板的 AREF 外接参考电压端口端所接电压作为基准电压。

AREF 引脚就在图 7-22 中上方的黑色端子排中从左往右数的第 3 个端子处。另外，可以在外接基准电压和 AREF 引脚之间接一个 5 kΩ 的电阻，单片机可以在外部和内部基准电压之间切换。

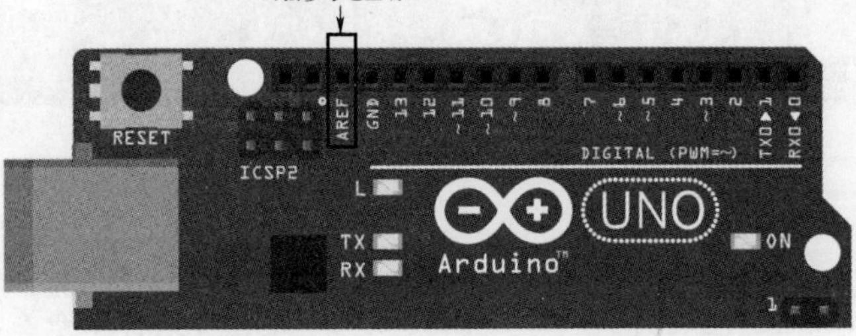

图 7-22　模/数转换电路外接参考电压端子示意图

(2) analogRead()。

1）描述：实现从指定的模拟端口读取模拟量的值，由于 Arduino 开发板内部是 10 位的 ADC，因此返回的函数值介于 0～1 023 之间。

2）语法：analogRead(PIN)。

3）参数：PIN——指定输入的模拟输入端口编号。不同型号的 Arduino 开发板模拟接口数量不同，Arduino UNO 有 6 个模拟输入接口，位于如图 7-23 中右下方用黑线框起来的 A0～A5 这 6 个引脚处，pin 的取值范围对应是 0～5。其他开发板的模拟端口表示方法也是 A0，A1，…，A_n。

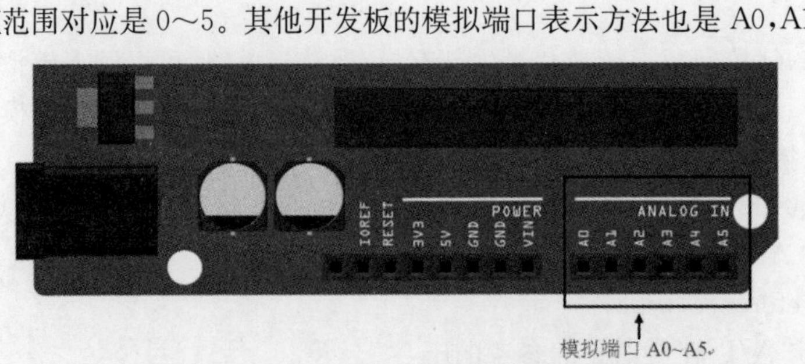

图 7-23　Arduino UNO 模拟端口图

是不是有些好奇：我们采集的是模拟量，这怎么变成了数字量了？别着急，A/D 转换电路会将一个 0～V_{ref}的模拟量基本按照线性关系映射到 0～1 023 之间。因此，可用下式将数字量对应的模拟量计算出来：

$$v_{\text{i}} = \frac{\text{数字量}}{2^n} \times V_{\text{ref}} \tag{7-1}$$

式中：n——A/D 转换电路的位数，位数越多，模拟量的测量精度就越高。

V_{ref}表示 A/D 转换电路的基准电压，它的值取决于模拟量基准电压函数 analogReference(type)的参数，一定要一一对应才能得出正确的转换结果。

如果对模拟量的测量精度要求比较高，不仅 A/D 转换电路的位数要多，A/D 转换电路的基准电压也必须有较高的精度。

另外，把模拟量转换为数字量需要一定的时间，所以要注意读取模拟量有最高速度上限，大约是 100 μs，可以查阅对应开发板的数据手册。

如果模拟输入引脚悬空，利用 analogRead(PIN)读取的模拟量是无效的，而且会随其他电路以及环境改变而改变。

举例：用两个电阻分压，可知 A5 端对地的电压是 2 V。试着读入此模拟电压，使用 analogReference(DEFAULT)设定 A/D 转换电路的参考电压是 5 V。利用转换关系式(7－1)得

$$2 = \frac{\text{数字量}}{2^{10}} \times 5$$

可知，该例子采集到的模拟量对应的数值是 410。

调试程序的过程中，可将 Arduino 采集到的模拟信号的信息通过串口监视器输出，对照结果查看是否正确。

下面通过一个例子让大家了解模拟量采集的方法：电路原理图和面包板接线图如图7－24所示。可调电阻的两个固定端分别接到了电源和地两端，中间的滑动端接到了开发板的 A4 端；还有两个固定电阻串联起来接到了电源和地两端，两个电阻的中间结点接到了开发板的 A5 端。这样 A4 端的电压跟随可调电阻阻值而变化，A5 端的电压保持不变。用 Arduino UNO 开发板采集这两个模拟电压值，并用串口显示出来。

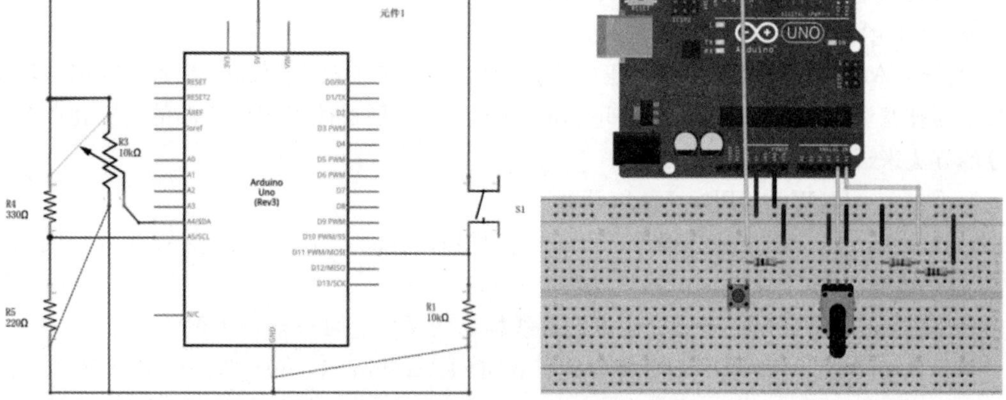

(a)　　　　　　　　(b)

图 7－24　模拟电压采集电路接线图

(a)原理图；(b)面包板接线图

参考源程序：

```
int buttonpin=11;                    //定义数字端口 D11
int R1pin=4;                         //定义模拟输入端口 A4
int R2pin=5;                         //定义模拟输入端口 A5
int val=0;                           //将定义变量 val,并赋初值 0
int v1,v2;
void setup()
{
  pinMode(buttonpin,INPUT);          //定义数字端口 D11 为输入接口
  Serial.begin(9600);                //设置波特率为 9600
}
void loop()
{
Val=digitalRead(buttonpin);
If(Val==HIGH)
{
V1=analogRead(R1pin);                //读取模拟输入端口 A4 的值,并将其赋给 v1
delay(50);                           //延时 0.05 s,因为模数转换需要时间
V2=analogRead(R2pin);                //读取模拟输入端口 A5 的值,并将其赋给 v2
delay(50);                           //延时 0.05 s
v=map(V1,0,1023,0,500);              //把 0~1023 区间的数 x 映射为 0~500 的数
Serial.print('模拟端口 A4 的电压是:') //将模拟端口 A4 的值在串口监视器中显示出来
Serial.println((float)v/100.00);
v=map(V2,0,1023,0,500);
Serial.print('模拟端口 A5 的电压是:')
Serial.println((float)v/100.00);     //显示 A5 输入的模拟量值
}
```

可以从串口监视器中看到显示的模拟值。实验的时候调节可调电阻,观察电压变化,可另外用电压表测量这两个模拟电压对比测量结果。

(3)analogWrite()。

1)描述:Arduino 开发板没有真正的模拟输出端口,是通过利用部分数字 I/O 端口输出固定频率的脉宽调制(Pulse Width Modulation,PWM)波,通过改变 PWM 波的占空比改变直流成分的方法来近似输出模拟值的。

2)语法:analogWrite(PIN,VALUE)。

3)参数:pin——输出端口编号;Value——PWM 波的占空比,Value 的取值范围为 0~1 023的整数值,对应 PWM 波的占空比为 0~100%。

4)注意:只有数字 I/O 接口中画着波浪线标识的端口才可以输出 PWM 波。

查阅 Arduino UNO 数字 I/O 端口的标识可知:Arduino UNO 中的 D3,D5,D6,D10,D11 都可以输出 PWM 波。不同型号的 Arduino 开发板有不同数量的 PWM 输出端子,可以通过看标识或者查阅说明书了解。当购买兼容开发板时,有的开发板是没有加"~"标识的,请咨询卖家或者自己来试验。

由于 Arduino 开发板利用的是 PWM 波输出近似的模拟量的，下面将介绍 PWM 波相关概念。

脉宽调制（Pulse Width Modulation，PWM）是一种对模拟信号电平进行数字编码的方法。通过高分辨率计数器的使用，方波的占空比被调制用来对一个具体模拟信号的电平进行编码。PWM 信号仍然是数字的，因为在给定的任何时刻，满幅值的直流供电要么完全有（ON），要么完全无（OFF）。电压或电流源是以一种通（ON）或断（OFF）的重复脉冲序列被加到模拟负载上去的。通的时候即是直流供电被加到负载上的时候，断的时候即是供电被断开的时候。只要带宽足够，任何模拟值都可以使用 PWM 进行编码。PWM 波形图如图 7 - 25所示。

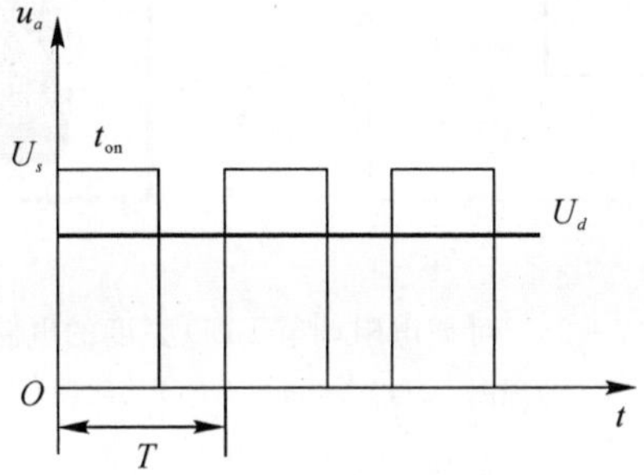

图 7 - 25　PWM 波形图

根据周期函数的傅里叶级数，对以上的 PWM 波展开为以下形式：

$$\left.\begin{aligned} f(t) &= c_0 + \sum_{n=1}^{\infty} c_n \cos(n\omega_0 t + \varphi_n) \\ c_0 &= \frac{1}{T}\int_0^T f(t)\,\mathrm{d}t = \frac{t_{on}}{T} \times U_{\mathrm{d}} \end{aligned}\right\} \quad (7-2)$$

傅里叶级数展开的第一项常数 c_0 就是 PWM 波的直流分量，所以通过脉宽调制的方法可以改变输出的直流信号：

输出电压＝（接通时间/脉冲时间）×最大电压值

通过 PWM 方法改变直流分量有以下三种途径：

（1）脉冲频率调制（PFM）：这种方法是保持 t_{off}不变，只改变 t_{on}，这样使周期 T（或频率）也随之改变。

（2）脉冲宽度调制（PWM）：这种方法是使周期 T（或频率）保持不变，而只改变 t_{on}。

（3）调频调宽法：这种方法是 t_{on}，T 均可调。

Arduino 控制器是采用脉冲宽度调制的方法改变直流成分的，它输出的是频率为 490 Hz 的矩形波，通过改变高电平的持续时间来调节输出直流电压大小。这样得出的仅仅是近似模拟输出效果，需要在输出端加上滤波电路，输出的基本是直流信号。如果对输出的模拟信号精度要求较高，可考虑用多个数字 I/O 接口并行输出模拟量对应的数字量，再使用 D/A 转换器将数字量转换为模拟量，就是真正的模拟信号了，且精度可控。

【例】用可调电阻调节 LED 的亮度（见图 7 - 26）。

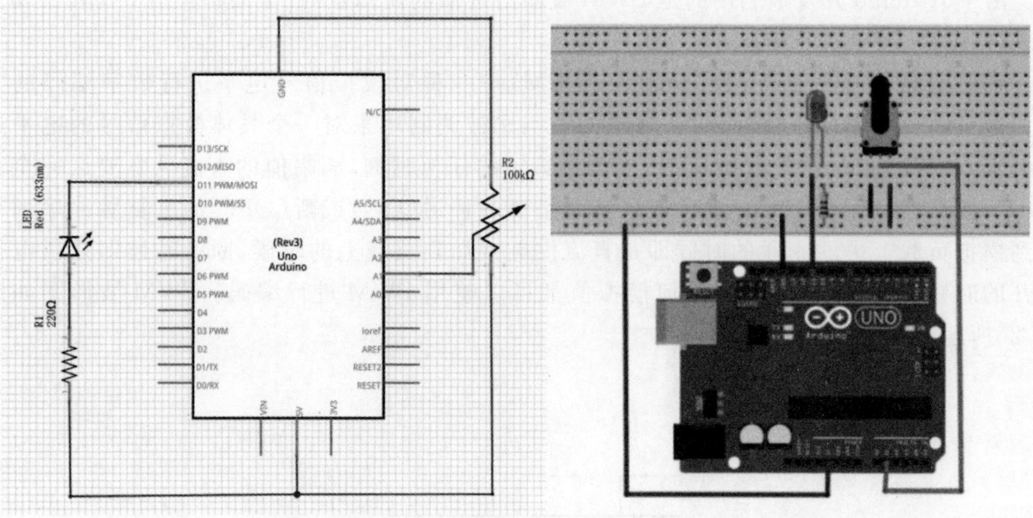

(a) (b)

图 7－26 可调电阻调节 LED 亮度的电路

(a)原理图；(b)Arduino UNO 接线图

参考源程序：

```
int potpin=1;                //定义模拟接口 A1
int ledpin=11;               //定义 PWM 波输出的数字端口 D11
int val=0;                   //暂存来自传感器的变量数值
void setup()
{
pinMode(ledpin,OUTPUT);      //定义端口 D11 为输出模式,模拟端口自动设置为输入
Serial.begin(9600);          //设置波特率为 9600
}

void loop()
{
val=analogRead(potpin);      //获取模拟量并赋值给 val,模拟量输入最大为 1024
Serial.println(val);         //在串口监视器中显示 val 变量
analogWrite(ledpin,val/4);   //输出 PWM 波,LED 亮度随 val/4 的值改变
                             //val 除以 4 是由于 PWM 输出最大值为 255
                             delay(20);//延时 20 ms
}
```

4. I/O 口的高级功能

(1)tone()。

1)描述：在指定引脚上产生一个特定频率的方波。持续时间可以通过参数 duration 设定，否则波形会直持续到调用 noTone()函数时才停止。

2)语法：tone(pin, frequency) 或者 tone(pin, frequency, duration)。

3)参数：Pin——要产生声音的引脚；frequency——产生声音的频率，单位为 Hz，类型为

unsigned int；duration——声音持续时长，单位为 ms，类型为 unsigned long。

4）注意：可以在数字引脚连接上压电蜂鸣器或其他喇叭，利用 tone()播放声音。

在同一时刻只能产生一个声音。如果一个引脚已经在播放音乐，那对下一个引脚调用 tone()将不会有任何效果。如果音乐在同一个引脚上播放，它会自动调整频率。

如果要在多个引脚上产生不同的音调，需要在对下一个引脚使用 tone()函数前对此引脚调用 noTone()函数。

使用 tone()函数会与 3 脚和 11 脚的 PWM 产生干扰（Mega 板除外）。

（2）noTone()。

1）描述：停止由 tone()产生的方波。如果没有使用 tone()将不会有效果。

2）语法：noTone(pin)。

3）参数：pin——所要停止产生声音的引脚。

4）注意：如果想在多个引脚上产生不同的声音，要在对下个引脚使用 tone()前对刚才的引脚调用 noTone()。

例如，用三个按键控制蜂鸣器发出 do，ri，mi 三种声音。

对音乐稍有了解的人都知道，音有高低之分，此处的音高对应中央 C 这一组的 do，ri，mi，这三个音符的频率分别是 262 Hz，277 Hz 和 294 Hz。按下第一个键，给无源蜂鸣器输出频率为 262 Hz 的方波，就可以听到中央 C 音符的声音了。设计的按键输入电路如图 7－27 所示，当按钮按下时，输入为高；未按时，输入端为低。

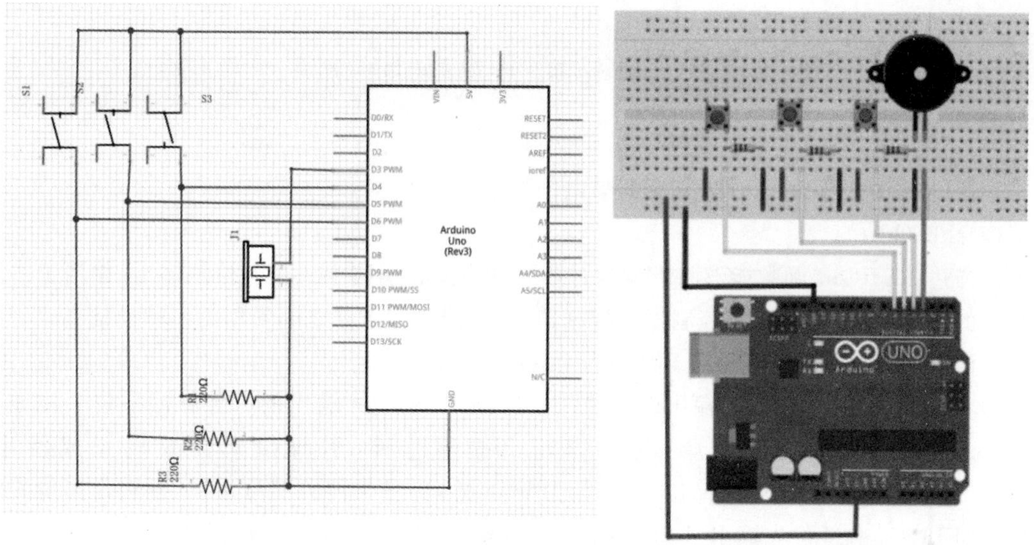

(a)　　　　(b)

图 7－27　音响电路

（a）原理图；（b）Arduino UNO 接线图

参考源程序：

```
int buzzer = 3;             //定义接蜂鸣器的端口为 D3
int buttondo = 4;
```

```
int buttonri = 5;
int buttonmi = 6;

void setup() {
  pinMode(buzzer, OUTPUT);            //初始化,定义端口 D3 为输出模式
  pinMode(buttondo, INPUT);           //定义数字端口 D4 为输入模式
  pinMode(buttonri, INPUT);
  pinMode(buttonmi, INPUT);
}

void loop() {
  if ((digitalRead(buttondo) || digitalRead(buttonri) || digitalRead(buttonmi)) == LOW) {
    noTone(buzzer);                     //如果没有按键按下,则蜂鸣器停止
  }

  if (digitalRead(buttonri) == HIGH) {
    tone(buzzer, 277, 1000 / 8);        //按下 do 键,则发出 do 音
  }
  if (digitalRead(buttondo) == HIGH) {
    tone(buzzer, 262, 1000 / 8);        //按下 ri 键,则发出 ri 音
  }
  if (digitalRead(buttonmi) == HIGH) {
    tone(buzzer, 294, 1000 / 8);        //按下 mi 键,则发出 mi 音
  }
}
```

按照以上方法,就可以自制一个简易电子琴了。

(3)shiftOut()。

1)描述:shiftOut 函数能够将数据通过串行的方式在引脚上一位一位地输出,相当于一般意义上的同步串行通信,这是控制器与控制器、控制器与传感器之间常用的一种通信方式。

2)语法:shiftOut(dataPin, clockPin, bitOrder, value)。

3)参数:dataPin——数据输出引脚,数据将按照 clockPin 输出的时钟脉冲一位一位地输出;clockPin——时钟输出引脚,为数据输出提供时钟,引脚模式需要设置成输出;bitOrder——数据位移顺序选择位,该参数为 byte 类型,有两种类型可选择,分别是高位先输出(MSBFIRST)和低位先输出(LSBFIRST);value——要移位输出的数据(byte)。

4)注意:

a. dataPin, clockPin 在使用前要用 pinMode()设为输出类型;

b. 这个指令只能输出一个字节长度的数据,对于 16 位的数据,需要分成两步完成;

c. 如果你所连接的设备时钟类型为上升沿,你要确定在调用 shiftOut()前时钟脚为低电平,如调用 digitalWrite(clockPin, LOW)。

d. Arduino 这个功能实现 SPI 总线通信,特别便捷,但只在特定引脚有效。

例程：

```
int data= 500;
//采用最高有效位优先串行输出机制
shiftOut(dataPin, clock, MSBFIRST, (data>>8)); //先移位输出高字节
shiftOut(data, clock, MSBFIRST, data);//再移位输出低字节

//采用最低有效位优先串行输出机制
shiftOut(dataPin, clock, LSBFIRST, data); //先移位输出低字节
shiftOut(dataPin, clock, LSBFIRST, (data>>8));//再移位输出高字节
```

(4)shiftIn()。

1)描述：将数据的一个字节一位一位地移入。从最高有效位(最左边)或最低有效位(最右边)开始。对于每个位，先拉高时钟电平，再从数据传输线中读取一位，再将时钟线拉低。

2)语法：shiftIn(dataPin, clockPin, bitOrder)。

3)参数：dataPin——输入每一位数据的引脚(int)；clockPin——时钟引脚，当 dataPin 有值时此引脚电平变化(int)；bitOrder——输入位的顺序，最高位优先或最低位优先。

(5)pulseIn()。

1)描述：pulseIn 函数用于读取引脚脉冲(HIGH 或 LOW)的时间长度。如果是 HIGH，函数将先等引脚电平变为高电平，然后开始计时，一直到变为低电平为止。返回脉冲持续的时间长短，单位为 ms。如果超时还没有读到的话，将返回 0。

语法：pulseIn(pin, value)；pulseIn(pin, value, timeout)。

2)参数：pin——要进行脉冲计时的引脚号(int)；value——要读取的脉冲类型，HIGH 或 LOW(int)；timeout (可选)——指定脉冲计数的等待时间，单位为 μs，默认值是 1 s(unsigned long)

3)返回值：脉冲长度(μs)，如果等待超时返回 0(unsigned long)。

4)注意：此函数的计时范围从 10 μs 至 3 min，长时间的脉冲计时可能会出错(1 s= 1 000 ms=1 000 000 μs)。

例程：

```
int pin = 7;
unsigned long duration;

void setup()
{
  pinMode(pin, INPUT);
}

void loop()
{
duration = pulseIn(pin, HIGH);
```

```
}
```

5. 时间函数

(1)millis()。

1)描述:应用 millis 函数可获取机器运行当前程序的时间长度,单位为 ms。系统最长的记录时间为 9 h22 min,如果超出时间将从 0 开始。函数返回值为 unsigned long 型。

2)语法:millis()。

3)参数:无。

4)注意:函数返回值为 unsigned long 型,如果跟其他类型的数据做运算,可能会产生错误。当中断发生时,millis()的数值将不会继续变化。

例程:

```
unsigned long time;
void setup(){
    Serial.begin(9600);
}
void loop(){
serial.print("Time:");                    //打印从程序开始到现在的时间
time = millis();
serial.println(time);
delay(1000);                              //等待 1 s,以免发送数据过多
}
```

(2)micros()。

1)描述:返回 Arduino 开发板从运行当前程序开始的微秒数(无符号长整数)。这个数字将在约 70 min 后溢出(归零)。在 16 MHz 的 Arduino 开发板上(比如 Duemilanove 和 Nano),这个函数的分辨率为 4 μs(即返回值总是 4 μs 的倍数)。在 8 MHz 的 Arduino 开发板上(比如 LilyPad),这个函数的分辨率为 8 μs。

2)语法:micros()。

3)参数:无。

4)注意:每毫秒是 1 000 μs,每秒是 1 000 000 μs。函数返回值为 unsigned long 型,如果跟其他类型的数据做运算,可能会产生错误。当中断函数发生时,micros()的数值将不会继续变化。

例程:

```
unsigned long time;
void setup(){
    Serial.begin(9600);
}
void loop(){
Serial.print("Time:");
```

```
time = micros();                //打印从程序开始的时间
Serial.println(time);           //等待 1 s,以免发送大量的数据
     delay(1000);
}
```

(3)delay()。

1)描述:使程序暂定设定的时间(单位:ms)。

2)语法:delay(ms)。

3)参数:ms——暂停的时间(unsigned long)。

例程:

```
ledPin = 13; // LED 连接到数字端口 D13

void setup()
{
  pinMode(ledPin, OUTPUT);// 设置端口 D13 为输出模式
}

void loop()
{
  digitalWrite(ledPin, HIGH);          // 点亮 LED
  delay(1000);                         // 等待 1 s
  digitalWrite(ledPin, LOW);           // 灭掉 LED
  delay(1000);                         // 等待 1 s
}
```

4)警告:虽然使用 delay()延时很简单,但它所带来的不良后果就是使其他大多数活动暂停,如在 delay 函数使用的过程中,读取传感器值、计算、引脚等操作均无法执行。因此,大多数熟练的程序员通常避免超过 10 ms 的 delay(),除非 arduino 程序非常简单。但某些操作在 delay()执行时仍然能够运行,因为 delay 函数不会使中断失效。通信端口 RX 接收到得的数据会被记录,PWM(analogWrite)值和引脚状态会保持,中断也会按设定的执行。

(4)delayMicroseconds()。

1)描述:使程序暂停指定的一段时间(单位:μs)。目前,能够产生的最大的延时准确值是 16 383μs,这可能会在未来的 Arduino 版本中改变。对于超过几千微秒的延迟,应该使用 delay()代替。

2)语法:delayMicroseconds(μs)。

3)参数:μs——暂停的时间,单位为 μs(unsigned int)。

例程:

```
int outPin = 8;                  // D8

void setup()
```

```
{
pinMode(outPin,OUTPUT);   //设置数字端口 D8 为输出模式}

void loop()
{
digitalWrite(outPin,HIGH);   //设置数字端口 D8 为高电平
  delayMicroseconds(50);       // 暂停 50 μs
  digitalWrite(outPin, LOW); // 设置数字端口 D8 为低电平
  delayMicroseconds(50);       // 暂停 50 μs
}
```

4)程序功能：

将 8 号引脚配置为输出脚。它会发出一系列周期 100 μs 的方波。

警告和已知问题：此函数在 3 μs 以上延时非常准确，不能保证在更短的时间内延时准确。

6. 外部中断及相关库函数

几乎所有能完成复杂功能、反馈及时的控制系统都是依靠中断机制来解决问题的。举一个例子：我帮大家拼团网购图书，有人来我家取书了，会打电话或者按门铃，我停下手头的事情，去给别人拿书。正在做的事情被打断了，就是发生了中断。这时候，突然厨房正烧的稀饭溢锅了，就得停下拿书这件事，赶紧去关火。这又是另一个优先级更高的中断发生了，先要去响应它。

对于计算机或者单片机以及 Arduino 来说，有了温度过高、压力过大等类似的信号后，到底需要控制系统做什么，是需要通过程序来实现的，如温度过高，需要用程序控制实现打开空调制冷或者关掉加热设备。

先来了解几个跟中断相关的概念：

(1)中断：是指 CPU 暂停现行程序，转去处理当前更紧急的事件。处理完毕，再返回原来的程序继续处理中断的事情。

(2)中断源：引起中断的事件。

(3)中断响应：是指 CPU 对中断源中断请求的响应，包括保护断点和将程序转向中断服务程序的入口地址。

(4)中断处理：执行中断服务程序的过程，包括保护现场、处理中断源请求的事件、恢复现场、中断返回。

(5)中断返回：中断返回就是将 CPU 的执行流程由中断服务程序返回到中断前的程序的过程。

下面就来了解跟中断控制相关的函数。

(1)attachInterrupt()。

1)描述：attachInterrupt 函数用于设置外部中断，包括设置中断源、中断源的触发方式以及指定中断函数。

2)语法：attachInterrupt(interrupt,function,mode)；attachInterrupt(pin,function,mode) (due 专用)。

3)参数:interrupt——中断源的编号,不同的 Arduino 开发板有不同的中断编号,例如 UNO 就只有两个中断源,编号为中断 0 和中断 1,中断编号和实际的硬件引脚一一对应。比如说中断信号接在 Arduino UNO 的 D2 端口上,则对应的中断编号就是中断 0;如果中断源接在 Arduino UNO 的 D2 端口上,则对应的中断编号就是中断 1。

function——中断处理函数的名称,参数值为函数的指针。

mode——中断触发模式。触发模式有 4 种类型:LOW(低电平触发)、CHANGE(变化时触发)、RISING(低电平变为高电平触发)、FALLING(高电平变为低电平触发)。对于 Due 而言,增加了一个专用参数 HIGH,即当管脚上为高电平时,触发中断。

不同类型的 Arduino 板中断编号以及引脚关系见表 7-1。

表 7-1　不同类型的 Arduino 板中断编号以及引脚关系

Arduino Borad	Int. 0	Int. 1	Int. 2	Int. 3	Int. 4	Int. 5
Nano, Mini, Uno, Ethernet	2	3	×	×	×	×
Mege 2560	2	3	21	20	19	18
Leonardo	3	2	0	1	×	×

备注:"×"表示不存在。

从图 7-28 所示的 Arduino UNO R3 的引脚与接口示意图上也可以看到:外部中断 0(INT0)、外部中断 1(INT1)接口分别对应的就是数字端口 D2 和 D3,在图 7-29 中标出了外部中断的两个接口。

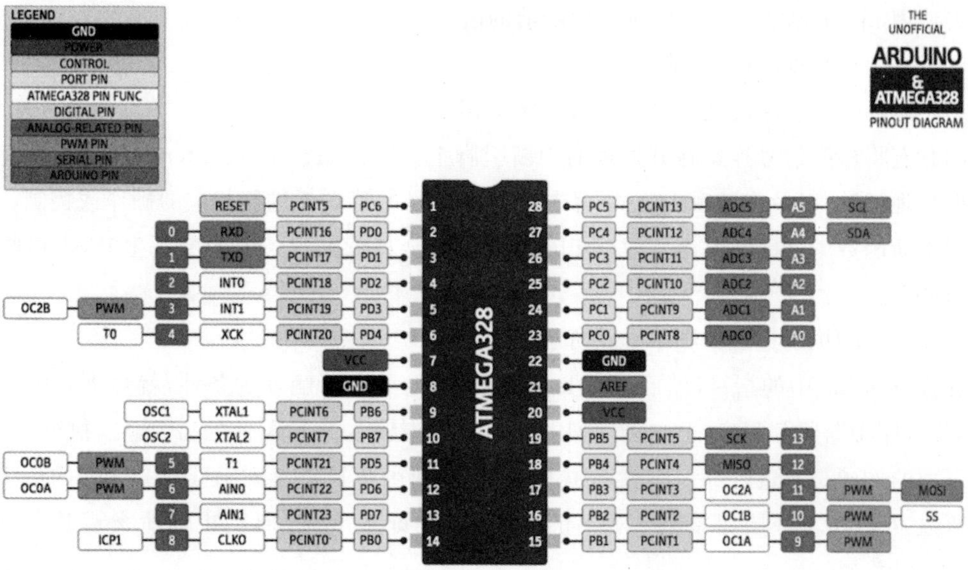

图 7-28　Arduino UNO 引脚图

图 7-29　Arduino UNO 外部中断引脚位置图

注意:中断函数中,delay()不会生效,millis()的数值不会持续增加。当中断发生时,串口收到的数据可能会遗失。在中断函数中使用到的全局变量应该声明为 volatile 变量。

中断函数就是当中断触发后要去执行的函数,这个函数不能带任何参数,且返回类型为空,如:

```
void Hello()
{
Serial.println("Hello!");
}
```

中断引脚使用中断信号接入功能时无须使用 pinMode(INTPin,INTPUT)来定义引脚模式。

在使用 attachInterrupt 函数时要注意以下几点:

1)在中断函数中 delay 函数不能使用。

2)使用 millis 函数始终返回进入中断前的值。

3)读取串口数据的话,可能会丢失。

4)中断函数中使用的变量需要定义为 volatile 型。

5)只有将中断信号连接在开发板的中断引脚上,并且通过 attachInterrupt 函数设定对应的中断处理函数,以及中断触发方式,才能在中断信号的请求下进行相应的操作或控制。

6)中断函数中,delay 不会生效,millis 的数值不会持续增加。当中断发生时,串口收到的数据可能会遗失。

中断程序的执行过程如图 7-30 所示。

先执行 setup 中的指令,然后进入 loop,如果满足了中断触发的条件,就会进入中断服务程序,执行完中断服务程序,会自动返回 loop 中继续接着原来中断前的指令继续执行。

下面的例子是通过外部引脚触发中断,执行中断函数控制接在数字端口 D11 的 LED 灯在亮灭之间切换。将按钮接到 INT1 的位置,当按键按下时,启动中断服务程序,LED 灯闪烁。

【例】硬件电路如图 7-31 所示。按钮状态输入端接在外部中断 1 端口 INT1(D3)上,

LED 接在数字端口 D11。

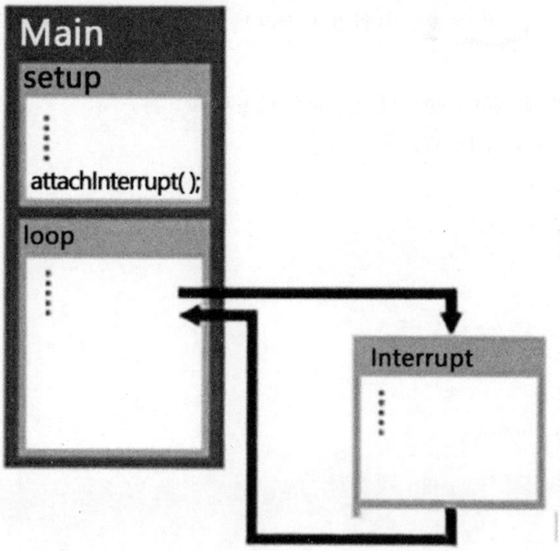

图 7-30　含有中断服务程序的指令执行示意图

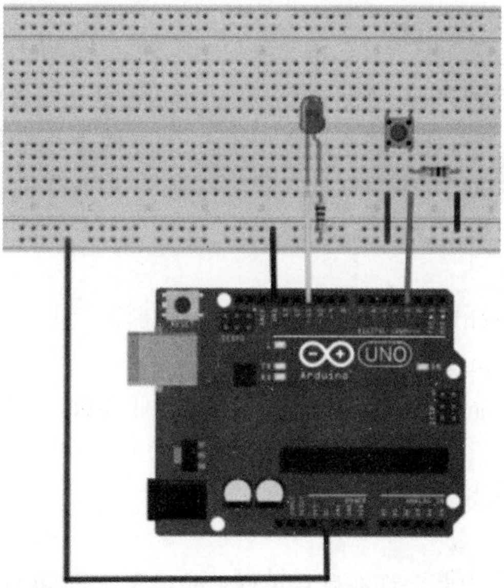

图 7-31　采用中断功能控制 LED 灯的电路图

参考源程序：

```
int ledpin = 11;
volatile int state = LOW;

void setup()
{
```

```
  pinMode(ledpin, OUTPUT);

  /*中断设置要在 setup()中完成。中断源为 INT1,中断编号为 1,所以参数写 1;中断处理函数名为
blink();
    外部触发端口状态从高电平变为低电平触发触发中断。*/
  attachInterrupt(1, blink, RISING);
  Serial.begin(9600);
  digitalWrite(ledpin, state);
}

void loop()
{
  digitalWrite(ledpin, state);
}

//中断处理函数
void blink()
{
  state = ! state;
}
```

接好线路、下载程序后,可以观测到:LED 灯初始状态是亮的,每按一下开关,LED 灯就在亮灭之间切换一次状态。有可能出现不正常现象,主要原因是开关会发生抖动,当按一下开关的时候,实际会发生多次接通、断开反复的过程,在程序中加入开关、按键去抖动的功能可以解决这个问题。

(2)detachInterrupt()。

1)功能描述:取消 attachInterrupt 函数中定义的中断源。

2)语法:detachInterrupt(interrupt)。

3)参数:Interrupt——同 attachInterrupt 函数中的此参数,表示要取消的中断源的编号。

(3)Interrupts()。

功能描述:中断使能函数,重新启用中断。

(4)noInterrupts()。

功能描述:禁止中断。中断允许在后台运行一些重要任务,默认使能中断。禁止中断时部分函数会无法工作,通信接收到的信息也可能会丢失。中断会影响计时代码,在某些特定的代码中也会失效。

例程:

```
void setup()
viod loop()
{
noInterrupts();//关键的、时间敏感的代码运行时关闭中断
......;//代码段 1
```

```
Interrupts()；//其他代码执行时可以使用中断，打开中断
......；//代码段 2
}
```

7. 通信方式及串口相关库函数

目前的数字系统中数据大多采用二进制方式保存，设备之间的通信方式分为并行通信和串行通信。两者之间的显著区别是：并行通信一次同时发送许多位二进制数；而串行通信是一位一位按顺序发送和接收数据。并行通信效率高，但是需要的信号线比较多，常在近距离通信使用；而串行通信只需要两根数据线，在远距离通信中可以节约通信成本，但其传输速度比并行传输低。IEEE488 定义并行通信状态时，规定设备线总长不得超过 20 m，并且任意两个设备间的长度不得超过 2 m；而对于串口而言，长度可达 1 200 m。

串口通信协议是计算机上一种非常通用的设备通信协议。大多数计算机（不包括笔记本电脑）包含两个基于 RS－232 的串口。很多 GPIB 兼容的设备也带有 RS－232 口。

典型地，串口通信使用 2 根线完成：一根用来发送数据，另一根用来接收数据。其他线是握手信号线，但不是必须要用的。

串口通信按照数据传送的方向及时间关系，可分为单工、半双工和全双工三种制式：

(1)单工通信。单工通信只有一根数据线，通信只在一个方向上进行，这种方式的应用实例有监视器、打印机、电视机等。

(2)半双工通信。半双工通信也只有一根数据线，它跟单工的区别是这根数据线既可发送数据又可接收数据，虽然数据可在两个方向上传送，但通信方在同一时间内不能既收又发。

(3)全双工通信。数据的发送和接收用两根不同的数据线，通信一方能同时进行数据的发送和接收，这一工作方式称为全双工通信。在这种方式下，通信双方都有发送器和接收器，发送和接收可同时进行，没有时间延迟。

串口通信最重要的参数是波特率、数据位、停止位和奇偶校验位。对于两个进行通信的设备，以下参数必须匹配：

(1)波特率：这是一个衡量通信速度的参数。它的单位为 b/s(Baud per second)，表示每秒钟传送的数据量。例如 300 b/s 表示每秒钟发送 300 b。当我们提到串口通信的时钟周期时，指的就是波特率。例如：如果串口通信速率需要 4 800 b/s，那么那么串口通信的时钟就是 4 800 Hz，这也意味着串口通信在数据线上的采样率为 4 800 Hz。两个串口设备必须使用相同的波特率才能正确通信。波特率和传输距离成反比，高波特率常用于近距离的通信。

(2)数据位：这是衡量通信中实际有效信息数据位的参数。串口数据可以是文本数据或者是二进制数据。当计算机发送一个信息包时，实际的数据不一定是 8 位的，有效信息的位数有 5、7 和 8 位，如何设置数据位取决于想传送的信息。比如，为了区分指令和数字等混淆，将 256 个数字、字符以及指令按照一定的顺序全部用二进制编码：前 128 个编码用 7 位二进制数表示（对应的十进制数值为 0～127），这就是标准的 ASCII 码；后 128 个编码需要用 8 位二进制数编码（对应的十进制数值为 128～255），这就是扩展的 ASCII 码。如果传输的数据采用标准 ASCII 码，那么每个数据包的有效位就是 7 位数据，如果采用的是扩展的 ASCII 码，则数据有效位就是 7 位。每个数据包包括开始/停止位、数据位和奇偶校验位。由于实际数据位取决于通信协议的选取，因此术语“包”指任何通信的情况。

(3)停止位:用于表示单个包的最后一位。典型的值为1,1.5和2位。由于数据是在传输线上定时的,并且每一个设备有其自己的时钟,很可能在通信中两台设备间出现了小小的不同步。因此停止位不仅仅是表示传输的结束,并且提供不同系统之间校正时钟同步的机会。适用于停止位的位数越多,不同时钟同步的容忍程度越大,但是数据传输率也就越低。

(4)奇偶校验位:在串口通信中一种简单的检错方式。有四种检错方式:偶、奇、高和低。当然没有校验位也是可以的。对于偶和奇校验的情况,串口会设置校验位(数据位后面的一位),用校验位的确保传输的数据有偶个或者奇个逻辑高位。例如,如果数据是011,那么对于偶校验,校验位为0,保证逻辑高的位数是偶数个。如果是奇校验,校验位为1,这样就有3个逻辑高位。高位和低位不真正的检查数据,简单置位逻辑高或者逻辑低校验。这样使得接收设备能够知道一个位的状态,有机会判断是否有噪声干扰了通信,或者传送和接收数据是否不同步。

默认情况下,所有的Arduino开发板型号中,引脚RX0(D0)在串口通信中用于接收数据,引脚TX0(D1)用于发送数据,见图7-32中标出的两个端口。Arduino UNO只有一个串口,而有的型号有多个串口,如Mega上有三个额外的串口:Serial1,Serial2,Serial3。

图7-32　Arduino UNO串口引脚示意图

Arduino的USB口通过一个转换芯片与这两个串口引脚连接。该转换芯片会通过USB接口在计算机上虚拟出一个用于Arduino通信的串口。当这两个端口作为串口功能的时候,就意味着不能把它们作为数字输入或者输出端口使用。

当将程序烧入板卡的时候,也是通过串口传输数据的,在上传程序完成前,即L,TX,RX灯闪烁前,断开数据线很可能损坏硬件。同时测试前养成按一次Reset键复位的习惯。

串口设备互相连接的时候需要注意:一个设备的接收端必须连接另一个串口通信设备的发送端;发送端必须连接另一串口通信设备的接收端,如图7-33所示。

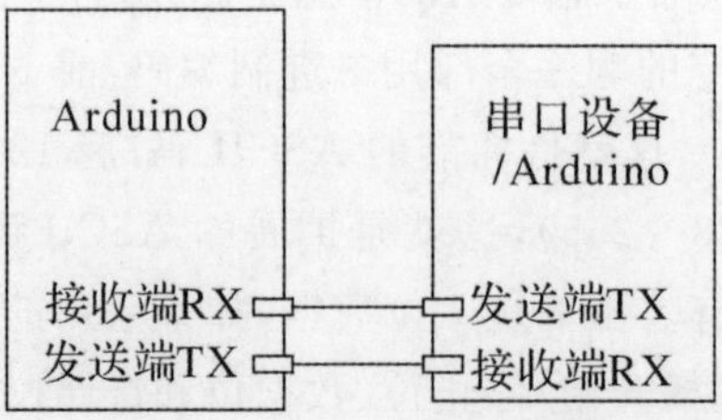

图7-33　Arduino UNO串口连接示意图

若要使用 TX,RX 端口与只有 USB 接口个人电脑通信,需要一个额外的 USB 转串口适配器;若要用它们来与外部的 TTL 串口设备进行通信,将 Tx 引脚连接到设备 Rx 引脚,将 Rx 引脚连接到设备的 Tx 引脚,将 GND 连接到设备的 GND。

使用串口通信,准备工作包括按图 7-33 连接串口、确定数据传输的格式(如数据位有几位、有无校验、停止位有几位等等)、接下来设定通信波特率,启用串口功能。

Arduino 软件(IDE)中的串行监视器可用于单个或多个字符通信并接收返回的字符串。在串口通信时可以打开点击 Arduino IDE 工具栏中最右上角的串口监视器按钮,通过内置的串口监视器 Arduino 的串口通信情况。需要在串口监控界面下方设置相同的波特率,如图 7-34 所示。

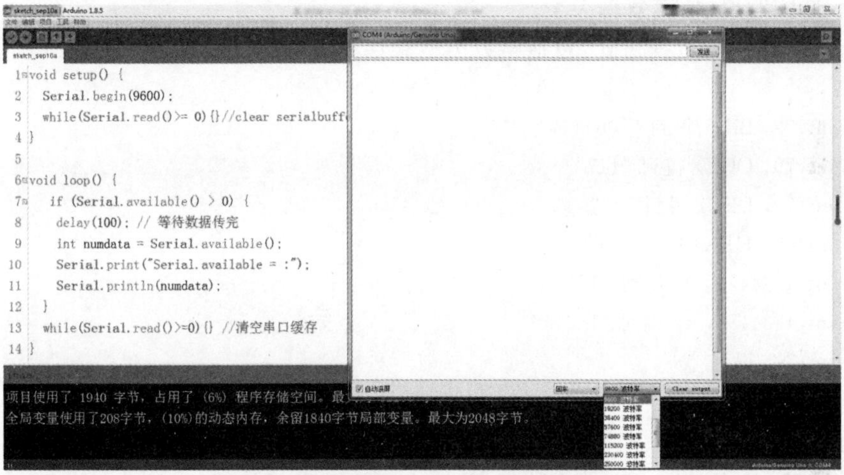

图 7-34 串口监视器

(1)Serial. begin()。

1)功能描述:开启串口,该语句通常置于 setup()函数中。

2)语法:Serial. begin(speed); Serial. begin(speed,config)。

Arduino Mega 特有:Serial1. begin(speed),Serial2. begin(speed),Serial3. begin(speed)。

3)参数:

speed——波特率,即每秒传输的数据位。一般取值有 300,1 200,2 400,4 800,9 600,14 400,19 200,28 800,38 400,57 600,115 200,数值越大,通信速率越快。

config——设置数据位、校验位和停止位。例如 Serial. begin(speed,Serial_8N1); Serial_8N1 中:8 表示 8 个数据位,N 表示没有校验,1 表示有 1 个停止位。

返回:None。

例程:

```
void setup() {
Serial. begin(9600);                // 打开串口,设置串口通信速率为 9600 b/s
}
```

(2)Serial. end()。

1)功能描述:禁止串口传输函数。停用串口通信后,串口引脚用于一般数字 I/O 接口使用。要重新使用串口通信，需要 Serial. begin()语句重新启动串口。

2)语法：Serial. end()。

Arduino Mega 特有：Serial1. beginend()、Serial2. end()、Serial3. end()。

3)参数：None。

4)返回：None。

(3)Serial. print()。

1)功能描述：串口输出数据函数，输出字符串数据到串口。

2)语法：Serial. print(val)；Serial. print(val,format)。

3)参数：

val——打印的值，任意数据类型；

format——输出的数据格式，包括整数类型和浮点型数据的小数点位数。

例程：

```
Serial.print(79, BIN) 得到 "1001111"
Serial.print(79, OCT) 得到 "117"
Serial.print(79, DEC) 得到 "79"
Serial.print(79, HEX) 得到 "4F"
Serial.print(1.34456, 0) 得到 "1"
Serial.print(1.34456, 4) 得到 "1.3446"
Serial.print('N') 得到 "N"
Serial.print("Hello world.") 得到 "Hello world."
```

(4)Serial. println()。

1)功能描述：从串口输出字符串数据，并输出一组回车换行符。

2)语法：Serial. println(val) ；Serial. println(val,format)。

3)参数：

val——打印的值，任意数据类型；

format——输出的数据格式，包括整数类型和浮点型数据的小数点位数。

4)返回：字节。

(5)while(Serial. read()>= 0){}。

1)功能描述：因 Serial. read()函数读取串口缓存中的一个字符，并删除已读字符。因此可以用这句代码来清空串口缓存。

2)语法：while(Serial. read()>=0){}。

3)参数：None。

4)返回：None。

(6)Serial. available()。

1)功能描述：判断串口缓冲器的状态函数，用以判断数据是否送达串口。返回当前缓冲区中接收到的数据字节数，返回值为 0 时说明串口缓存中无数据或者数据已经读取出来了。通常我们都要判断缓存区中是否有数据，然后才调用 read 方法。

注意：使用时通常用 delay(100) 延迟一小段时间以保证串口字符接收完毕，即保证 Serial. available()返回的是缓冲区准确的可读字节数。

2)语法:Serial.available()。

3)参数:None。

4)返回:返回缓冲区可读字节数目。

例程:

```
char comchar;

void setup() {
  Serial.begin(9600);
  while(Serial.read()>= 0){}//清除串口 buffer
}

void loop() {
  // 从串口读数据

  while(Serial.available()>0){                //while 语句条件为真,继续循环
    comchar = Serial.read();                  //读串口第一个字节
    Serial.print("Serial.read: ");
    Serial.println(comchar);
    delay(100);
    }
}
```

实验结果:

Serial.read()每次从串口缓存中读取第一个字节,并将读过的字节删除。返回串口缓存中第一个可读字节。

(7)Serial.read()。

1)功能描述:读取串口数据,一次读一个字节,读完后删除已读数据。在使用串口时,Arduino 会在 SRAM 中开辟一段大小为 64 B 的空间,串口接收到的数据都会被暂时存放在该空间中,称这个存储空间为缓冲区(buffer)。当调用 read()函数时,就会从缓冲区中取出 1 B 的数据。

2)语法:Serial.read()。

3)参数:None。

4)返回:返回串口缓存中第一个可读字节,当没有可读数据时返回-1,整数类型。

例程:

```
char comchar;

void setup() {
  Serial.begin(9600);
  while(Serial.read()>= 0){}              //清理串口 buffer
}
```

```
void loop() {
  // 从串口读取数据


  while(Serial.available()>0){
    comchar = Serial.read();            //读串口 buffer 中的第一个字节,并删除
    Serial.print("Serial.read: ");
    Serial.println(comchar);
    delay(100);
    }
}
```

实验结果:

从串口监控界面上方的一栏中可以发送字符"I Love Arduino!",并且设置发送数据的方式为没有结束符。Serial.read()每次从串口缓存中读取第一个字符,输出到串口监视器,并将读过的字符删除。

(8)Serial.flush()。

1)功能描述:1.0 版本之前为清空串口缓存,现在该函数作用为等待输出数据传送完毕。如果要清空串口缓存的话,可以使用 while(Serial.read()>= 0)来代替。

2)语法:Serial.flush ()。

3)参数:None。

4)返回:None。

(9)Serial.peek()。

1)功能描述:读串口缓存中下一字节的数据(字符型)(见图 7-35),但不从内部缓存中删除该数据。也就是说,连续的调用 peek()将返回同一个字符。而调用 read()则会返回下一个字符。

2)语法:Serial.peek()。

3)参数:None。

4)返回:返回串口缓存中下一字节(字符)的数据,如果没有返回-1,整数类型。

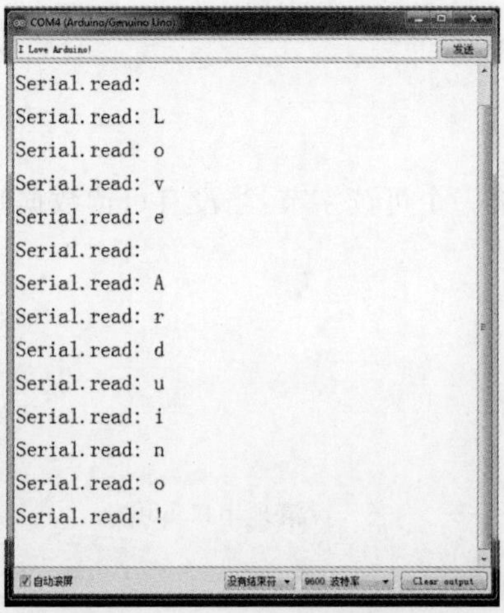

图 7-35　串口发送字符图

例程：

```
char comchar;

void setup() {
  Serial.begin(9600);
  while(Serial.read()>= 0){}       //清除串口 buffer
}

void loop() {
  // 从串口读取数据
   while(Serial.available()>0){
    comchar = Serial.peek();
    Serial.print("Serial.peek: ");
    Serial.println(comchar);
    delay(100);
    }
}
```

实验结果如图 7-36 所示，Serial.peek()每次从串口缓存中读取一个字符，并不会将读过的字符删除。第二次读取时仍然为同一个字符。从串口监视器中输入字符“123”，监视器界面返回的均是第一个字符 1。

图 7-36 Serial.peek()函数执行结果

(10)Serial.readBytes(buffer,length)。

1)功能描述：从串口读取指定长度 length 的字符到缓存数组 buffer。

2)语法：Serial.readBytes(buffer,length)。

3)参数：

buffer——缓存变量；

length——设定的读取长度。

4)返回：返回存入缓存的字符数，0 表示没有有效数据。

例程：

```
char buffer[18];
int numdata=0;

void setup() {
  Serial.begin(9600);
```

```
  while(Serial.read()>= 0){}//清除串口 buffer
}

void loop() {
  // 从串口读数据
  if(Serial.available()>0){
      delay(100);
      numdata = Serial.readBytes(buffer,3);
      Serial.print("Serial.readBytes:");
      Serial.println(buffer);
    }
    // 清除串口 buffer
  while(Serial.read()>= 0){}
  for(int i=0; i<18; i++){
        buffer[i]='\0';
    }}
```

实验结果如图 7-37 所示：从串口输入字符"1234567"，缓存读取指定长度为 3 的字节，所以输出的是"123"。

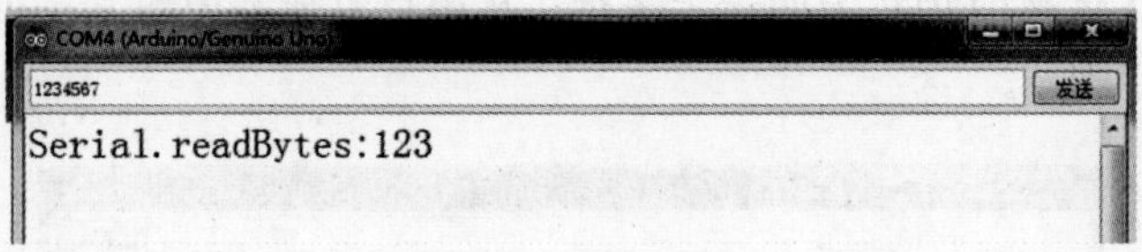

图 7-37　实验结果

(11)Serial.readBytesUntil(character,buffer,length)。

1)功能描述：从串口缓存读取指定长度的字符到数组 buffer，遇到终止字符 character 后停止。

2)语法：Serial.readBytesUntil(character ,buffer,length)。

3)参数：

character——查找的字符 (char)；

buffer——存储读取数据的缓存(char[] 或 byte[])；

length——设定的读取长度。

4)返回：返回存入缓存的字符数，0 表示没有有效数据。

例程：

```
char buffer[18];
char character = ','; //终止字符
int numdata=0;

void setup() {
  Serial.begin(9600);
```

```
  while(Serial.read()>= 0){}//清除串口 buffer
}

void loop() {
  // 从串口读数据
  if(Serial.available()>0){
      delay(100);
      numdata =Serial.readBytesUntil(character,buffer,3);
      Serial.print("Serial.readBytes:");
      Serial.println(buffer);
  }
   //清除串口 buffer
  while(Serial.read()>= 0){}
  for(int i=0; i<18; i++){
        buffer[i]='\0';
  }
}
```

实验结果如图 7-38 所示:从串口缓存中读取字符串,遇到","就停止读取;从串口输入"123, 456"时,串口读取到的只有"123";输入"12, 456"时,串口读取到的只有"12"。

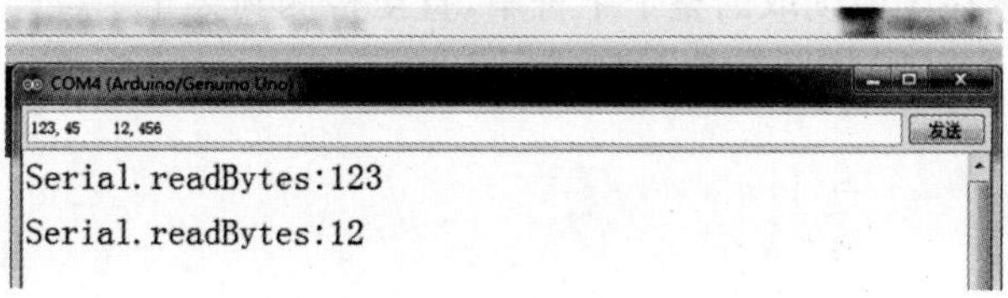

图 7-38 实验结果

(12)Serial.readString()。

1)功能描述:从串口缓存区读取全部数据到一个字符串型变量。

2)语法:Serial.readString()。

3)参数:None。

4)返回:返回从串口缓存区中读取的一个字符串。

例程:

```
String comdata = "";
void setup() {
  Serial.begin(9600);
  while(Serial.read()>= 0){} //清除串口 buffer
}

void loop() {
  // 从串口读数据
  if(Serial.available()>0){
      delay(100);
```

```
        comdata = Serial.readString();
        Serial.print("Serial.readString:");
        Serial.println(comdata);
    }
    comdata = "";
}
```

实验结果如图 7-39 所示:从串口监视器中输入什么字符,读取的就是什么字符。

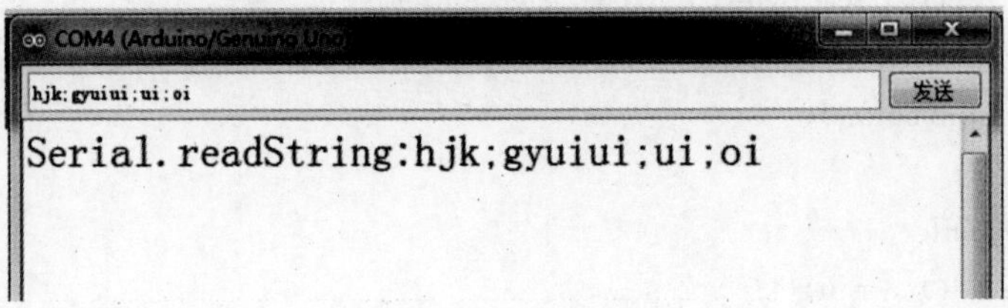

图 7-39　实验结果

(13) Serial.readStringUntil()。

1)功能描述:从串口缓存区读取字符到一个字符串型变量,直至读完或遇到某终止字符。

2)语法:Serial.readStringUntil(terminator)。

3)参数:terminator:终止字符(cha 型)。

4)返回:从串口缓存区中读取的整个字符串,直至检测到终止字符。

例程:

```
String comdata = "";
char terminator = ',';
void setup() {
  Serial.begin(9600);
  while(Serial.read()>= 0){} //清除串口 buffer
}

void loop() {
  // 从串口读数据
  if(Serial.available()>0){
     delay(100);
     comdata =Serial.readStringUntil(terminator);
    Serial.print("Serial.readStringUntil: ");
     Serial.println(comdata);
   }
   while(Serial.read()>= 0){}
}
```

实验结果如图 7-40 所示:从串口读取所有字符存放于字符串“79687854gfkdiytu,htyddr”,直至遇到字符“,”时终止读取。

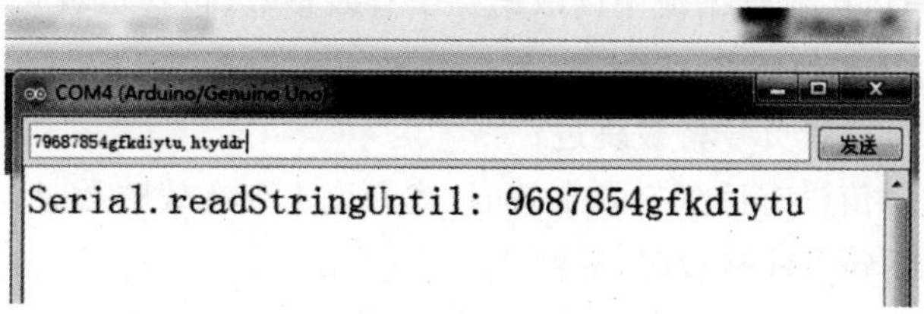

图 7 - 40　实验结果

(14)Serial. parseFloat()。

1)功能描述:读串口缓存区第一个有效的浮点型数据,最前面非数字的字符或者负号会被自动忽略,当读到第一个非浮点数时函数结束。

2)语法:Serial. parseFloat()。

3)参数:None。

4)返回:返回串口缓存区第一个有效的浮点型数据,数字将被跳过。

例程:

```
float comfloat;
void setup() {
  Serial. begin(9600);
  while(Serial. read()>= 0){}//清除串口 buffer
}

void loop() {
  // 从串口读数据
  if(Serial. available()>0){
      delay(100);
      comfloat = Serial. parseFloat();
      Serial. print("Serial. parseFloat:");
      Serial. println(comfloat);
   }
   // 清除串口 buffer
   while(Serial. read()>= 0){}
}
```

实验结果如图 7 - 41 所示。

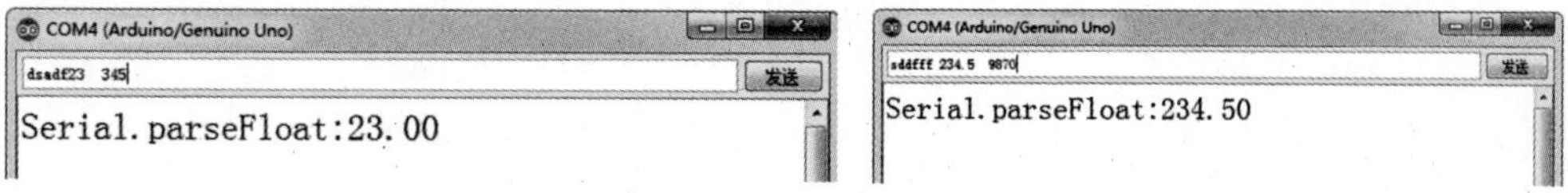

(a)　　　　(b)

图 7 - 41　实验结果

Serial. parseFloat( )从串口缓存中读取第一个有效的浮点数,第一个有效数字之前的负号也将被读取,独立的负号将被舍弃。如果发送的全部非数字,则不输出。

(15)Serial. parseInt()。

1)功能描述:从串口接收数据流中读取第一个有效整数(包括负数)。

2)注意:

a. 非数字的首字符或者负号将被跳过;

b. 当可配置的超时值没有读到有效字符时,或者读不到有效整数时,分析停止;

c. 如果超时且读不到有效整数时,返回 0。

3)语法:Serial. parseInt();Serial. parseInt(charskipChar)。

4)参数:skipChar 用于在搜索中跳过指定字符(此用法未知)。

5)返回:返回下一个有效整型值。

例程:

```
int comInt;

voidsetup() {
  Serial. begin(9600);
  while(Serial. read()>= 0){}            //清除串口 buffer
}

void loop() {

  // 从串口读数据
  if(Serial. available()>0){
      delay(100);
      comInt = Serial. parseInt();
      Serial. print("Serial. parseInt:");
      Serial. println(comInt);
  }

   // 清除串口 buffer
   while(Serial. read()>= 0){}
}
```

实验结果如图 7-42 所示:Serial. parseInt()从串口缓存中读取第一个有效整数,第一个有效数字之前的负号也将被读取,独立的负号将被认作是 0。

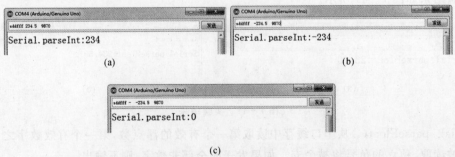

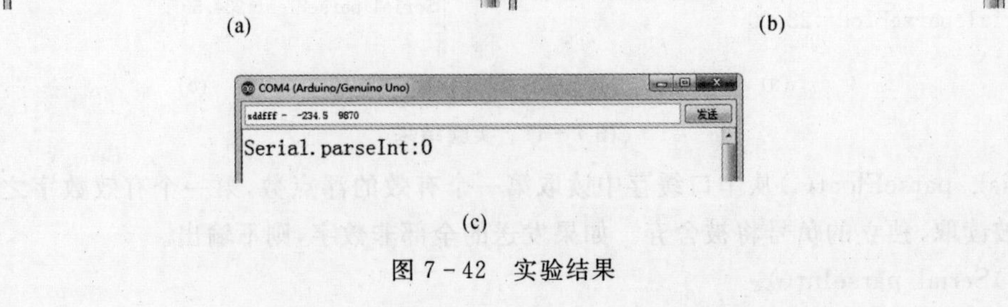

(a) (b) (c)

图 7-42 实验结果

大家可以自己试试去掉后面的清除缓存，看功能会有何变化。

(16)Serial. find()。

1)功能描述：从串口缓存区读取数据，寻找目标字符串 target(char 型)。

2)语法：char target[] ＝ “目标字符串”;Serial. find(target)。

3)参数：target：目标字符串(char 型)。

4)返回：找到目标字符串返回真，否则返回假。

例程：

```
char target[] ="test";


void setup() {
  Serial. begin(9600);
  while(Serial. read()>= 0){}//清除串口 buffer
}


void loop() {
  // 从串口读数据
   if(Serial. available()>0){
      delay(100);
      if( Serial. find(target)){
         Serial. print("find traget:");
         Serial. println(target);
        }
    }
     // 清除串口 buffer
     while(Serial. read()>= 0){}
}
```

实验结果：串口输入字符中只要有 test，函数返回真，打印出目标字符串“test”，否则返回假，不打印任何值。

(17)Serial. findUntil(target,terminal)。

1)功能描述：从串口缓存区读取数据，寻找目标字符串 target(char 型数组)，直到出现给定字符串 terminal(char 型)，找到为真，否则为假。

2)语法：Serial. findUntil(target,terminal)。

3)参数：

target——目标字符串(char 型)；

terminal——结束搜索字符串(char 型)。

4)返回：如果在找到终止字符 terminal 之前找到目标字符 target，返回真，否则返回假。

例程：

```
char target[] ="test";
char terminal[] ="end";
```

```
void setup() {
  Serial.begin(9600);
  while(Serial.read()>= 0){}//清除串口 buffer
}

void loop() {
  // 从串口读数据
   if(Serial.available()>0){
      delay(100);
      if( Serial.findUntil(target,terminal)){
         Serial.print("find traget:");
         Serial.println(target);
         }
      }
    //清除串口 buffer
    while(Serial.read()>= 0){}
}
```

实验结果:如果串口缓存中有目标字符“test”,返回真,但如果先遇到终止字符串“end”则函数立即终止,不论字符串后面有没有目标字符“test”。

(18)Serial.write()。

1)功能描述:串口输出数据函数,写二进制数据到串口。

2)语法:Serial.write(val) ;Serial.write(str) ;Serial.write(buf, len)。

3)参数如下:

val——字节;

str——一串字符;

buf——字节数组;

len——buf 的长度。

4)返回:字节长度。

Arduino 中的函数 serial.print() 与 serial.write()区别如下:

Serial.print()发送的是字符对应的 ASCII 码文本输出。例如,通过串口发送 97,发过去的其实是 9 的 ASCII 码(00111001)和 7 的 ASCII 码(00110111)。

Serial.write()发送的字节,是一个处于 0~255 范围内的数字。如果发 97,发过去的其实是 97 的二进制(01100001),对应 ASCII 表中的“a”。

不论单片机串口向 PC 打印的是什么内容,在串口调试工具上得到的是一堆数值;如果想显示 ASCII 码,需要使用 serial.write()。

例程:

```
void setup() {
  Serial.begin(9600);
  delay(100);
  int bytesSent = Serial.write(97);// 输出的是字符 a
```

```
  Serial.print(" ");
  Serial.println(bytesSent);//返回的字节长度为 1

  bytesSent = Serial.write("97"); //输出的是字符 97
  Serial.print(" ");
  Serial.println(bytesSent);//返回的字节长度为 2
Serial.println(97);
}

void loop(){ }
```

实验结果如图 7-43 所示。

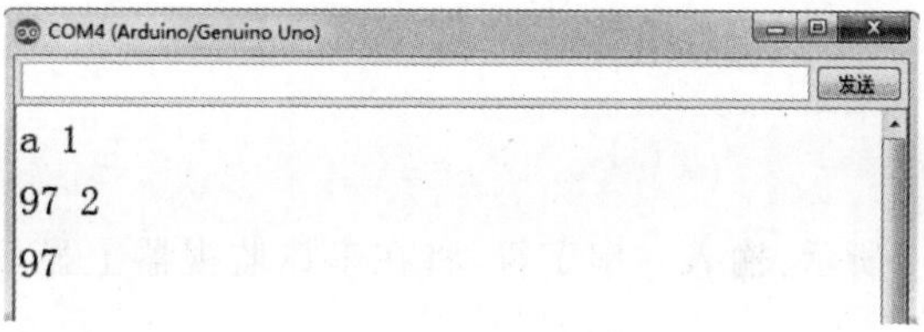

图 7-43　实验结果

(19)Serial.SerialEvent()。

1)功能描述:串口数据准备好时触发的事件函数,即串口数据准备好调用该函数。在 loop()函数执行期间,每当硬件串行 RX 中出现新数据时,就会在这一次 loop()函数执行完后自动调用 serialEvent(),serialEvent()函数在两次 loop()之间执行。如果没有串口中断发生,两次 loop()中间不会自动调用 serialEvent()函数。可以将串口触发的事件以及处理放在 serialEvent()函数中实现。

2)语法:viod serialEvent(){//statements}。

3)参数:statements——任何有效的语句。

例程:

```
String STR;
char ch;

void setup() {
  Serial.begin(9600);
  while (Serial.read()>= 0) {} //clear serialbuffer
  delay(100); // 等待
  //Serial.print("->");
}

void loop() {
    }
```

```
void serialEvent()
{
  Serial.print("-->");
  while (Serial.available())
  {
    delay(100);        //必须要有延时
    ch = (char)Serial.read();
    STR += ch;
    if (ch == '\n')
    {
      Serial.println(STR);
    }
  }
  STR = "";
}
```

实验结果如图 7 - 44 所示：输入一串字符，将在串口监视器上显示一个箭头，箭头后面是输入的字符串。

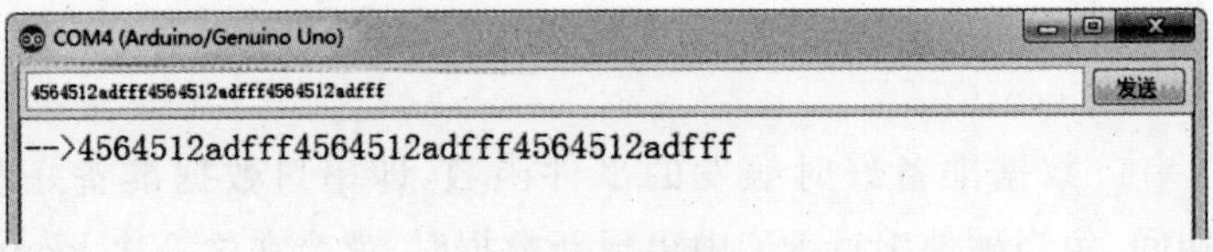

图 7 - 44　实验结果

8. 数学函数

(1)constrain()。

1)功能描述：将一个数约束在一个范围内。

2)语法：constrain(x,a,b)。

3)参数：

x——被约束的数值；

a——该范围的最小值；

b——该范围的最大值。

说明：如果 x<a，则 constrain(x,a,b)=a；如果 a<x<b，则 constrain(x,a,b)=x；如果 x>b，则 constrain(x,a,b)=b。

(2)map(x,Old_boundary,new,new_boundary)。

1)功能描述：将一个数从一个范围线性映射到另一个范围。

2)语法：map(x,Upperboundary,new,newUpperboundary)。

3)注意。两个范围中的“下限”可以比“上限”更大或者更小，因此 map()函数可以用来翻转数值的范围，例如：

y = map(x, 1, 50, 50, 1);

这个函数同样可以处理负数，请看下面这个例子：

y = map(x, 1, 50, 50, -100);

该语句是有效的并且可以很好地运行。

map() 函数使用整型数进行运算因此不会产生分数，这时运算应该表明它需要这样做。小数的余数部分会被舍去，不会四舍五入或者平均。

参数：所有的参数都是整型。

x——需要映射的值；

Lowerboundary——当前范围值的下限；

Upperboundary——当前范围值的上限；

newLower boundary——目标范围值的下限；

newLower boundary——目标范围值的上限。

例程：

```
/* 映射一个模拟值到 8 位二进制数(0 到 255) */
void setup(){}

void loop()
{
int val = analogRead(0);
val = map(val, 0, 1023, 0, 255);
analogWrite(9, val);
}
```

以下常用的数学函数跟 C 语言中的一样，此处不再累述。

min(),max(),abs(X),pow(),sqrt(),ceil(),exp(),fabs(),floor(),fma(),fmax(),fmin(),fmod(),ldexp()log(),log10(),round(),signbit(),sq(),square(),trunc(),sin(),cos(),tan()

7.5　Arduino 实践

7.5.1　超声波测距

【实验器件】

计算机一台、Arduino UNO 开发板一块、HC-SR04 超声波测距模块一个、液晶显示屏一块、杜邦线若干。

【超声波测距原理】

超色波发生器可以分为两大类：一类是用电气方式产生超声波，另一类是用机械方式产生超声波。在近距离测距时常采用压电式超声波换能器。

压电式超声波换能器的结构很简单，由两个压电晶片和一个共振板组成。如果在压电晶体两极施加固定频率的电压信号，压电晶片将产生共振，并带动共振板产生超声波。如果共振板接收到回波，会迫使压电晶片振动，从而将机械能转换为电信号。压电式超声波是一种频率比较高的声音，指向性强。超声波发生器在某一时刻发出超声波信号，遇到物体后被反射回来，超声波接收器接收回波。超声波测距原理与雷达原理是一样的：超声波在空气中的传播速度为已知，只要计算出超声波信号从发出超声波到接收到回波信号的时间，就可以计算出被测物体的距离。测距的公式表示为

$$L = C \times \Delta t \tag{7-1}$$

式中：L—— 测量的距离长度；

C—— 超声波在空气中的传播速度；

Δt—— 测量距离传播的时间差（Δt 为发射到接收时间数值的一半）。

已知超声波速度 $C=344$ m/s（20℃时的声速），超声波传播速度误差超声波的传播速度受空气的密度所影响，空气的密度越高则超声波的传播速度就越快。而空气的密度又与温度有着密切的关系，超声波速度与温度之间的近似关系为

$$C = C_0 + 0.607T(\text{m/s}) \tag{7-2}$$

式中：C_0—— 零度时的声波速度 331.45 m/s；

T—— 实际温度（℃）。

超声波测距精度要求达到 1 mm 的精度时，就必须把超声波传播的环境温度甚至是湿度等因素考虑进去。

实验采用 HC-SR04 超声波测距模块，实物如图 7-45 所示，它的四个接线端子从左到右分别为 VCC(+5V)、Trig(触发信号输入端)、Echo(回响信号输出端)、GND。

图 7-45　HC-SR04 超声波测距模块

模块主要技术参数如下：

(1)使用电压：DC 5 V；

(2)静态电流：小于 2 mA；

(3)电平输出：高 5 V；

(4)电平输出：低 0 V；

(5)感应角度：不大于 15°；

(6)探测距离：2～450 cm；

(7)高精度：可达 3 mm。

HC-SR04 超声波测距模块的发射器和接收器是独立的，工作时序图如图 7-46 所示。

超声波测距模块使用起来很简单，只要给触发信号端输入一个高电平持续时间不少于

10 μs的脉冲信号，超声波测距模块会自动产生 8 个 40 kHz 的方波驱动超声波发射探头，并且自动检测是否有回波。当有回波时，回响信号 Echo 输出端会输出一个高电平，高电平的持续时间就是超声波从发出到返回的时间。

测距距离=(回响高电平持续时间/2)/声速

注意：

(1)为了防止发射信号对接收信号的影响，建议测量周期为 60 ms 以上。

(2)此模块不宜带电连接。如果非要带电连接，请先接 GND 端，再接其他端子。

(3)为了保证测距精度，要求被测物的面积平整，且具有一定大小。超声波是以声束的形式发送出来的，是一个锥面，测试距离越远，被测面的最小面积应该越大。

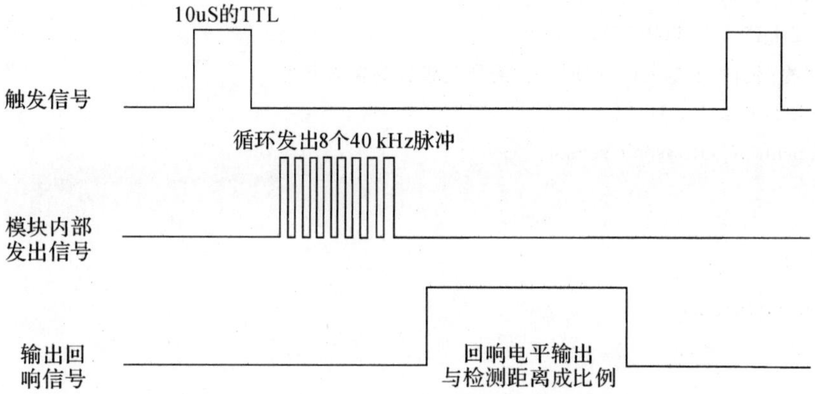

图 7-46　HC-SR04 超声波测距模块

Trig—触发信号输入端；　Echo—回响信号输出端

【硬件电路】

超声波测距硬件电路如图 7-47 所示，将超声波传感器的 Trig 接在 Arduino UNO 的数字端口 D9 上，Echo 接在数字端口 D8 上；按钮接在数字端口 D4 上。

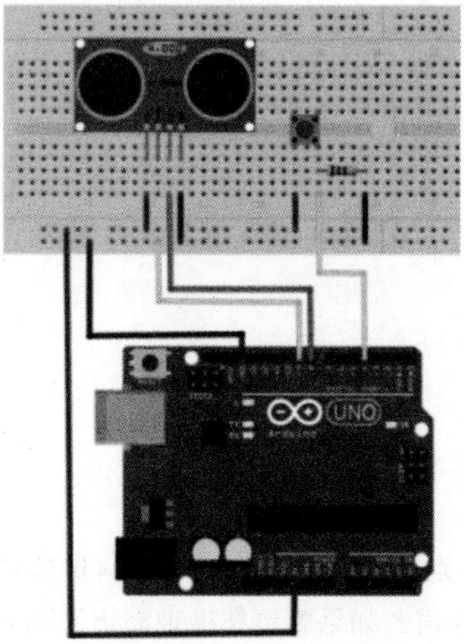

图 7-47　HC-SR04 工作波形图

【参考源程序】

```
// 设定 SR04 连接的 Arduino 引脚
const int button = 4;
const int TrigPin = 9;
const int EchoPin = 8;
unsigned long distance;

void setup()
{   // 初始化串口通信及连接 SR04 的引脚
Serial.begin(9600);
pinMode(TrigPin, OUTPUT);
    // 要检测引脚上输入的脉冲宽度,需要先设置为输入状态
pinMode(EchoPin, INPUT);
   Serial.println("Ultrasonic sensor:");
}
void loop()
{
If(digitalRead(button)==1)
{

    // 产生一个 10 μs 的高脉冲去触发 TrigPin
digitalWrite(TrigPin, LOW);
delayMicroseconds(2);
digitalWrite(TrigPin, HIGH);
delayMicroseconds(10);
digitalWrite(TrigPin, LOW);

    // 检测脉冲宽度,并计算出距离
//delayMicroseconds(2);
distance = pulseIn(EchoPin, HIGH) / 58.00;
Serial.print(distance);
Serial.print("cm");
Serial.println();
delay(500);
}
}
```

【实验现象】

打开串口监视器,打开开关,用手或者纸板放在超声波传感器的正前方,调节距离,能看到串口监视器界面显示当前的距离。如果要更精准地测出距离,可以加上温度补偿以及奇点剔除等处理。

7.5.2　红外遥控器控制 LED 灯

【实验器件】

红外遥控器 1 个、红外接收器或接收器模块 1 个、Arduino UNO 开发板 1 块、LED 灯 2 个、100 Ω 的金属氧化膜电阻 2 个、面包板 1 个、杜邦线若干。

【红外遥控器工作原理】

红外遥控器是利用一个红外发光二极管，以红外光为载体，将信息传递给接收端的设备。在实际通信时，为便于传输、提高抗干扰能力和有效地利用带宽，通常将信号先调制，再传输。

红外遥控器发出的信号是一连串的二进制脉冲码。为了使其在无线传输过程中免受其他红外信号的干扰，通常都是先将其调制在特定的载波频率上，然后再经红外发射二极管发射出去，而红外线接收装置则要滤除其他杂波，另外接收该特定频率的信号并将其还原成二进制脉冲码，也就是解调。

接收装置的结构框图如图 7－48 所示，红外线接收装置中内置的接收管将红外发射管发射出来的光信号转换为微弱的电信号，此信号经由装置内部放大器进行放大，然后通过自动增益控制、带通滤波、解调波形整形后还原为遥控器发射出的原始编码，经由接收头的信号输出脚送给电器上的编码识别电路。

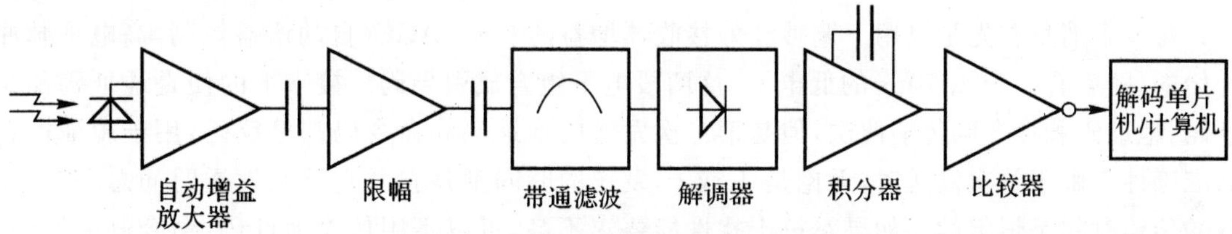

图 7－48　超声波传感器连接图

本实验中遥控器和红外接收器按照 NEC 协议通信，下面简要介绍 NEC 协议。

协议特点如下：

(1)8 位地址位，8 位命令位；

(2)为了提高可靠性，地址位和命令位以原码加反码的形式被传输两次；

(3)脉冲时间长短调制方式；

(4)载波频率 38 kHz；

(5)逻辑 0 的时长为 1.125 ms，逻辑 1 的时长为 2.25 ms，NEC 协议根据脉冲时间长短解码。

逻辑 0 和 1 的定义如图 7－49 所示。需要传输的地址和命令信息中的“1”和“0”采用脉冲时间长短的调制方式产生，载波频率为 38 kHz。逻辑“1”的波形就是由 560 μs 时长的 38 kHz 的脉冲，再加上 1.69 ms 时长的低电平构成。逻辑“0”的波形与逻辑“1”的波形低电平持续时间不同，为 560 μs 时长。

图 7－50 显示的是 NEC 的协议典型的脉冲序列，脉冲序列以引导码开头，加上 8 位地址码的原码和反码，再加上 8 位命令码的原码和反码。协议规定首先发送地址码、命令码的低位。

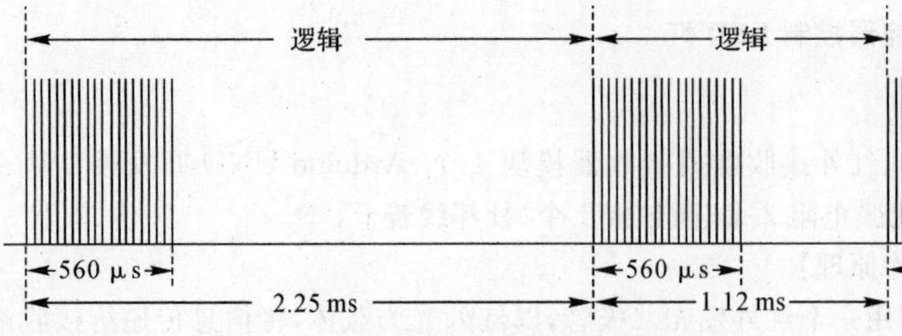

图 7-49　红外接收装置的框图

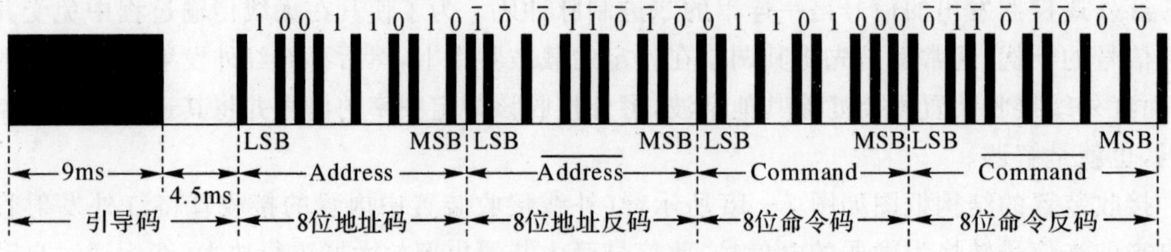

LSB—最低有效位；MSB—最高有效位

图 7-50　NEC 协议的波形图

每一个消息首先是以用于调整红外接收器增益的 9 ms AGC(自动增益控制)高电平脉冲开始的，随后有一个 4.5 ms 的低电平，这两段电平组合成引导码。接来下的便是地址码和命令码，地址码和命令码传输两次，但是第二次发送的地址码和命令码都是反码，用于验证信息的准确性。由于每次发送时，无论是 1 或 0，发送的时间都是它及它反码发送时间总和，因此总的传输时间是恒定的。如果对抗干扰性能要求不高，可以不用传输地址码、命令码的反码，就可以地址码和命令码扩大为 16 位。在上面的脉冲中，传输的地址为 0x59，命令为 0x16。图 7-51所示是按键按下后立刻松开的对应的波形。如果一直按着按键，发送的则为图 7-52 所示的脉冲序列，序列中第一个 110 ms 的脉冲与图 7-52 中的一样，但在这个脉冲串之后会紧跟重复码，每 110 ms 重复传输一次。

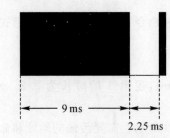

图 7-51　NEC 协议的波形图

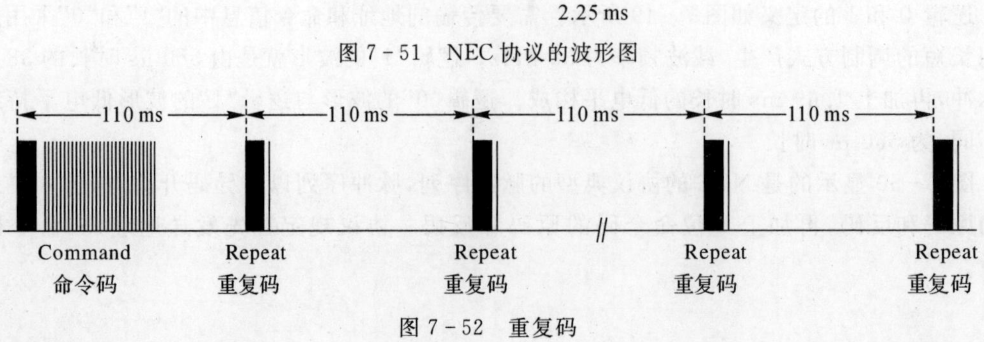

图 7-52　重复码

重复码是由 9 ms 的 AGC 高电平和 2.25 ms 的低电平及一个 560 μs 的高电平组成，如图 7 - 53 所示。

脉冲波形进入一体化红外接收头以后，要进行逆解码、信号放大和整形，故要注意：在没有红外信号时，其输出端为高电平，有信号时为低电平，故其输出信号电平正好和发射端相反。接收端脉冲大家可以借助示波器看到，结合看到的波形理解通信协议及程序。

接收器接收到调制脉冲会自动将载频信号去除，并且接收器输出的电平跟发送的电平逻辑相反。

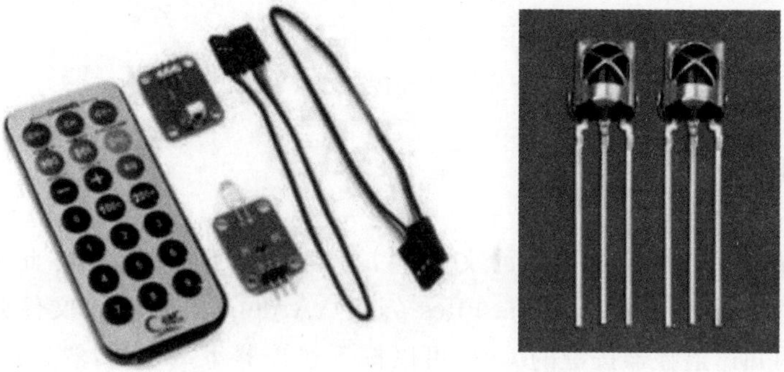

图 7 - 53　重复码的组成元件

红外遥控器和红外发射器、红外接收器如图 7 - 54 中所示，无论是红外接收器还是红外接收模块，仅仅是接口做了改变，使用方法是一样的：将传感器按照图 7 - 54 所示方向摆放，从左到右的三个引脚分别是 Vout、GND、VCC。用的时候将 Vout 接到模拟口，GND 接到实验板上的 GND，VCC 接到 Arduino UNO 开发板上的 +5 V 处。

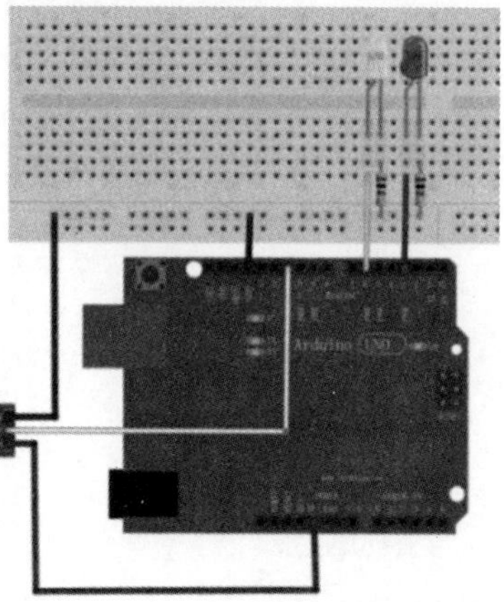

图 7 - 54　红外遥控器和红外发射器、红外接收器

实验直接使用红外遥控器，因此就不介绍红外发射模块了，需要了解红外发射模块者请自行查阅说明书。

【硬件电路】

红外接收硬件电路图电路如图 7 - 55 所示，红外接收模块的电源 VCC 和 GND 端分别接在 Arduino UNO 的 5 V 和 GND；VOUT 端接在 Arduino UNO 的数字端口 D11，两个 LED

指示灯分别串联限流电阻后接在数字端口 D3 和 D6 上。

图 7-55 红外接收硬件电路图

【参考源程序】

准备工作：

(1)该实验需要用到 IRremote 的文件包,可以网上下载,然后将此文件包整个放到 Arduino IDE 的安装路径 c：\Program Files (x86)\Arduino\libraries 文件夹中。

(2)需要提前知道遥控器按键的编码,可以按下遥控器每一个键,然后用红外接收器接收后解码,就得到了遥控器上每个按键的编码了。下面的程序将实现通过红外遥控器上的 4 个按键来控制 2 个 LED 灯的亮灭。

```
#include <IRremote.h>

int RECV_PIN = 11;              //指定红外遥控器接收器的接口为端口 D11
int LED1 = 3;                   //指定 LED 的接口为端口 D3
int LED2 = 6;
long on1 = 0x00FF22DD;          //每个按键对应的编码
long off1 = 0x00FFC23D;
long on2 = 0x00FFE01F;
long off2 = 0x00FF906F;

IRrecv irrecv(RECV_PIN);        //接收红外信号
decode_results results;

//对信号进行解码
void  decode_zn(decode_results *results) {
  int rawlen = results->rawlen;
  int bits = results->bits;
  int pluse_width = 0;          //临时变量,用来计算脉冲的时间宽度
  results->value = 0;
  if (rawlen>= 68) {            //原始数据的有效长度为 68 位
    for (int i = 0; i < bits; i++)
    {
      pluse_width = ((results->rawbuf[2 * i + 3]) + (results->rawbuf[2 * i + 4])) *
```

```
USECPERTICK;
        if (pluse_width>= 1000 & pluse_width <= 1200) {  //根据脉冲宽度确定数码是 0/1?
results->value = (results->value << 1) | 0;
        }
        else {
          if  (pluse_width>= 2100 & pluse_width <= 2400) {
            results->value = (results->value << 1) | 1;
          }
        }
      }
      Serial.println(results->value, HEX);    //利用不同码的时间长度来判断是 0/1?
    }
  }

  void setup()
  {
    pinMode(RECV_PIN, INPUT);
    pinMode(LED1, OUTPUT);
    pinMode(LED2, OUTPUT);
    Serial.begin(9600);              //定义串口的传输速率
    irrecv.enableIRIn();             // 准备开始接收
  }

  void loop()
  {
    if (irrecv.decode(&results))
    {
  decode_zn(&results);      //利用采集的数据,根据时间宽度重新解码
  if (results.value == on1 )
        digitalWrite(LED1, HIGH);
      if (results.value == off1 )
        digitalWrite(LED1, LOW);
      if (results.value == on2 )
        digitalWrite(LED2, HIGH);
      if (results.value == off2 )
        digitalWrite(LED2, LOW);
      delay(1000);
      irrecv.resume();         // 准备接收一下编码信息
    }
  }
```

接上两个 LED 灯,可以看到用遥控器上的四个控制按键实现了两个 LED 灯的亮灭控制。

7.5.3 温湿度传感器 DHT11 的使用

【实验器件】

计算机 1 台、Arduino UNO 开发板 1 块、数字温湿度传感器 DHT11 1 个、杜邦线若干。

【工作原理】

DHT11 是一款已校准数字信号输出的温湿度传感器，外形和引脚如图 7－56 所示。湿度精度为±5%RH，温度精度为±2℃，湿度量程为(20%～90%)RH，温度测量范围为 0～50℃，测量分辨率分别为 8bit(温度)、8bit(湿度)。

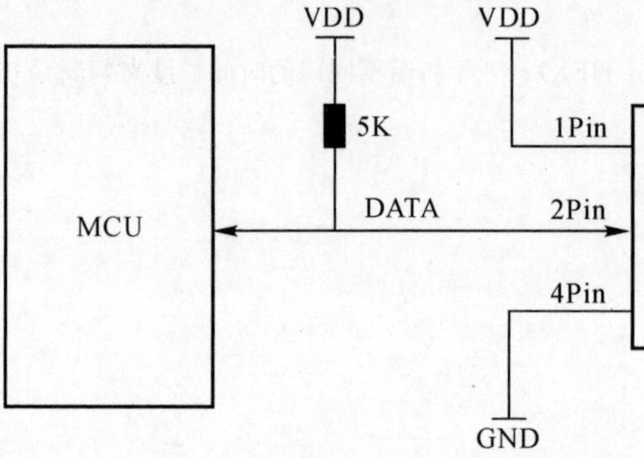

图 7－56　DHT11 模块外形及其引脚定义

引脚图说明：

VDD——电源端，DHT11 的供电电压为 3～5.5 V；

GND——接地端。

DHT11 的典型电路如图 7－57 所示。DHT11 器件采用简化的单总线通信，即只有一根数据线，系统中的数据交换、控制均由这根总线完成。单总线通常要求连接线长度短于 20 m 时外接一个约 5.1 kΩ 的上拉电阻，大于 20 m 的通信距离时根据实际情况决定上拉电阻的大小。当总线闲置时，数据线上的状态为高电平。图 7－57 中的 MCU 和 DHT11 是主从结构，只有主机呼叫从机时，从机才能应答，因此主机访问器件都必须严格遵循单总线序列，如果出现序列混乱，器件将不响应主机。另外可在电源引脚(VDD,GND)之间增加一个 100 nF 的电容，用以去耦滤波。注意：传感器上电后，要等待 1 s 以越过不稳定状态，在此期间无须发送任何指令。采样周期间隔不得低于 1 s。

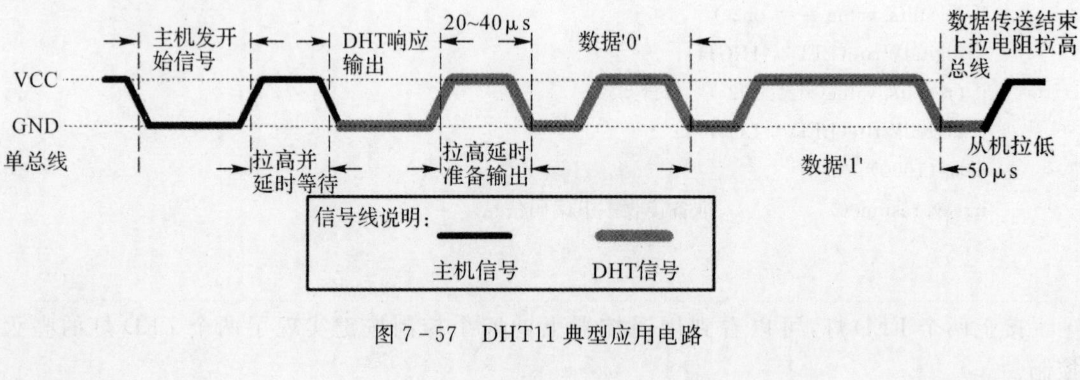

图 7－57　DHT11 典型应用电路

DHT11 的数据格式及编码：

DHT11 采用单总线数据格式，一次完整的数据包由 5 B(40 b)组成，并且遵循高位先出的原则。数据分小数部分和整数部分，一次通讯时间最大 3 ms，具体数据格式如表 7－2 所示。

表 7－2　DHT11 数据格式

湿度/b		温度/b		校验/b
整数	小数	整数	小数	8
8	8	8	8	

40 b 的数据包格式：8 b 湿度整数数据＋8 b 湿度小数数据＋8 b 温度整数数据＋8 b 温度小数数据＋8 b 校验和数据传送正确时校验和数据等于“8 b 湿度整数数据＋8 b 湿度小数数据＋8 b 温度整数数据＋8 b 温度小数数据 ”所得结果的末 8 位。

传感器数据输出的是未编码的二进制数据。数据(湿度、温度、整数、小数)之间应该分开处理。如果某次从传感器中读取如下 5 B 数据：

byte4　　byte3　　byte2　　byte1　　byte0

00101101 00000000 00011100 00000000 01001001

湿度整数 湿度小数 湿度整数 湿度小数 校验和

由以上数据就可得到湿度和温度的值，计算方法：

$(byte4)_B=(00101101)_B=45$

$(byte1)_B=(byte3)_B=(00000000)_B=0$

$(byte2)_B=(00011100)_B=28$

湿度＝byte4. byte3＝45.0(%)

温度＝byte2. byte1＝28.0(℃)

校验＝byte4＋byte3＋byte2＋byte1

＝00101101＋00000000＋00011100＋00000000

$=01001001=(byte0)_B$

计算出来的校验值和 byte0 是一致的，据此判断接收到的数据正确。如果不一致，丢弃此数据，重新采集。通信及时序：

用户 MCU 发送一次开始信号后，DHT11 从低功耗模式转换到高速模式，等待主机开始信号结束后，DHT11 发送响应信号，送出 40 b 的数据，并触发一次信号采集。用户可选择读取部分数据。该模式下，DHT11 接收到开始信号触发一次温湿度采集，如果没有接收到主机发送的开始信号，DHT11 不会主动进行温湿度采集。采集数据后 DHT11 转换到低速模式。

通信过程如图 7－58 所示：总线空闲状态为高电平，主机把总线拉低等待 DHT11 响应，低电平持续一段时间后释放总线。低电平持续时间大于 18 ms，以保证 DHT11 能检测到这个低电平起始信号。DHT 接收到主机的开始信号后，等待主机开始信号结束(总线恢复为高电平状态)，然后发送低电平响应信号。主机发送开始信号结束后，延时等待 20～40 μs 后，开始读取总线的状态，等待 DHT11 的响应信号。主机发送开始信号后，可以切换到输入模式，或者输出高电平均可，总线由上拉电阻拉高。

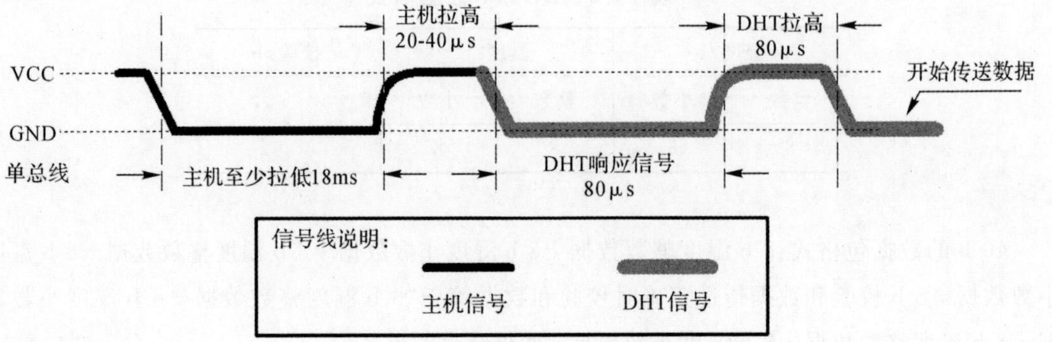

图 7-58　通信时序图

主机发送开始信号，要求低电平持续时间至少为 18 ms，以保证 DHT 能检测到开始信号。然后再拉高为高电平释放总线，并等待 20～40 μs，等待 DHT11 发送响应信号，此时总线的控制权交给了 DHT11。之后，如果总线变为低电平了，说明 DHT 发送了响应信号，如图 7-59 所示。DHT11 发送响应信号后，再把总线拉高 80 μs，准备发送数据。每一比特数据都以 50 μs 低电平时隙开始的，用高电平的时间长短表示数据位是 0 还是 1，格式如图 7-60 所示。在最后一比特数据传送完毕后，DHT11 拉低总线 50 μs，随后总线由上拉电阻拉高进入空闲状态。

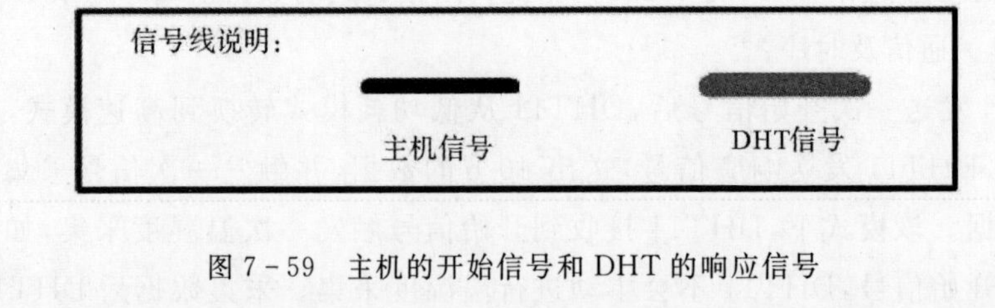

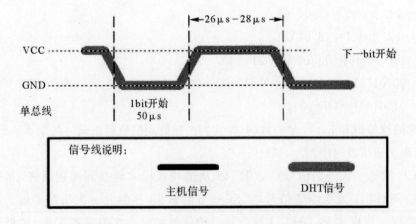

图 7-59　主机的开始信号和 DHT 的响应信号

数字“1”和“0”的表示方法：数字 0、数字 1 的波形均以 50 μs 的低电平时隙开始，而高电平的持续时间不同，高电平的持续 26～28 μs 的波形为数字 0 的信号，高电平的持续 70 μs 的波形为数字 1 的信号。

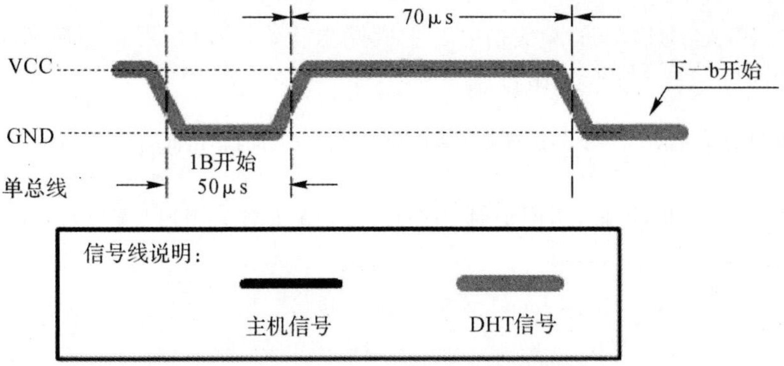

图 7 - 60　数字 0 的信号波形及参数

【硬件电路】

温度传感器 DHT11 和 Arduino UNO 的硬件电路如图 7 - 61 所示。

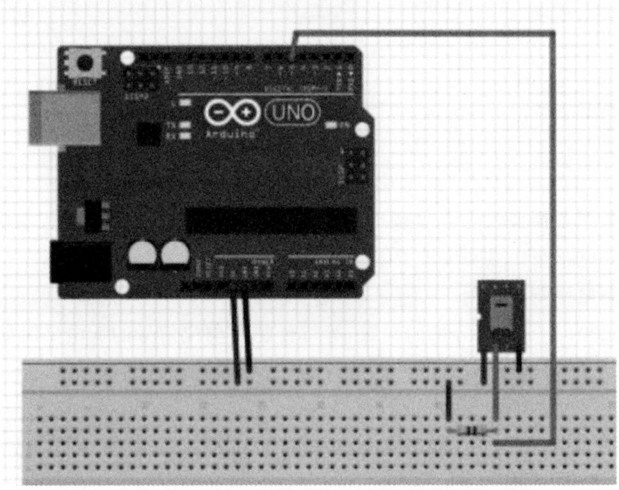

图 7 - 61　DHT11 和 Arduino UNO 的连接图

【参考源程序】

```
/************************************************
通过传感器 DHT11 获取环境温度和湿度,并通过串口监视器显示温度、湿度参数
************************************************/
typedef struct {
  float temp ;
  float humi ;
} temp_and_humi;              //定义结构体

temp_and_humi aa;            //定义了一个 temp_and_humi 结构体变量 aa

unsigned int loopCnt;
```

```
unsigned long time_1;

int humiandtemp_pin = 5;

/*主机发出的开始信号:需要先设置 5 号接口为输出模式,并且输出低电平 20 ms(>18 ms),输出高电平 40 μs*;
传感器采用单总线结构,因此单片机的同一端口有时是输出端口,有时是输入端口,不能放到 setup 中*/
void hostStart(void)
{ delay(2000);
  pinMode(humiandtemp_pin, OUTPUT);
digitalWrite(humiandtemp_pin, LOW);
  delay(20);
  digitalWrite(humiandtemp_pin, HIGH);
  delayMicroseconds(40);
  digitalWrite(humiandtemp_pin, LOW); //开始信号发送完切换到输入模式,等候传感器应答
}

bool findACK(void)
{
  bool ack = 1;
  //读入传感器的数据前需要设置 5 号接口为输入模式
  pinMode(humiandtemp_pin, INPUT_PULLUP);
  //等待传感器的高电平响应信号
  int loopCnt = 10000;      //等待的次数,等待传感器响应信号的低电平时期
  while (digitalRead(humiandtemp_pin) != HIGH)
  {
    if (loopCnt-- == 0)     //如果长时间不返回高电平,输出 Error 信息,重新开始。
    {
      Serial.println(" Error:ack signal error!   ");
      ack = 0;
      break;
    }
  }
  return (ack);
}

bool findData(void)
{
  //在应答信号的高电平期间等待低电平,即等待数据信号
  bool dataComing = 1;
  int loopCnt = 30000;
  while (digitalRead(humiandtemp_pin) != LOW)
```

```
    {
      if (loopCnt-- == 0)
      {
        //如果长时间不返回低电平,输出 Error 信息,重新开始。
        Serial.println("Error:data error");
        dataComing = 0;
        break;
      }
    }
    return (dataComing);
}

temp_and_humi acquireData(temp_and_humi data)
{
    int loopCnt;
    unsigned long time_1;
    int chr[40] = {0};              //创建数字数组,用来存放 40 bit 的数据
```

/＊开始读取 bit1－40 的数值。由于数据 1 和 0 是由数码高电平的时间长度来标识的,所以需要记下每个脉冲高电平的持续时间。＊/

```
     for (int i= 0; i < 40; i++)
       {
       while (digitalRead(humiandtemp_pin)==LOW) {         }
        time_1 = micros();              //当出现高电平时,记下时间
 while (digitalRead(humiandtemp_pin)==HIGH) {      }
```

/＊当再出现低电平,记下时间,再减去刚才储存的 time,得出的值就是数据脉冲高电平持续时间。若大于 50μs,则为‘1’,否则为‘0’,并储存到数组里去＊/

```
      if (micros() -time_1>50)
      {
        chr[i] = 1;
      }
      else{
        chr[i] = 0;
        }
    }
    Serial.println(" ");

    /* 输出原始数据 */
    for (int i= 0; i < 40; i++)
      {
        if(i==0){Serial.print("raw data:");}
```

```
        Serial.print(chr[i],DEC);        //从串口逐位输出参数
        }
        Serial.println(" ");

    //计算湿度,二进制数转换为数值
    data.humi = chr[0] * 128 + chr[1] * 64 + chr[2] * 32 + chr[3] * 16 + chr[4] * 8 + chr[5]
* 4 + chr[6] * 2 + chr[7] + chr[8] * pow(2, -1) + chr[9] * pow(2, -2) + chr[10] * pow(2, -
3) + chr[11] * pow(2, -4) + chr[12] * pow(2, -5) + chr[13] * pow(2, -6) + chr[14] * pow(2,
-7) + chr[15] * pow(2, -8);

    //计算温度,二进制数转换为数值
    data.temp = chr[16] * 128 + chr[17] * 64 + chr[18] * 32 + chr[19] * 16 + chr[20] * 8 +
chr[21] * 4 + chr[22] * 2 + chr[23] + chr[24] * pow(2, -1) + chr[25] * pow(2, -2) + chr[26]
* pow(2, -3) + chr[27] * pow(2, -4) + chr[28] * pow(2, -5) + chr[29] * pow(2, -6) + chr
[30] * pow(2, -7) + chr[31] * pow(2, -8);

  return (data);
  }

  void setup()
  {
    Serial.begin(9600);
  }

  void loop()
  {
    hostStart();                          //主机发出启动信号
    if (findACK() == 1 )                  //如果能接收到应答信号
    { if (findData() == 1)                //如果能接收到数据
      {
        aa = acquireData(aa);             //获取湿度和温度数据
        Serial.print("temp:");            //显示温度
        Serial.println(aa.temp, 8);       //8 表示显示值带 8 位小数
  Serial.print("humi:");                  //显示湿度
        Serial.println(aa.humi, 8);
      }
    }
  }
```

如图 7-62 所示,Raw data 是接收到的原始数据,temp,humi 是转换后得到的温度和湿度。可以自己试着用嘴巴给 DHT11 呼气,看看温度和湿度的变化。

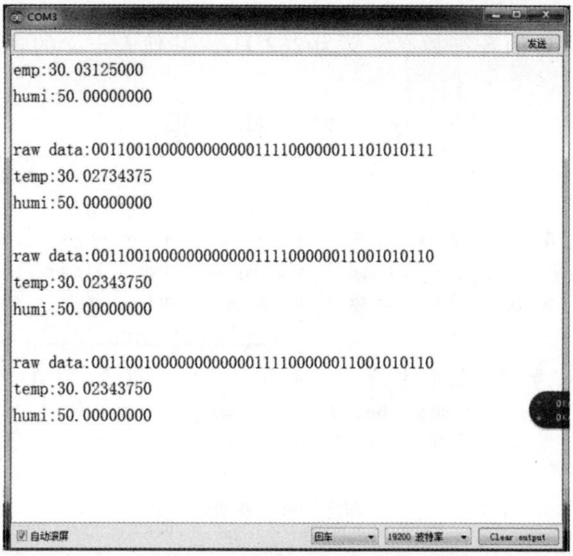

图 7－62　温湿度采集结果

7.5.4　简易音乐播放器

每一个音符对应一个唯一的频率。如果知道了音符的频率，只要让 Arduino 按照这个频率输出到无源蜂鸣器或喇叭，蜂鸣器或喇叭就会发出相应音符的声音。每个音符播放不同的时间，就可以构成优美的旋律。

音符节奏分为 1 拍、1/2 拍、1/4 拍、1/8 拍等，可以规定一拍音符的时间为 1，对应的半拍为的时间 0.5，1/4 拍的时间为 0.25，1/8 拍的时间为 0.125……将不同音符按照它在曲子中的时长播放出来，就播放出优美的音乐来。

需要先建立一个头文件，定义不同音符的频率。不懂音乐的人也不用担心，前人已经帮我们把每个琴键/音符对应的频率找好了，并且放在了头文件 pitches.h 里面。注意：这个头文件不是 Arduino 自带的，需要自己上网下载或者编辑出 pitches.h 头文件。图 7－63 所示就是每个音符/琴键和频率的宏定义之间的对应关系，例如，中央 C，对应的频率是 262 Hz，在 pitches.h 头文件中这个音符就叫作音符 C4（NOTE C4），在头文件中可以找到：

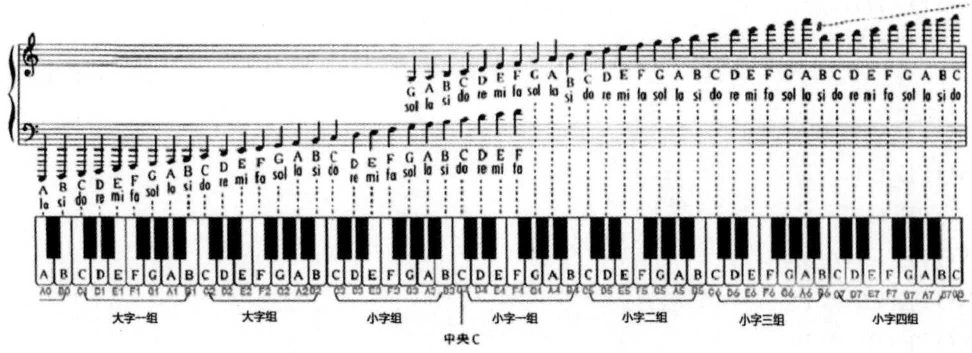

图 7－63　大谱表与钢琴键盘对照表

```
#define NOTE_C4   262
```

这一行就是将中央 C 的音符频率定义为 262 Hz。其他宏定义的含义类似。

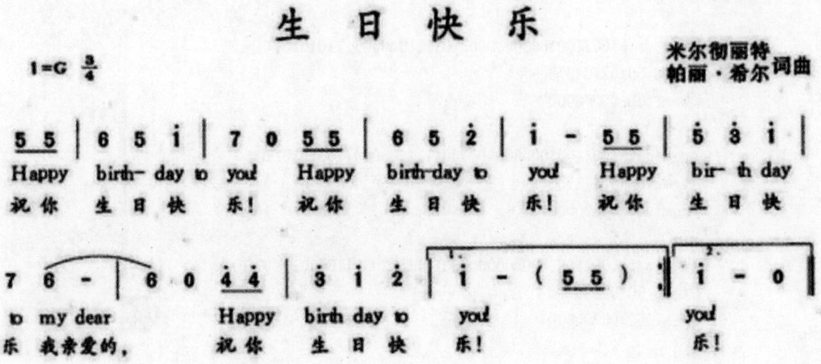

图 7-64 歌谱

例如,我们想播放图 7-64 所示的"生日快乐"这首歌曲,那就先把每个音符按照顺序写进一个数组,再把每个音符持续的拍数写进另一个数组,然后利用 tone(pin, frequency, duration)函数播放出来就可以了。注意:休止符也是占用时间的。

```
int melody[] = {
NOTE_G4,//5
NOTE_G4,//5
NOTE_A4,//6
NOTE_G4,//5
NOTE_C5,//1.
NOTE_B4,//7
0,
NOTE_G4,//5
NOTE_G4,//5
NOTE_A4,//6
NOTE_G4,//5
NOTE_D5,//2.
NOTE_C5,//1.
0,
NOTE_G4,//5
NOTE_G4,//5
NOTE_G5,//5.
NOTE_E5,//3.
NOTE_C5,//1.
NOTE_B4,//7
NOTE_A4,//6
```

```
0,
NOTE_F5,//4.
NOTE_F5,//4.
NOTE_E5,//3.
NOTE_C5,//1.
NOTE_D5,//2.
NOTE_C5,//1.
0
};
```

持续时间函数为：

```
int noteDurations[] = {
  8,8,4,4,4,4, 4,
  8,8,4,4,4,4, 4,
  8,8,4,4,4,4,2,
  8, 8,8,4,4,4,2,
  4
};
```

【硬件电路】

硬件电路如图 7－65 所示，无源蜂鸣器的 GND 端接到 Arduino 开发板的 GND 端，蜂鸣器的阳极接到 Arduino 开发板的数字端口 D8 上。

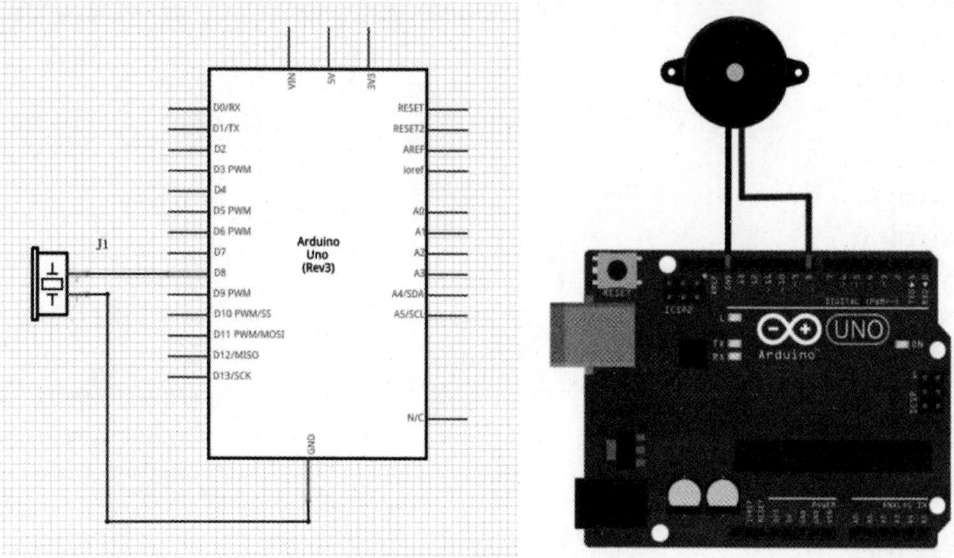

(a)　　　　(b)

图 7－65　蜂鸣器电路

(a)原理图；　(b)Arduino UNO 接线图

编写程序,编译、修改错误,再下载,就可以听到"生日快乐"歌了。

【参考源程序】

```
/ * * * * * * * * * * * * * * * * * * * * * * * * * * * * * * * * * * * * * * * * * * * * * * *
此实例借鉴了 Arduino 中文社区 tahoroom 的帖子,十分感谢:
                    https://www.arduino.cn/thread-7404-1-1.html
* * * * * * * * * * * * * * * * * * * * * * * * * * * * * * * * * * * * * * * * * * * * * * * * /
#include <pitches.h>
int buzzer = 8;            //定义蜂鸣器接在数字端口 D8 上
void setup() {
  pinMode(buzzer, OUTPUT);
}

void loop() {
  play();                 //播放音乐
  delay(300);             //停止
}

// 旋律的音符
int melody[] = {
  NOTE_G4,//5
  NOTE_G4,//5
  NOTE_A4,//6
  NOTE_G4,//5
  NOTE_C5,//1.
  NOTE_B4,//7
  0,
  NOTE_G4,//5
  NOTE_G4,//5
  NOTE_A4,//6
  NOTE_G4,//5
  NOTE_D5,//2.
  NOTE_C5,//1.
  0,
  NOTE_G4,//5
  NOTE_G4,//5
  NOTE_G5,//5.
  NOTE_E5,//3.
  NOTE_C5,//1.
  NOTE_B4,//7
  NOTE_A4,//6
  0,
```

```
  NOTE_F5,//4.
  NOTE_F5,//4.
  NOTE_E5,//3.
  NOTE_C5,//1.
  NOTE_D5,//2.
  NOTE_C5,//1.
  0
};

//每个音符持续的时间拍数
int noteDurations[] = {
  8, 8, 4, 4, 4, 4, 4, 8, 8, 4, 4, 4, 4, 4, 8, 8, 4, 4, 4, 4, 2, 8, 8, 8, 4, 4, 4, 2, 4
};

//播放音乐
void play()
{
  for (int thisNote = 0; thisNote < 29; thisNote++) {

    // 为了计算音符拍长,用 1000 ms 除以拍数,例如 1/4 拍的时长为 1000/4
    int noteDuration = 1000 / noteDurations[thisNote];
    tone(buzzer, melody[thisNote], noteDuration);       //让音符发出对应的时长

    // 为了便于区分出两个相邻的音符,建议在两个音符之间设定短暂的停止时间
    int pauseBetweenNotes = noteDuration * 1.30; // 建议时长为音符持续时间的 1.3 倍
    delay(pauseBetweenNotes);
    noTone( buzzer);        // 停止播放

  }
}
```

需要自己下载或建立一个 pitches. h 头文件,放在库文件中:/* *
Public Constants

在如下网址也可找到 pitches. h:https://github. com/arduino/Arduino/blob/master/build/shared/examples/02. Digital/toneMelody/pitches. h

* */

```
#define NOTE_B0  31
#define NOTE_C1  33
#define NOTE_CS1  35
#define NOTE_GS4 415
#define NOTE_A4  440
#define NOTE_AS4 466
```

```
#define NOTE_D1  37
#define NOTE_DS1 39
#define NOTE_E1  41
#define NOTE_F1  44
#define NOTE_FS1 46
#define NOTE_G1  49
#define NOTE_GS1 52
#define NOTE_A1  55
#define NOTE_AS1 58
#define NOTE_B1  62
#define NOTE_C2  65
#define NOTE_CS2 69
#define NOTE_D2  73
#define NOTE_DS2 78
#define NOTE_E2  82
#define NOTE_F2  87
#define NOTE_FS2 93
#define NOTE_G2  98
#define NOTE_GS2 104
#define NOTE_A2  110
#define NOTE_AS2 117
#define NOTE_B2  123
#define NOTE_C3  131
#define NOTE_CS3 139
#define NOTE_D3  147
#define NOTE_DS3 156
#define NOTE_E3  165
#define NOTE_F3  175
#define NOTE_FS3 185
#define NOTE_G3  196
#define NOTE_GS3 208
#define NOTE_A3  220
#define NOTE_AS3 233
#define NOTE_B3  247
#define NOTE_C4  262
#define NOTE_CS4 277
#define NOTE_D4  294
#define NOTE_DS4 311
#define NOTE_E4  330
#define NOTE_F4  349
#define NOTE_FS4 370
#define NOTE_B4  494
#define NOTE_C5  523
#define NOTE_CS5 554
#define NOTE_D5  587
#define NOTE_DS5 622
#define NOTE_E5  659
#define NOTE_F5  698
#define NOTE_FS5 740
#define NOTE_G5  784
#define NOTE_GS5 831
#define NOTE_A5  880
#define NOTE_AS5 932
#define NOTE_B5  988
#define NOTE_C6  1047
#define NOTE_CS6 1109
#define NOTE_D6  1175
#define NOTE_DS6 1245
#define NOTE_E6  1319
#define NOTE_F6  1397
#define NOTE_FS6 1480
#define NOTE_G6  1568
#define NOTE_GS6 1661
#define NOTE_A6  1760
#define NOTE_AS6 1865
#define NOTE_B6  1976
#define NOTE_C7  2093
#define NOTE_CS7 2217
#define NOTE_D7  2349
#define NOTE_DS7 2489
#define NOTE_E7  2637
#define NOTE_F7  2794
#define NOTE_FS7 2960
#define NOTE_G7  3136
#define NOTE_GS7 3322
#define NOTE_A7  3520
#define NOTE_AS7 3729
#define NOTE_B7  3951
#define NOTE_C8  4186
#define NOTE_CS8 4435
#define NOTE_D8  4699
#define NOTE_DS8 4978
```

```
#define NOTE_G4  392
```

7.5.5　舵机控制

【实验设备及器件】

计算机 1 台、Arduino UNO 开发板 1 块、S90 舵机 1 个、杜邦线若干。

【控制原理】

舵机是一种位置伺服的驱动器，主要是由舵盘、控制电路、直流电机、减速齿轮组与位置反馈电位器所构成，结构如图 7 - 66 所示。

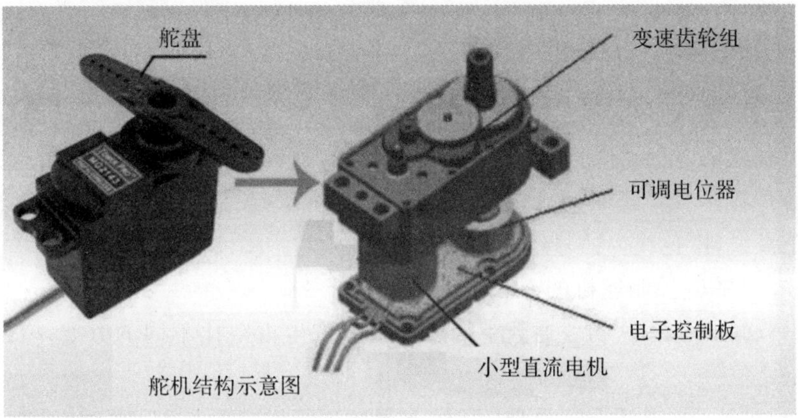

图 7 - 66　舵机工作原理图

其工作原理如图 7 - 67 所示，是由接收机或者单片机发出信号给舵机，其内部有一个基准电路，产生周期为 20 ms、宽度为 1.5 ms 的基准信号，将获得的直流偏置电压与电位器的电压比较，与外部输入控制脉冲进行比较，产生纠正脉冲，控制并驱动直流电机正转或反转，当转速一定时，通过级联减速齿轮带动电位器旋转，当电压差为 0 时，电机停止转动，从而达到精确控制转向角度的目的。

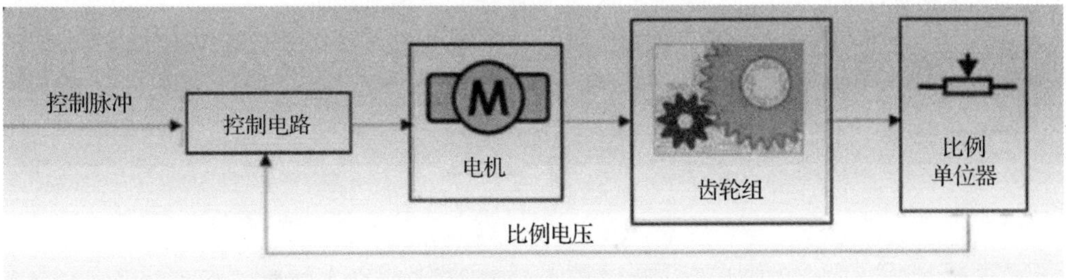

图 7 - 67　舵机结构图

舵机目前在高档遥控玩具，如航模(包括飞机模型、潜艇模型)、遥控机器人中广泛使用。

舵机的转动角度是通过调节 PWM(脉冲宽度调制)信号的占空比来实现的，标准 PWM 信号的周期固定为 20 ms(50 Hz)，理论上脉宽分布应在 1～2 ms 之间，但是，事实上脉宽可在 0.5～2.5 ms 之间，脉宽和舵机的转角与 PWM 波的宽度成线性关系，如图 7 - 68 所示。需要注意,对于同一 PWM 信号,不同品牌的舵机旋转的角度也会有所不同。

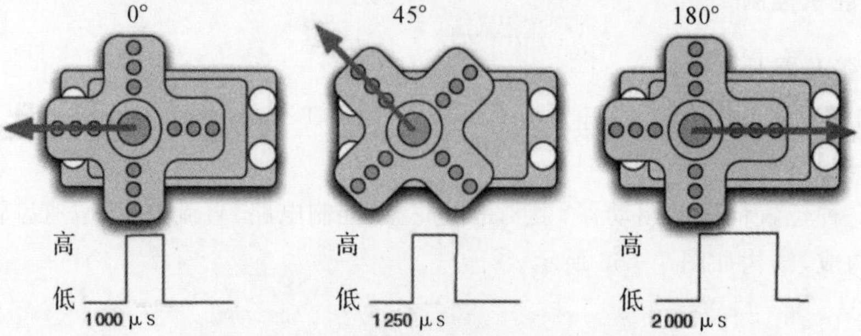

图 7-68　舵机转角示意图

舵机有很多规格,但所有的舵机都有外接三根线,一般用棕、红、橙三种颜色进行区分,这里我们选用的是辉盛 S90 舵机,引脚定义如图 7-69 所示,三根导线中的棕色线为接地线,红色线为电源正极线,橙色线为信号线。

用 Arduino UNO 控制舵机的方法有以下两种:

(1)通过 Arduino UNO 的普通数字传感器接口产生占空比不同的方波,模拟产生 PWM 信号进行舵机定位。

(2)直接利用 Arduino UNO 自带的 Servo 函数进行舵机的控制,这种控制方法的优点在于程序编写简单,缺点是只能控制 2 路舵机,因为 Arduino 自带的舵机控制函数只能利用数字端口 D9、D10。

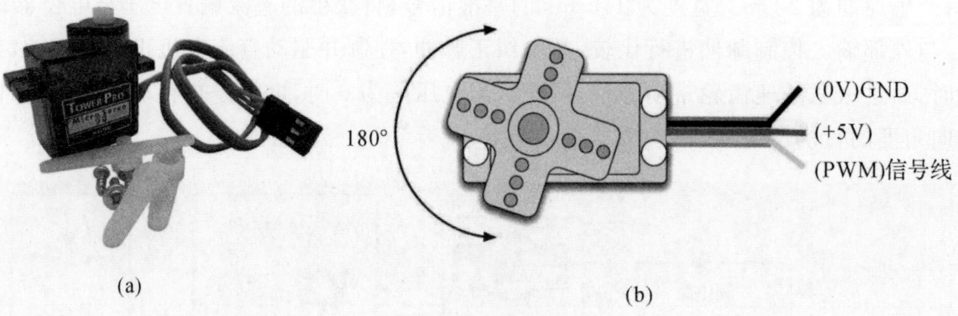

图 7-69　舵机引脚

(a)舵机实物;　(b)舵机引脚

【硬件电路】

硬件电路如图 7-70 所示,将舵机的 PWM 信号线接到 Arduino 上可以产生 PWM 波输出的任一个数字端口上,这里选择的是 D9,并接上 2 根电源线。

注意:Arduino 的驱动能力有限,因此当需要控制 2 个以上的舵机时需要外接电源或者增加功率放大模块。

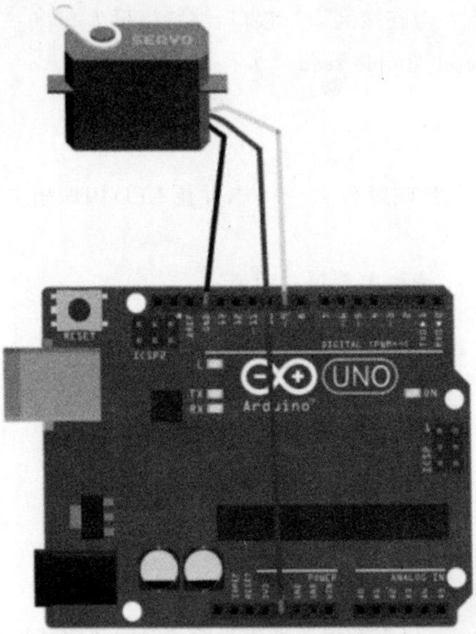

图 7-70　舵机接线图

编写一个程序让舵机转动到用户输入数字所对应的角度数的位置，并将当前转角打印显示到串口监视器中上。

【程序】

```
/*********************************************
旋转到指定角度
*********************************************/
int servopin = 9;      //数字端口 D9 连接伺服舵机信号线
int myangle;        //定义角度变量
int pulsewidth;        //定义脉宽变量
int val;

//定义一个脉冲函数
void servopulse(int servopin, int my_angle)
{
  //将角度转化为 500～2480 的脉宽值,对应时间为 0.5～2.5 ms
  pulsewidth = (myangle * 11) + 500;
  digitalWrite(servopin, HIGH);        //将舵机接口电平置高
  delayMicroseconds(pulsewidth);       //延时脉宽值的微秒数
  digitalWrite(servopin, LOW);        //将舵机接口电平置低
  delay(20 - pulsewidth / 1000);       //伺服电机的 PWM 波周期是 20 ms
}
void setup()
{
```

```
  pinMode(servopin, OUTPUT);      //设定舵机接口为输出接口
  Serial.begin(9600);             //连接到串行接口,波特率设为 9600
  Serial.println("servo=o_seral_simple ready" ) ;
}

void loop()          //将 0～9 线性映射为 0°～180°,并让 LED 闪烁相应的次数
{
  val = Serial.read();          //读取串行接口的值
  if (val>'0' && val <= '9')
  {
    val = val - '0';          //将特征量转化为数值变量
    val = val * (180 / 9);  //将数字转化为角度
    Serial.print("moving servo to ");
    Serial.print(val, DEC);
    Serial.println();
    for (int i = 0; i <= 50; i++) //给予舵机足够的时间让它转到指定角度
    {
      servopulse(servopin, val);    //调用脉冲函数
    }
  }
}
```

7.6 本章小结

本章针对传感器的应用,以最易上手的 Arduino 开发系统为例,介绍了 Arduino 开发系统的开发环境以及开发板的使用,在此基础上介绍了一些典型的传感器应用实例,以满足创新实践入门读者的需求,如果需要更加深入的了解,请参考 Arduino、单片机、传感器应用等方面的其他学习资料。

第 8 章 Arduino 系统开发实践

有了以上的 Arduino 开发基础，下面就以电压测试装置为例，介绍如何设计一个 Arduino 小系统。

8.1 Arduino 电压测试小系统

系统功能：测试 2 节 1.5 V 电池的电压，将电压大小用 4 个发光二极管显示，对应为电压高低的 4 个等级，如果电压低于 1.5 V，则蜂鸣器同时报警。图 8－1 是用 Fritzing 软件画出来的电池电压测试系统电路图。

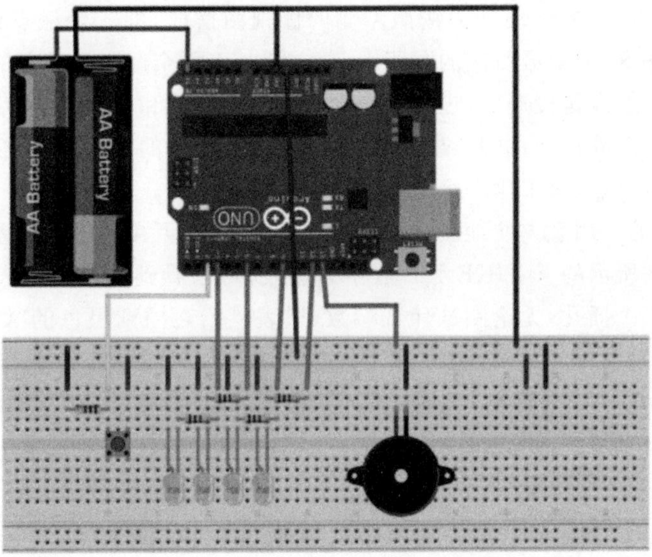

图 8－1 用 Fritzing 软件画的电路图

8.1.1 准备工作

1. 元器件以及工具

元器件清单：Arduino UNO 开发板 1 块、1.5 V 电池 2 节、电池盒 1 个（2 节 1.5 V 电池用）、发光二极管 4 个、270 Ω 电阻 4 个、无源蜂鸣器 1 个、面包板 1 个、微动开关 1 个、两头是公头的杜邦线（或者自己剥好的导线）若干根。

2. 基本常识

在动手之前，需要了解些常识，并熟悉万用表的使用。

(1)发光二极管。

对于普通的发光二极管,可通过引脚长短分辨其极性:长引脚为阳极,短引脚为阴极。或者通过观察二极管管体内部金属极的极片大小来分辨:金属极较小的是正极,大片的是负极。

实际使用中,有的人不考虑发光二极管的极性,直接将它接入电路,如果发现它不能正常点亮,直接将它拔下来反方向接入电路中,看能否点亮,以此也可确定出发光二极管的极性。

由于发光二极管的导通电压较高,用万用表测量二极管的极性未必能测试出来,无论是用通断挡、二极管挡还是电阻挡,应该掌握用引脚长短或者里面金属极片大小判断极性的方法。

另外,一般发光二极管的工作电压在 1.5 V 左右,不能直接使用 5 V 电源供电,设备的工作电压长时间高于额定电压,会影响其使用寿命。可根据 LED 灯的额定电压和额定电流计算出合适的限流电阻,这里选用 270 Ω 的限流电阻。

(2)微动开关。

数码产品上经常会用到体积很小的开关。开关的种类很多,按照触点的组数可分为单组触点、多组触点。按照触点状态是否可以自动复位,分为自复位开关和限位开关。此处实验准备的开关为自复位微动开关,这里的微动指的是按键的行程短。

可以查找开关的说明书,了解开关的结构。微动开关的结构和外形如图 8-2 所示,它有 4 个引脚、2 组常开触点,将微动开关按照左侧的侧视图摆放,即 4 个触点位于开关的左右两侧,各触点编号如图 8-2 中最右侧的图所示,上方的 3、4 两个触点是接通的,等效为同一个触点;下面的 1、2 两个触点是接通的,也等效为同一触点。上面和下面的触点是常开的(NC),按下按键时,上下触点之间接通;并且这个微动开关是自动复位的,即按下后会自动弹起,触点恢复常态。电池电压测试系统中用一个微动开关做系统开关。

也可利用手头的万用表方便地测试出触点间的关系来:万用表的使用差异不大,这里测试使用的是如图 8-3 所示的 FLUKE 15B 数字万用表,可以看到数字万用表有红、黑两根测试笔,万用表下方有 4 个插孔,无论测试什么参数,黑表笔始终插到黑色的“COM”插孔中,而红色表笔需根据测量物理量的不同,插到相对应的孔中:如果测试的是电流,根据电流大小,插到相应的“A”或者“mA、μA”插孔里;当测试交/直流电压、电阻、二极管、电容时,插到最右侧标有“V、Ω”的插孔里。

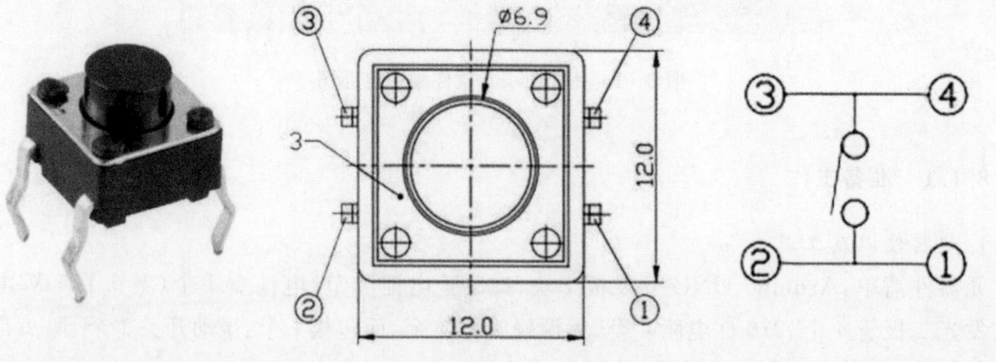

图 8-2　按钮开关及触点说明

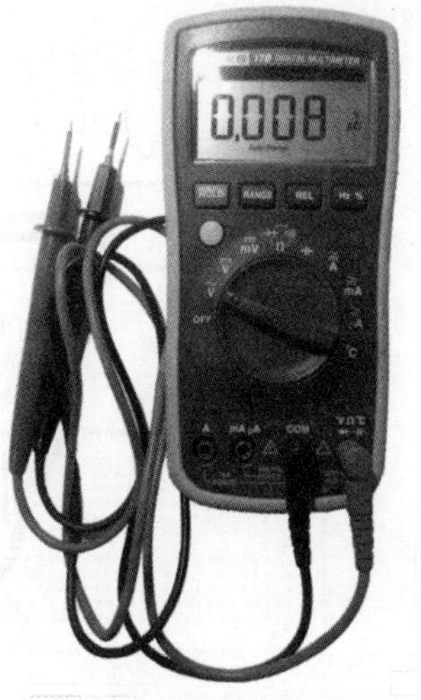

图8-3　数字万用表

除了测试表笔注意插孔位之外，万用表还需要调整拨挡开关到对应的测试挡位：测量触点通断或者导线好坏时，可将万用表挡位调到标有蜂鸣挡的挡位上。FLUKE 15B数字万用表的蜂鸣器挡标识符号是黄颜色的，需要配合万用表的黄色按键使用，连续按2次黄色按键至万用表显示屏左上角出现蜂鸣器符号，然后将万用表红黑表笔接到图8-1所示开关的1、2触点两端，可以听到万用表发出"嘀嘀"的鸣叫声，说明这两个触点是连通的。再用手按住按键，这两触点之间依然是连通的，说明这两个触点始终是连通的，跟开关按钮状态无关。

再按相同的方法测量2、4两个触点，听不到蜂鸣器的鸣叫声，可知它们之间是断开的；按下按键时，蜂鸣器又鸣叫起来，说明2、4触点之间连通了，因此2、4这两个触点之间是一组可控的触点，由按键的位置控制这两组触点之间的通断。所有的开关的触点测量方法都是相同的。

触点之间的初始状态是断开的，称作常开(NO，Normally Open)触点；如果初始状态是闭合的，按下按键触点断开，则称为常闭(NC，Normally Close)触点。有的继电器或者开关的端子上会标有NC、NO。

(3)面包板。

常见的面包板如图8-4(a)所示，表面上有很多小孔，孔径约为1 mm，每个小孔内有金属片，可插接元器件或者导线，用于搭建小功率的电路。面包板的结构如图所示：中间是一个较宽的横条，上下拼接两个小条。面包板的上下两个横条一般会用红、蓝色或者"＋""－"标示，此处连接电源，以方便区分电源的正、负极；面包板的中间区域是由中间一条隔离凹槽和上下隔行的插孔构成的宽条，用来插元器件和连接元器件；面包板各侧立面都有对应的插槽，以方便扩展连接。

如果打开面包板最下面的绝缘层，可以看到如图8-4(b)所示的内部结构：上面和下面的小条中都是用两条金属条将横孔连通为两段，有的面包板横条是全贯通的；但是上、下两个横条之间是不连通的。一般电路中电源的连接点比较多，可将电源的两根线就接到上下两个横条的插孔里,接线会比较方便。

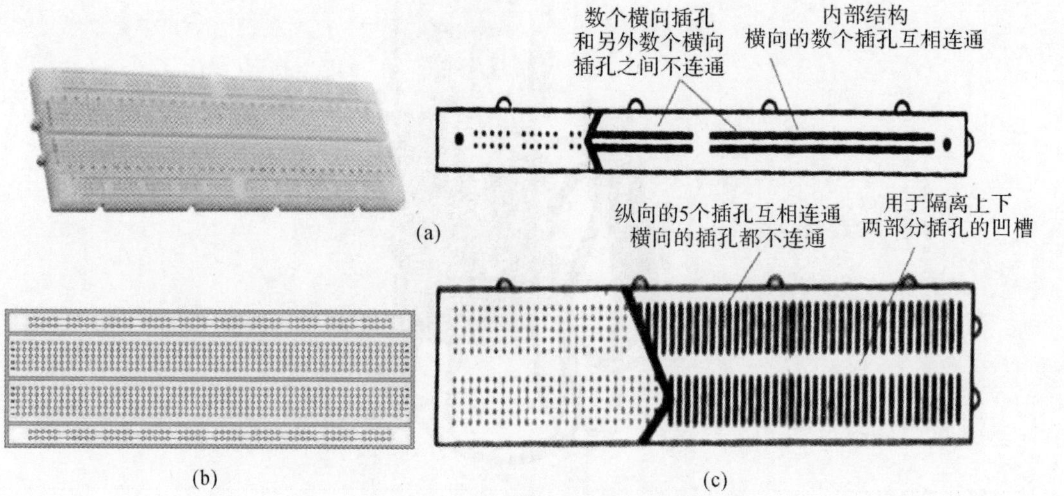

图 8-4　面包板以及解剖结构图

(a)面包板;　(b)面包板连通关系;　(c)拆解图

再看中间那一大块,如图 8-4(c)下方所示,中间竖列部分每列都有 10 个孔,上面 5 个孔和下面 5 个孔被中间的深凹槽分成上下两半;上半部分的 5 联孔用金属条接通,下半部分 5 联孔也用金属条接通,上面 5 联孔和下面 5 联孔不相连通,列和列之间也不连通。中间部分的 5 联孔和面包板最上面、最下面的横条也是不连通的。

也可以使用万用表测试小孔之间的连通情况。由于万用表的表笔太粗,插不到面包板的小孔里去,可以借助硬导线、电阻或者二极管的长引脚等缠一两圈在万用表的表笔上,然后再把细的引脚插到面包板插孔里进行测量。测试面包板时依然是将万用表放到蜂鸣器挡,用万用表“蜂鸣器”挡测试,只需要听声音判断通断,可以提高工作效率。

电容、电阻、集成芯片可以跨接到不连通的 5 联孔之间,也可根据需要跨接到 5 联孔和接了电源的横条之间。

(4)导线。

图 8-5 所示的是电子制作中常用的几种导线:有单芯不带插头的导线,如图8-5中间那两根。图中所示的其他两种都是带有接线端子的杜邦线,它们的保护套不同:左侧的保护套是圆柱状、全封闭的;而右侧的保护套是四棱柱的,并且在一个侧面是镂空的,露出导线接口,便于测试使用。单芯导线可以根据自己需要的长短剪,然后用剥线钳或者剪刀剥掉两端的绝缘皮,一般用在面包板上的接线上更好,线的两头折成 90°,接好的线会平平整整地贴到面包板上,整齐美观。杜邦线更多用于面包板跟别的设备之间的连接,它在面包板上接线也是可以的,只不过这种线的长度无法根据实际需要调整,且比较软,不能服帖地贴到面包板上,会显得比较乱。

电池盒的引线大多用的是多芯铜丝导线,非常软,无法插到面包板插孔里。有两种简单的处理办法:一种是将杜邦线的一头剪断,剥出合适长短的裸线,将裸线跟电池盒的导线接到一起,并用绝缘胶带缠好,这样电池盒就可以直接和面包板或者 Arduino 的接口相连接了。也可以用电络铁给多芯的铜丝挂上一点焊锡,多芯的导线就变为一整股而增加硬度,就可以插入面包板了。

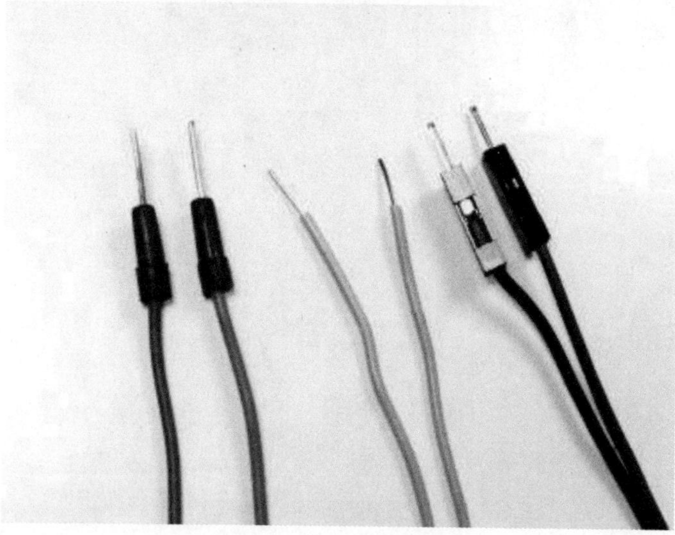

图 8-5　不同种类的导线

8.1.2　搭建系统电路

采用面包板搭建电路最省时间。接线之前需考虑布局，把元器件合理地排列在面包板上。

如图 8-6 中所示，按键是需要用手操作的，大多数人习惯用右手，可将按键安放在面包板的最右侧。而蜂鸣器和发光二极管只需要观察，可以把蜂鸣器和发光二极管靠左安放。为了方便观察发光二极管，将排线安排在发光二极管的上方，不易遮挡视线。相同功能的元件可以并排摆放，节约空间，也更加美观，图 8-7 中四个发光二极管、四个限流电阻都是并排排列的。

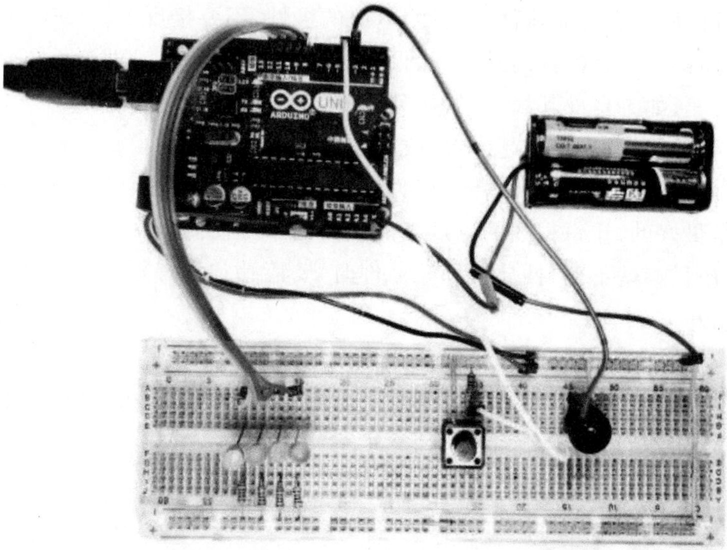

图 8-6　实物图

图 8-7 发光二极管及限流电阻的排列

5 V 电源接到面包板上时，就按照日常使用习惯，将电源的正极性端用红色的导线接到标有“+”的横条小孔中，将 0 V 端用黑色导线接到标有“-”的小孔中。

插接电阻这样腿长且软的元器件时，器件的腿很容易弯曲，容易短路。应将其多余的长度剪掉，插进面包板的部分预留 8～9 mm 长度即可，用镊子将引脚两头折成 90°，形成一个门框形，插到面包板上，器件就紧紧地趴在面包板上了，不仅整齐，连接也更可靠。

另外注意：

(1)接线时千万不能带电接线，以保障安全

(2)布局尽量紧凑、信号流向清晰。

(3)尽量避免导线交叉或者导线、元器件跨接在别的器件上。

(4)二极管、带极性电容等元器件的极性、电源的极性，不要接反了。

(5)面包板上连接不同元器件的跳线，如果是自己剪的导线，尽量做到长短合适，让导线平整地趴在面包板表面；如果是杜邦线，尽量排列整齐。

(6)减少不必要的导线，连接点越多，出故障的概率越大。

(7)中间区域的 5 联孔尽量不要占满，以方便测试；在连接面包板和开发板时，使用带有测试端子的杜邦线是最好的，让每根线的测试点能够露出来方便测试。

(8)面包板的质量参差不齐，插导线和元器件时，要能感觉到有阻力，如果插进孔里还是松松的，请更换面包板。

图 8-6 所示是搭好的完整电路，接好电路之后，仔细检查一遍，就可以清理干净桌面，以防金属碎屑引起电路短路。可以用万用表测量一下电源两极是否导通，确保电源不短路的情况下再给 Arduino 开发板通电。

8.1.3 编程

接好线路后，电路中各个输入、输出关系也就确定下来了。编写程序，代码如下：

＝＝＝＝＝＝＝＝＝＝＝＝＝＝＝＝＝＝＝＝＝＝＝＝＝电压测量＝＝＝＝＝＝＝＝＝＝＝＝＝

```
===========

int ledpin_1 = 8;          //定义 4 个 LED 指示灯对应的数字端口:D8~D11
int ledpin_2 = 9;
int ledpin_3 = 10;
int ledpin_4 = 11;
int buzzer=3;
int buttonpin = 4;          //定义按钮对应的数字端口 D4
int Battery_pin = 5;          //定义模拟输入端口 A5
float Voltage_value;          //定义变量 val,用于存储开关的状态
boolean button_state = 0;
void setup()
{
  pinMode(buttonpin, INPUT);      //定义按键接口为输入端口
  pinMode(ledpin_1, OUTPUT);  //定义 LED 指示灯接口为输出端口
  pinMode(ledpin_2, OUTPUT);
  pinMode(ledpin_3, OUTPUT);
  pinMode(ledpin_4, OUTPUT);

//设置波特率为 9600,利用串口监视器显示中间调试结果,方便调试
Serial.begin(9600);          }
void loop()
{
  if (digitalRead(buttonpin) == LOW)
    delay(10);     //延时 10 ms,对按键去抖动
    if (digitalRead(buttonpin) == LOW)
//存放按键的奇偶次数,每按一次按键状态翻转一次
    button_state = ! button_state;
//按下过奇数次按键,系统进行电压测量
if (button_state == HIGH)
/*读取电池的电压大小,并按照 ADC 的关系进行换算。如果这里没有强制的格式转换,计算结果会是
一个整数,误差太大*/
{ Voltage_value = (float(analogRead(Battery_pin)) * 5/ 1023);
//根据电压大小去开灯
    if (Voltage_value>0.2)
    {      digitalWrite(ledpin_1, LOW);       }
    if ( Voltage_value>= 0.75)
    {
      digitalWrite(ledpin_2, LOW);
      noTone(buzzer);          //电压高于 0.75 V 时蜂鸣器停止
    }
```

```
    if ( Voltage_value>= 1.5)
    {       digitalWrite(ledpin_3, LOW);     }
    if ( Voltage_value>= 2.25)
    {       digitalWrite(ledpin_4, LOW);     }
    //根据电压大小去点亮 LED 灯
    if (Voltage_value <0.2)
    {
      digitalWrite(ledpin_1, HIGH);
      tone(buzzer, 277, 1000 / 8);          //低电压发出"嘟"音
    }
    if ( Voltage_value < 0.75)    {       digitalWrite(ledpin_2, HIGH);     }
    if ( Voltage_value < 1.5)    {       digitalWrite(ledpin_3, HIGH);     }
    if ( Voltage_value < 2.25)   {       digitalWrite(ledpin_4, HIGH);     }
   }
   else
   { digitalWrite(ledpin_1, HIGH);   //关闭 4 个灯
     digitalWrite(ledpin_2, HIGH);
     digitalWrite(ledpin_3, HIGH);
     digitalWrite(ledpin_4, HIGH);
   }


   //delay(100);    //延时 1 s
 //将按钮的状态在串口监视器中显示出来,方便调试
   Serial.print("检测状态是:");    Serial.println(button_state);
   //将模拟端口 A4 的值在串口监视器中显示出来
 Serial.print("电池的电压是:");
   Serial.println(Voltage_value, 5);
   Serial.println((analogRead(Battery_pin)));
}
```

以上的程序实现的控制逻辑为:当按下按键时,系统开始测量电池盒中的 2 节 1.5 V 电池串联后的电压大小,并根据测量的结果,用 LED 指示灯显示器电压的大小。

如果电压低于 0.2 V,所有指示灯熄灭,并且蜂鸣器报警;

如果电压在 0.2～0.75 V 之间,最右侧的指示灯亮,其他 3 个灯灭;

如果电压在 0.75～1.5 V 之间,最右侧的 2 个指示灯亮,其他 2 个灯灭;

如果电压在 1.5～2.25 V 之间,最右侧的 3 个指示灯亮,最左侧的灯灭;

如果电压在 2.25 V 以上之间,4 个指示灯全亮。

写好程序后,编译下载即可。

8.1.4　调试

下载程序后，接着按照控制逻辑进行测试。大多数新手都会遇到许多问题，遇到问题的时候就一步步地排除故障，可以先检查程序，也可以先检查硬件电路。检查程序的逻辑关系：比如电压高，程序是让所有的 LED 灯打开，还是全部灭掉等；如果检查完软件问题还没解决掉，还需要进一步检查硬件电路；电路实际输入、输出的接口和程序中的端口对应不对应；等等。

还可能会出现按下按钮什么反应也没有的情况。这需要先检查，确保按钮的工作是正常的，或者说确保按键输入电路是正常的。可以利用万用表去测量按键按下时送给 Arduino 数字端口的状态是否不同，就用万用表测量按钮连接的数字端口 D4 处对电源的 GND 之间的电压大小即可：如果按钮的通、断对应有高、低电压（接近 0 V 和 5 V 的电压即可），那说明按键开关输入电路是正常的，这时需要进一步检查程序中的逻辑关系是否正确。Arduino IDE 软件本身没有打断点、检测变量的功能，可以利用串口监视器，将需要检测的变量通过串口监视器输出。例如可以使用 Serial. print 语句将按钮的状态或者电池的电压值显示出来，便于检查程序执行的结果。也许检查说明按键是正常的，但是指示灯该亮的时候依然不亮，怎么办？先确保 LED 指示灯是正常的。可以在程序中单独添加一条调试语句，让控制 4 个 LED 指示灯的输出端都输出 LOW（这 4 个指示灯是共阳极的），那么 4 个灯就应该都亮，借此可以判断 LED 指示灯的好坏，接线正确与否。如果灯不亮，可以用万用表测量电阻和二极管串联电路两端的电压，如果电压正常，二极管会不会接反了，都要试一试。就这样一步步见招拆招，最终系统肯定可以正常工作。这是测量出来的两节 1.5V 电池的电压，测量结果如图 8 - 8 所示，在 3.084～3.138 V范围内。测量值准确与否，可以用万用表的测量结果对比一下：测得的电压是 3.2 V，误差为 0.06 ～ 0.12 V。

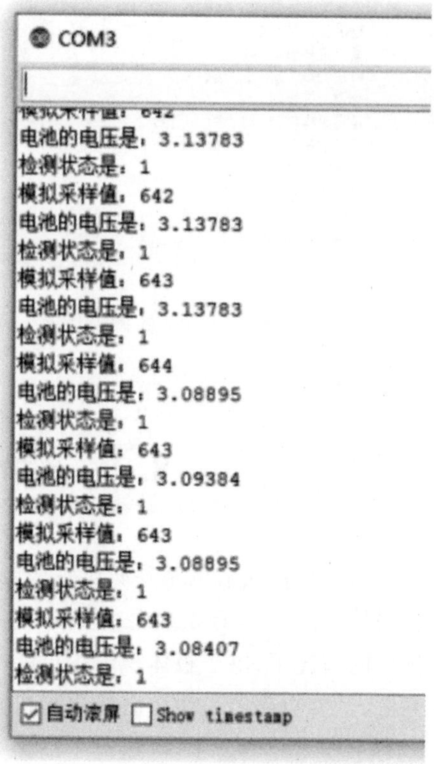

图 8 - 8　程序运行结果

Arduino UNO 自带的模/数转换器（ADC）是 10 位的，使用的模拟量采集指令 analogRead (Battery_pin) 没有带其他参数，相当于 ADC 的参考电压是开发板的电源电压，默认的就是5 V。但是用万用表测量实际上开发板的电源电压是 4.77 V，而不是 5 V。

根据 ADC 的工作原理，可知测量精度为

$$\frac{V_{\text{ref}}}{2^{10}}=\frac{4.77\ \text{V}}{1\ 024}=0.004\ 7\ \text{V}$$

所以为了得到更精确的测量结果，应该将程

序中的参考电压改为实际的值 4.77 V 进行计算：

$$\frac{V_x}{n_B}=\frac{V_{ref}}{2^{10}}\Rightarrow V_x=\frac{4.77\ V}{2^{10}}n_B$$

这里的 n_B 就是利用 analogRead()函数得到的值，可以看到修改参数后，测量结果就变为 2.986 V左右了，如图 8-9 所示。用万用表测量的结果如图 8-10 所示，为 2.98 V。

实际遇到的问题可能远比这些要复杂得多，有的问题很容易检查出来，有的问题可能要折腾很久，只有耐心地一步步解决问题，经验才会一点点积累出来。

从以上过程也可以看出来，万用表在实践中的使用频率非常高，如测电压、测电阻、测二极管、测通断等都需要用到。使用万用表时一定要注意：不要带电测电阻，也要防止测试笔不小心将电路短路。

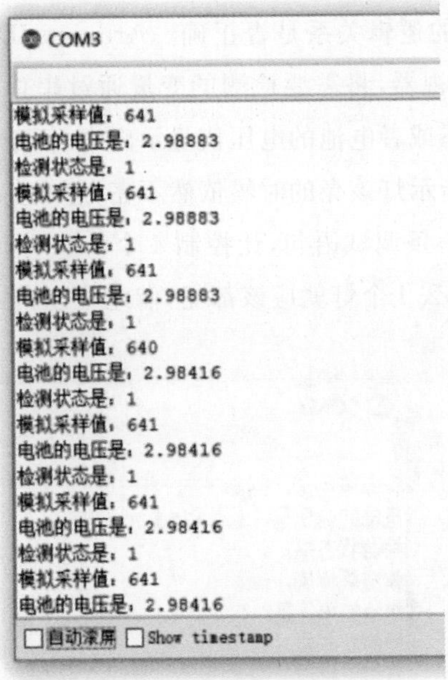

图 8-9　万用表实测电压

图 8-10　参数修改后的运行结果

8.2　制作自己的单片机系统

用面包板搭建的电路容易产生接触不良的问题，导致 Arduino 开发板和面包板连接不可靠。另外，Arduino 开发板上很多的端口可能也用不上。电路可靠性是最基本的要求，在不影响散热的情况下，电子板体积也尽可能小一些，功耗也低一些。因此我们基于上面的电压测量小系统，试着自己做一块自己的单片机电路板。

对于初入门的新手，可能对于电路方面的知识也不太了解。我们可以在大致了解电路模块功能的情况下，按模仿别人电路的思路，开始设计自己的电路，同时去掉不需要的元器件、接插件等，设计一个完成所需功能的最简电路，再用万用洞洞板焊接出自己的第一个电子作品来。

万用电路板如图 8－11 所示，它是一种按照标准集成电路间距(2.54 mm)在一块基板上布满焊盘，可按需求插装元器件及连线的印制电路板，俗称“洞洞板”。相比专业的 PCB (Printed Circuit Board，印制电路板)板，洞洞板具有以下优势：使用门槛低，成本低廉，使用方便，扩展灵活。比如在大学生电子设计竞赛中，作品通常需要在几天时间内争分夺秒地完成，就适合使用洞洞板，焊接出如图 8－12 所示的电路板来。

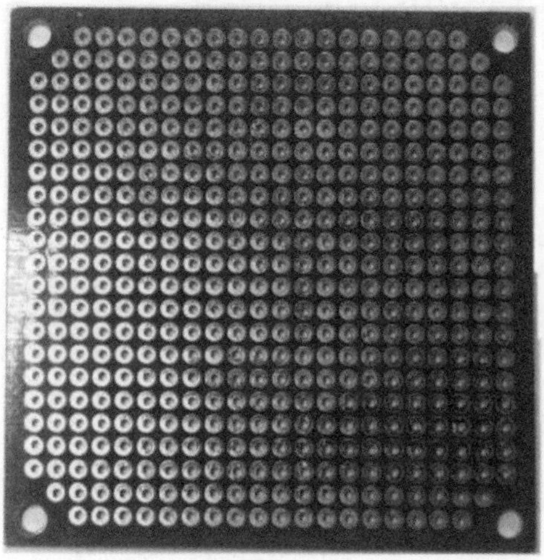

图 8－11　万能洞洞板

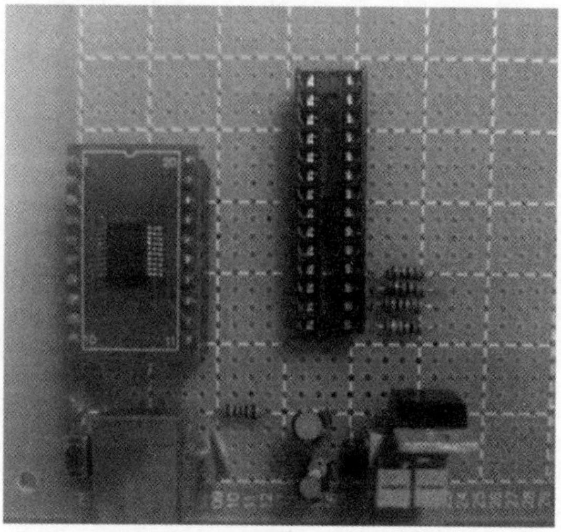

图 8－12　用洞洞板焊接的硬件电路

要想做一个自己的开发系统，最开始起步可以模仿别人的电路，我们就从模仿 Arduino UNO 电路做起，来建立自己的一个单片机小系统——电压测量系统。

8.2.1　分析 Arduino UNO 的硬件电路

要先大致看懂别人的开发板电路，才能建立自己的。从网上查到 Arduino UNO 的原理图如图 8－13 所示，大家可以对照自己的开发板，尽量一一对照着看，一部分一部分进行剖析。遇到实在搞不清楚的，也可以选择性忽略，而不要因为有一个地方搞不懂就停止不前。

要注意的一点是：不同厂家生产的 Arduino，可能电路结构、芯片的具体型号会有差异，但是基本功能大同小异，都要有电源电路、晶振电路、输入输出电路。输入可能是数字量输入，也可能是模拟量输入；输出可能是用数字量控制类似于 LED 指示灯、电磁阀等，也可能控制一些需要模拟量控制的设备。

Arduino 官方授权的产品上面都会有 Arduino 的商标，型号也是 Arduino UNO 等带有“Arduino”的产品名称；但市场上有很多开发板写的是兼容 Arduino UNO R3 或者改进版 UNO R3，它们是没有官方授权的产品，但是对于学习者来说，并没有很大的差异，只要是兼容的，就可以按照 Arduino 硬件一样使用。图 8－13 所示的是 Arduino 官网公开的 Arduino UNO 开发板电路原理图。

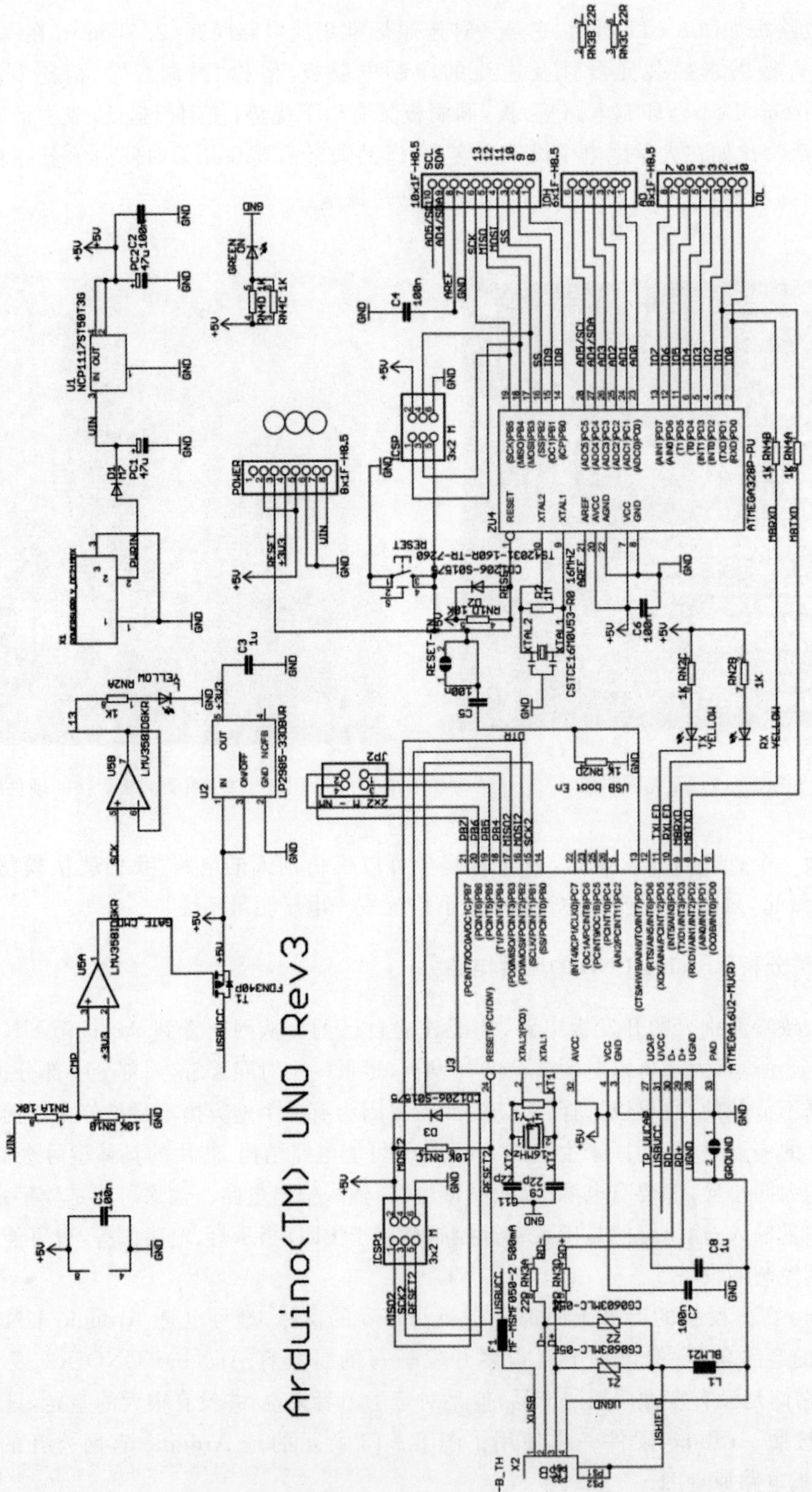

图8-13 Arduino UNO原理图

1. 电源电路解析

所有的电子设备都需要电源供电，小型低功耗的电子设备常采用直流电源供电，Arduino UNO 的电路基本是 5 V 电源工作，供电方式有两种：一种是用直流电池或者直流电源适配器供电。电池供电时，供电电压在 7～12 V 范围内，从图 8-14 左上角的黑色圆柱状的 DC port 接口输入；也可以从板子上的 VIN 和 GND 之间输入。第二种方式是从方形的 USB TYPEB 接口供电。

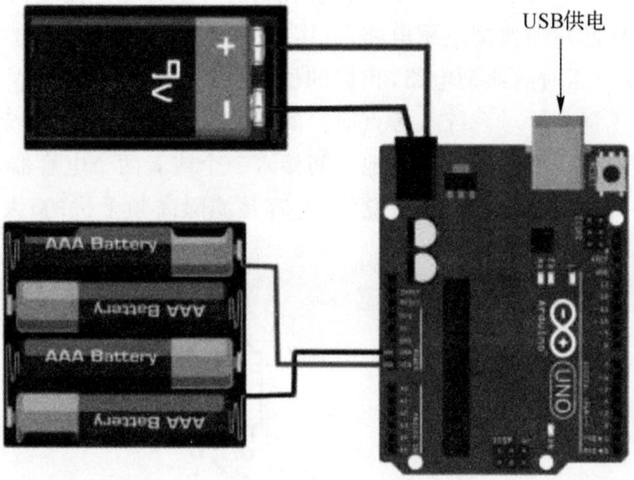

图 8-14　Arduino UNO 的三种供电方式

先来解读电源电路。

（1）图 8-15 中左上角的 X1 就是 DC port 电源接口，搜索一下图中的“NCP1117ST50T3G”，可知其是一个低压差、固定输出电压为 5 V 的稳压器件。

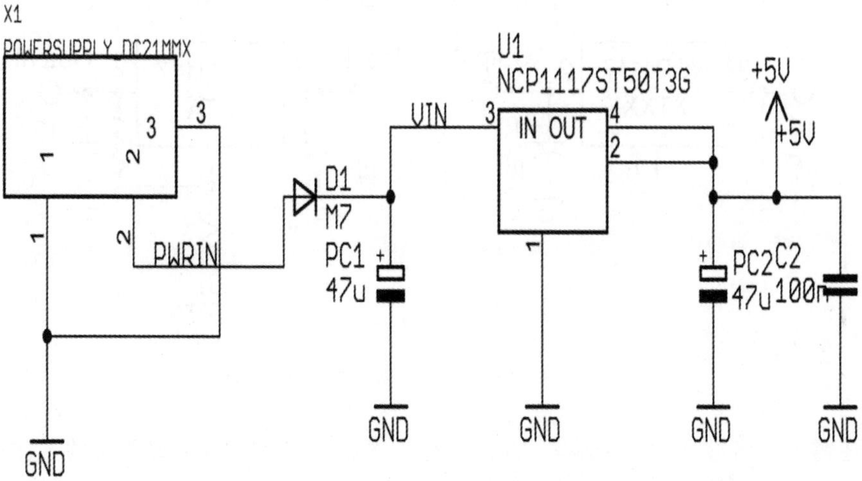

图 8-15　DC 端口供电电路

学习电子制作，元器件说明书是必须要会看的，请下载 NCP1117 的说明书。如果某个器件有系列产品，可能说明书是针对一个系列的，而不是针对单个器件。一般的集成芯片说明书最先介绍的都是芯片的功能描述以及特征描述，看了这些内容大概就会知道芯片的基本功能：NCP1117 是一个稳压器系列，有稳压输出 1.5 V，1.8 V，…，3.3 V，5 V，12 V 的芯片。另外，还需要了解芯片的引脚定义。例如，我们从说明书中可知：引脚 1 是接地端或者是调整端，引脚 3 是输入端，引脚 2 是输出端。但是从图 8-16 中看到芯片多了一个 4 引脚，这个引脚是散热片引脚(Heatsink tab)。芯片说明书中通常会提供芯片的典型应用电路，如图 8-17 所示就是 NCP1117 直流稳压芯片的典型应用电路，其中图 8-17(a)是固定输出电压电路的接法，图 8-17(b)是输出可变电压时的典型电路，我们的稳压电路是输出固定 5 V 直流电压的。所有电路的输入、输出电压都是针对系统参考点而言的，这里的 GND 就是系统的参考点。为了减小输出电压的波纹，应在稳压器调整端与地之间接入一个或者两个电容器，输出端接并联的两个电容之间至少差一个数量级。一般来说，小电容是滤除高频干扰的，大电容是滤除低频干扰的。

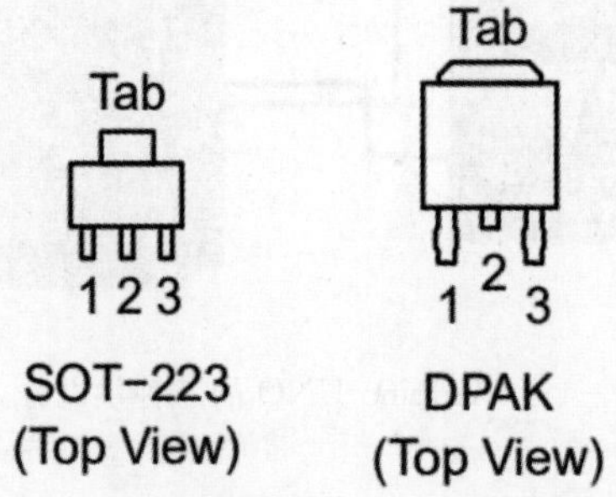

引脚:1.调整端/接地端
2.输出端(散热片引脚连接在此引脚)
3.输入端

图 8-16　NCP1117 引脚配置图

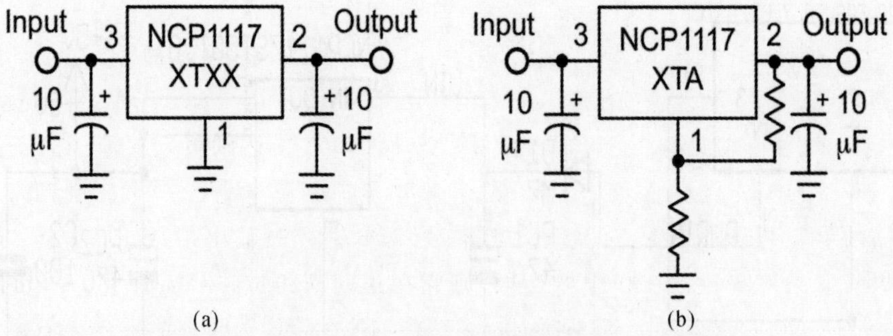

图 8-17　NCP1117 典型应用

通常还需要了解芯片的各个输入、输出信号的电压、电流大小，了解芯片的工作频率、功率等等。芯片的封装会在后面专门介绍。

(2)如果电源从 VIN 输入也是可以的，请看着图 8-13 所示的 Arduino UNO 原理图继续分析。将 VIN 处的电压经两个相同的电阻分压之后，再和3.3 V的电压通过电压比较器 U5A

进行比较：如果 VIN 大于 6.6 V，则 CMP 端大于 3.3 V，电压比较器输出为 5 V；如果 VIN 小于 6.6 V，则电压比较器输出为 0 V。为什么要大于 6.6 V 呢？因为对于稳压芯片 NCP1117ST50T3G 来说，它的输入端电压需要比输出端高 1 V 多这个稳压器才可以正常工作，才可以输出 5 V 直流电压。

常见的集成运放的符号如图 8－18 所示，每个符号左侧的两个端子“＋”“－”是输入端，标“＋”的叫作同相输入端 U_+，标“－”的叫作反相输入端 U－，右侧的引脚是输出端，记作 U_o。符号图都没有标出电源引脚来，但实际集成运放都是要接电源才能工作的。

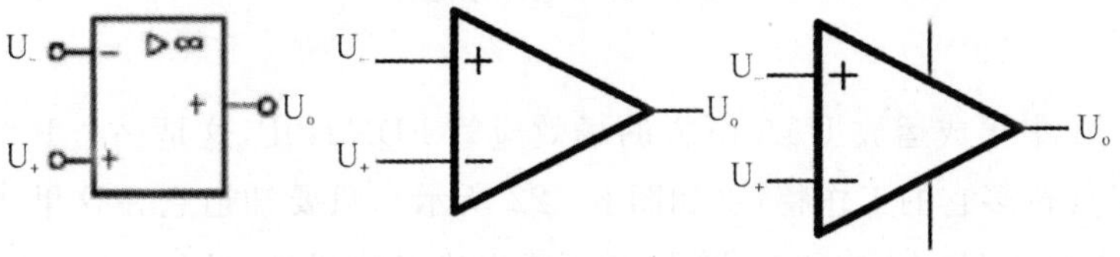

图 8－18　集成运算放大器符号

图 8－19 是双集成运算放大器 LMV358IDGKR 的引脚图，该芯片上面集成了 2 个集成运放，第一组引脚名字前面都带着 1，如输入端 1IN－和 IIN＋，输出端 1OUT。同样，第二组的前面都带着 2，这两个集成运放是一样的。可以看到还有两根电源引脚 VCC 和 GND。

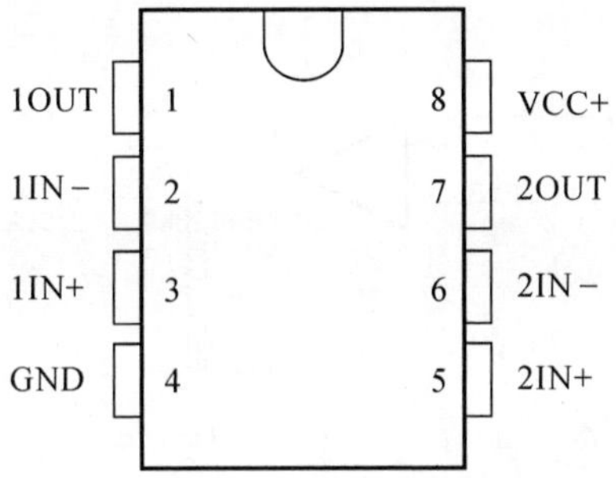

图 8－19　LMV358IDGKR 引脚图

集成运放经常在电路中做电压比较器、电压跟随器，或者构成信号运算处理电路。在 Arduino UNO 电路中，集成运放 U5A 当作电压比较器使用。当 $U_+ > U_-$ 时，运放达到正向饱和，输出电压约等于电源电压＋5 V；当 $U_+ < U_-$ 时，运放达到负向饱和，输出电压约等于 0 V。输出电压取决于运放的电源是单极性的还是双极性的。例如，这个运放 LMV358IDGKR 的电源是 5 V 的单极性电源，则正向饱和时输出接近于 5 V，负向饱和时输出为 0；如果有 5 V 双极性电源供电的运放，则它在正向饱和时输出接近于 5 V，负向饱和时输出为－5 V。另一个集成运放 U5B 跟电源 VIN 没有关系，此处它作为一个电压跟随器存在。电压跟随器的电路如图 8－20 所示，输入 U_i 和输出 U_o 是相同的，所以也可以看作是输出跟随输入。在图 8－13 中，运放的输出和输入 SCK 的状态是相同的，利用 LED 指示灯显示 SCK 的状态。这两个集成运放的电源也是相同的，直接画在了两个集成运放的左侧，运放的 4 引脚接＋5 V，8 引脚接 GND，并且在电源两端接了一个 100 nF 的滤波电容。

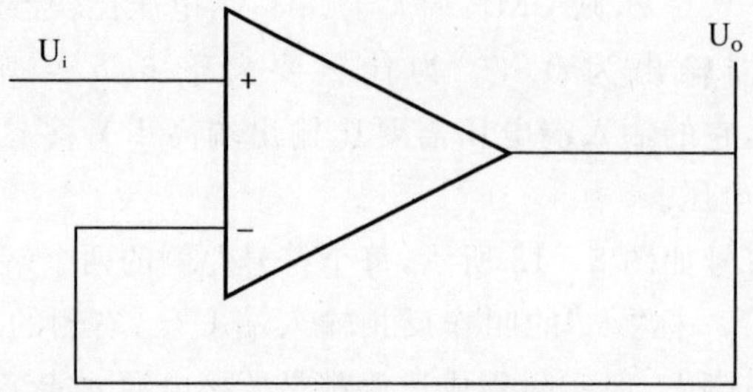

图 8 - 20　电压跟随器

再看图 8 - 21 中集成运放 U5A 下方的场效应管 FDN340P，这是一个 P 沟道增强型的场效应管。不用了解过多它的工作特性(如图 8 - 22 所示)，只要知道它在这里当开关使用就可以了，它是一个由电压 U_{GS}控制 D，S 之间导通/截止状态的开关：当 $U_{GS}>-2$ V 时，开关是断开的，I_D 约等于 0；当 $U_{GS}<-2$ V 时，D，S 之间相当于开关接通的，流经开关的电流大小和 U_{GS}电压大小有关系。在这里大家只要了解 D，S 之间在什么情况下导通、什么情况下关断就可以了。

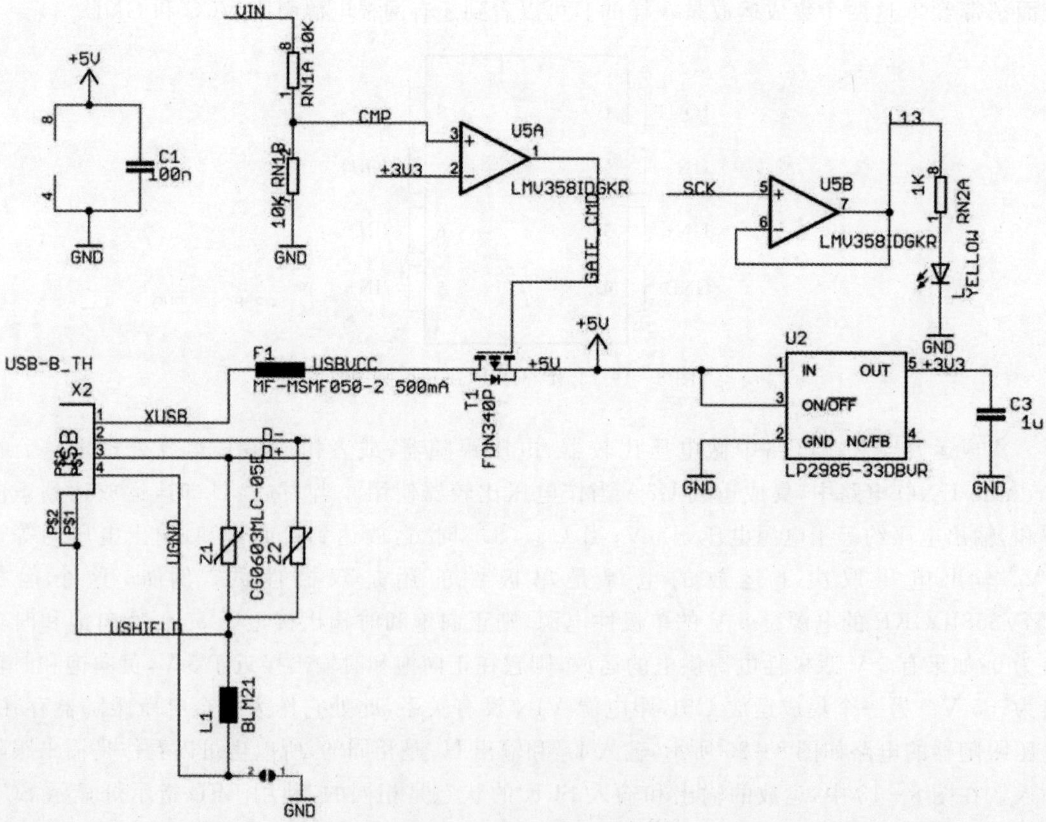

图 8 - 21　Arduino UNO 电源电路

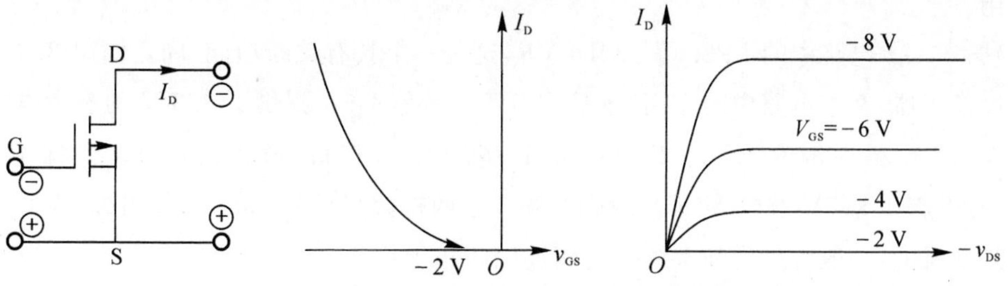

图 8－22　P 沟道增强型的场效应管的特性曲线

再看图 8－23 所示的电路在下方的中间位置，可以找到一个二极管 D1，这里利用二极管的单向导电性，防止电源反接，构成保护电路。另外，可以看到 D1 的右侧还标着 VIN，外部电源还可以通过板子上的 VIN 引脚和 GND 引脚输入，D1 防止了 VIN 和 PWRIN 之间直接连通。

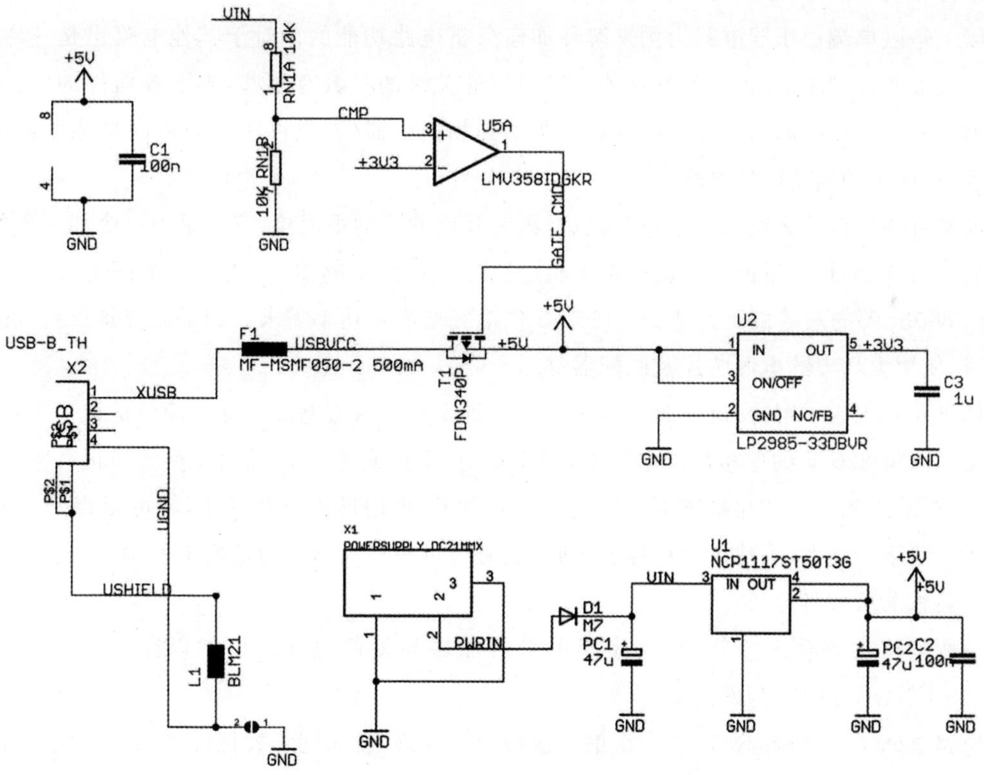

图 8－23　完整的电源电路

当 VIN＞6.6 V 时，集成运放 U5A 输出 5 V，$U_{GS}\approx 0$V，场效应管 FDN340P 关断，场效应管的 D 和 S 极之间是高阻态，可以等效为在 D 和 S 之间是断开的；当 VIN＜6 V 时，这时由于输入电压太低，三端稳压器 NCP1117ST50T3G 也不能够正常工作；U5A 输出 0 V，$U_{GS}\approx -5$ V，场效应管 FDN340P 接通，USBVCC 直接和＋5 V 的电路节点直接接通，由 USB 接口的电源供电。USB 的电源端接的 F1 是一个 500 mA 的自恢复保险管，起着保护 USB 接口的作用。

(3)图 8 - 21 电路中的 LP2985 - 33DBVR,这是一个具有关断功能、固定输出 3.3 V 的低压差线性稳压器,在本电路中的作用,就是给电压比较器 U5A 提供了 3.3 V 的参考电压。

图 8 - 21 中最左侧的 USB - B_TH 是 B 型的 USB 接口,形状是方口。引脚 4 是地端(UGND)、引脚 1 是 5V 端(UVCC),引脚 2 和 3 是两根数据线 D - 和 D+。另外,B 型 USB 的外壳也是金属的,一般将外壳和系统的地相连以防止干扰。

图 8 - 23 是 Arduino UNO 的电源部分的完整原理图。当电路很复杂的时候,可以将电路按照逻辑功能分为很多小块的电路,而这些电路块之间的连接关系是通过定义的网络标号标记的。例如图 8 - 23 中的多个节点处标着"+3V3(3.3 V)",也就表明了这几个节点其实是连接到一起的,网络节点标号就是"+3V3";标为"VIN"的节点也是同一个含义,实际它们是连接到一起的,网络节点标号是"VIN"。图 8 - 23 中的 USBVCC 这个网络标号也一样,具有相同网络标号的节点,实际都是需要连接到一起的。

以上是以单端稳压器电路为例来解释如何分析电路功能的。对于其他电路也是一样,先去查阅关键芯片的功能,再去了解这种功能的器件关键的参数有哪些,再下载器件的中、英文说明书去了解更详细的信息。这样就算是买不到相同的器件,也可用其他相同功能的器件进行替换,设计出相同功能的电路。

大家可能觉得怎么这么简单,其实也是因为我们的目的很简单,仅仅是做一个能完成电压测量的小系统,消耗能量的主要就是单片机、发光二极管、蜂鸣器,它们的功率都不大,因此采用输出 800 mA 的三端稳压器 ASM1117 - 5 供电完全满足功率需求。如果需要提供更大的输出电流,使用大功率的电源芯片及匹配器件。

如果还有人想了解,交流电源供电时怎么得到 5 V 的直流电源?这里简单地说一下:先用降压变压器将 220 V 的单相交流电降压,例如降到 12 V 或者 9 V,然后用整流桥进行整流,再进行滤波,就得到一个变化幅度不是很大的直流电了,再用稳压电路稳压,就可以得到 5 V 的电压了。对于初学者,不建议使用强电电路,或者可以在有人指导的情况下使用。

2. 晶振电路解析

电源电路在前面已经分析过,我们再来看晶振和复位电路。仍然以图 8 - 24 所示的 Arduino UNO R3 电路为例说明。

电路之间工作协调起来需要一个信号进行协调管理,就如同纤夫拉纤喊号子一样,起协调作用的信号就是晶振脉冲信号,产生晶振脉冲信号的电路就是晶振电路。也有人把晶振比作是单片机系统的心脏,单片机的振荡电路输出周期性脉冲信号,脉冲信号通过单片机的 XTAL1 或 XTAL2 引脚送入单片机。有些单片机内部有完整的振荡电路产生脉冲信号,但是内部的晶振一般来说频率比较低,而外接的晶振频率高,但是体积大,不便于集成而需要外接晶振。

Arduino UNO 上选用的单片机是 ATMEGA328P,它内部自带了 8M 的 RC 晶振电路。TMEGA328P 的最高工作频率是 20 MHz,如果不打算使用内部晶振,可以建立外部晶振电路，只要选择 20 MHz 以内的晶振就可以。

常见的晶振电路如图 8－25 所示，在 XTAL1 和 XTAL2 之间跨接一个晶振即可。但是振荡电路中会产生谐波，会对电路产生不良影响。为消除谐波，可以在两引脚处对地接入两个 10～50 pF 的瓷片电容来削减谐波对电路稳定性的影响，经常还会在晶振两端并联一个大电阻防止产生自激振荡。

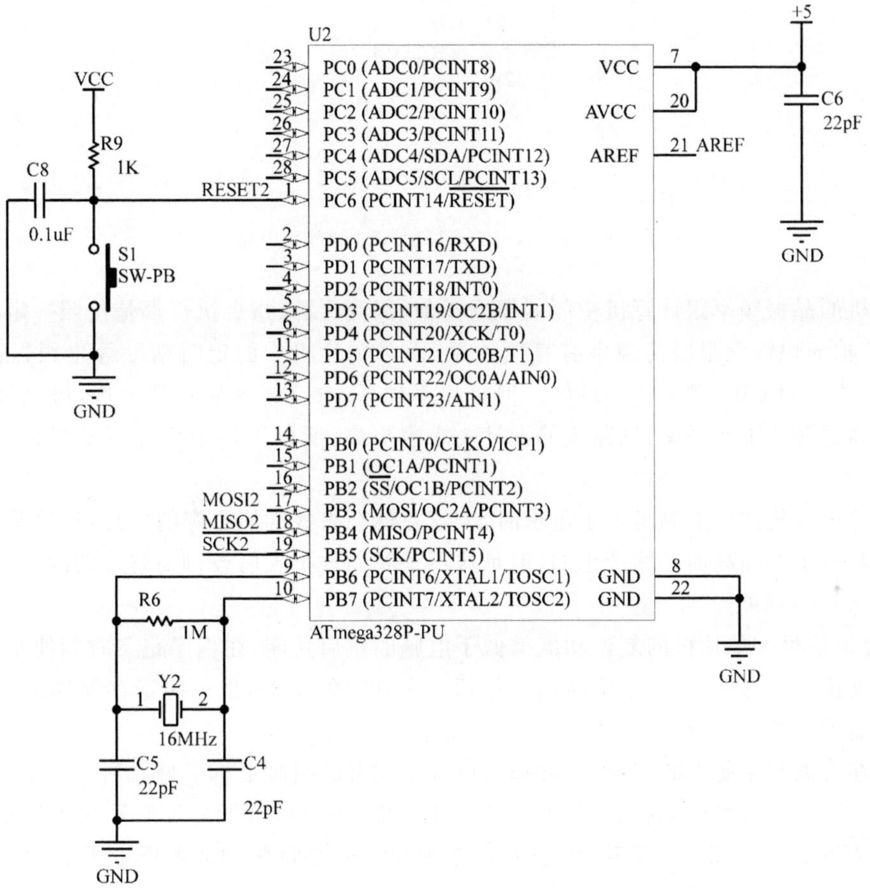

图 8－24　ARDUINO UNO 最小系统

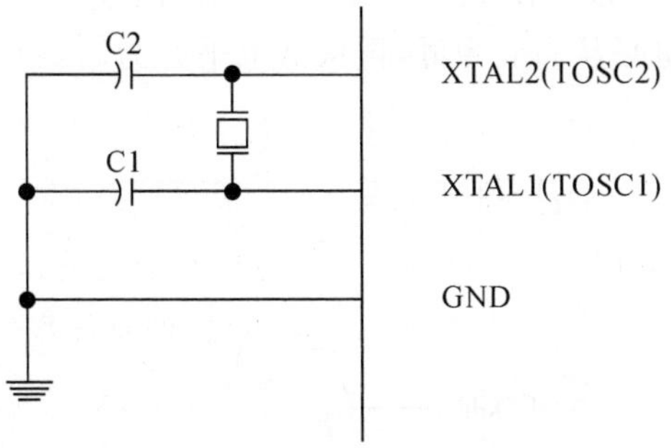

图 8－25　单片机常见的晶振电路

Arduino UNO R3 的晶振电路如图 8－26 所示。

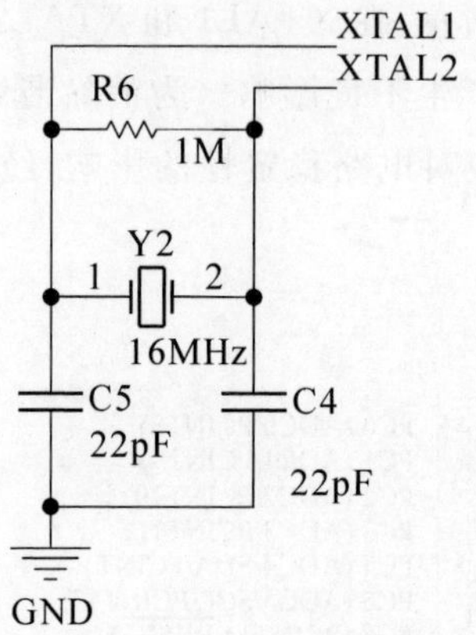

图 8－26　Arduino UNO R3 的晶振电路

单片机的晶振频率跟计算机主频的概念类似，因为运算、指令执行都是按照一定的节拍执行的，而节拍的快慢就跟振荡频率有直接关系，而且单片机中的定时精度等也跟振荡频率有关，所以从这方面来讲，频率越高越好。但是频率越高，电路越容易受到干扰，可靠性也越差。高频率电路对芯片工作频率、电路板的设计要求也更高，所以工作频率并不是越高越好，而是够用就好。

当这些单片机的性能满足不了需求时，大家自然会去找性能更好的单片机，这是伴随着学习的进步和需求的提高而必然产生的，但是这不是我们这个入门教材要解决的问题。

3.复位电路解析

(1)复位信号。单片机的复位功能类似于电脑的重启功能，在程序跑飞时能使系统恢复正常运行。复位信号有效后，会把电路初始化到一个确定的状态，把一些寄存器恢复到预设值，使得程序能重新开始运行。

我们在看数据手册里的芯片引脚图时，可以看到有的引脚上标了好几种名字，例如引脚 1 上标着 PCINT14/$\overline{\text{RESET}}$，这表明引脚 1 有两个功能，不仅可以做复位信号端来使用，还有别的功能。$\overline{\text{RESET}}$上面带了一条横线，表示这个复位信号是负脉冲或者低电平有效(有效就是起作用)。从 Arduino UNO 的电路图中可以看到虽然 RESET 上面没有横线，但是在这个输入引脚端有一个“o”，它和上面的“—”含义相同。

那么什么又是正、负脉冲呢？请看图 8－27 中所示的波形图：上面是负脉冲，它的常态是高电平，当出现负脉冲时，电平从高变为低，再从低电平升为高电平，这就是一个负脉冲；正脉冲则相反。

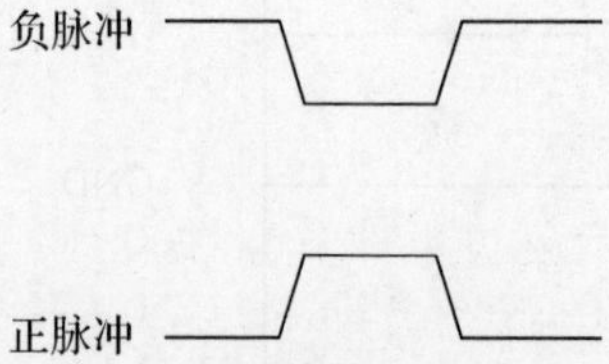

图 8－27　正负脉冲波形图

请看图 8－28 所示的 ATMEGA328P 的复位信号及控制逻辑：当单片机电源正常供电且平稳（V_{CC}基本保持不变）时，复位端$\overline{\text{RESET}}$对 GND 的电压波形低于复位门限电压 V_{RST}，并且持续时间大于 0.25 μs 时，单片机内部的检测电路延时一小段时间后复位启动，通常这个延时的时间都比较短，都是 μs 级的，如果对系统实时性要求不高，基本上可以忽略这样的延时时间。

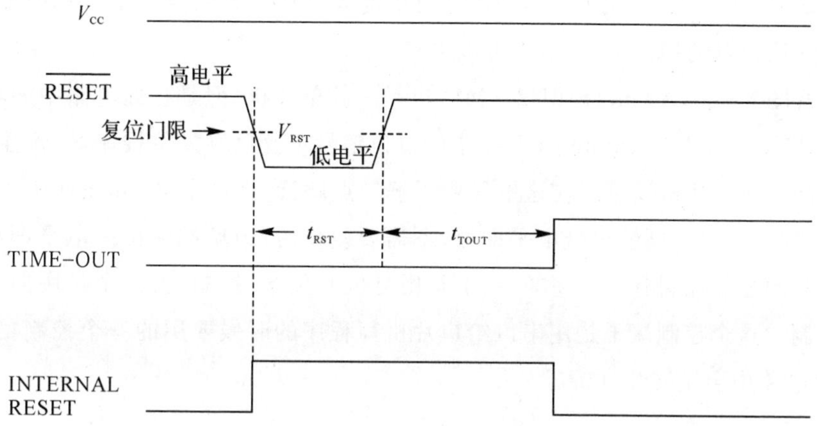

图 8－27　复位信号及控制时序图

每一款单片机的复位门限电压可能不同，要求信号的持续时间也有所不同，对 ATMEGA328P 而言，比较可靠的门限值是 0.2V_{CC}。如果系统的电源电压 V_{CC}是 5 V，则要保证复位信号连续低于 1 V 的时间大于 0.25 μs，才能让系统复位。大家在入门阶段对这些要求以及具体的参数，可以仅仅了解，知道有这样的要求，大致了解复位信号持续时间的数量级就可以了。

（2）复位电路。最简单的复位电路如图 8－29 所示：一个 RC 电路加了一个常开的开关，这个开关就叫作复位按钮。当电路参数选择合适，只要按下复位按钮，就可以产生一个合格的复位信号（满足电平和持续时间要求），使得单片机复位重新运行。

在讲复位电路之前，需先介绍两个知识点：一是电容居有两端电压不会突变的特性；二是 R 和 C 的串联电路，电容充放电的快慢按照指数规律变化，变化量为 $V_{CC}\left(e-\frac{i}{\tau}\right)$，电池电压从 0 变化到 V_{CC}的时间大约是 5τ。标志快慢速度的参数叫时间常数 τ，τ 等于 R 和 C 的乘积。如果想了解再多，请查阅 RC 电路分析方法。

接着来分析一下图 8－29 所示复位电路的工作原理：当电路正常工作时，电容 C 很快充饱电，两端电压为 V_{CC}，所以此时$\overline{\text{RESET}}$端的电位为 V_{CC}。按下复位按钮 S 时，相当于电容两端直接被直接导通了，对电池直接放电了。这时候的电路等效于

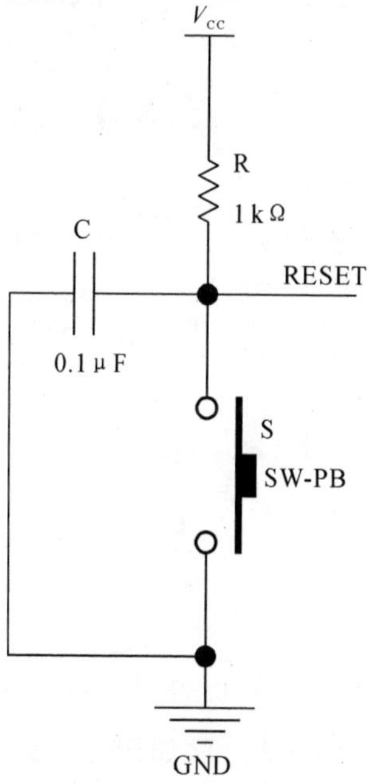

图 8－29　典型复位电路

一个电容和 0 Ω 的电阻相连，τ 就为 0 了，所以电容存储的能量立马被放光了，$\overline{\text{RESET}}$ 端的电位因此变为 0 V 了。这个复位 S 松开后会自动复位，即断开了，所以电源 V_{CC} 又给电容重新充电了，但是电容充饱电需要的时间约等于 $5R_C$，所以 $\overline{\text{RESET}}$ 端有一段电压持续比较低的时间，从而产生一个复位信号送给了单片机。

有些人可能会想：这个复位信号需要的时间极短，就不要电容 C 了。直接按下按钮，不就相当于复位端$\overline{\text{RESET}}$直接变为 0 V 了吗，时间肯定满足持续时间要求了？真的不可以，这个电容还有去除按钮抖动的作用，绝对不可以去掉。

请继续看图 8－30，ATmega16U2－MU 也是一款单片机，但是在此电路中的功能是实现 USB 转串口芯片功能的。Arduino UNO 中的复位信号不仅仅靠复位按钮 S1 产生，另外还有一个信号也能控制单片机复位。在这里只要了解一点就行：当这个 ATmega16U2－MU 想让单片机复位的时候，PD7 端输出低电平即可；不需要复位时，PD7 端输出高电平即可。这样就明确了单片机的复位控制有两种途径：一个是用复位开关 S1 控制，另一个是用前一级的芯片 PD7 端子控制。这个控制端子是用串口给单片机写程序的时候要用的一个控制信号，后面的 USB 转串口电路中会做继续分析。

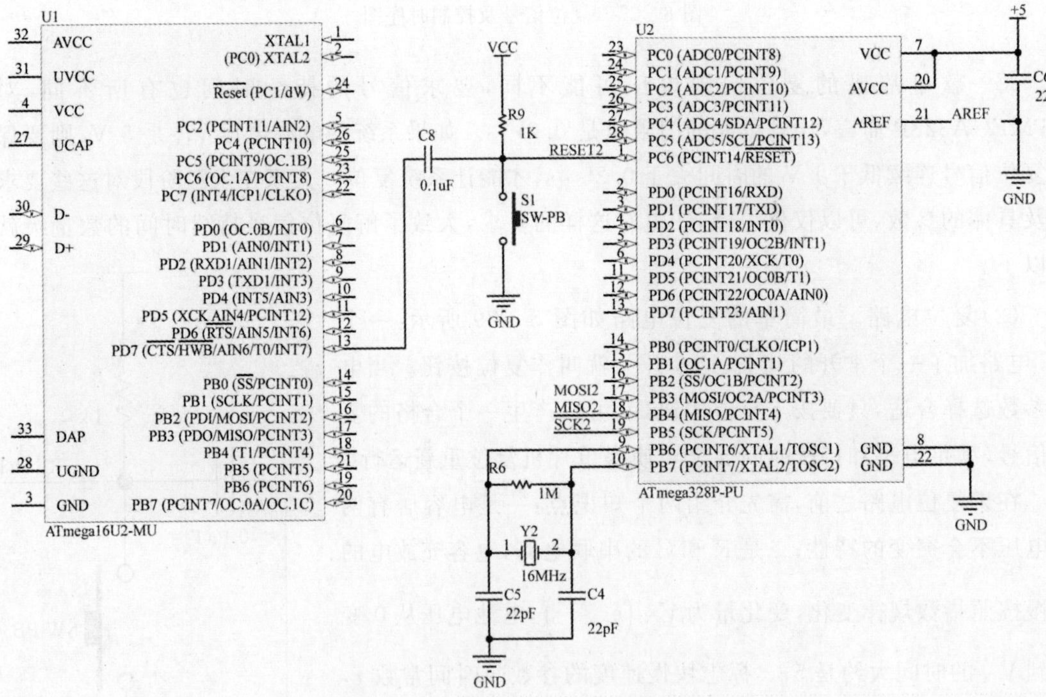

图 8－30　Arduino UNO 的复位电路

还可以看到一些 Arduino UNO 的兼容开发板，前一级用的不是 ATmega16U2－MU，而是 CH340T，如图 8－31 所示。CH340T 是一个 USB 转串口芯片，完全可以替代此处的 ATmega16U2－MU 功能。

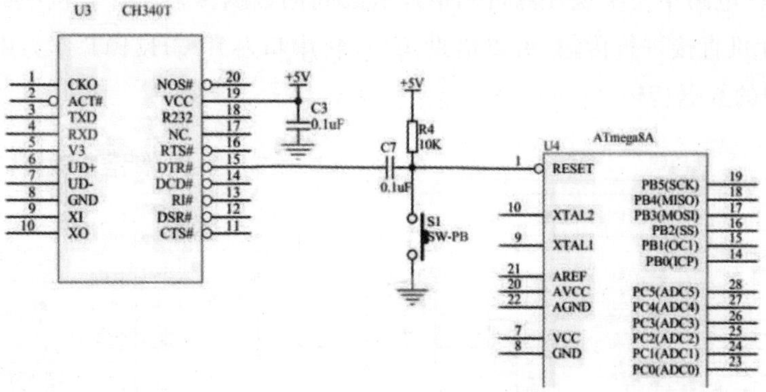

图 8-31　Arduino UNO 兼容开发板的常见复位电路

设计的延时电路怎么样能保证得到满足时间宽度的负脉冲？其实可以根据电路的参数进行估算，使复位电路的时间常数满足以下条件即可：$5T=5RC>t_{RST}$。也可以直接照抄实验板上的电路以及参数，等电路焊好了，用示波器监测一下复位信号，看看是否满足系统需要。后面调试电路的过程中也会对复位信号进行实测。

4. 串口程序下载电路

在计算机上编写的程序，单片机无法直接识别最终都按照一定的规则转换为单片机能识别的 01 数码串——机器码，然后再通过数据线将这些机器码送给单片机并保存在单片机的程序存储器中。Arduino UNO 中设计的程序下载电路采用的是现在比较常见的、通过 USB 接口传送数据的方式。但单片机 ATMEGA328P 本身没有 USB 接口，Arduino UNO 原电路中是用 ATmega16U2-MU 单片机完成这个功能的，也需要给 ATmega16U2-MU 单片机编写程序，比较麻烦。更简便的方法是直接采用 USB 转串口芯片 CH340 或者 PL2303，如图8-32所示。

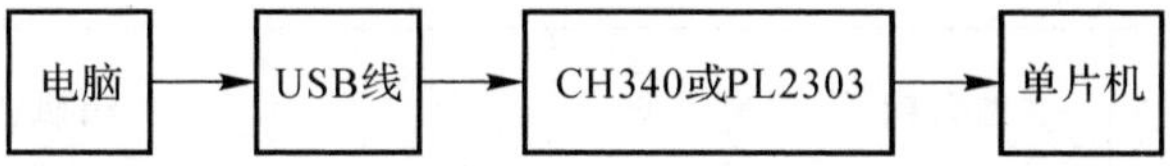

图 8-32　常见的 USB 接口程序下载电路框图

我们后续设计的下载程序电路就是借鉴 Arduino UNO 兼容开发板的电路，采用 CH340 芯片，设计的电路如图 8-33 所示。

Arduino UNO 开发板上和计算机的接口采用的是 B 型母口接口，这个接口只有四根线，其中两根是 5 V 的电源线，还有两根是数据线，标着 D+和 D-。如果自己做实物时，也可以换为体积更小的 USB 接口，依然使用这四根线就可以。图 8-33 中的 F1 是一个 500mA 的可恢复保险丝，可以保护计算机的 USB 接口，D5 是 USB 电源的指示灯。

接着来看转换电路的核心芯片 CH340T。图 8-33 重点呈现的是程序下载电路，重点关注 CH340T 和单片机之间的连接关系，其他部分电路做了简化，省略了晶振等。CH340T 是一个 USB 总线的转接芯片，可以实现 USB 转串口、USB 转 IrDA 红外或者 USB 转打印口。

在 Arduino UNO 电路中是实现计算机和单片机之间的数据传输。计算机中的数据不能通过 USB 接口和单片机直接进行传输，可以借助 USB 转串口芯片 CH340T 作为中介而实现计算机和单片机之间的数据传输。

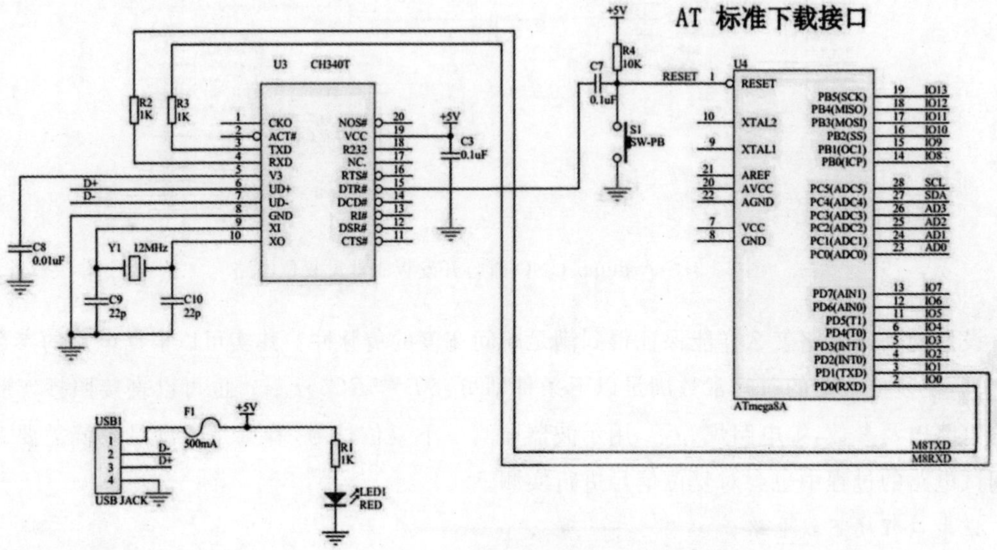

图 8-33　程序下载电路

查阅 CH340T 的数据手册可知：CH340T 芯片支持 5 V 电源电压或者 3.3 V 电源电压。当使用 5 V 工作电压时，CH340T 芯片的 VCC 引脚接外部 5 V 电源的阳极，同时 V3 引脚应该外接容量为 4 700 pF 或者 0.01 pF 的电源退耦电容。当使用外部 3.3 V 工作电压时，从 V3 引脚输入，并且 V3 与 VCC 引脚相连接，同时 CH340T 芯片相连接的其他电路的工作电压不能超过3.3 V。此处设计的电路板采用的是 5 V 电源供电。

表 8-1　CH340T 的引脚定义

SSOP20 引脚号	SOP16 引脚号	引脚名称	类　型	引脚说明
19	16	VCC	电源	正电源输入端，需要外接 0.1 μF 电源退耦电容
8	1	GND	电源	公共接地端，直接连到 USB 总线的地线
5	4	V3	电源	在 3.3 V 电源电压时连接 VCC 输入外部电源，在 5 V 电源电压时外接容量为 0.01 μF 退耦电容
9	7	XI	输入	晶体振荡的输入端，需要外接晶体及振荡电容
10	8	XO	输出	晶体振荡的反相输出端，需要外接晶体及振荡电容
6	5	UD＋	USB 信号	直接连到 USB 总线的 D＋数据线
7	6	UD－	USB 信号	直接连到 USB 总线的 D－数据线

续表

SSOP20 引脚号	SOP16 引脚号	引脚名称	类　型	引脚说明
20	无	NOS	输入	禁止 USB 设备挂起，低电平有效，内置上拉电阻
3	2	TXD	输出	串行数据输出
4	3	RXD	输入	串行数据输入，内置可控的上拉和下拉电阻
11	9	CTS	输入	MODEM 联络输入信号，清除发送，低有效
12	10	DSR	输入	MODEM 联络输入信号，数据装置就绪，低有效
13	11	RI	输入	MODEM 联络输入信号，振铃指示，低有效
14	12	DCD	输入	MODEM 联络输入信号，载波检测，低有效
15	13	DTR	输出	MODEM 联络输出信号，数据终端就绪，低有效
16	14	RTS	输出	MODEM 联络输出信号，请求发送，低有效
2	无	ACT	输出	USB 配置完成状态输出，低电平有效
18	15	R232	输入	辅助 RS232 使能，高电平有效，内置下拉电阻
17	无	NC.	空脚	CH340T：空脚，必须悬空
		IR#	输入	CH340R：串口模式设定输入，内置上拉电阻，低电平为 SIR 红外线串口，高电平为普通串口
1	无	CKO	输出	CH340T：时钟输出
		NC.	空脚	CH340R：空脚，必须悬空

注：SSOP20，SOP16 代表封装。

CH340T 的控制功能比较强大，但是在这里仅仅用它实现 USB 和串口的通信转换，按照图 8－33 所示接线即可：在两个晶振端接上 12 MHz 的晶振以及 2 个 22～30 pF 的振荡电容，将 USB 的数据端 D＋，D－按照正、负对应连接到 CH340T 的 UD＋，UD－两端，再把两根串行数据线 TXD（串行数据输出）、RXD（串行数据输入）对应接到单片机的 RXD，TXD 接线端子上就可以了。这里一定要注意，RXD，TXD 这两根线是交叉连接的：一方的输入 TXD 必须接到另一方的输出端 RXD 上。建立起这样的串口数据链路后，计算机不仅仅可以通过这个数据通信端口向单片机下载程序或者传输其他的数据，也可以把单片机里面的程序上传或者是将单片机中的数据上传到计算机端。也就是说，这样的连接方式建立了计算机和单片机之间的数据通路。例如，我们不清楚单片机在程序执行的时候，一个变量的状态是什么，就可以通过数据传输函数，将数据送给电脑侧，可以直接看到数据。数据传输的时候有自己的格式规定和传输速率，一位一位数地传递数据，这就是串行数据传输。传输时按照什么样的数据格式、什么样的传送速率、怎么检验传送过来的数据是对是错，这些就是所谓的串行通信协议所包含的内容了，这些相关的规定就构成了通信协议。

再来看看 Arduino UNO 中 CH340T 的输出端 DTR 的功能：CH340T 的 DTR 信号，常态

下是高电平，当在 PC 的 Arduino IDE 中点击下载程序时，DTR 端就给出一个比较长时间的低电平，使得单片机的复位端出现一个负脉冲，可以将此负脉冲看作是给单片机的一个触发信号，然后计算机和 ATMEGA328P 经过搭建好的串口通信数据链路发握手信号，进行程序机器码数据的传送和验证，程序下载完后，程序可以直接运行，这是串口下载电路的工作原理。但是可惜的是 AVR 单片机不支持串口直接下载，Arduino 在单片机芯片中内置了一段 bootloader 程序，芯片上电以后先执行特定的固件，检查是否有更新软件的请求，如果有更新请求就更新，如果没有更新请求就引导 flash 中的程序执行。

AVR 芯片需要先烧写 bootloader 程序之后才能通过串口进行程序的下载，可以在网上买已经烧写好 bootloader 的 AVR 单片机，也可以自己烧录 bootloader 引导程序，后面会专门介绍如何烧写 bootloader 程序。

加上 USB 转串口这部分电路后，电压测量这个最小系统的电路就完整了。

5. 单片机最小系统

一个单片机系统，有了单片机、电源供电、晶振电路提供时钟脉冲，有复位电路，写好程序就可以实现信息的输入、输出，以及对设备的控制，这就是一个最小系统了，只要想办法给单片机下载好程序就具备工作的条件了。

系统的输入信息，可能是一个开关的状态，也可能是一个传感器的测量结果；既可能是数字量输入，也可能是模拟量输入；单片机的控制对象可能有指示灯、电磁阀、压力开关、行程开关、继电器等只用一个数字量就可以控制的设备，也可能是一个需要模拟量控制的设备，例如模拟电位器、压力变送器、温度变送器、热电阻、变送器等设备。还有些传感器或者设备可能需要频繁地跟单片机交换数据，在数据传输时会按照约定的规则进行交换，即遵守一定的通信协议。

Arduino UNO 开发板为了通用性更好、方便接线，将所有的端口引到了一排端子上，方便接线，在这里就不做过多解释。

还是回到我们最初的任务：仿照 Arduino UNO，自己建立一个电压测量的单片机小系统。

前面分析过这个系统需要以下部分：单片机、电源、晶振电路、复位电路，输入就是一个系统启动开关和电池盒，而输出就是 4 个 LED 指示灯和 1 个无源蜂鸣器。

单片机就选择 Arduino UNO 板子上使用的 ATMEGA328P；电源电路、晶振电路、复位电路就照搬 Arduino UNO 原电路，需要更换的芯片，更换一下。这个单片机系统怎么接开关、接 LED 指示灯、接蜂鸣器，前面都详细介绍过了，只剩下下载程序了。接下来看看串口程序下载电路。

8.2.2 系统整合

把前面分析过的电源电路、复位电路、晶振电路各部分电路结合到一起，就构成了是我们自己的 Arduino 电路，然后再将输入和输出加到电路中即可，就可以画出自己 Arduino 系统的电路原理图了。

这个过程就是分解、学习别人的模块电路，再用自己需要的模块电路重新形成新系统的过程,这跟小孩子垒积木是相似的过程。

有很多电路设计的软件都可以用来画原理图,这里使用的是 Altium Designer 软件,其电路模块图如图 8－34 所示,画图软件和具体画图过程就不在这里介绍了。大家自己制作的时候,虽然可以手画电路图,但是掌握一种电路图设计仿真软件更佳。当用软件画电路图时,得有需要的元器件,常见的电阻、电容、电感、一些接插件,软件自带的库里面一般都会有,但是集成芯片种类实在是太多了,所以大部分的元器件库需要自己去搜索下载库文件添加到 EDA 软件的元器件库中。国外生产的芯片,通常在厂商官网上就可以下载到元器件的封装库、驱动等。如果没有,要么找功能相同的元器件替代,例如没有找到稳压器 AMS1117－5.0,但是 Altium Designer 的库里面有 LM1117－5.0,它们都是输出 5 V 电压,也是可以的直接替代的。

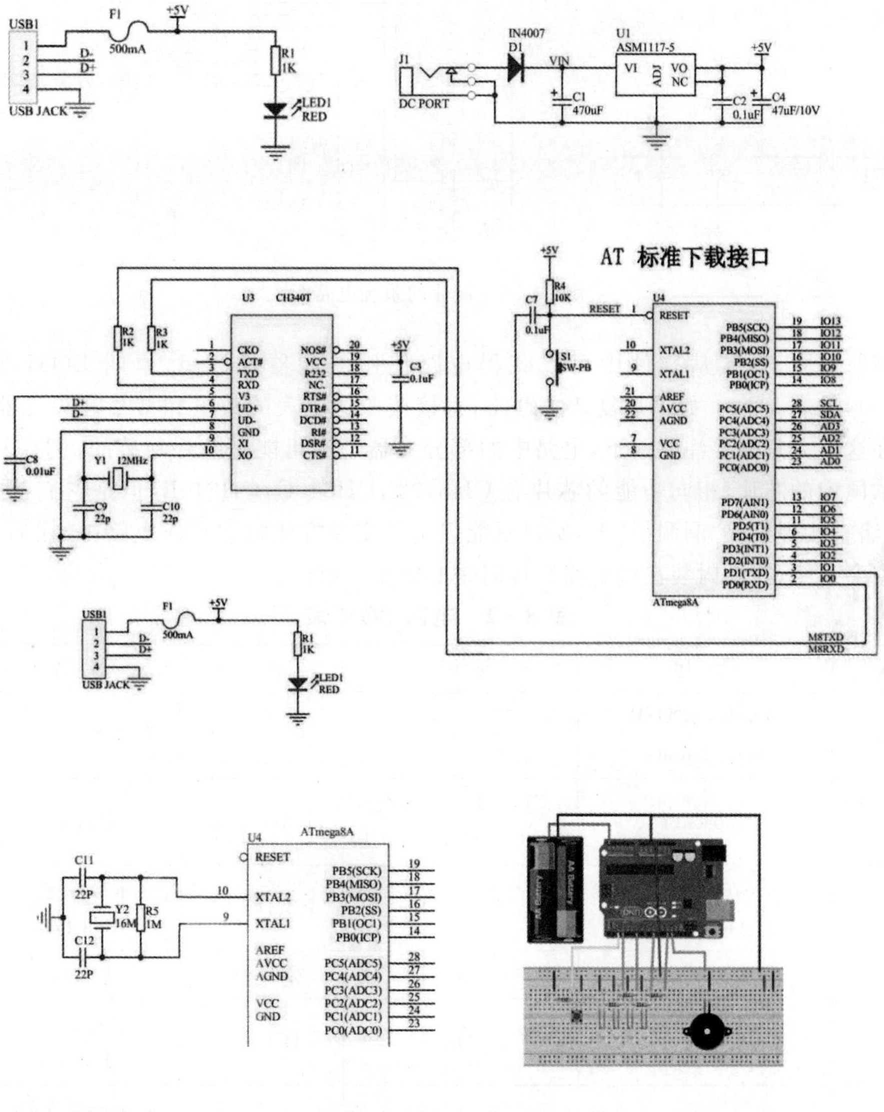

图 8－34　电路模块图

(a)USB 电源;　(b)其他直流电源;　(c)下载程序及复位电路;　(d)晶振电路;　(e)输入输出连接

画出来的原理图如图 8－35 所示，这个系统都采用 5 V 电源供电，所以电源部分没有 3.3 V的输出，既可以由 USB 供电，也可以由 9～12 V 之间的直流电源供电。

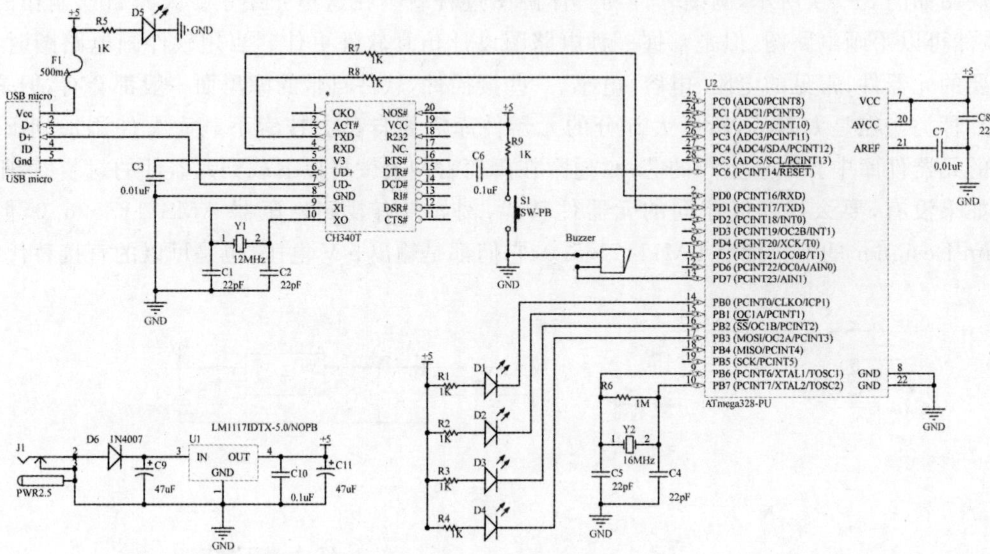

图 8－35　设计的系统电路图

画好原理图，直接从软件中可以获得电路使用的元器件清单，也叫 BOM 表（Bill of Materials），见表 8－2。如果是复杂的电路，直接按照这个表的数量和型号购买元器件，更加省心。在这里大家需要注意一下，电路中的部分元器件有可能是贴片封装的，例如 CH340T，这是一款国产的芯片，相同功能的芯片有 CH340T，CH340G，CH340R，但是它们都是贴片封装的，无法直接焊接在“洞洞板”上，所以只能想别的变通方法将它接入电路中，在后续的元器件封装中会介绍，器件封装在做电路设计时是必须要了解的。

表 8－2　电路 BOM 表

注　释	描　述	元件号	器件封装	元件名称	数　量
CH340T	a series of USB bus adapters			稳压器 CH340T	1
Cap	Capacitor	C1，C2，C3，C4，C5，C6，C7，C8，C10	RAD－0.3	电容 Cap	9
Cap Pol1	Polarized Capacitor (Radial)	C9，C11	RB7.6－15	带极性电容 Cap Pol1	2
LED2	Typical RED	D1，D2，D3，D4，D5	3.2X1.6X1.1	LED 灯	5
1N4007	1 Amp General Purpose Rectifier	D6	DO－41	整流二极管 1N4007	1
500mA	Fuse	F1	PIN－W2/E2.8	可恢复保险 Fuse 2	1

续表

注　释	描　述	元件号	器件封装	元件名称	数　量
PWR2.5	Low Voltage Power Supply Connector	J1	KLD－0202	低压电源连接器 PWR2.5	1
Buzzer	Magnetic Transducer Buzzer	LS1	ABSM－1574	蜂鸣器 Buzzer	1
Res1	Resistor	R1，R2，R3，R4，R5，R6，R7，R8，R9	AXIAL－0.3	电阻 Res1	9
SW－PB	Switch	S1	SPST－2	按钮开关 SW－PB	1
LM1117IDTX－5.0/NOPB	800mA Low－Dropout Linear Regulator，3－pin TO－252，Pb－Free	U1	TD03B_N	5V 稳压器 LM1117IDTX－5.0/NOPB	1
ATmega328－PU	8－bit AVR Microcontroller	U2	28P3	AVR 单片机 ATmega328－PU	1
USB micro	USB micro 扁长方	USB micro	USB micro	USB micro	1
12MHz	Crystal Oscillator	Y1	R38	晶振 XTAL	1
16MHz	Crystal Oscillator	Y2	R38	晶振 XTAL	1

图 8－36 所示也是网上常见的 Arduino UNO 兼容开发板电路，这里面的电源电路更加简单，没有了输入电压的比较，也没有 USB 输出的 5 V 电源和其他直流电源输入的隔离了。我们的系统也可以直接采用 8－36 里的电源电路。

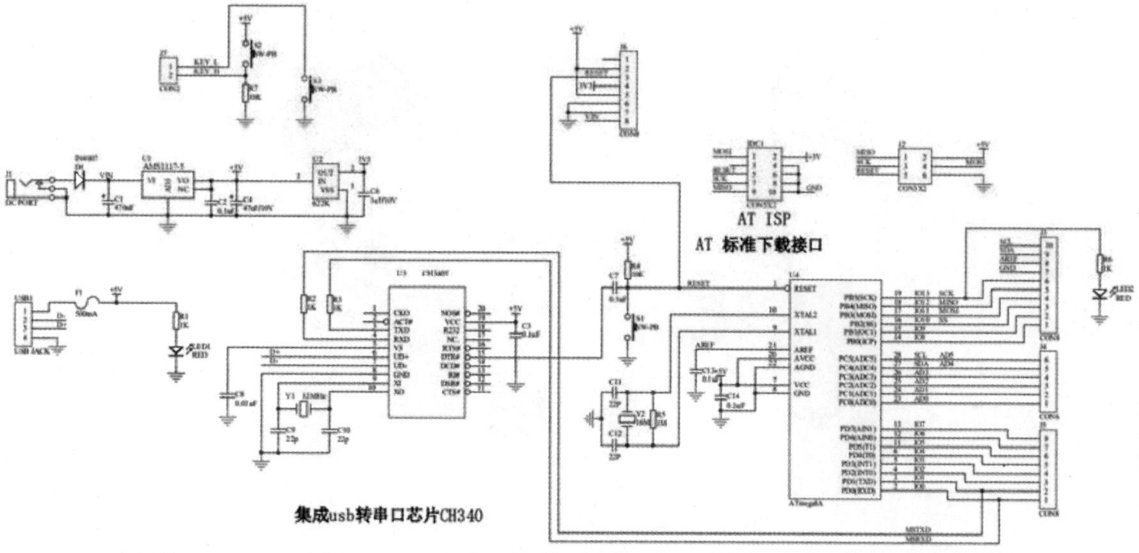

图 8－36　兼容开发板原理图

8.3 元器件封装

元件封装(Footprint)或称为元件外形名称,其功能是提供电路板设计用,换言之,封装简单来说就是元器件的外形,或者是元件在电路板上所呈现出来的形状。衡量一个芯片封装技术先进与否的重要指标是芯片面积与封装面积之比,这个比值越接近1越好。封装时主要考虑的因素如下:

(1)芯片面积与封装面积之比,这个比值尽量接近1∶1;

(2)引脚要尽量短以减少延迟,引脚间的距离尽量远,以保证互不干扰,提高性能;

(3)基于散热的要求,封装越薄越好。

由于封装技术的好坏还直接影响到芯片自身性能和与之连接的PCB(印制电路板)电路板的设计和制造,例如只有PCB板上元器件的引脚和实际器件的引脚相对位置、大小一一对应,元器件才能焊接到PCB板上,因此它是至关重要的。封装的种类很多,且有国际标准。按照元器件和PCB板连接方式,可以分为两种封装:一种是通孔直插式(PTH,PLATING Through Hole)封装,如图8-37所示,包括双列直插DIP、PTH等;另外一种是表面贴装式(SMT,Surface Mount Technology)封装,如图8-38所示。

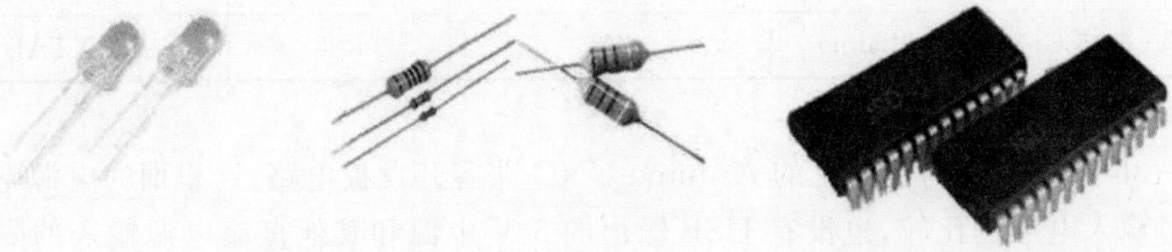

图8-37 直插式封装器件

图8-38 贴片式封装器件

大家平时看到元器件不一定会关注它们的封装形式,通孔直插式封装的元器件比较明显的特征就是它们的引脚都比较长,元件的引脚穿过电路板的圆形通孔,在板子的另一侧进行焊接。而贴片式封装元器件的引脚都不长,如图8-38所示,它的焊接点就在元器件的两端,没有伸出来的引脚，而是用一个导电的金属触点取代引脚；要么虽然有引脚，但是很短。焊接时，电路板上不需要通孔，它们的焊盘（电路板上的元件焊接点）会根据贴片元件的型号引脚排列、大小等设计，如图 8-39 中 PCB 板上面的贴片器件焊盘，都是没有通孔的。大家可以观察一下 Arduino UNO 上的元器件，除了接线端子、单片机之外，很多都是贴片封装的，而贴片元件无法焊接到“洞洞板”上。

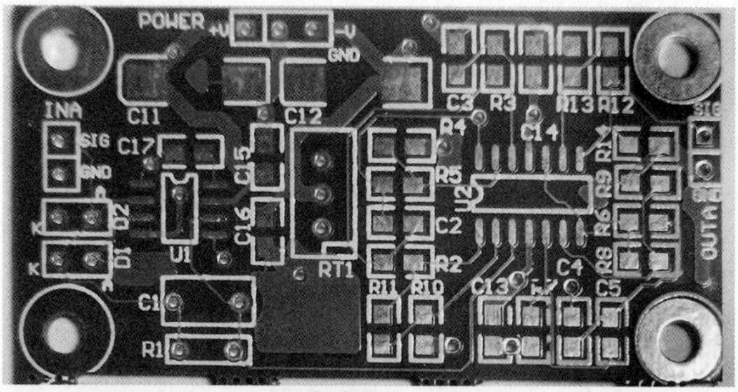

图 8-39 PCB 板

因此我们借鉴别的电路设计自己的电路时，要注意电路中使用的元器件封装形式。在说明书上可以看到同一系列的器件，会有不同的封装，不同封装的元器件，型号也有差异。例如图 8-23 所示的 Arduino UNO 原理图中的三端稳压器 NCP1117ST50T3G 是贴片封装的 5 V 直流稳压芯片，搜索相同功能的集成芯片：低漏失的 5 V 三端稳压器，可以找到可替代的双列直插式封装三端稳压器，然后下载相应的说明书，看看芯片的主要参数是否能满足自己的需要，最终确定选用哪个芯片。推荐给大家一个芯片数据手册比较齐全的网站 https://www.alldatasheet.com。

从 AMS1117 说明书上可看到如图 8-40 所示的三种封装，其中 AMS1117 系列芯片的 TO-220-3L 封装直插式三引脚的外形，就可以焊到洞洞板上。根据元器件的命名规则找选定的芯片型号，用 LM78 系列或 AMS1117 系列中的 LM7805T，AMS1117-5 代替 5 V 输出的稳压芯片；用 AMS1117-3.3 或者 LD1117AL-3.3 替代 3.3 V 输出的稳压芯片。

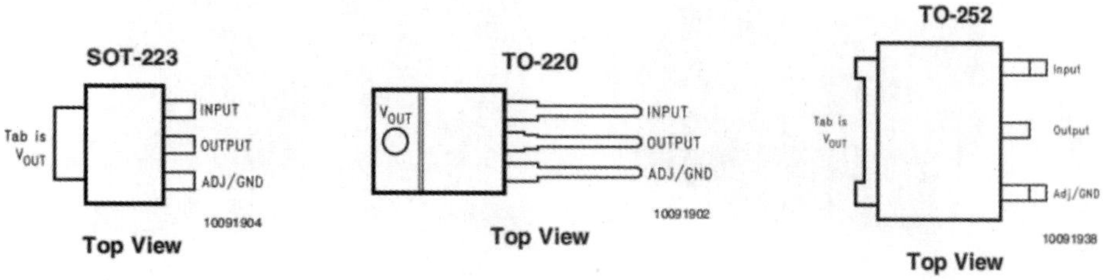

图 8-40 LMS1117 系列封装

同样地，图 8-22 中的集成运放 LMV358IDGKR 也只有贴片封装，可以搜索常用双运放 IC 8 脚直插芯片，然后再根据查到的芯片型号了解更详细的参数，同时还需要注意我们的系统电源是单极性 5 V 电源供电（Single Supply Operation）的，集成运放芯片也只能选择单极性电源供电的芯片。可用 LM2904、LM358 替代运放芯片 LMV358IDGKR。

MOS 管 FDN340P 是贴片封装，搜索后发现直插式的 MOS 管芯片都是大电流、大功率的，那就用 FQP9P25 代替 FDN340P。

但是需要注意功能相同的不同芯片，也有可能引脚的个数和定义都不同，在设计电路的时候一定要注意的。

洞洞板孔的直径，根据型号的不同，也是有差异的。我们使用的是最常用的洞洞板，它的孔直径是 0.8 mm，孔间距是 2.54 mm。而相同功能、TO-220-3L 封装的 LMS1117（见图 8-41）引脚间隔也基本是 2.54 mm，正好匹配。但是 USB 转串口芯片 CH340T，CH340G，CH340R 等就没有插针封装的了，要么购买焊在转接板上的芯片，要么自己买对应的转接板和芯片，自己焊，焊好了再把整块转接板焊到洞洞板上，如图 8-42 所示。

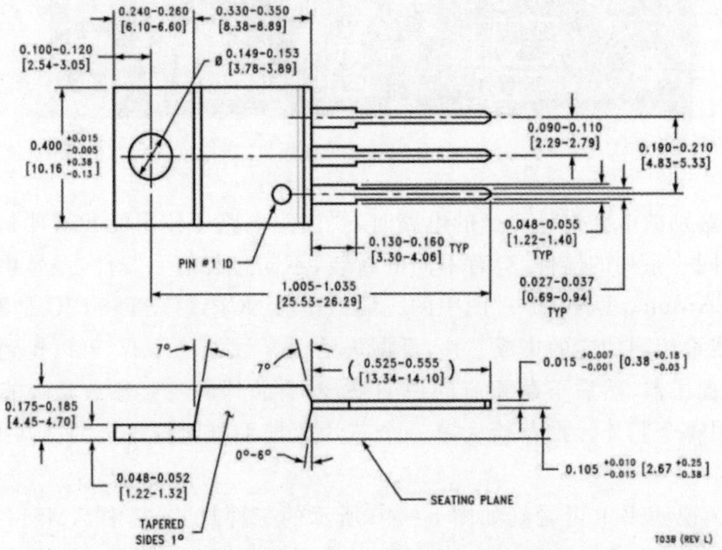

图 8-41　LMS1117 芯 TO-220-3L 封装外形

图 8-42　CH340T 的转接板

如果电路需要更大的功率，那就去找相同功能、功率更大的芯片即可。芯片选好后，还要注意市场上是否容易买到，因为这将涉及产品的成本以及生产周期。如果不容易买到，就只能选择市场上更常见的、相同功能、引脚兼容的器件进行替换，除非必要，尽量不要改变原有的设计。

对用洞洞板自行设计的读者，建议尽量选择直插式封装的元器件，因为直插式芯片的焊接也相对容易，而贴片器件焊接对于熟练程度的要求更高一些。

说到这里，大家对器件的封装外形应该有了初步的了解，了解了设计电路板、购买集成芯片时都要考虑封装的问题，电路板要跟元器件封装匹配，否则元器件焊接不到电路板上。也了解了如何把别人的原理图消化吸收、设计出自己的电路来。

8.4 购买器件

买元器件的时候，要注意以下方面：

(1)洞洞板分为独立孔、双孔连通型、类似于面包板的五孔连通型。因为大部分元器件要和别的器件连接，所以建议购买双孔连通型或者五孔连通型的洞洞板，焊接起来比独立孔的洞洞板更容易，否则要飞的导线实在是太多了。

(2)元器件尽量选择通孔直插式的。对于个别只有贴片封装的，需要同时购买芯片对应的转接板。不同芯片引脚不同，所以转接板也是不同的。

(3)电容元件的参数除了容值之外，还有耐压值这个重要参数，此电路中电容的耐压值达到10 V以上就可以满足电路需求。

标有“+”的电容是有极性的电容，使用时注意极性，不要接反了。常见的有极性的电容有铝电解电容和钽电解电容。另外，元器件都有耐压值，电解电容上不仅标着47 μF的容值，旁边还写着10 V，就是指选取的电容器耐压值是10 V。

(4)整流二极管用在直流电源电路中，除了额定正向整流电流参数外，反向击穿电压也是一个非常重要的参数。整流二极管的型号是1N4007，直接选用它就可以了，大家也可以查查它的数据手册，它的反向耐压值非常高，在1 000 V以内。

(5)购买电阻时，除了阻值，还需要考虑电阻的功率。这里的电路电压低、电流小，购买1/8W额定功率的就够了。

自己也可以根据电路参数进行功率估算。例如，对于二极管限流电阻，发光二极管的电压是2 V，额定电流是30 mA，则限流电阻的额定电压就是3 V，电流等于发光二极管的额定电流，所以限流电阻的功率等于UI，即为3 V×30 mA＝90 mW，限流电阻阻值应为U/I＝3 V/0.03 A＝100 Ω。根据这个估算，买一个阻值接近于100 Ω，且功率为1/8W的电阻即可。

(6)对于稳压器来说，有以下几个比较重要的参数：

1)稳压器输出电压。稳压器有固定输出的稳压器，也有电压可调的稳压器；有输出正电压的稳压器，也有输出负电压的稳压器。在此电路中，选用的电路是输出＋5 V的固定稳压器。

2)最大输出电流。用电设备的功率不同，要求稳压器输出的最大电流也不相同。通常，输出电流越大的稳压器成本越高。为了降低成本，应根据所需的电流值选择适当的稳压器。

3)输入输出电压差。压差这个指标有什么意义呢？我们可以考虑一下：两个稳压器，输出都是5 V，并且输出电流也相同，但是一个输入是10 V，另一个输入是7 V，哪个稳压器上浪费的电能多，显然是输入10 V的稳压器损耗大。所以，在相同的输出电压能力时，需要的输入电压低，稳压器的功率损耗(耗散功率)也就少了。因此，压差可以反映功率耗散的大小。

4)极限参数。每个元器件都有极限值耐压值，例如电压过高会超过元件的耐压而会损坏器件；或者输入电压过高，耗散功率过大，而使元件进行保护而影响性能。另外所有的电路输出电流也是有限的。AMS1117－5的极限输入电压是20 V，推荐工作电压是15 V，但是输入电压在7～12 V也能正常工作。当输入电压变化、负载变化时，输出电压也会有变化，相应的线性调整率、负载调整率等表征参数就不赘述了。不同的电压等级要求，只要对应选择不同额定电压的稳压器就可以了。如果没有对应电压等级的稳压器，那就查阅说明书，将电路改成可调节输出的形式，调节元件参数，达到需要的电压即可。

(7)购买电烙铁和助焊剂。对印制板上的电子元器件进行焊接时，一般选择20～35 W的尖头温控电烙铁；焊接洞洞板，焊锡丝建议选择线径为0.5～0.6 mm的。手工焊接中最适合使用的是管状焊锡丝，焊锡丝中间夹有优质松香与活化剂，但是价格比普通焊锡丝也高一些。

新入门的爱好者如果能就近找到销售电子元器件的电子市场，建议去电子市场实地买器件，这样能看到很多实际的器件、接插件，通过和销售人员的交流也能增加很多选购器件的经验。

8.5 元器件整形及插装

1.元器件整形的基本要求

(1)所有元器件引脚均不得从根部弯曲，一般应留1.5 mm以上。因为制造工艺上的原因，根部容易折断。

(2)手工组装的元器件可以弯成直角，但机器组装的元器件弯曲一般不要成死角，圆弧半径应大于引脚直径的1～2倍。

(3)要尽量将元器件印有参数、型号的面置于容易观察的位置。

2.元器件的引脚成形

弯器件引脚时可以借助镊子或小螺丝刀将引脚整形为如图8－43所示的形状。

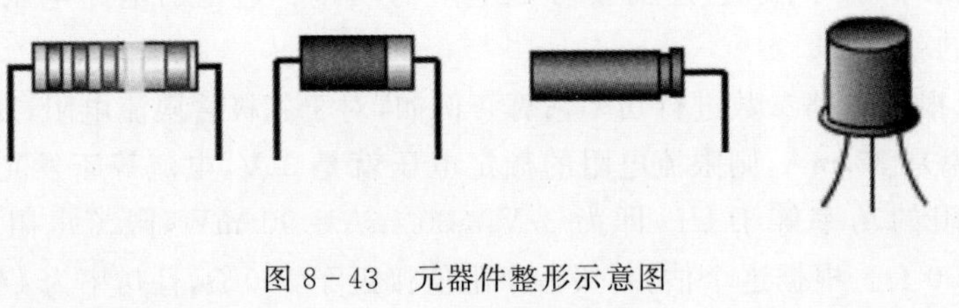

图8－43　元器件整形示意图

3.元器件插装的原则

(1)自己制作时，插装和焊接是交替进行的，应该先安装那些需要机械固定的元器件，如功率器件的散热器、支架、卡子等，然后再安装靠焊接固定的元器件，如电阻、电容等。否则，就会在机械紧固时，使印制板受力变形而损坏其他已经安装的元器件。其他的器件，应该先安装那些高度较低的元器件，如电阻、二极管，后安装那些高度较高的元器件，如立式插装的电容器、晶体管等元器件。对于贵重的关键元器件，如大规模集成电路和大功率器件，应该放到最后插装。应该先装配需要机械固定的元器件，先焊接那些比较耐热的元器件，如接插件、小型变压器、电阻和电容等，然后再装配焊接比较怕热的元器件，如各种半导体器件及塑料封装的元件。

记住先低后高、先小后大、先贱后贵。

(2)各种元器件的安装，尽量使它们的参数等标记朝着易于辨认的方向，并注意标记的读数方向一致(从左到右或从上到下),这样有利于检查;卧式安装的元器件,尽量使两端引线的长度相等对称,把元器件放在两孔中央,排列整齐;立式安装的色环电阻应该高度一致,最好让起始色环向上以便检查安装错误,上端的引线不要留得太长以免与其他元器件短路。有极性的元器件,如二极管、电解电容等,要保证极性正确。

(3)当元器件在印制电路板上立式装配时,单位面积上容纳元器件的数量较多,适合于机壳内空间较小、元器件紧凑密集的产品。但立式装配的机械性能较差,抗震能力弱,如果元器件倾斜,就有可能接触临近的元器件而造成短路。为使引线相互隔离,往往采用引脚上加套绝缘塑料管的方法。可以考虑使用不同颜色进行需要的区分。

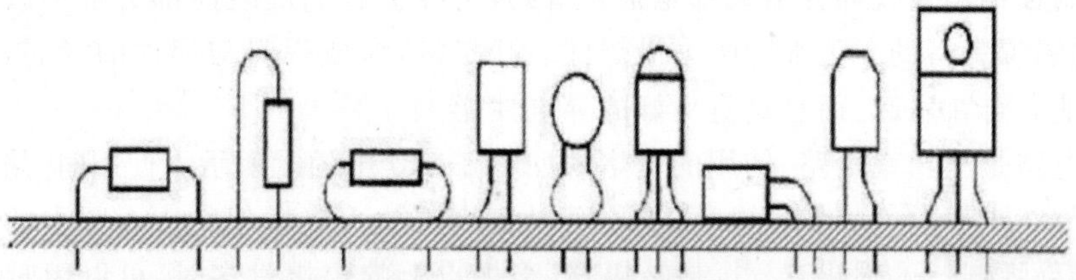

图 8-44　元器件引线成型图

插装时不要用手直接碰元器件引脚和印制板上铜箔,以防汗液等沾到铜箔上。

8.6　电路板焊接工艺

焊接就是利用比被焊金属熔点低的焊料,与被焊金属一同加热,在被焊金属不熔化的条件下,焊料润湿金属表面,并在接触面形成合金层,从而达到牢固连接的过程。焊接并不是通过熔化的焊料将元器件的引脚与焊盘进行简单的黏结,而是焊料中的锡与铜发生了化学反应,产生了新的介质化合物。

电子产品生产中,最常用的焊料称为锡铅合金焊料(又称焊锡),它具有熔点低、机械强度高、抗腐蚀性能好的特点。

助焊剂是进行锡铅焊接的辅助材料。助焊剂的作用是去除被焊金属表面的氧化物,防止焊接时被焊金属和焊料再次出现氧化,并降低焊料表面的张力,有助于焊接。常用的助焊剂有无机焊剂、有机助焊剂。松香类焊剂在电子产品焊接中最常用,另外还有焊锡膏。

8.6.1　焊前准备

(1)要熟悉所焊印制电路板的装配图,并按图纸配料检查元器件型号、规格及数量是否符合图纸上的要求。

(2)用棉花球蘸少量无水乙醇或专用洗板水对印制电路板焊盘、器件引脚处理,去除氧化膜。焊件表面应是清洁的,油垢、锈斑都会影响焊接。

(3)按元器件手工插装的技术要求,插装电阻器和二极管。

(4)预热电烙铁,并对电烙铁进行必要的处理。

在使用电烙铁之前,要用干净的刷子来刷烙铁头清除掉烙铁头上的锈污及多余的锡渣。将烙铁加热到 315℃,再将热的烙铁头在湿的耐高温海绵上轻轻地、快速地擦两下,去除残留的氧化物。短时间不用烙铁时，清洁烙铁头并涂上薄薄的锡层，将其放在烙铁架上。每天结束工作后，在烙铁头上涂薄薄的一层锡以防烙铁头的氧化，保证烙铁头的热传导功能可靠并避免将杂质遗留在烙铁头上，然后将其从烙铁上取下，防止大量的氧化物堆聚在加热单元与烙铁头及安装螺钉之间。

8.6.2 手工焊接方法

目前，电子元器件的焊接主要采用锡焊技术。锡焊技术采用以锡为主的锡合金材料作焊料，在一定温度下焊锡熔化，金属焊件与锡原子之间相互吸引、扩散、结合，形成浸润的结合层。外表看来印刷板铜铂及元器件引线都是很光滑的，实际上它们的表面都有很多微小的凹凸间隙，熔流态的锡焊料借助于毛细管吸力沿焊件表面扩散，形成焊料与焊件的浸润，把元器件与印刷板牢固地黏合在一起，而且具有良好的导电性能。

我们的电路是小功率电路，使用的电烙铁如图 8－45 中的①所示。使用时，烙铁可以按照现在的样子放在支架上。如果断电不用了，可以将烙铁放入烙铁架②中。图中的③是成卷的焊锡丝，④是助焊剂——焊锡膏，⑤ 是吸锡器，当焊点上的焊锡过多时，可以用吸锡器或者吸锡网吸走多余的焊锡；⑥ 是镊子，用来固定器件等。图中的⑦ 是小海绵，海绵必须浸湿使用。为了保证海绵的清洁，可以 2 小时清洗一次海绵。海绵清洗或者加水后轻轻挤压海绵，以可挤出 3～4 滴水珠为宜。焊接的时候海绵非常有用：当电烙铁温度过高，或者烙铁头上有多余的焊锡时，可以将烙铁头在浸湿的海绵上面蹭一蹭、蘸一蘸。水分适量时，烙铁头接触的瞬时，水会沸腾波动，达到清洗的目的。海绵水分若过多，烙铁清洗时会急速冷却导致电气镀金层脱离，并且粘在烙铁头上的锡珠不易弄掉。海绵若无水，烙铁清洗时会熔化海绵，诱发焊锡不良。

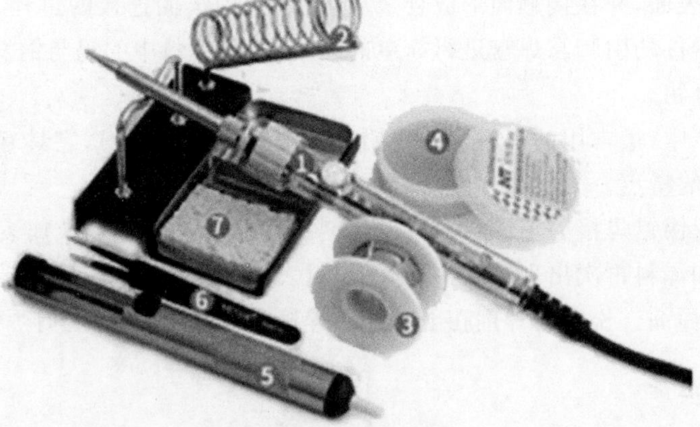

图 8－45　焊接工具

焊接操作者一般采用坐姿焊接，工作台和座椅的高度要合适，操作者采用如图 8－46(c) 所示的笔握法握住电烙铁，其头部与烙铁头之间应保持 30 cm 以上的距离，以避免过多的有害气体(铅，助焊剂加热挥发出的化学物质)被人体吸入。正握法适合中功率或带弯头的电烙铁；反握法适合大功率的电烙铁；握笔法适合 PCB 上的元器件焊接。

电烙铁的焊接温度由实际使用情况决定。一般来说以焊接一个锡点的时间限制在 4 s 最为合适。焊接时烙铁头与印制电路板成 45°角，电烙铁头顶住焊盘和元器件引脚，然后给元器件引脚和焊盘均匀预热，而且烙铁的设定温度也和器件的大小、引脚的粗细等都有关系。器件面积大、引脚粗，焊接时散热更快，温度要更高一些才能更快地使得焊锡处于熔融状态，利于焊接。

图 8-46　电烙铁握持方法

(a)反推法；(b)正握法；(c)握笔法

1. 焊接操作过程

能被锡焊料润湿的金属才具有可焊性，对黄铜等表面易于生成氧化膜的材料，可以借助于助焊剂，先对焊件表面进行镀锡浸润后，再行焊接；要有适当的加热温度，使焊锡料具有一定的流动性，才可以达到焊牢的目的，但温度也不可过高，过高时容易形成氧化膜而影响焊接质量。

焊接操作过程分为 4 个步骤：加热、加焊料、移开焊料、移开烙铁，一般要求在 2～3 s 的时间内完成一个焊点。

(1)电烙铁的接触方法如图 8-47 所示：用电烙铁加热被焊工件时，烙铁头上一定要粘有适量的焊锡，为使电烙铁传热迅速，要用烙铁的侧平面接触被焊工件表面，同时应尽量使烙铁头同时接触印制板上焊盘和元器件引线，使得焊盘和被焊器件的焊接端同时大面积受热。

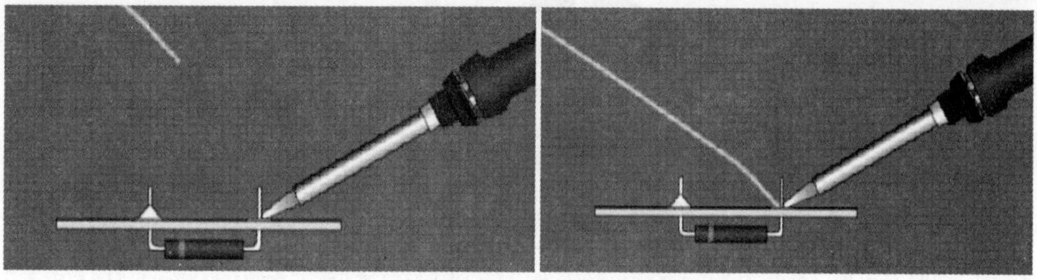

图 8-47　电烙铁的接触方法示意图

(2)移入焊锡丝。焊锡丝从元器件脚和烙铁接触面处引入，焊锡丝应靠在元器件脚与烙铁头之间，如图 8-48 中左图所示。图 8-48 中的右图显示，烙铁仅仅接触焊盘，而没有紧密接触元件引脚，这是不对的。

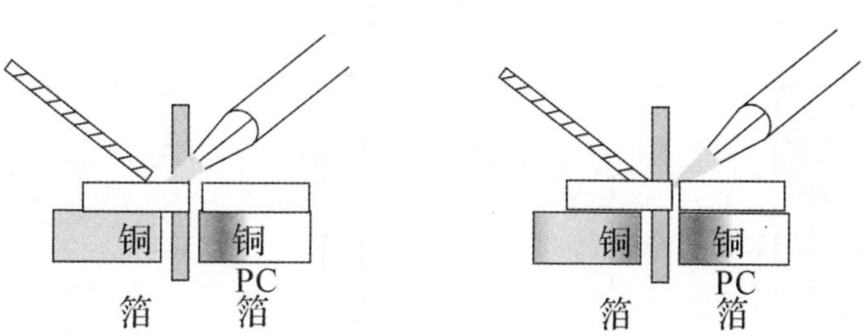

图 8-48　加焊料示意图

(3)移开焊锡。当焊锡丝熔化(要掌握进锡速度)焊锡散满整个焊盘时,即可以45°角方向拿开焊锡丝,如图8-49所示。

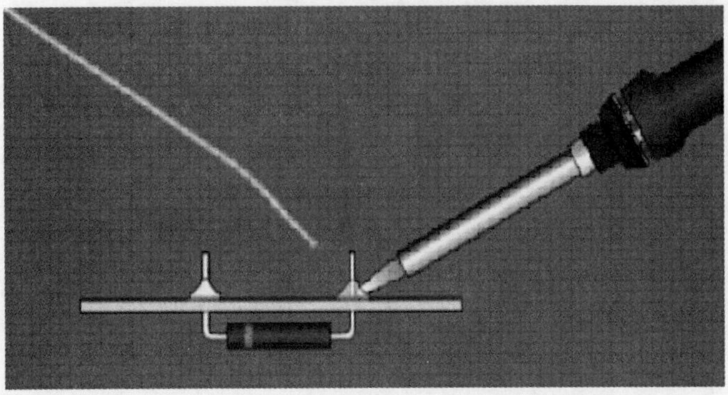

图8-49 焊锡移开示意图

(4)移开电烙铁。焊锡丝拿开后,烙铁继续放在焊盘上持续1~2 s,当焊锡只有轻微烟雾冒出时,即可拿开烙铁。拿开烙铁时,应沿如图8-50所示方向接中,不要过于迅速或用力往上挑,以免溅落锡珠、锡点,或使焊锡点拉尖等,同时要保证被焊元器件在焊锡凝固之前不要移动或受到震动,否则极易造成焊点结构疏松、虚焊等现象。

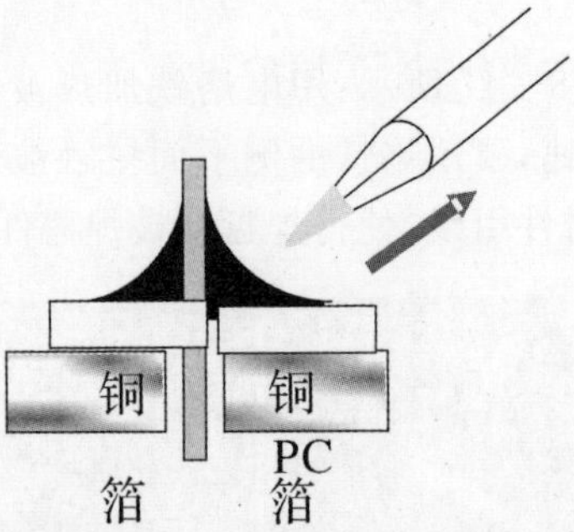

图8-50 电烙铁移开示意图

焊锡作业结束后烙铁头必须均匀留有余锡,这样锡会承担一部分热并且保证烙铁头不被空气氧化,有利于延长烙铁寿命。

2. 对元器件焊接的要求

(1)电阻器的焊接。按图将电阻器准确地装入规定位置,并要求标记向上,字向一致。装完一种规格再装另一种规格,尽量使电阻器的高低一致。焊接后将露在印制电路板表面上多余的引脚齐根剪去,如图8-51(c)所示。

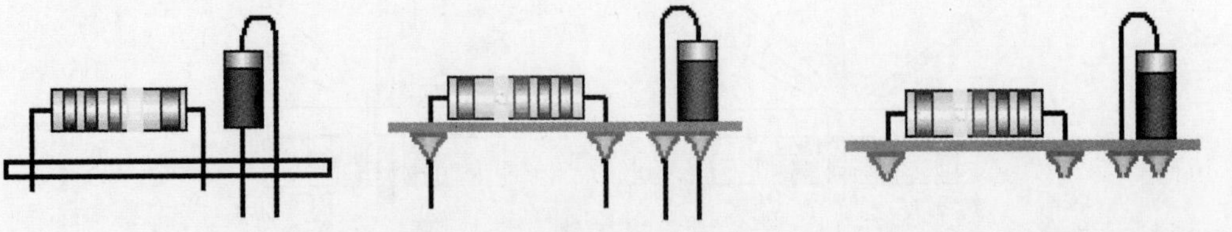

图8-51 电阻的插装、焊接、剪脚示意图

(2)电容器的焊接。将电容器按图纸要求装入规定位置,并注意有极性的电容器其“+”与“－”极不能接错。电容器上的标记方向要易看得见。先装玻璃釉电容器、金属膜电容器、瓷介电容器,最后装电解电容器。

(3)对焊点的质量要求。完美的焊点具有外形美观、机械强度可靠的特点,电气接触良好。

在焊接完成后应立刻对焊点清洗,避免焊点周围的杂质腐蚀焊点。最长间隔时间不能超过 2 h。常用的清洗剂有无水乙醇(无水酒精),酒精含量在 99%以上,但是一定注意,工业酒精不能用于精密设备,它是采取工业提纯的方法提取的,里面含有微量有害杂质。

洞洞板上器件和器件之间一般是利用单芯细导线进行飞线连接,没有太强的技巧,但尽量做到水平和竖直走线。另外,导线提前烫锡后才更好焊接。

3. 焊点的常见缺陷及原因分析

焊点的常见缺陷有虚焊,拉尖,桥接,球焊,印制电路板铜箔起翘、焊盘脱落、导线焊接不当等问题。

(1)虚焊(假焊)。虚焊指焊接时焊点内部没有形成金属合金的现象。

造成虚焊的主要原因是:焊接面氧化或有杂质,焊锡质量差,焊剂性能不好或用量不当,焊接温度掌握不当,焊接结束但焊锡尚未凝固时焊接元件移动等。

虚焊造成的后果:信号时有时无,噪声增加,电路工作不正常等“软故障”。

(2)拉尖。拉尖是指焊点表面有尖角、毛刺的现象。

造成拉尖的主要原因有烙铁头离开焊点的方向不对、电烙铁离开焊点太慢、焊料质量不好、焊料中杂质太多、焊接时的温度过低等。

拉尖造成的后果:外观不佳、易造成桥接现象;对于高压电路,有时会出现尖端放电的现象。

(3)桥接。桥接是指焊锡将电路之间不应连接的地方误焊接起来的现象。

造成桥接的主要原因有焊锡用量过多、电烙铁使用不当、温度过高或过低等。

桥接造成的后果:导致产品出现电气短路,有可能使相关电路的元器件损坏。

(4)球焊。球焊是指焊点形状像球形、与印制板只有少量连接的现象。

球焊的主要原因有印制板面有氧化物或杂质。

球焊造成的后果:由于被焊部件只有少量连接,因而其机械强度差,略微震动就会使连接点脱落,造成虚焊或断路故障。

(5)印制板铜箔起翘、焊盘脱落。印制板铜箔起翘、焊盘脱落主要原因:焊接时间过长、温度过高、反复焊接;或在拆焊时,焊料没有完全熔化就拔取元器件。

印制板铜箔起翘、焊盘脱落后果:使电路出现断路或元器件无法安装的情况,甚至整个印制板损坏。

4. 焊点检验要求

好的焊点要求具有外观美观、机械强度可靠、电气接触良好、的特点。在实际检查中,一般可以通过目视检查、手触检查和上电检查这几种方式对应检查。

外形美观:一个良好的焊点应该是明亮、清洁、平滑,焊锡量适中并呈裙状拉开,焊锡与被焊件之间没有明显的分界,这样的焊点才是合格、美观的。

机械强度可靠:保证使用过程中,不会因正常的振动而导致焊点脱落。电气接触良好:良好的焊点应该具有可靠的电气连接性能,不允许出现虚焊、桥接等现象。

(1)目视检查。目视检查就是从外观上检查焊接质量是否合格,有条件的情况下,建议用3～10倍放大镜进行目检。目视检查的主要内容有:

1)是否有错焊、漏焊、虚焊。

2)有没有连焊、焊点是否有拉尖现象。

3)焊盘有没有脱落、焊点有没有裂纹。

4)焊点外形润湿是否良好,焊点表面是不是光亮、圆润。

5)焊点周围是否有残留的焊剂。

6)焊接部位有无热损伤和机械损伤现象。

(2)手触检查。在外观检查中发现有可疑现象时,采用手触检查。主要是用手指触摸元器件有无松动、焊接不牢的现象,用镊子轻轻拨动焊接部或夹住元器件引线,轻轻拉动观察有无松动现象。

(3)上电检测。通过万用表、示波器、信号发生器等仪器对板子的功能特性进行检测。

5.元器件的拆卸

当焊接出现错误、损坏或进行调试维修电子产品时,就要进行拆焊。

(1)引脚较少的元器件拆法:一手拿着电烙铁加热待拆元器件引脚焊点,一手用镊子夹着元器件,待焊点焊锡熔化时,用夹子将元器件轻轻往外拉。

(2)多焊点元器件且引脚较硬的元器件拆法:采用吸锡器或吸锡枪逐个将引脚焊锡吸干净后,再用夹子取出元器件如图8-52所示。借助吸锡材料(如编织导线、吸锡铜网)靠在元器件引脚用烙铁和助焊剂加热后,抽出吸锡材料将引脚上的焊锡一起带出,最后将元器件取出。

图8-52　铜网吸锡示意图

(3)机插元器件的拆卸。右手握住烙铁将锡点融化,并继续对准锡点加热,左手拿着镊子,对准锡点中倒角将其夹紧后掰直。

用吸锡枪或吸锡器将焊锡吸净后,用镊子将引脚掰直后取出元器件。

对于双列或四列扁平封装 IC 的贴片焊接元器件,可用热风枪拆焊,温度控制在 350℃,风量控制在 3～4 格,对着引脚垂直、均匀地来回吹热风,同时用镊子的尖端靠在集成电路的一个角上,待所有引脚焊锡熔化时,用镊子尖轻轻将集成芯片挑起。

8.7　电路板焊接

洞洞板的焊盘有覆铜的和镀锌的板子,有单面的,也有双面的。如果买来的是单面的洞洞板,就把元器件从没有焊盘的那一面插过板子,在有焊盘的一侧焊接。

在焊接电路板之前,先根据自己买的元器件和洞洞板大小,进行合理的布局,可将布局画在纸上备用。

(1)分布元器件的时候,大功率元器件尽量靠近电源入口;有按键、开关等需要手工操作的,可以布局在板子的最外侧。另外,如果开关的附近有高度很大的元器件,注意开关的摆放方向,不要影响操作,并留出足够的操作空间。布局的时候,尽量将连接关系紧密的器件就近排布,尤其是晶振,一定要尽量地接近单片机。

(2)规划好路径,减少不必要的交叉。

(3)如果电路中既有模拟电路,又有数字电路,一般将数字地和模拟地分开,然后通过一个 0 Ω 电阻或者磁珠将它们连接到一起。

(4)布局时,充分利用板上的空间。例如芯片座里面可以隐藏元件,既美观又能保护元件;电路中如有很多相同阻值的电阻,以考虑用排阻代替很多个相同值的独立电阻,以节约空间。

如果电路板需要和别的设备连接,比较好的接口方案是利用排针,或者专门的连接接插件。比如两块板子相连,就可以用排针和排座,排针既起到了两块板子间的机械连接作用又起到电气连接的作用。这一点借鉴了电脑的板卡连接方法。

(5)焊接前,将洞洞板用橡皮或是无水酒精(4 万不能当医用酒精用)对焊盘进行清洁。

(6)防止静电。在拿芯片之前需要注意,应将身上的静电进行释放,以防静电损坏芯片。

焊接的时候,就按照手工焊接工艺过程,按照布好的元器件位置,先焊接电阻等高度最低的器件,再焊接高的器件。

但是用洞洞板焊接电路,其实也有很多不方便的地方,跳线会特别多,尤其是元器件数量多的时候,所以还是建议大家学学制作 PCB 版,基础的学习时间也不需要很长。完成了一个洞洞板制作之后,转头再学习 PCB 版制作,我们就一定会领悟到 PCB 版制作的明显优势的。

图 8－53 是设计的 Arduino UNO 的电压检测系统的原理图,因为做这个电路板,也可以让它像 Arduino UNO 一样,也具有通用系统的使用功能,所以给它多加了一些连通的孔,就像是多了一小块洞洞板,具有可拓展功能。

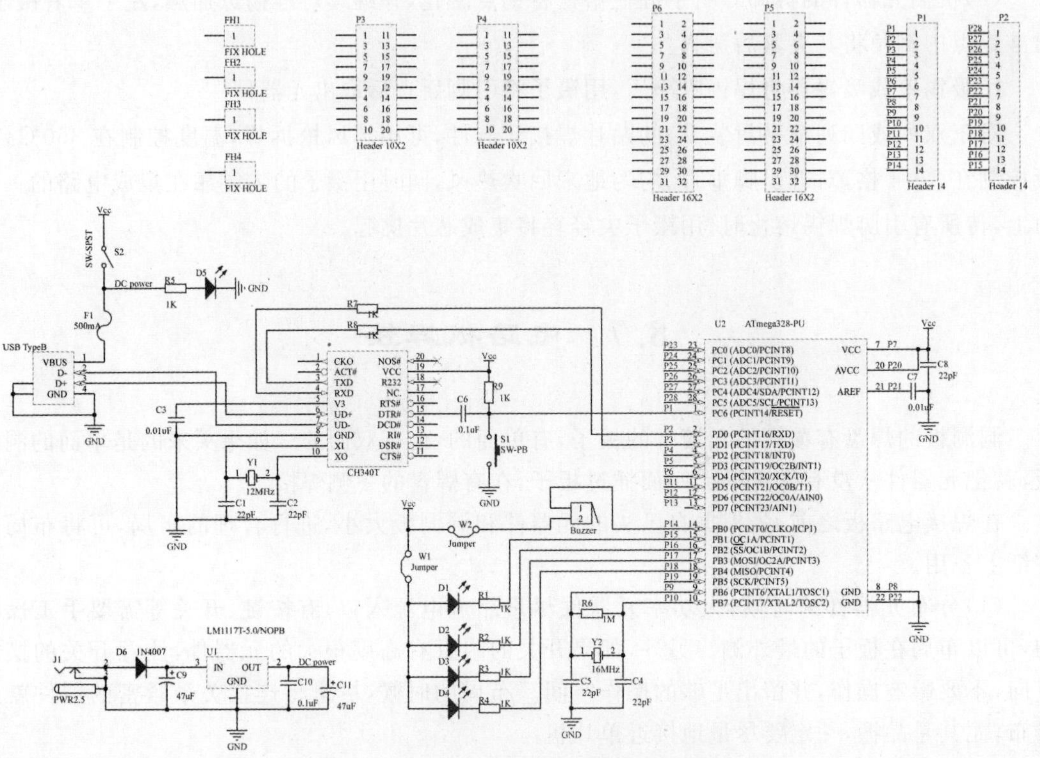

图 8-53　Arduino UNO 电压检测系统原理图

图 8-54 是 PCB 板的布局图，图 8-55 是做好的 PCB 板，焊上元器件后的电路板如图 8-56所示。

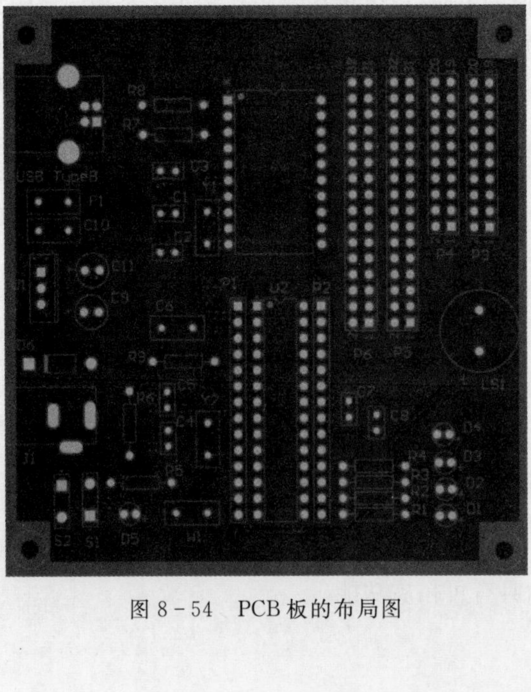

图 8-54　PCB 板的布局图

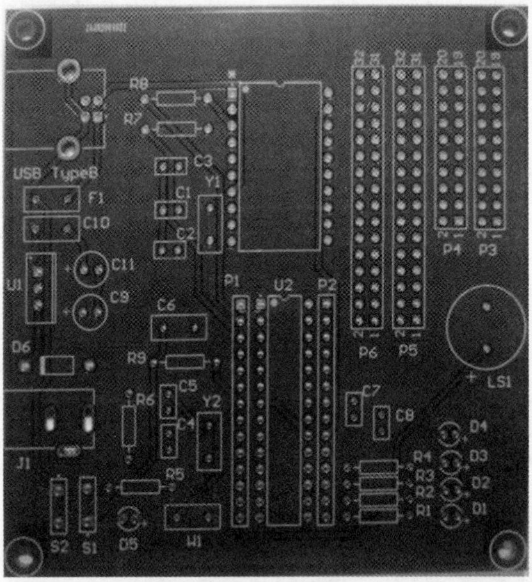

图 8-55　做好的双面 PCB 板

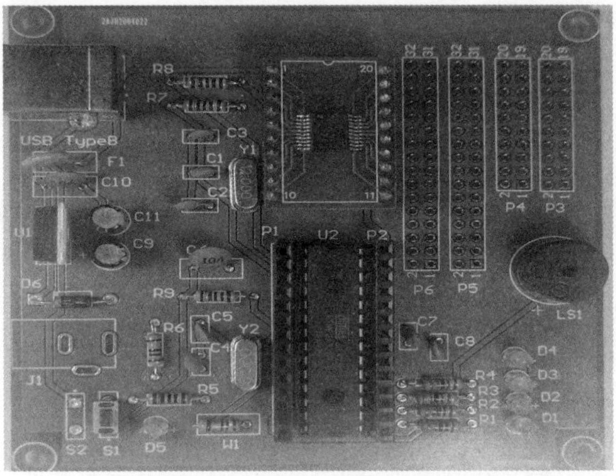

图 8-56　焊好的电压检测电路板

8.8　系统调试

我们无法保证焊接好的电路就能够正常工作，所以建议大家要对焊接好的电路进行测试。测试的时候一部分一部分调试，以免意外烧坏别的器件。可以选择一部分焊接好测试后再焊接下一级电路；也可以都焊接好，但是芯片的电源端不要焊接，等前一级测试好，再给下一级接上电源。

1. 测量电源电路

先调试电压测试系统的电源电路(见图 8-57)，不要着急给后面的单片机和 CH340T 接通电源。例如，接上 USB 线，看看电源指示灯是否能点亮，再用万用表测量是否有 5 V 电压输出；再给稳压电路输入 7～12 V 的直流电，看 5 V 单端稳压器是否有 5 V 电压输出。

因为不知道电路能否正常工作，所以检测时，不要着急插上单片机，也不要把电路板直接接到电脑的 USB 接口上，可以用充电宝或者用 9 V 电池给电路板供电。先检查电路中的电源是否正常，电路中的芯片能否供上电。如果一切正常，就可以关闭电源后，插上单片机。

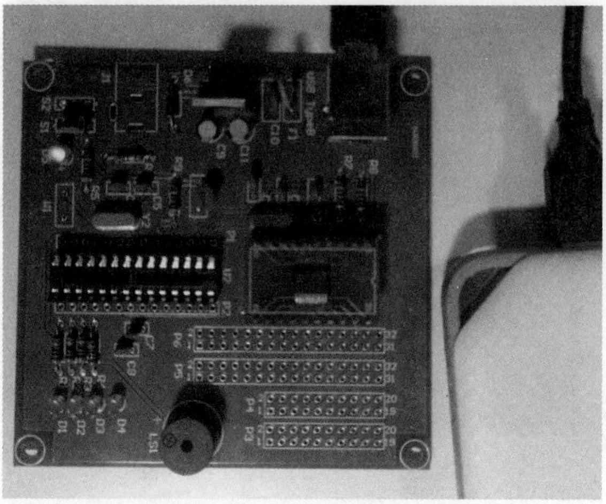

图 8－57　基础检测

断电后连接 CH340T 的 V_{CC}端到直流电源的 5 V 输出端，先测量 CH340T 的 V_{CC}端和 GND 是否与电源接通，用万用表测量 V_{CC}端对地电压是否为 5 V；给单片机的 V_{CC}接上电，万用表测量 V_{CC}端是否有了 5 V 电压。

最好是逐级调试电源和电路。这在设计时就要考虑到一些细节。例如，原理图中的开关 S2，就是电源供电后，不直接送给单片机以及 LED 和蜂鸣器，前级的电源电路测试正常后，再接通开关，以防损坏芯片。还例如，蜂鸣器，需要使用它时，再接通跳线帽 W2 给它通电，防止产生噪声。LED 灯，需要工作时，再接通跳线帽 W1 给它通电。或者有的地方为了方便一级级地调试，可以设计两个非常接近的焊点，分级调试后，再将这两个焊点用焊锡连通。

2. 晶振电路检测

同样地，也可以观测一下单片晶振电路的输出波形，看看振荡电路是否正常工作。

对于单片机电路，还有一个重要的检测就是晶振是否起振。检测方法有两种：可以直接用万用表的直流挡测量晶振两端对地的直流电压，如果电压是 0 V，则晶振电路不起振；通常这个电压值比 $V_{CC}/2$ 稍低。可靠的方法是用示波器观测晶振的输出端对地的波形，理想输出是一个占空比为 1/2、幅值为 V_{CC}的方波信号，频率为晶振频率。

可以用示波器观测晶振电路的输出波形。这里要注意一下：所有示波器的带宽都是有限的，但是为了保证示波器采集到的方波信号不失真，必须要满足 10 倍以上的带宽。将理论上 16 MHz 晶振电路输出的是 16 MHz 的正弦波，如果示波器带宽不够，看到波形将是失真的。测量时，将示波器探头的正极性端接到 ATmega328P－U 的 9 或 10 引脚（XATL1、XATL2）端，负极性端接到 ATmega328P－U 的 GND 端（8 引脚或 22 引脚），如图 8－58 所示。打开示波器，按下示波器上的自动设置，可以观察到输出的波形直流成分很大。将信号耦合方式改到交流耦合，然后按下自动设置按键，可以在示波器上看到图 8－59 所示的周期性正弦信号。示波器还有测量的功能，可以测试信号的频率、周期、峰-峰值、有效值等等，从示波器界面上看到测量正弦信号的频率为 16.13 MHz。关于具体的使用方法，请大家查阅示波器的使用手册。

如果没有看到周期性的正弦波，需要考虑是否是晶振坏了，或者是有的电容参数选择得不合适，或者是否出现了虚焊等等问题。

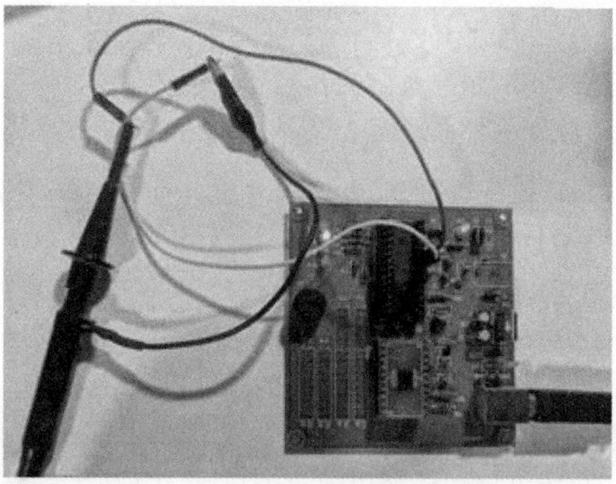

图 8－58　测量振荡电路示波器的接线

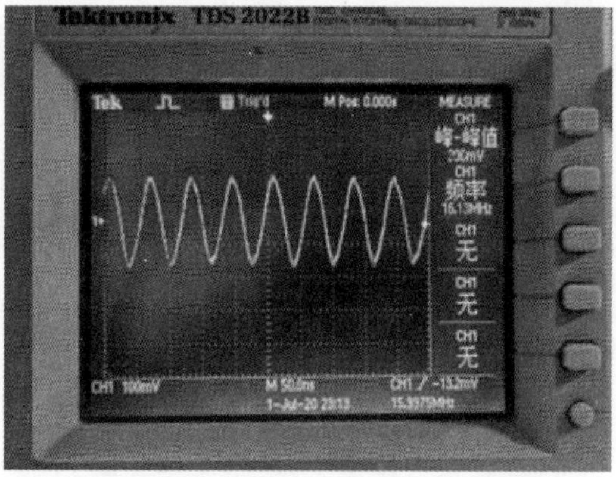

图 8－59　振荡的周期性正弦信号

3. 复位电路的检测

还可以用示波器测量一下单片机 RESET 端的复位信号：先按下复位按钮，看一下是否会产生一个负脉冲。测量这个信号的时候，因为按一下按键只出现一次负脉冲，使用示波器的单次触发功能测量更方便：将示波器的触发信源设为复位信号输入的通道；触发方式设为电平触发，并且将触发电平调到 0.5～1 V 就可以了；按下示波器的单次触发按键，并且看到示波器界面上出现 READY 后，按下复位按钮即可。就可以观察到复位信号了。对于这种非周期性的、偶尔才出现一次的信号，示波器的使用单次触发的方式是最理想的触发方式。

以上工作正常后，就可以给电路板上电，下载程序了。

4. 下载程序

Arduino UNO 直接通过 USB 接口转换到串口就可以下载程序，但是很遗憾，这个自行制作的电压检测系统并不支持 USB 口直接下载程序，因为 AMEGA328PU 并不支持直接通过串口下载程序，需要预先下载一个引导程序 BootLoader 到 AMEGA328PU 单片机后，才支持通过串口下载程序。

解决的方法：可以网上买一个写好 BootLoader 的 AMEGA328PU，或者通过其他方式给单片机先写上 BootLoader。既然大家手头有 Arduino UNO 开发板，那就将 Arduino UNO 变成 ISP 烧录器，用它给 AMEGA328PU 烧写 BootLoader 引导程序。

(1)先通过 ArduinoIDE 下载烧录器固件代码，如图 8-60 所示，按照路径“文件→示例→ArduinoISP”打开 ArduinoISP 程序，给 Arduino UNO 下载此程序，下载成功后 Arduino UNO 开发板就成为了一个 ISP 烧录器，就可以用它给其他有 ISP 接口的芯片写程序了。

(2)ISP 下载连线。经过上一步骤的操作，那个 Arduino UNO 开发板已经成为一个 ISP 烧写器。接下来，就可以通过 ISP 烧写器给有 ISCP 接口的芯片烧写程序了。

Arduino 上有两个 ICSP 接口，一个靠近复位按钮，它是 AMEGA16U2 芯片上的 ICSP 接口；另外一个 ISCP 接口就是图中用方框框出来的 ISCP 接口，它是 AMEGA328PU 的 ISCP 接口，我们要使用的就是这个 ISCP 接口。这个 ISCP 接口中的很多端子跟 Arduino UNO 的 D11，D12，D13 是相连通的，所以接线既可以通过 6 针的 ICSP 接口接，也可以通过 D11，D12，D13 接。

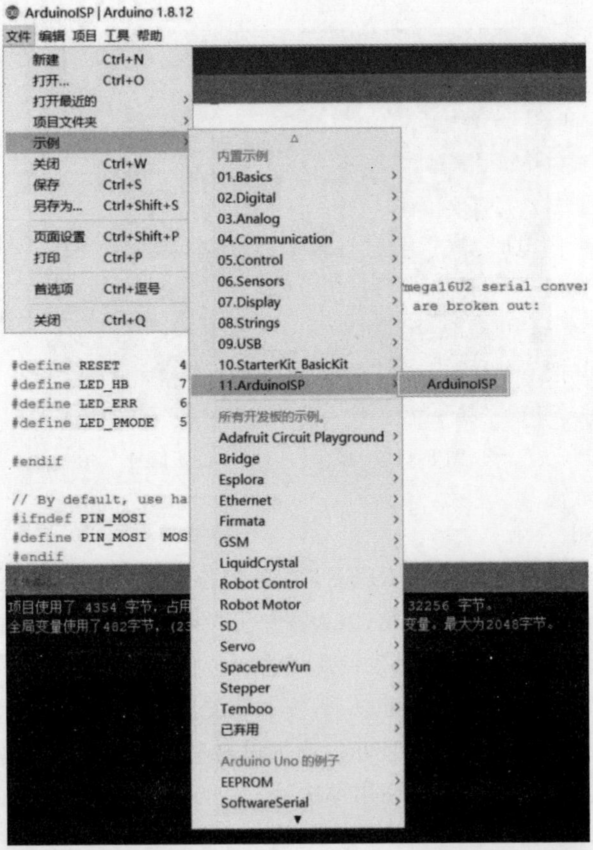

图 8-60 打开 ArduinoISP 程序

只要将 ISP 烧写器的 ICSP 接口的 3 个信号端 MISO，MOSI，SCK，以及一个可以作为复位信号的控制端和待烧写 BootLoader 的 AMEGA328PU 芯片上相应的 ISP 接口对应接起来，并且给芯片供电，就可以通过 ISP 下载器给芯片写任意代码了，包括 BootLoader 代码。

查阅 AMEGA328PU 芯片引脚的定义，它的 17，18，19 针引脚分别可以作为 ICSP 的 MISO，MOSI，SCK 信号端。另外，在写程序时候，还需要控制 AMEGA328PU 的复位端（第 1 针引脚），因此，可以按照图 8－61 来进行烧写前的接线：ISP 烧写器（就是当作 ISP 烧写器的 Arduino）的 MISO，MOSI，SCK，RESET 引脚（Arduino UNO 的 D10，D11，D12，D13 端）分别接到待烧写 Atmega328 的 1，17，18，19 针引脚上，再给板子供上电就可以了。

图 8－61　ISP 烧写器和 AMEGA328PU 芯片的连接

作为 ISP 烧写器的 Arduino UNO 是通过计算机 USB 接口供电的；待烧写的 Arduino UNO 也需要供电，它可以用充电宝、9 V 电池，或者是将作为烧写器的 Arduino UNO 上的 5 V电源直接对应接到另一个 Arduino UNO 的 VCC 和 GND 端。

使用充电宝给板子供电时，由于输出电流太小，充电宝可能会自动关闭电源，再次打开充电宝，或者有的充电宝可设置小电流输出模式，就不会自动关闭了。

有的读者可能会看到可以使用两个 Arduino 开发板，其中把一个当成 ISP 烧写器，而把另一个 Arduino 开发板上的 AMEGA328PU 芯片摘下来，将待烧写的 AMEGA328PU 芯片放上去，使用相同的接线方式，给 AMEGA328PU 芯片写入 BootLoader 引导程序。这个方法还要插拔芯片，稍微麻烦了一些，如果是新手，也可能弄弯芯片的管脚使芯片，两个 Arduino UNO 开发板的连接报废如图 8－62 所示。

注意：拔芯片的时候，可以用镊子从芯片的一头轻轻撬起，一点点来拔。插芯片的时候，注意将芯片管脚稍微用手调整，让两排管脚平行，以便插到插座上。

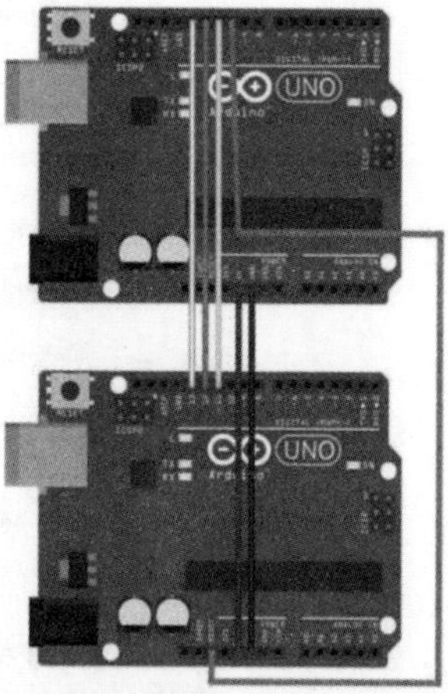

ISP烧写器

待烧写的芯片

图 8－62　两个 Arduino UNO 开发板的连接

当然,还可以在网上买个 USB ASP 下载器,价格也不贵。先装上驱动;再将下载器的引出 6 个引脚连接到芯片的几个端子上:MOSI 连 MOSI,SCK 连 SCK,MISO 连 MISO,RESET 连 RSET,最后把 VCC 和 GND 对应连好,就不需要给芯片另外供电了。

(3)烧写 BootLoader。先如图 8 - 63 所示,在 Arduino IDE 中选择烧录器的类型,类型为"Arduinoas ISP",然后再选择 ArduinoIDE→工具→烧录引导程序,就可以进行 BootLoader 的烧写。

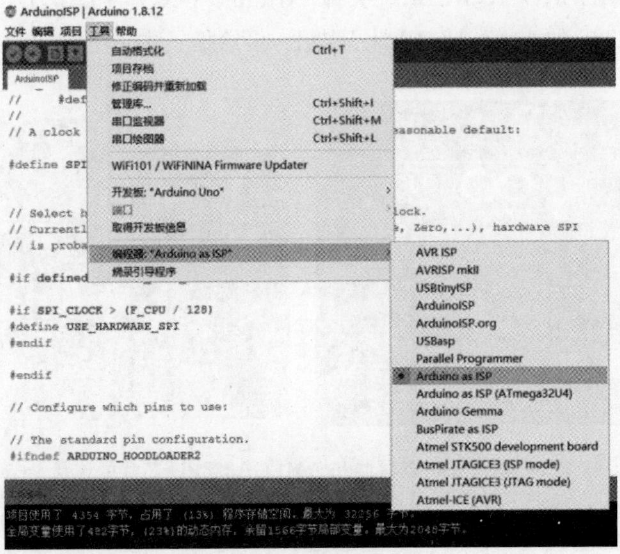

图 8 - 63　选择烧录器类型

烧写成功时,Arduino IDE 界面下方会出现如图 8 - 64 所示的"烧录引导程序完成"提示信息。

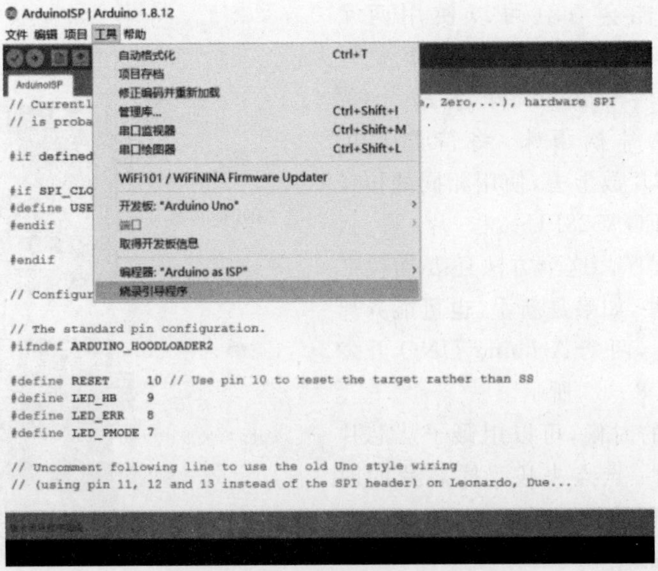

图 8 - 64　烧写 Boot Loader

这样，就完成了对 AMEGA328PU 烧写 bootloader 引导程序，然后就可以通过 USB 接口直接给单片机下载程序了。

(4)烧写程序。随便写个程序，就将示例程序 BLINK 改一下，利用做的板子上的 LED 灯看看板子能否正常工作。

```
// the setup function runs once when you press reset or power the board
void setup() {
  // initialize digital pin LED_BUILTIN as an output.
  pinMode(10, OUTPUT);
}


// the loop function runs over and over again forever
void loop() {
  digitalWrite(10, HIGH);      // turn the LED on (HIGH is the voltage level)
  delay(1000);                          // wait for a second
  digitalWrite(10, LOW);      // turn the LED off by making the voltage LOW
  delay(1000);                          // wait for a second
}
```

程序下载正常，可以看到对应的 LED 灯在闪烁。

也可以用示波器测量一下 I/O 接口上的波形(见图 8-65)，示波器测量探头的负极性端依然接到 GND 端，正极性端接到 D/O 引脚，可以观测到输出波形是方波信号。因为程序的作用是 LED 灯亮1 s，灭 1 s，这样循环进行，所以示波器采集的时候，速率很低，没办法用示波器的测量功能测量出正脉宽和负脉宽来，可以使用光标测量出时间差来，为了测量准确，选取了 3 个周期的波形，测得 LED 闪烁的周期是 6.720/3 s，也就是 2.240 s。可以看出来，我们本来希望是 2 s 一个周期，但事实执行的结果是有误差的。因此对于对时间要求很高的系统，这样是满足不了要求的。

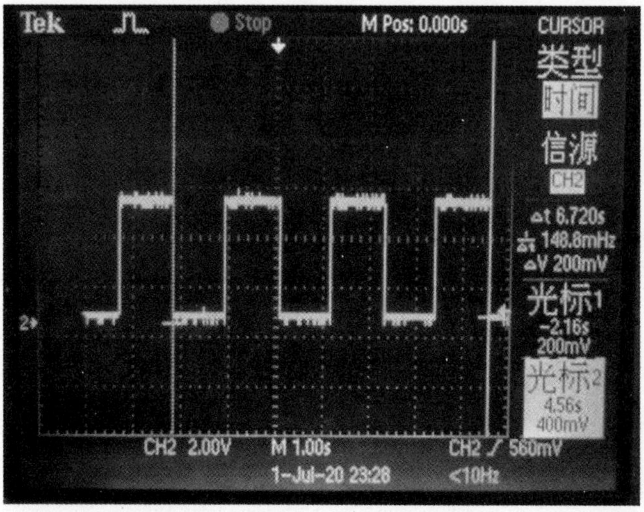

图 8-65　I/O 口的输出波形

从以上过程我们了解到做一个开发系统的详细过程，利用洞洞板或者自制的 PCB 板进行电子制作，给我们带来了很大的方便，或许它已成为你创新实践不可缺少的一部分。参考笔者提供的这些小经验，多动手实践，你将会体会到更好、更适合自己的使用方法和技巧。有了可以下载程序的小系统了，大家就可以跟玩 Arduino 硬件一样玩自己的小系统了，其实它就是一个不折不扣的 Arduino 开发系统。

第 9 章　STM32 开发平台及其实例

本章总共分为三部分：①硬件部分，主要介绍我们的实验平台；②软件部分，主要介绍 STM32 开发软件的使用以及一些下载调试操作技巧，并详细介绍了几个常用的系统文件（程序）；③实战部分，主要通过实例（通过直接操作 V3.5 版本库函数完成）一步步深入学习 STM32。

9.1　硬件介绍

Cortex－M3 采用目前主流 ARM V7－M 架构，相比曾风靡一时的 ARM V4T 架构拥有更加强劲的性能，更高的代码密度，更高的性价比。Cortex－M3 处理器结合多种突破性技术，在低功耗、低成本、高性能三方面具有突破性的创新，使其在近几年迅速在中低端单片机市场异军突起。国内 Cortex－M3 市场，ST（意法半导体）公司无疑是最大赢家，作为最先尝试 Cortex－M3 内核的两个公司[另一个是 Luminary（流明）]之一，ST 无论是在市场占有率，还是在技术支持方面，都远超其他对手。在 Cortex－M3 芯片的选择上，STM32 无疑是大家的首选。因此，本节主要采用基于 STM32 的 Alientek MiniSTM32 开发板作为应用开发平台。

Alientek MiniSTM32 开发板是一款迷你型的 STM32F103 开发板，小巧而简约。目前最新版本为 V3.0，最新 MiniSTM32 开发板资源图如图 9－1 所示。

Alientek MiniSTM32 V3.0 版开发板选择的是 STM32F103RCT6 作为 MCU（微控制单元），它拥有的资源包括 48KB SRAM、256KB FLASH、2 个基本定时器、4 个通用定时器、22 个高级定时器、2 个 DMA 控制器（共 12 个通道）、3 个 SPI、2 个 IIC、5 个串口、1 个 USB、1 个 CAN、3 个 12 位 ADC、1 个 12 位 DAC、1 个 SDIO 接口及 51 个通用 IO 接口。

开发板详细资源如下：

(1)1 个标准的 JTAG/SWD 调试下载口；

(2)1 个电源指示灯（蓝色）；

(3)2 个状态指示灯（DS0：红色，DS1：绿色）；

(4)1 个红外接收头，配备一款小巧的红外遥控器；

(5)1 个 IIC 接口的 EEPROM 芯片，24C02，容量 256b；

(6)1 个 SPI FLASH 芯片，W25Q64，容量为 8 MB 字节（即 64 Mb）；

(7)1 个 DS18B20/DS1820 温度传感器预留接口；

(8)1 个标准的 2.4 in，2.8 in，3.5 in，4.3 in，7 in LCD 接口，支持触摸屏；

(9)1 个 OLED 模块接口（与 LCD 接口部分共用）；

(10)1 个 USB 串口接口，可用于程序下载和代码调试；

(11)1 个 USB SLAVE 接口，用于 USB 通信；

(12)1 个 SD 卡接口；

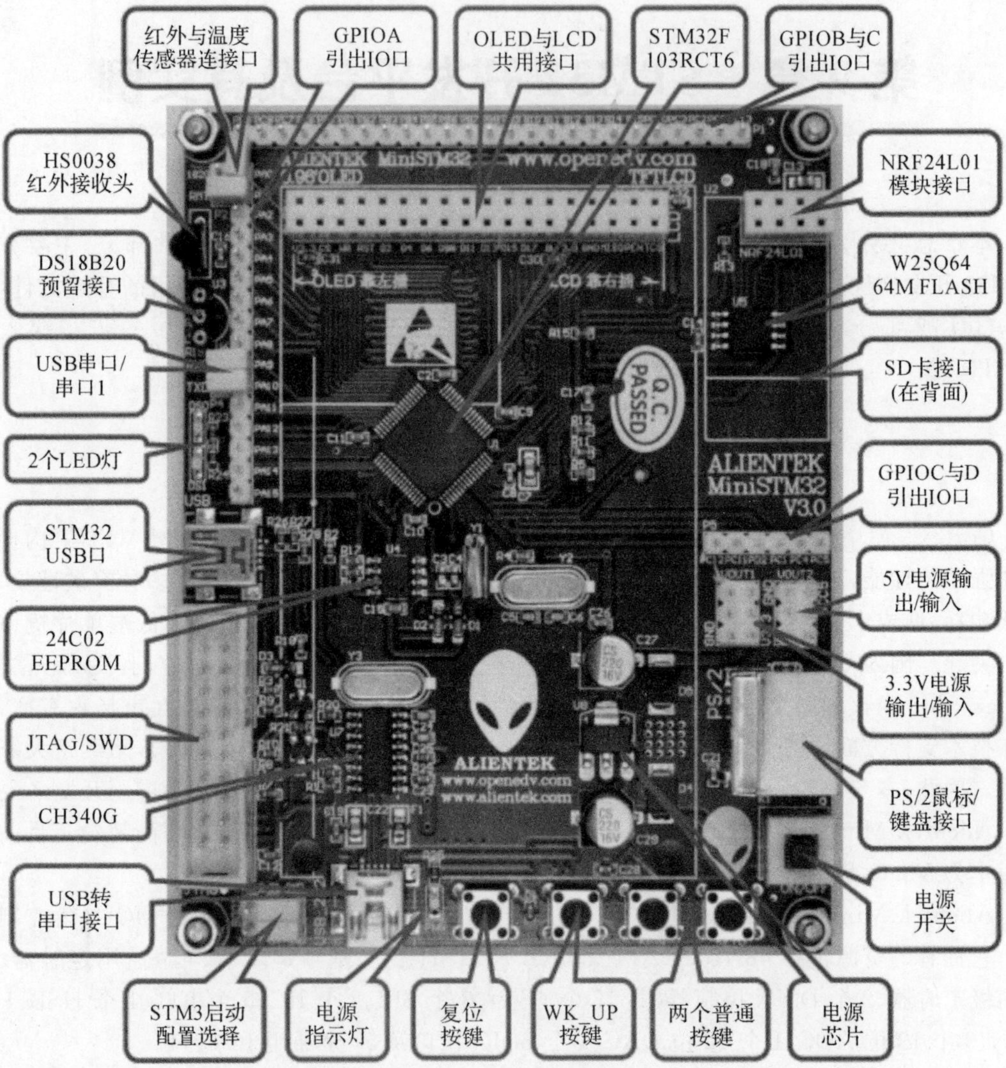

图 9-1　开发板实物图

(13)1 个 PS/2 接口,可外接鼠标、键盘;

(14)1 组 5 V 电源供应/接入口;

(15)1 组 3.3 V 电源供应/接入口;

(16)1 个启动模式选择配置接口;

(17)1 个 2.4 GHz 无线通信接口;

(18)1 个 RTC 后备电池座,并带电池;

(19)1 个复位按钮,可用于复位 MCU 和 LCD;

(20)3 个功能按钮,其中 WK_UP 兼具唤醒功能;

(21)1 个电源开关,控制整个板的电源;

(22)3.3 V 与 5 V 电源 TVS 保护,有效防止烧坏芯片。

(23)独创的一键下载功能;

(24)除晶振占用的IO接口外,其余所有IO接口全部引出,其中GPIOA和GPIOB按顺序引出。

下面详细介绍MiniSTM32开发板的各个部分(图9-1中的标注部分)的硬件资源。

1. HS0038红外接收头

这是开发板板载的标准38K红外信号接收头,用于接收红外遥控器的信号,有了它,就可以用红外遥控器控制这款开发板了,也可以用来做红外解码等其他相关实验。

2. S18B120预留接口

这是开发板预留的数字温度传感器DS18B20/DS1820接口,采用的是镀金的圆孔母座。在要做DS18B20实验的时候,直接插到这个母座上即可,DS18B20需自备。

3. USB串口/串口

这是USB转串口(P4)同STM32F103RCT6的串口1进行连接的接口,标号RXD和TXD是USB转串口的2个数据口(对CH340G来说),而PA9(TXD)和PA10(RXD)则是STM32的串口1的两个数据口(复用功能下)。它们通过跳线帽对接,就可以连接在一起了,从而实现STM32的程序下载以及串口通信。设计成USB串口,是因为现在电脑上串口正在消失,尤其是笔记本,几乎清一色的没有串口。所以板载了USB串口可以方便大家下载代码和调试。而在板子上并没有直接连接在一起,则是出于使用方便的考虑。这样设计,我们可以把开发板当成一个USB转TTL串口来使用,从而和其他板子进行通信,而其他板子的串口,也可以方便地接到我们的开发板上。

4. 两个LED灯

这是开发板板载的两个LED灯,它们在开发板上的标号为DS0和DS1。DS0是红色的,DS1是绿色的,主要是方便大家识别。一般使用2个LED灯,在调试代码的时候,使用LED来指示程序状态是一个非常不错的辅助调试方法。Alientek开发板几乎每个实例都使用了LED来指示程序的运行状态。

5. STM32 USB口

这是开发板板载的一个Mini USB头,用于STM32与电脑的USB通信(注意不是USB转串口,一键下载的时候不是用这个USB口),此Mini USB头在开发板上的标号为USB,用于连接STM32F103RCT6自带的USB,通过此Mini USB头,开发板就可以和电脑进行USB通信了。开发板上总共有2个Mini USB头,一个用于接USB串口,连接CH340G芯片;另外一个用于STM32内带的USB连接。开发板通过Mini USB口供电,板载两个Mini USB头(不共用),主要是考虑了使用的方便性,以及可以给板子提供更大的电流(两个USB都接上)的需求。

6. 24C02 EEPROM

这是开发板板载的2 Kb(256 B)EEPROM,型号为24C02,用于掉电数据保存。因为STM32内部没有EEPROM,所以开发板外扩了24C02,用于存储重要数据,也可以用来做IIC实验,以及其他应用。该芯片直接挂在STM32的IO接口上。

7. JTAG/SWD

这是开发板板载的20针标准JTAG调试口,在开发板上的标号为JTAG。该JTAG调试口可以直接和ULINK、JLINK或者STLINK等调试器(仿真器)连接,同时由于STM32支持SWD调试,这个JTAG口也可以用SWD模式来连接。用标准的JTAG调试,需要占用5个

IO 接口，很多时候，可能造成 IO 接口数量不够用，而用 SWD 则只需要 2 个 IO 接口，大大节约了 IO 接口数量，且效果是一样的，因此调试下载的时候，推荐使用 SWD 模式。

8. CH340G

这是开发板板载的 USB 转串口芯片，型号为 CH340G。有了这个芯片，我们就可以实现 USB 转串口，从而能实现 USB 下载代码、串口通信等。

9. USB 转串口接口

这是开发板板载的另外一个 Mini USB 头(USB_232)，用于 USB 连接 CH340G 芯片，从而实现 USB 转串口，所以串口下载代码的时候，USB 一定是要接在这个口上的。同时，此 Mini USB 接头也是开发板电源的主要提供口。

10. STM32 启动配置选择

这是开发板板载的启动模式选择开关，在开发板上的标号为 BOOT。STM32 有 BOOT0(B0)和 BOOT1(B1)两个启动选择引脚，用于选择复位后 STM32 的启动模式，默认 B0，B1 都是连接在 GND 上的。作为开发板，这两个是必需的。在开发板上，我们通过跳线帽选择 STM32 的启动模式。

11. 电源指示灯

这是开发板板载的一颗蓝色的 LED 灯，用于指示电源状态，在开发板上的标号为 PWR。在电源开启的时候(通过板上的电源开关控制)，该灯会亮，否则不亮。通过这个 LED 灯，可以判断开发板的上电情况，开发板必须在上电的条件下(电源灯亮)才可以正常使用。

12. 复位按键

这是开发板板载的复位按键，用于复位 STM32，同时还具有复位液晶的功能，因为液晶模块的复位引脚和 STM32 的复位引脚是连接在一起的，此按键在开发板上的标号为 RESET。当按下该键的时候，STM32 和液晶一并被复位。

13. WK_UP 按键

这是开发板板载的一个唤醒按键，该按键连接到 STM32 的 WAKE_UP(PA0)引脚，可用于待机模式下的唤醒，在不使用唤醒功能的时候，也可以作为普通按键输入使用，此按键在开发板上的标号为 WK_UP。

14. 两个普通按键

这是开发板板载的两个普通按键，可以用于人机交互的输入，这两个按键是直接连接在 STM32 的 IO 接口上的，两个按键在开发板上的标号分别为 KEY0 和 KEY1。

15. 电源芯片

这是开发板的电源稳压芯片，型号为 AMS1117－3.3。因为 STM32 供电电压是 3.3 V，所以我们需要将 USB 的 5 V 电压转换为 3.3 V，这个芯片就是将 5 V 转换为 3.3 V 的线性稳压芯片。

16. 电源开关

这是开发板板载的电源开关，此开关在开发板上的标号为 K1，并标有 ON/OFF 丝印。该开关用于控制整个开发板的供电，如果切断，则整个开发板都将断电，电源指示灯(PWR)会随着此开关的状态而亮灭。

17. PS/2 鼠标/键盘接口

这是开发板板载的一个标准 PS/2 接头，用于连接电脑鼠标和键盘等 PS/2 设备，在开发板上的标号为 PS/2。通过该接口，我们仅需要 2 个 IO 口，就可以扩展一个键盘，所以大家不必要对板上只有 3 个按键而感到担忧。Alientek 提供了标准的鼠标驱动例程，方便大家学习 PS/2 协议。

18. 3.3 V 电源输出/输入

这是开发板板载的一组 3.3 V 电源输入输出排针(2×3)，在开发板上的标号为 VOUT1。该排针用于给外部提供 3.3 V 的电源，也可以用于从外部取 3.3 V 的电源给板子供电。另外板载了 3.3 V TVS(TRANSIENT VOLTAGE SUPPRESSOR，瞬变电压抑制二极管)管，能有效吸收高压脉冲，防止外接设备/电源可能对开发板造成的损坏。

19. 5 V 电源输出/输入

这是开发板板载的一组 5 V 电源输入输出排针(2×3)，在开发板上的标号为 VOUT2，用于给外部提供 5 V 的电源，也可以用于从外部取 5 V 的电源给板子供电。另外板载了 5 V TVS 管，能有效吸收高压脉冲，防止外接设备/电源可能对开发板造成的损坏。

20. GPIOC 与 D 引出 IO 接口

这是开发板板载的 GPIOC 与 GPIOD 等 IO 接口的引出排针，在开发板上的标号为 P5。我们可以用这些引出的 IO 接口来连接外部模块，方便大家外接其他模块。

21. SD 卡接口

这是开发板板载的 SD 卡接口。SD 卡作为最常见的存储设备之一，是很多数码设备的存储媒介，比如数码相框、数码相机、MP5、手机、平板电脑等。我们的开发板自带了 SD 卡接口(大卡)，可以用于 SD 卡实验，方便大家学习 SD 卡的使用，TF 卡通过转接座也可以很方便地接到我们的开发板上。

22. W25Q64 64M FLASH

这是开发板板载的一颗 FLASH 芯片，型号为 W25Q64。这颗芯片的容量为 64 Mb，也就是 8MB。有了这颗芯片，我们就可以存储一些不常修改的数据到它里面，比如字库等，从而大大节省对 STM32 内部 FLASH 的占用。

23. NRF24L01 模块接口

这是开发板板载的 NRF24L01 模块接口，只要插入 NRF24L01 无线模块，我们便可以实现无线通信功能。但是提醒大家的是 NRF24L01 通信，至少需要 2 个模块和 2 个开发板同时工作才可以。如果只有 1 个开发板或 1 个模块，是没法实现无线通信的。

24. GPIOB 与 C 引出 IO 接口

这是开发板板载的 GPIOB 与 GPIOC 的引出口，该接口用于将 STM32 的 GPIOB 和部分的 GPIOC 引出，方便大家的使用，在开发板上的标号为 P1。这里的 GPIOB 全部使用顺序引出的方式，尤其适合外部总线型器件的接入。

25. OLED 与 LCD 共用接口

这是 ALIENTEK 开发板的特色设计，一个接口，兼容两种模块。在此部分，LCD 的部分 IO 和 OLED 的 IO 共用，具体请参看后面的开发板原理图。这样的设计使得一个接口既可以接 LCD 模块，又可以接 OLED 模块。OLED 模块使用的是 Alientek 的 OLED 模块，分辨率为 128×64，模块大小为 2.6 cm×2.7 cm。而 LCD 模块，则可以使用 Alientek 全系列的 TFTLCD 模块，包括：2.4 in(电阻屏，240×320)、2.8 in(电阻屏，240×320)、3.5 in(电阻屏，320×480)、4.3 in(电容屏，800×480)、7 in(电容屏，800×480)。这里特别提醒的是，在使用的时候，OLED 模块是靠左插的，而 LCD 模块则是靠右插的。

26. GPIOA 引出 IO 接口

这是开发板 GPIOA 的引出排针，在开发板上的标号为 P3。Alientek 开发板将所有的 IO 接口(除了 2 个晶振占用的 4 个 IO 接口)都用排针引出来了，而且 GPIOA 和 GPIOB 是按顺序引出的。按顺序引出，在很多时候能方便大家的实验和测试，比如外接带并行控制的器件，有了并行引出的排针，那么就可以很方便地通过这些排针连接到外部设备了。

27. 红外与温度传感器连接接口

这是开发板板载的红外与温度传感器的连接接口，开发板虽然自带了红外接收头和 DS18B20 的接口，但是并没有将这两个器件直接挂在 IO 接口上，而是通过跳线帽来连接，以防止在不使用这两个器件的时候，它们对 IO 接口的干扰，当然我们也可以用跳线，把 DS18B20 和红外遥控接收模块接到其他电路上使用。

9.2 开发平台及使用

本节将向大家介绍 MDK5 软件的使用，通过本节的学习，我们最终将建立一个自己的 MDK5 工程，同时本节还将向大家介绍 MDK5 软件的一些使用技巧，希望大家能够对 MDK5 这个软件有个比较全面的了解。

本节分为如下部分：STM32 官方固件库简介；新建基于 V3.5 版本固件库的 MDK5 工程；STM32 程序下载与调试。

9.2.1 STM 官方固件库简介

ST(意法半导体)为了方便用户开发程序，提供了一套丰富的 STM32 固件库。到底什么是固件库？它与直接操作寄存器开发有什么区别和联系？STM32 固件库就是函数的集合，那么对这些函数有什么要求呢？这里就涉及一个 CMSIS 标准的基础知识，这部分知识可以从《Cortex - M3 权威指南》中了解到，我们这里只是对权威指南的讲解做个概括性的介绍。经常有人问到 STM32 和 ARM 以及 ARM7 是什么关系这样的问题，其实 ARM 是一个做芯片标准的公司，它负责的是芯片内核的架构设计，而 TI，ST 这样的公司，他们并不做标准，他们是芯片公司，他们是根据 ARM 公司提供的芯片内核标准设计自己的芯片。因此，任何一家公司做的 Cortex - M3 芯片，它们的内核结构都是一样的，不同的是存储器容量、片上外设，IO 接口以及其他模块的区别。不同公司设计的 Cortex - M3 芯片，它们的端口数量、串口数量、控制方法等都是有区别的，这些资源都是根据自己的需求理念来设计的。即便同一家公司设计的多种 Cortex - M3 内核芯片，片上外设也会有很大的区别，比如 STM32F103RBT 和 STM32F103ZET。

从图 9 - 2 可以看出，芯片虽然是芯片公司设计，但是内核却要遵循 ARM 公司提出的 Cortex - M3 内核标准了，理所当然，芯片公司每卖出一片芯片，需要向 ARM 公司缴纳一定的专利费。ST 官方提供的固件库完整包可以在官方下载，教材的出版社——西北工业大学出版社官网也提供软件(网址：http://www.nwpup.com/zyxz.jsp?urltype=tree.TreeTempUrl&wbtreeid=1005)下载。固件库是不断完善升级的，所以有不同的版本，我们使用的是 V3.5 版本的固件库，官方的包根目录如图 9 - 3 所示，大家可以到下载好的文件目录(软件资料\STM32 固件库使用参考资料\STM32F10x_StdPeriph_Lib_V3.5.0)下面查看，这在官方论坛里有下载。

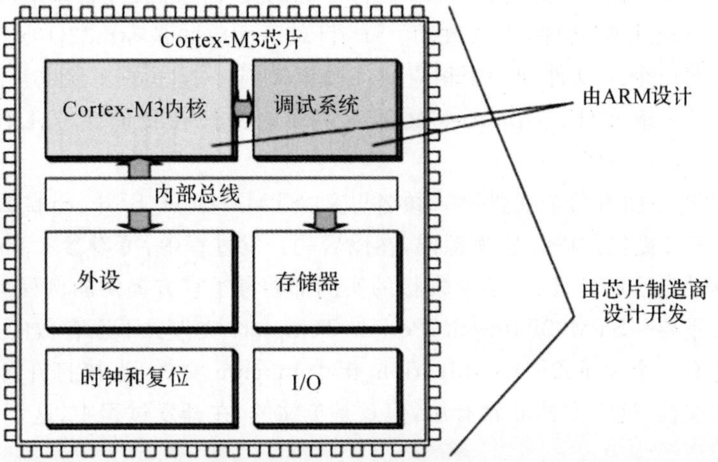

图 9－2　Cortex－M3 芯片结构

下面看看官方库包的目录结构，如图 9－3 和图 9－4 所示。

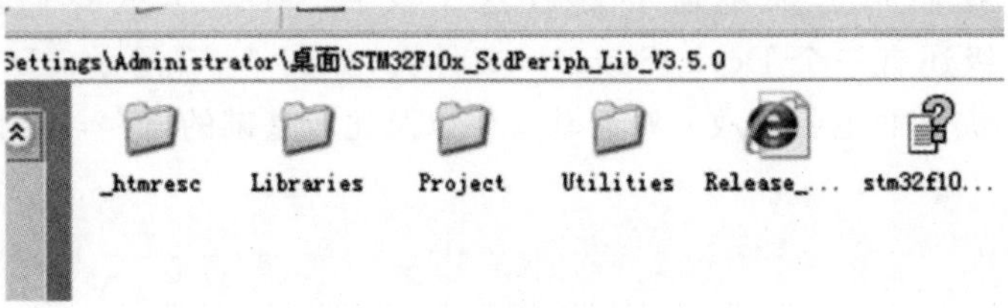

图 9－3　官方库包根目录

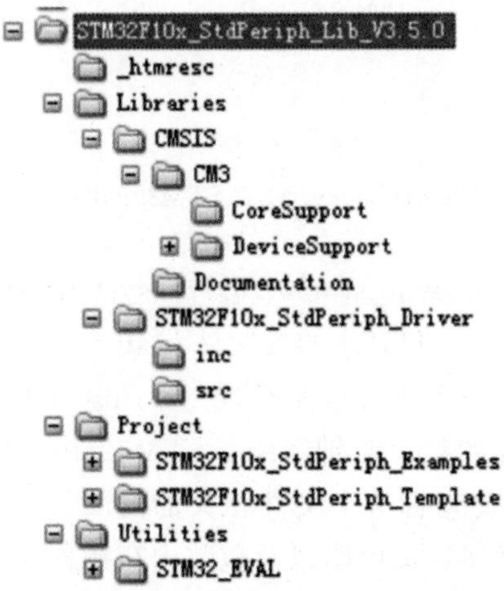

图 9－4　官方库目录列表

Libraries 文件夹下面有 CMSIS 和 STM32F10x_StdPeriph_Driver 两个目录，这两个目录包含固件库核心的所有子文件夹和文件。其中 CMSIS 目录下面是启动文件，STM32F10x_StdPeriph_Driver 目录下存放的是 STM32 固件库源码文件。源文件目录下面的 inc 目录存放的是 stm32f10x_xxx. h 头文件，无须改动。src 目录下面放的是 stm32f10x_xxx. c 格式的固件库源码文件。每一个. c 文件和一个相应的. h 文件对应。这里的文件也是固件库的核心文件，每个外设对应一组文件。Libraries 文件夹里面的文件在我们建立工程的时候都会使用到。

Project 文件夹下面有两个文件夹。顾名思义，STM32F10x_StdPeriph_Examples 文件夹下面存放的 ST 官方提供的固件实例源码，在以后的开发过程中，可以参考修改这个官方提供的实例来快速驱动自己的外设，很多开发板的实例都参考了官方提供的例程源码，这些源码对以后的学习非常重要。STM32F10x_StdPeriph_Template 文件夹下面存放的是工程模板。

根目录中还有一个 stm32f10x_stdperiph_lib_um. chm 文件，直接打开可以知道，这是一个固件库的帮助文档，这个文档非常有用，但是是英文的，在开发过程中，这个文档会经常被使用到。

下面我们要着重介绍 Libraries 目录下面几个重要的文件。

core_cm3. c 和 core_cm3. h 文件位于\Libraries\CMSIS\CM3\CoreSupport 目录下面，这个就是 CMSIS 核心文件，提供进入 M3 内核接口，这是 ARM 公司提供的，对所有 CM3 内核的芯片都一样。我们永远都不需要修改这个文件，所以这里我们就点到为止。和 CoreSupport 同一级还有一个 DeviceSupport 文件夹，如图 9-5 所示。DeviceSupport\ST\STM32F10xt 文件夹下面主要存放一些启动文件以及比较基础的寄存器定义以及中断向量定义的文件。

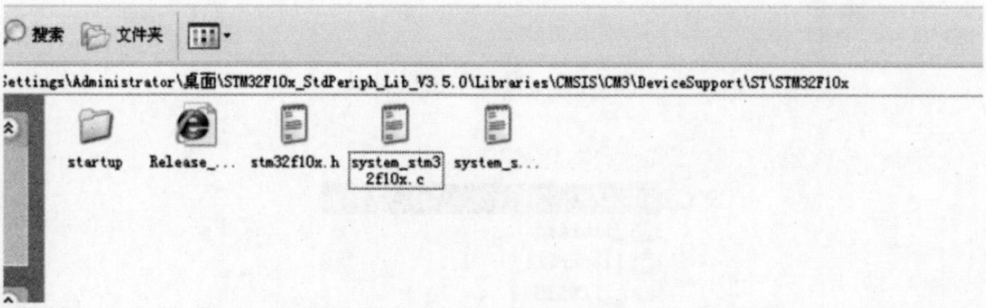

图 9-5　DeviceSupport\ST\STM32F10x 目录结构

这个目录下面有三个文件：system_stm32f10x. c，system_stm32f10x. h 以及 stm32f10x. h 文件。其中 system_stm32f10x. c 和对应的头文件 system_stm32f10x. h 文件的功能是设置系统以及总线时钟，这个里面有一个非常重要的 SystemInit()函数，这个函数在我们系统启动的时候都会调用，用来设置系统的整个时钟系统。STM32f10x. h 这个文件就相当重要了，只要做 STM32 开发，几乎时刻都要查看这个文件相关的定义。这个文件里面有非常多的结构体以及宏定义，主要是系统寄存器定义申明以及包装内存操作。

在 DeviceSupport\ST\STM32F10x 同一级还有一个 startup 文件夹，这个文件夹里面放的是启动文件，如图 9-6 所示。在\startup\arm 目录下，我们可以看到 8 个 startup 开头的. s 文件。

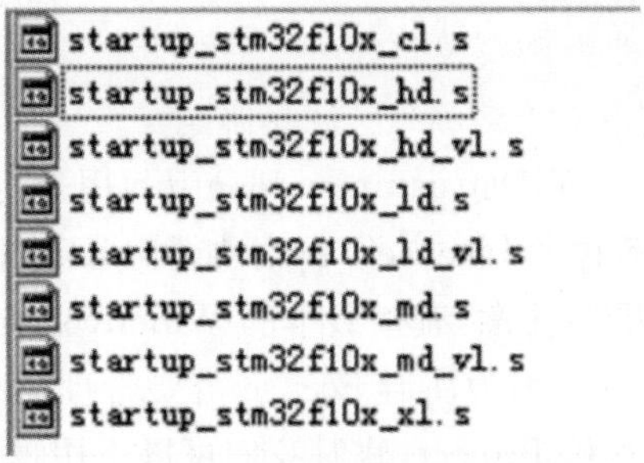

图 9-6　startup 文件

这里之所以有 8 个启动文件，是因为对于不同容量的芯片启动文件不一样。对于 103 系列，主要是用以下 3 个启动文件：

(1)startup_stm32f10x_ld.s：适用于小容量产品。

(2)startup_stm32f10x_md.s：适用于中等容量产品。

(3)startup_stm32f10x_hd.s：适用于大容量产品。

这里的容量是指 FLASH 的大小，容量大小规定如下：

(1)小容量：FLASH≤32KB

(2)中容量：64KB≤FLASH≤128KB

(3)大容量：256KB≤FLASH。

Alientek MiNi STM32 开发板采用的 103RCT6 是属于大容量产品，所以我们的启动文件选择 startup_stm32f10x_hd.s。启动文件到底什么作用？可以打开启动文件进去看看。启动文件主要是进行堆栈之类的初始化，中断向量表以及中断函数定义。启动文件要引导进入 main()函数。要引导进入 main()函数，同时在进入 main()函数之前，首先要调用 SystemInit 系统初始化函数。

9.2.2　新建基于 V3.5 固件库的 MDK5 工程模板

MDK 源自德国的 KEIL 公司，是 RealView MDK 的简称。在全球 MDK 被超过 10 万的嵌入式开发工程师使用。目前最新版本为 MDK5.10，该版本使用 uVision5 IDE 集成开发环境，是目前针对 ARM 处理器，尤其是 Cortex M 内核处理器的最佳开发工具。

在前面我们介绍了 STM32 官方库包的一些知识，在这里我们将着重介绍建立基于固件库的工程模板的详细步骤。在此之前，我们首先要准备如下资料：

(1)V3.5 固件库包：STM32F10x_StdPeriph_Lib_V3.5.0，这是 ST 官网下载的固件库完整版。

(2)MDK5 开发环境(我们的板子的开发环境目前是使用这个版本)。这在下载好的文件的软件目录下面有安装包：软件资料\软件\MDK5。

(3)MDK 注册机，这在我们下载好的 MDK 同一目录下面有。下载好的文件目录：软件资料\软件\MDK5\ keygen.exe。

1. MDK5 安装步骤

MDK5 的安装，请参考下载好的文件：Alientek MiNiSTM32 开发板入门资料\MDK5.10

安装手册.pdf,安装手册详细介绍了 MDK5 的安装方法。大家按照手册步骤一步一步安装即可。

2. 添加 License Key

MDK 针对每台机会有一个 CID(Customer Identity,用户身份),复制这个 CID 到注册机处生成 License Key,然后再将这个 License Key 添加到 MDK 里面去注册。详细步骤如下:

(1)打开运行 MDK。这里要注意,有些版本的 Windows 系统(如 Vista)需要右键点击快捷方式选择"以管理员身份运行",因为注册 license 需要管理员权限。打开 MDK 后有一个名字叫"LPC2129 simulator"的默认 Project,暂时我们可以不用理会。

(2)如图 9-7 所示,点击 File－>License Management,弹出如图 9-8 所示的 License Management 界面,复制界面中的 CID。

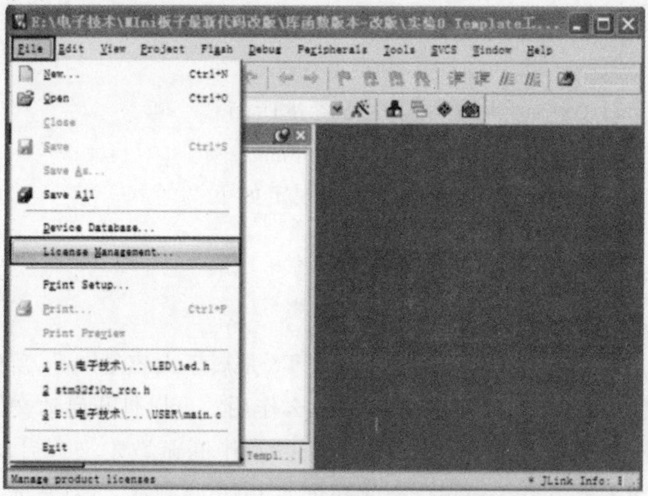

图 9-7　License Management 选择

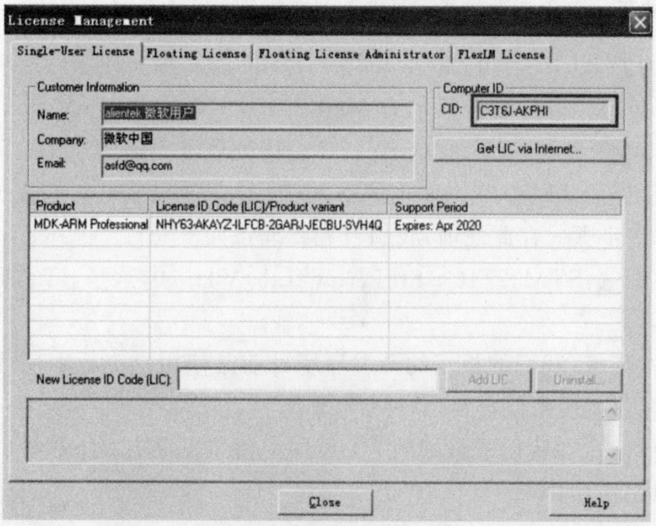

图 9-8　获取 CID

(3)打开下载的文件夹(软件资料\软件\MDK5\ keygen. exe)下面的注册机,注册机我们会跟 MDK 安装包放在同一目录下面。接着会出现图 9 - 9 所示的注册界面,粘贴刚才复制的 CID 到此处的 CID 输入框。

(4)在 Target 框选择 ARM 之后,点击“Generate”,30 位的 License Key 会在下图红色圈出的部分生成。此时 License Key 的格式为 D0DY8 - 30KAK - 0N8AM - X9Z14 - A2NWP - J3LZZ。

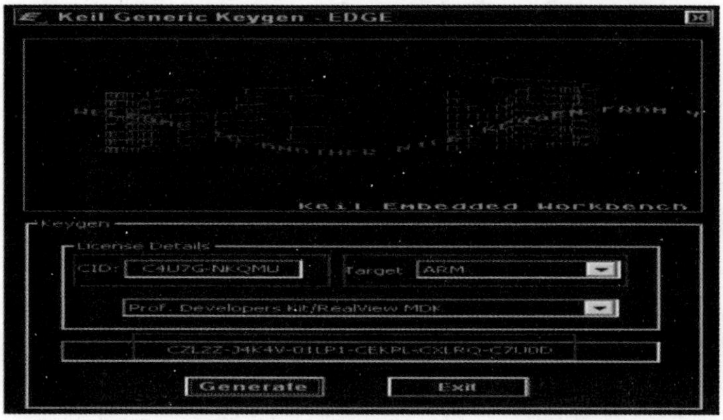

图 9 - 9　生成 License Key

(5)将这个 License Key 粘贴到 Keil 的 License Management 界面的 New License Id Code 一栏,然后点击“Add LIC”,添加成功后会出现成功提示。然后点击 Close 关闭这个界面即可。至此,License Key 便添加完成。添加成功后界面会显示“LIC Added Successfully”。

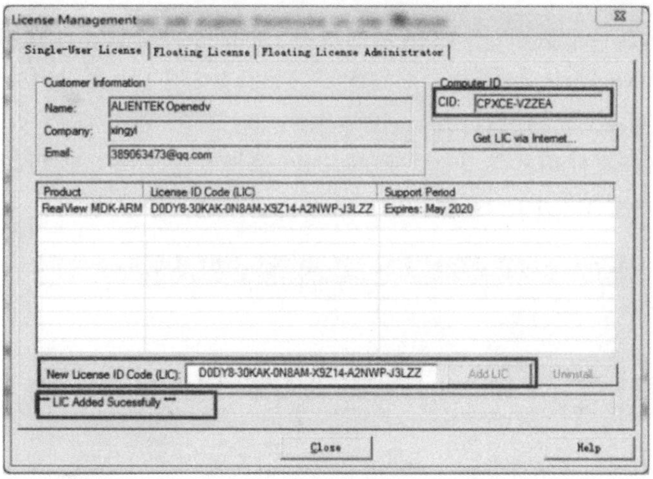

图 9 - 10　添加 License Key 成功

3. 建立工程

(1)在建立工程之前,我们建议用户在电脑的某个目录下面建立一个文件夹,以后所建立的工程都可以放在这个文件夹下面,这里我们建立一个文件夹为 Template。

(2)按照图 9 - 11 所示,点击 Keil 的菜单:Project - >New Uvision Project,然后将目录定位到刚才建立的文件夹 Template 之下,在这个目录下面建立子文件夹 USER(我们的代码工程文件都是放在 USER 目录，很多人喜欢新建“Project”目录放在下面，这也是可以的，根据个人喜好)，然后定位到 USER 目录下面，我们的工程文件就都保存到 USER 文件夹下面。工程命名为 Template，点击保存。

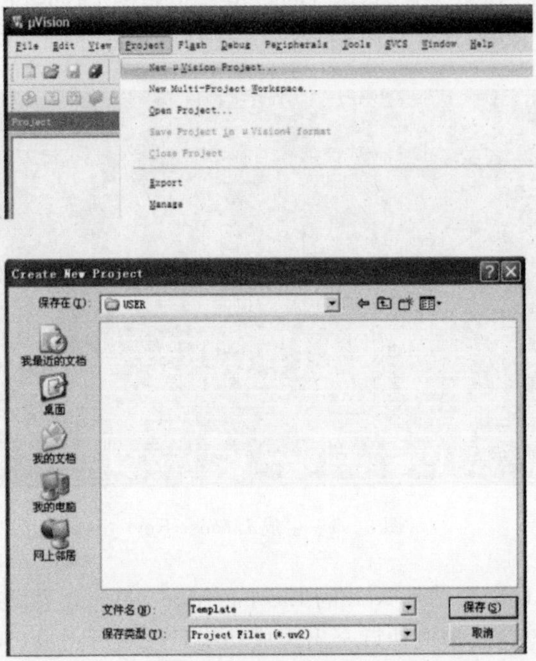

图 9-11　定义工程名称

(3)接下来会出现一个如图 9-12 所示的选择 Device 的界面，在此选择我们的芯片型号，这里我们定位到 STMicroelectronics。下面的 STM32F103RC(针对我们的 MiNiSTM32 板子是这个型号)，然后选择 STMicroelectronics → STM32F1 Series → STM32F103 → STM32F103RCT6(如果使用的是其他系列的芯片，选择相应的型号就可以了，例如我们的战舰 STM32 开发板的核心芯片是 STM32F103ZE，就选择这一个型号)。

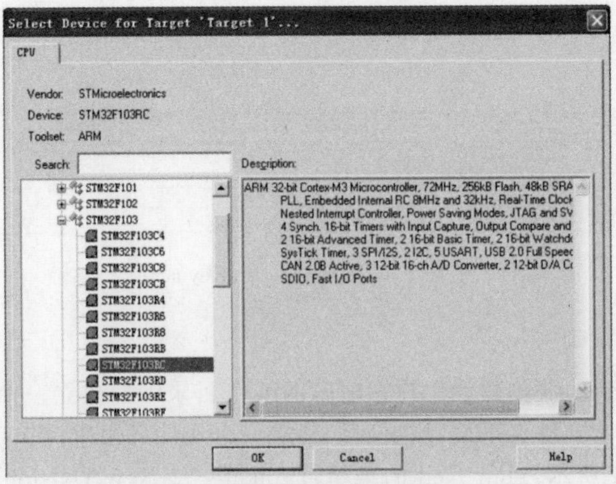

图 9-12　选择芯片型号

点击“OK”，MDK 会弹出 Manage Run－Time Environment 对话框，如图 9－13 所示。

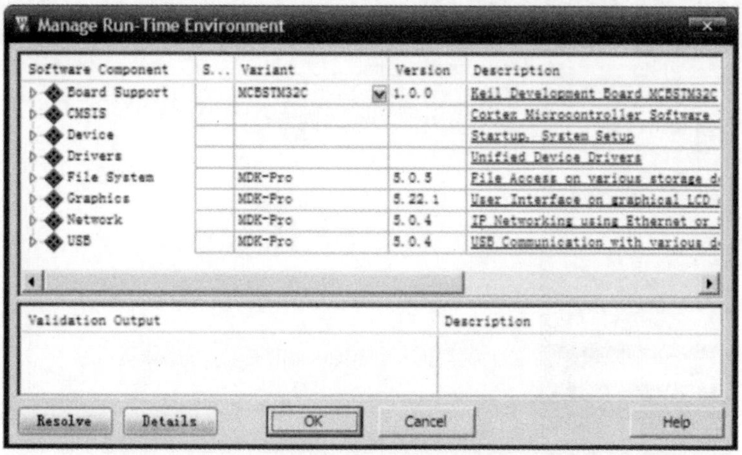

图 9－13　Manage Run－Time Environment 界面

(4)这是 MDK5 新增的一个功能，在这个界面，可以添加自己需要的组件，从而方便构建开发环境，不过这里我们不做介绍，所以在图 9－13 所示界面，直接点击 Cancel 即可，得到如图 9－14 所示界面。

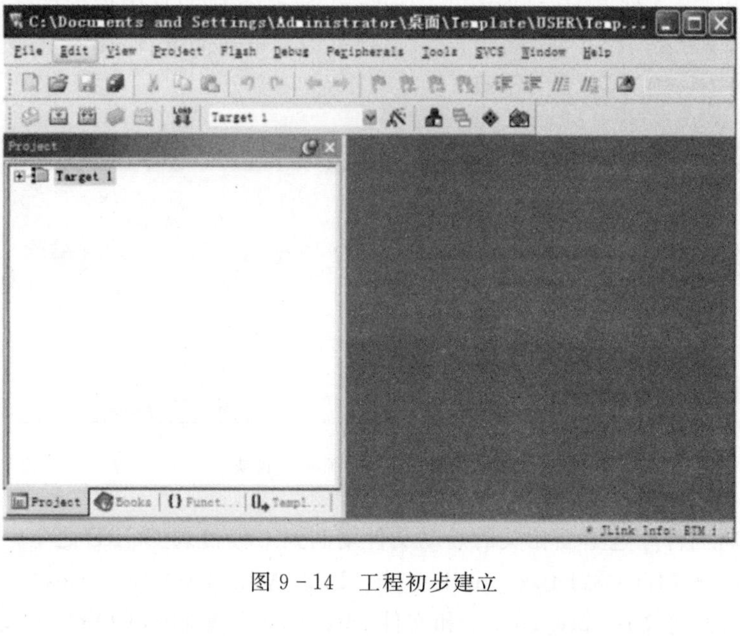

图 9－14　工程初步建立

(5)我们在 Template 工程目录下面，新建 3 个文件夹 CORE，OBJ 以及 STM32F10x_FWLib，如图 9－13 所示。CORE 用来存放核心文件和启动文件，OBJ 是用来存放编译过程文件以及 hex 文件，STM32F10x_FWLib 文件夹顾名思义用来存放 ST 官方提供的库函数源码文件。已有的 USER 目录除了用来放工程文件外，还用来存放主函数文件 main.c，以及其他包括 system_stm32f10x.c 等的其他文件。

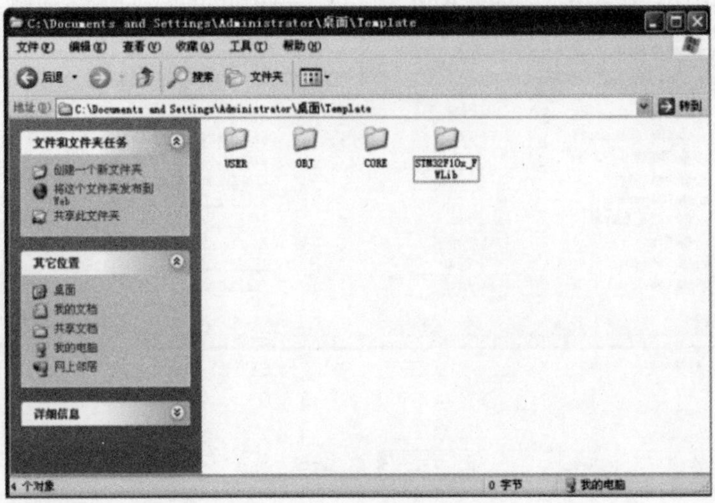

图 9-15　工程目录预览

(6)将官方的固件库包里的源码文件复制到工程目录文件夹下面。打开官方固件库包，定位到之前准备好的固件库包的目录(STM32F10x_StdPeriph_Lib_V3.5.0\Libraries\STM32F10x_StdPeriph_Driver)下面，将目录下面的 src，inc 文件夹复制到刚才建立的 STM32F10x_FWLib 文件夹下面，如图 9-16 所示。src 存放的是固件库的.c 文件，inc 存放的是对应的.h 文件，不妨打开这两个文件目录浏览一下里面的文件，每个外设对应一个.c 文件和一个.h 头文件。

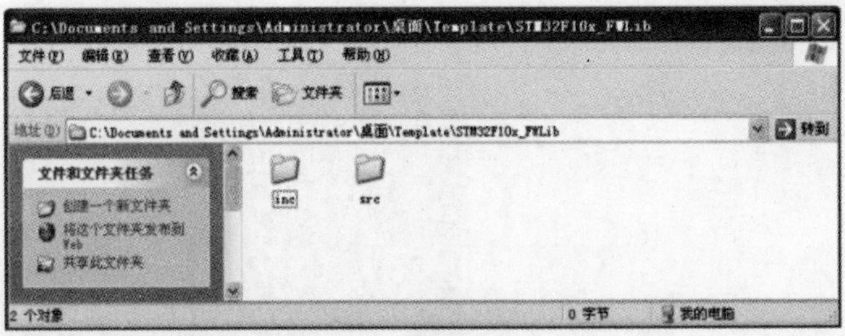

图 9-16　官方库源码文件夹

(7)下面再将固件库包里面相关的启动文件复制到工程目录 CORE 之下。打开官方固件库包，定位到目录(STM32F10x_StdPeriph_Lib_V3.5.0\Libraries\CMSIS\CM3\CoreSupport)下面，将文件 core_cm3.c 和文件 core_cm3.h 复制到 CORE 下面去。然后定位到目录(STM32F10x_StdPeriph_Lib_V3.5.0\Libraries\CMSIS\CM3\DeviceSupport\ST\STM32F10x\startup\arm)下面，将里面 startup_stm32f10x_hd.s 文件复制到 CORE 下面。之前讲过不同容量的芯片使用不同的启动文件，芯片 STM32F103ZET6 是大容量芯片，所以选择这个启动文件。现在 CORE 文件夹包含图 9-17 中所示的 3 个文件：core_cm3.c、core_cm3.h 和 startup_stm32f10x_hd.s。

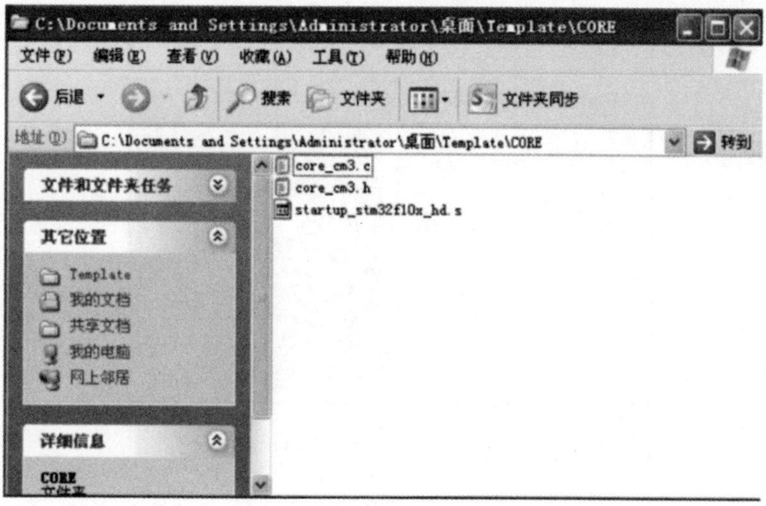

图 9-17　启动文件夹

(8)定位到目录 STM32F10x_StdPeriph_Lib_V3.5.0\Libraries\CMSIS\CM3\DeviceSupport\ST\STM32F10x 下面，将里面的三个文件 stm32f10x.h、system_stm32f10x.c 和 system_stm32f10x.h 复制到我们的 USER 目录之下。然后将 STM32F10x_StdPeriph_Lib_V3.5.0\Project\STM32F10x_StdPeriph_Template 下面的 4 个文件 main.c、stm32f10x_conf.h、stm32f10x_it.c、stm32f10x_it.h 复制到 USER 目录下面，如图 9-18 所示。

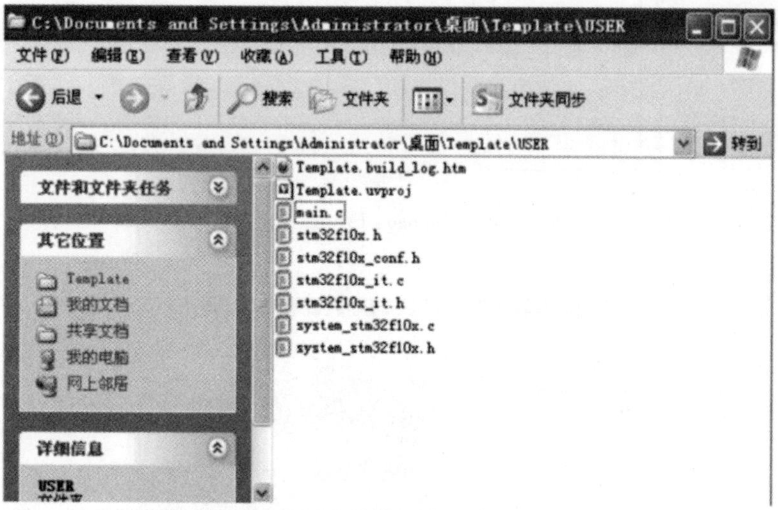

图 9-18　USER 目录文件浏览

(9)通过前面 8 个步骤，将需要的固件库相关文件复制到了工程目录下面，下面将这些文件加入到工程中去。右键点击图 9-19 中的“Target1”，选择“Manage Components”。

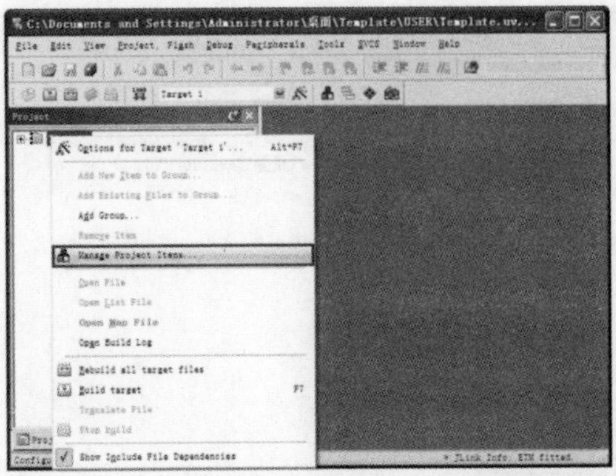

图 9-19　点击“Management Components”

(10)Project Targets 一栏，将 Target 名字修改为 Template，然后在 Groups 一栏删掉一个 Source Group1，建立三个 Groups：USER，CORE 和 FWLIB（见图 9-20）。然后点击“OK”，可以看到 Target 名字以及 Groups 情况（见图 9-21）。

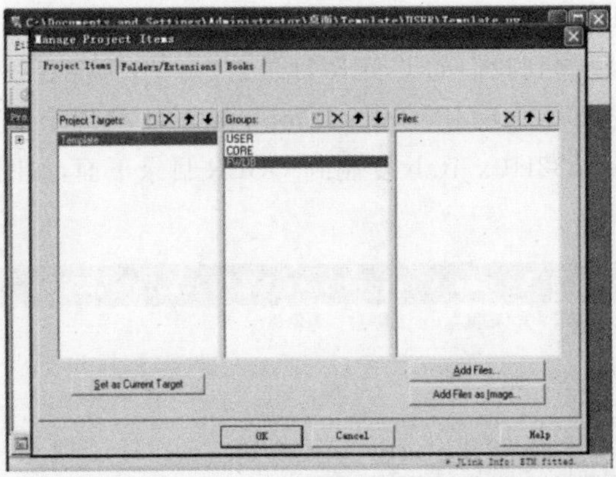

图 9-20　Manage Project Items

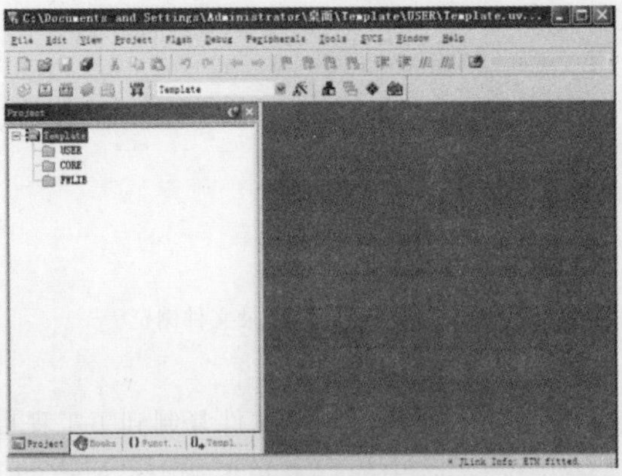

图 9-21　建立完 Groups 界面

(11)往 Group 里面添加需要的文件。按照步骤(10)的方法,右键点击点击"Tempate",选择选择 Manage Components. 然后选择需要添加文件的 Group,这里第一步选择 FWLIB,然后点击右边的"Add Files",定位到刚才建立的目录(STM32F10x_FWLib/src)下面,将里面所有的文件选中(Ctrl+A),然后点击 Add,然后 Close. 可以看到 Files 列表下面包含添加的文件。Groups 添加文件情况如图 9-22 所示。这里需要说明一下,用到哪个外设,就需要添加外设相关的库文件,不用添加其他无关外设的库文件。例如只用 GPIO,就只用添加 stm32f10x_gpio. c,其他的文件不用添加。如果全部添加进来就是不用每次添加了,当然这样的坏处是工程量太大,编译起来速度慢。用户可以自行选择添加方式。

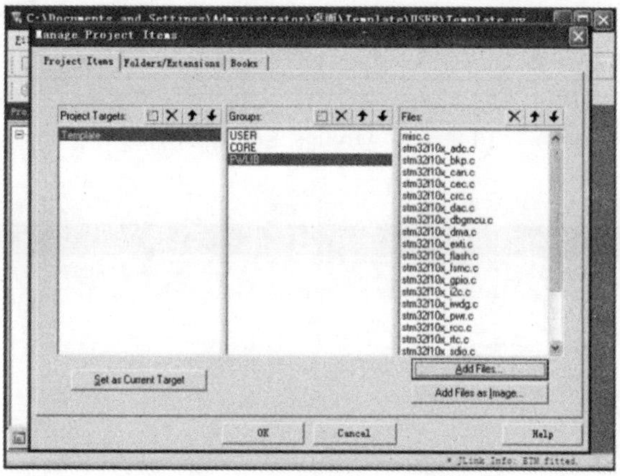

图 9-22　Groups 添加文件情况

(12)用同样的方法,将 Groups 定位到 CORE 和 USER 下面,添加需要的文件。这里 CORE 下面需要添加的文件为 core_cm3. c,startup_stm32f10x_hd. s(注意,默认添加的时候文件类型为. c,也就是添加 startup_stm32f10x_hd. s 启动文件的时候,需要选择文件类型为 All files 才能看得到这个文件),USER 目录下面需要添加的文件为 main. c,stm32f10x_it. c,system_stm32f10x. c. 这样需要添加的文件已经全部添加到工程中去了,最后点击图 9-23 中的"OK",回到工程主界面。具体操作步骤如图 9-24～图 9-26 所示。

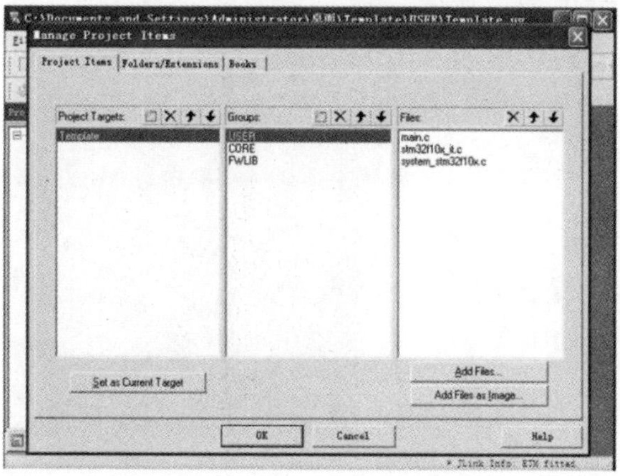

图 9-23　Groups 定位到 USER

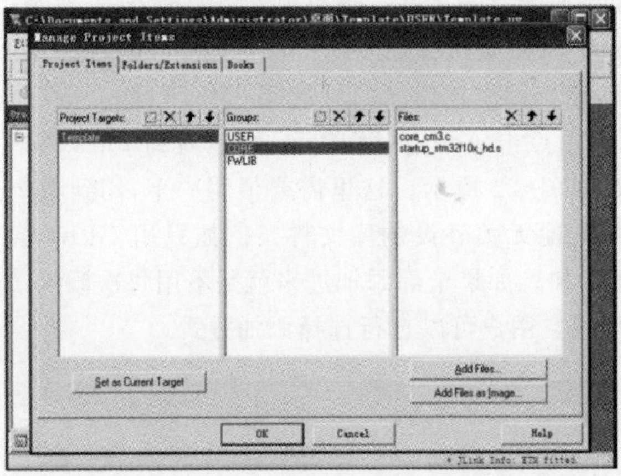

图 9 - 24　Groups 定位到 CORE

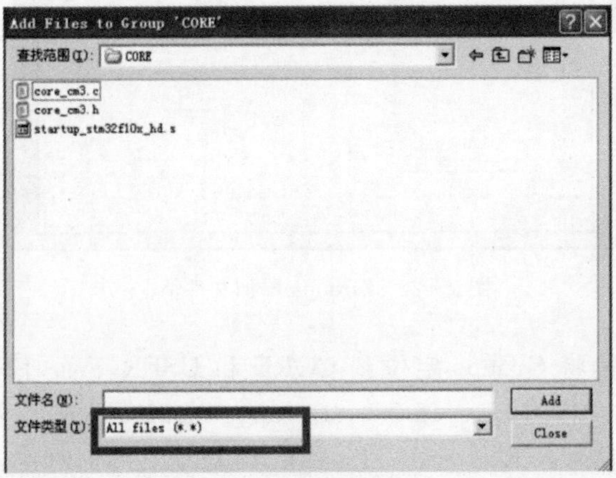

图 9 - 25　启动文件的文件类型为 All files

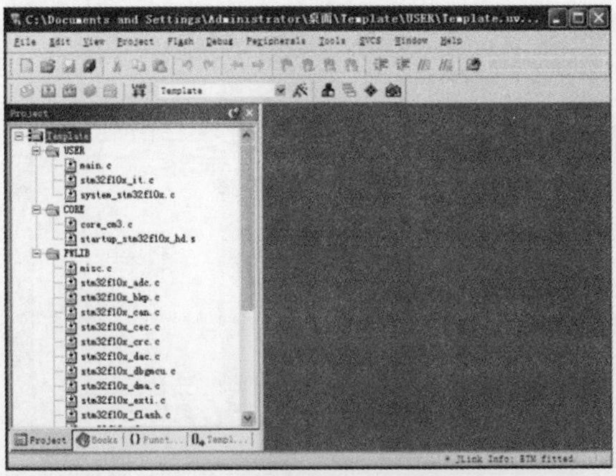

图 9 - 26　返回工程界面

(13)我们要编译工程,在编译之前首先要选择编译中间文件编译后存放的目录。方法是点击魔术棒,然后选择“Output”选项下面的“Select folder for objects…”,然后选择目录为上面新建的 OBJ 目录。具体如图 9-27 所示。

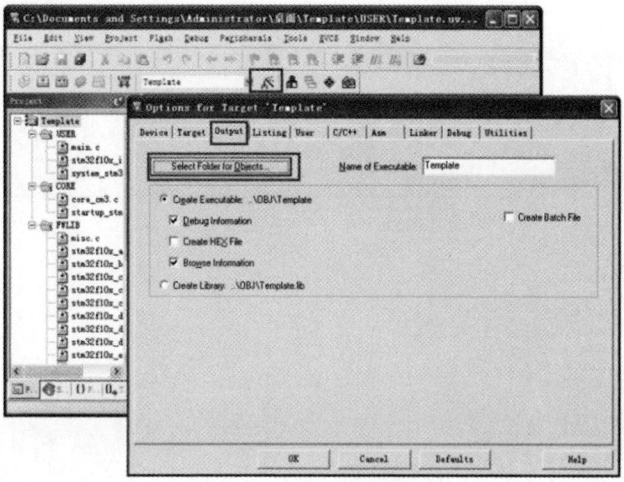

图 9-27　编译工程

(14)在编译之前,先把 main.c 文件里面的内容替换为如下内容:

```
int main(void){
while(1);
}
```

(15)下面点击编译按钮编译工程,可以看到很多报错,因为找不到头文件,如图9-28所示。

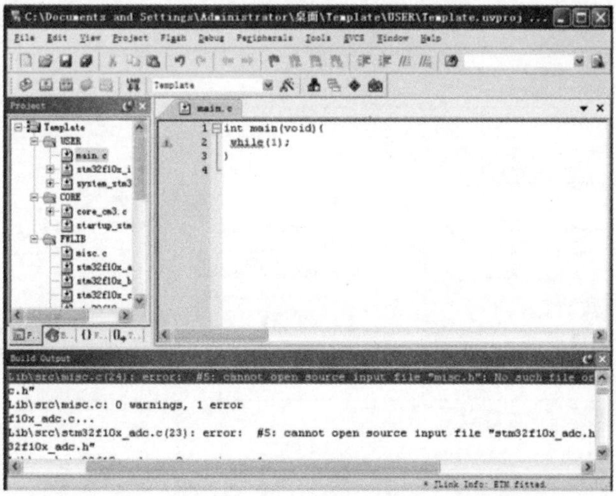

图 9-28　替换 main.c 文件后编译工程

(16)下面要告诉 MDK,在哪些路径之下可以搜索到需要的头文件,也就是添加头文件路径。回到工程主菜单,点击图 9-29 中的魔术棒,出现图 9-30 所示的菜单,然后点击 c/c++

选项，再点击 Include Paths 右边的按钮，弹出图 9－31 所示的添加文件路径的对话框，然后我们将对话框中的 3 个目录添加进去(\USER,\CORE，\STM32F10x_FWLib\inc)。记住，keil 只会在一级目录查找，所以如果你的目录下面还有子目录，记得一定要定位到最后一级子目录，然后点击“OK”。

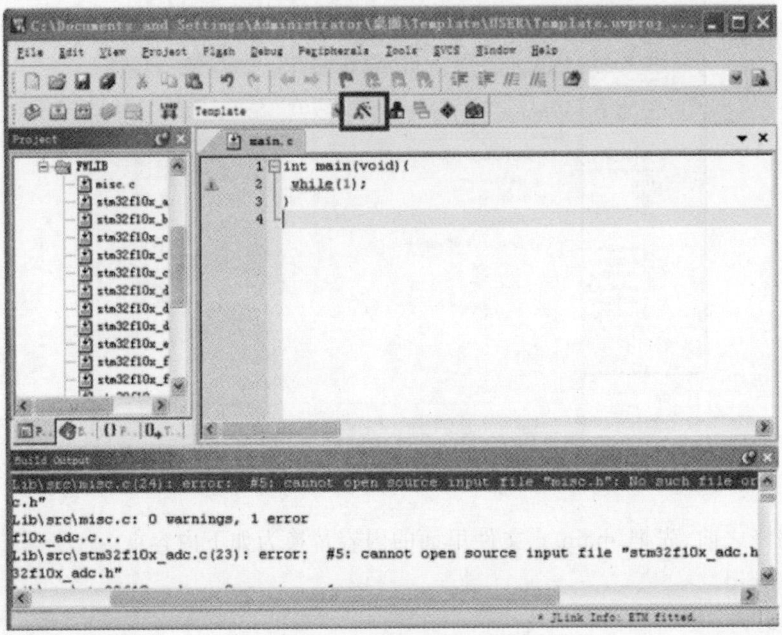

图 9－29　头文件路径 1

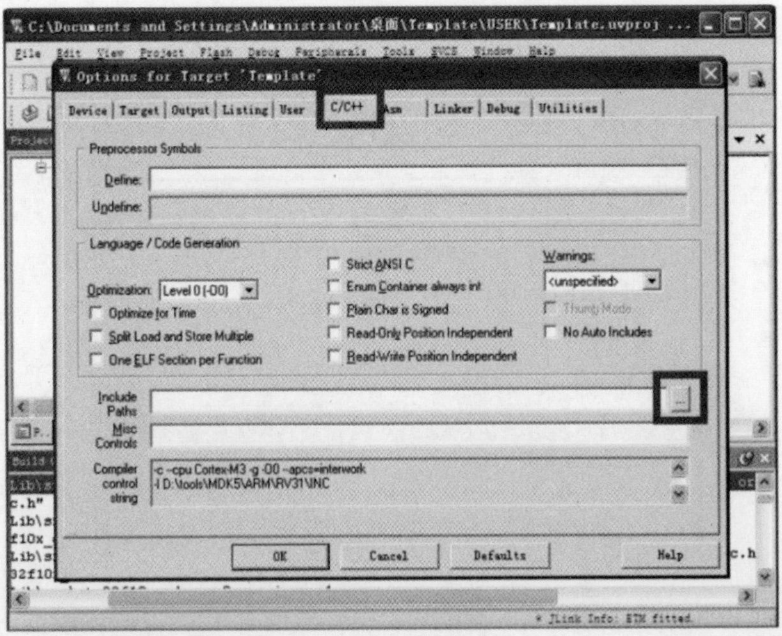

图 9－30　头文件路径 2

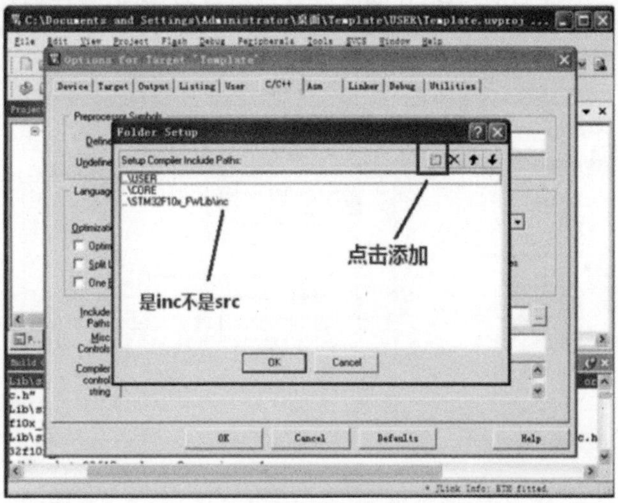

图 9 - 31　头文件路径 3

(17)接下来再来编译工程,可以看到又报了很多错误。这是因为 3.5 版本的库函数在配置和选择外设的时候通过宏定义来选择的,所以需要配置一个全局的宏定义变量(见图 9 - 32)。按照步骤(16),定位到 C/C++界面,然后填写“STM32F10X_HD,USE_STDPERIPH_DRIVER”到 Define 输入框里面。这里解释一下,如果用的是中容量,那么 STM32F10X_HD 修改为 STM32F10X_MD,小容量修改为 STM32F10X_LD,然后点击“OK”。因为 MiNiSTm32 开发板是大容量,所以要选择“STM32F10X_HD”。

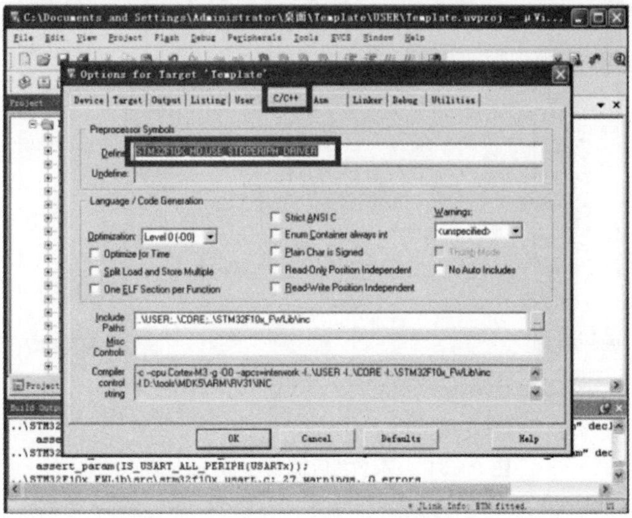

图 9 - 32　配置一个全局的宏定义变量

(18)这次在编译之前,记得打开工程 USER 下面的 main.c,复制下面代码到 main.c 覆盖已有代码,然后进行编译(这段代码,大家同样可以打开下载的文件新建好了的工程模板的 main.c,把里面的内容复制过来即可。文件路径为\4,程序源码\标准例程－V3.5 库函数版本\实验 0 Template 工程模板\USER\main.c)。可以看到,这次编译已经成功了。最终编译结果如图 9-33 所示。

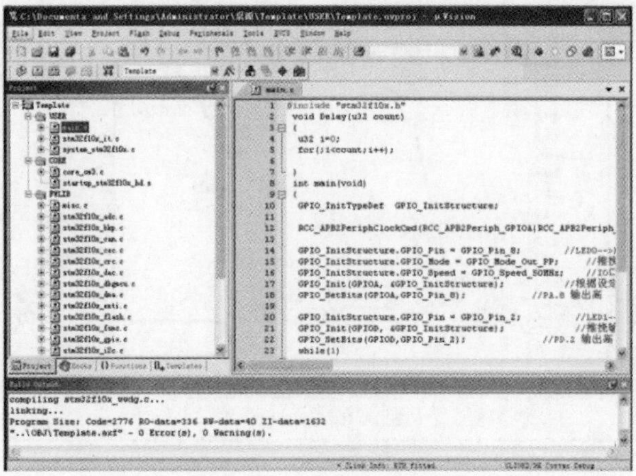

图 9-33　最终编译结果

(19)这样一个工程模版建立完毕。下面还需要配置,让编译之后能够生成 hex 文件(见图 9-34)。同样点击魔术棒,进入配置菜单,选择 Output。然后勾上下三个选项。其中,Create HEX file 是编译生成 hex 文件,Browser Information 是可以查看变量和函数定义。还有就是要选择产生的 hex 文件和项目中间文件放在哪个目录,点击"Select folder for Objects…"定位目录,选择定位到上面建立的 OBJ 目录下面。

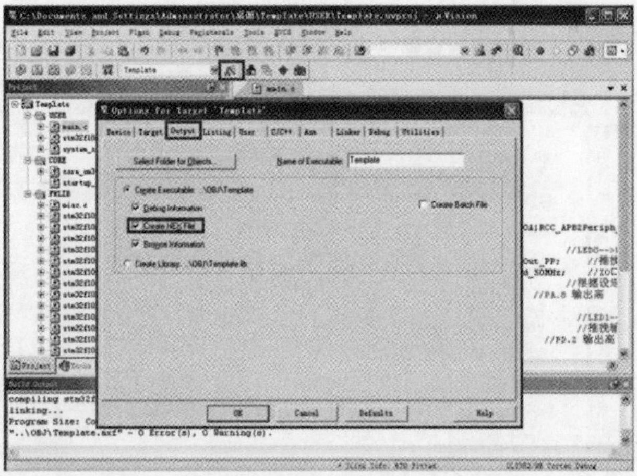

图 9-34　编译之后能够生成 hex 文件

(20)重新编译代码,可以看到生成了 hex 文件在 OBJ 目录下面,这个文件用 mcuisp 下载到 mcu 即可。到这里,一个基于固件库 V3.5 的工程模板就建立了。

9.2.3　STM32 程序下载

STM32 的程序下载有多种方法:USB、串口、JTAG、SWD 等,这几种方式,都可以用来给

STM32 下载代码。不过，最常用的、最经济的方法，就是通过串口给 STM32 下载代码。本节将介绍如何利用串口给 STM32 下载代码。STM32 的串口下载一般是通过串口 1 下载的，本指南的实验平台 Alientek MiNiSTM32 开发板，不是通过 RS232 串口下载的，而是通过自带的 USB 串口来下载。看起来像是 USB 下载（只需一根 USB 线，并不需要串口线）的，实际上是通过 USB 转成串口，然后再下载的。下面教大家如何在实验平台上利用 USB 串口来下载代码。先要在板子上设置一下，在板子上把 RXD 和 PA9（STM32 的 TXD），TXD 和 PA10（STM32 的 RXD）通过跳线帽连接起来，这样就把 CH340G 和 MCU 的串口 1 连接上了。这里由于 Alientek 这款开发板自带了一键下载电路，所以并不需要去关心 BOOT0 和 BOOT1 的状态，但是为了让程序下载完后可以按复位执行程序，建议大家把 BOOT1 和 BOOT0 都设置为 0。设置完成如图 9-35 所示。

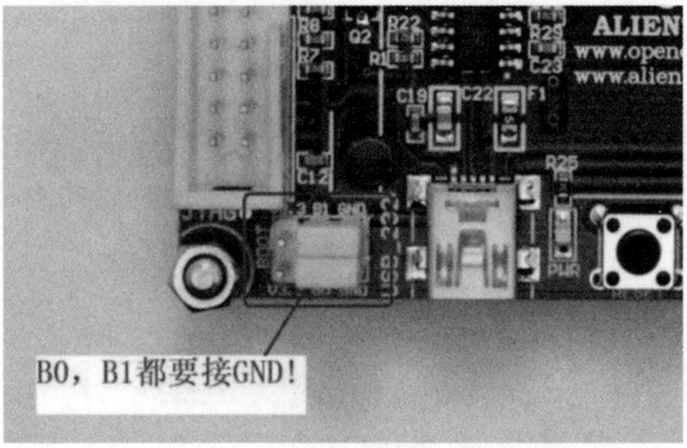

图 9-35　开发板串口下载跳线设置

接着在 USB_232 处插入 USB 线，并接上电脑，如果之前没有安装 CH340G 的驱动（如果已经安装过了驱动，则应该能在设备管理器里面看到 USB 串口，如果不能则要先卸载之前的驱动，卸载完后重启电脑，再重新安装提供的驱动），则电脑会提示找到新硬件，如图 9-36 所示。

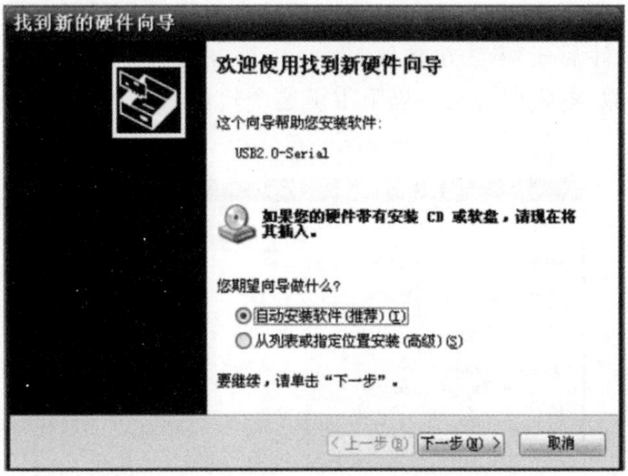

图 9-36　找到新硬件

不理会这个提示，直接找到下载好的文件→软件资料→软件文件夹下的CH340驱动，安装该驱动，如图9-37所示。

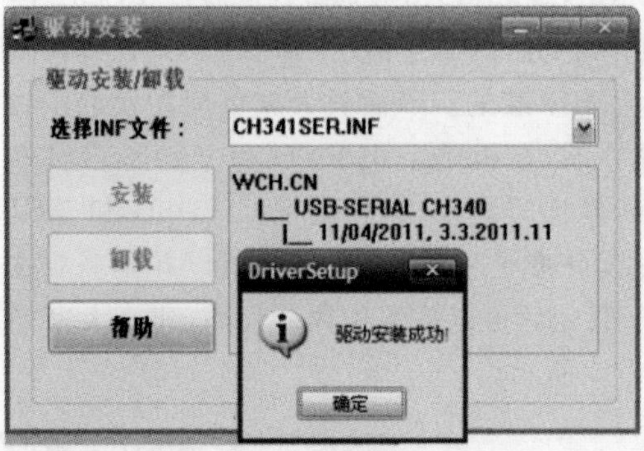

图9-37　CH340驱动安装

在驱动安装成功之后，拔掉USB线，然后重新插入电脑，此时电脑就会自动给其安装驱动了。在驱动安装完成之后，可以在电脑的设备管理器里面找到USB串口(如果找不到，则重启下电脑)，如图9-38所示。

图9-38　USB串口

在图9-38中可以看到，当前STM32开发设备在用的USB串口被识别为COM3，这里需要注意的是：不同电脑分配的串口号可能不一样，有可能是COM4，COM5等，但是USB-SERIAL CH340，这个一定是一样的。如果没找到USB串口，则有可能是安装有误，或者系统不兼容。在安装了USB串口驱动之后，就可以通过串口下载代码了，这里的串口下载软件选择的是mcuisp，该软件属于第三方软件，由单片机在线编程网提供，大家可以去www.mcuisp.com免费下载，本指南的文件也附带了这个软件，版本为V0.993。该软件启动界面如图9-39所示。

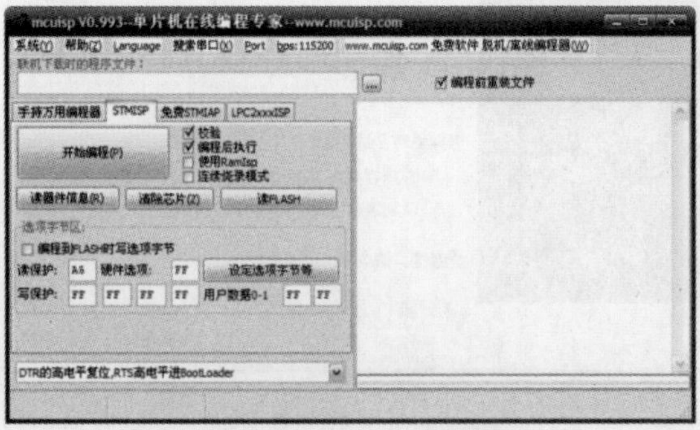

图9-39　mcuisp启动界面

然后选择要下载程序的 Hex 文件，以前面新建的工程为例，因为前面在工程建立的时候，就已经设置了生成 Hex 文件，所以编译的时候已经自动生成了 Hex 文件，只需要找到这个 Hex 文件下载即可。用 mcuisp 软件打开 OBJ 文件夹，找到 TEST. hex，打开并进行相应设置后，如图 9－40 所示。

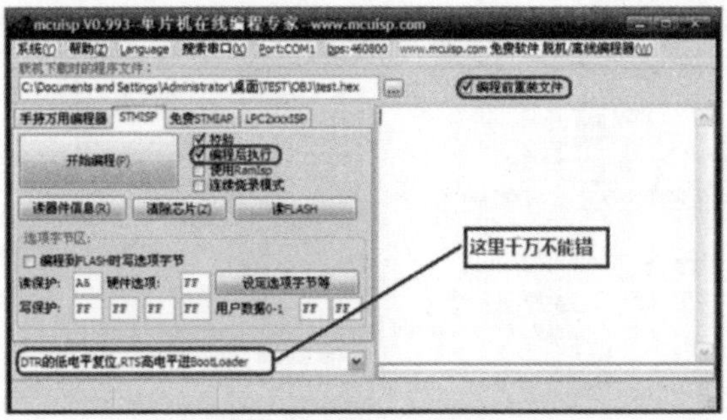

图 9－40　mcuisp 设置

图 9－40 中圈中的设置，是建议设置。编程后执行，这个选项在无一键下载功能的条件下是很有用的，在选中该选项之后，可以在下载完程序之后自动运行代码。否则，还需要按复位键，才能开始运行刚刚下载的代码。编程前重装文件，该选项也比较有用，在选中该选项之后，mcuisp 会在每次编程之前，将 hex 文件重新装载一遍，这对于代码调试的时候是比较有用的。特别提醒的是，不要选择使用 RamIsp，否则，可能没法正常下载。

最后，在图 9－40 的界面最下方选择“DTR 的低电平复位，RTS 高电平进 BootLoader”（也就是下拉框中的第 4 项选项，这里大家千万注意，很多用户都是这里没有选对），这个选择项选中，mcuisp 就会通过 DTR 和 RTS 信号来控制板载的一键下载功能电路，以实现一键下载功能。如果不选择，则无法实现一键下载功能。这个是必要的选项（在 BOOT0 接 GND 的条件下），如果不选择该选项，则无法实现一键下载功能。在装载了 hex 文件之后，还需要选择下载代码的串口，这里 mcuisp 有智能串口搜索功能。每次打开 mcuisp 软件，软件会自动去搜索当前电脑上可用的串口，然后选中一个作为默认的串口（一般是最后一次关闭时所选择的串口）。也可以通过点击菜单栏的搜索串口，来实现自动搜索当前可用串口。串口波特率则在软件界面的 bps 栏设置，对于 STM32，该波特率最大值为 230 400b/s，这里一般选择最高的波特率：460 800，让 mcuisp 自动去同步，找到 CH340 虚拟的串口，如图 9－41 所示。从之前 USB 串口的驱动安装可知，开发板的 USB 串口被识别为 COM3 了，如果电脑被识别为其他的串口，则选择相应的串口即可。

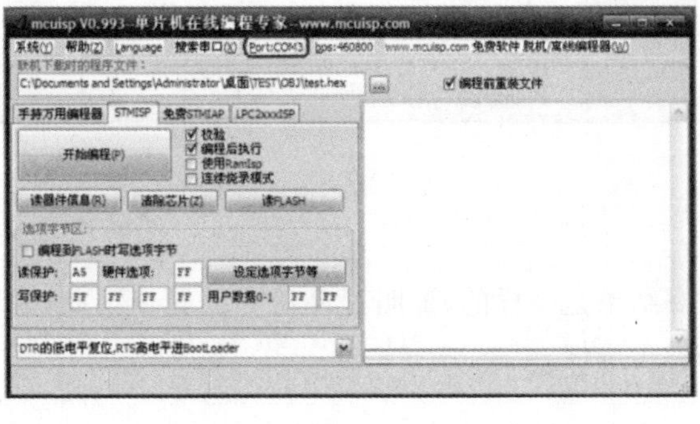

图 9－41　CH340 虚拟串口

选择了相应串口之后，就可以通过按“开始编程(P)”这个按钮，一键下载代码到 STM32 上，下载成功后如图 9－42 所示。

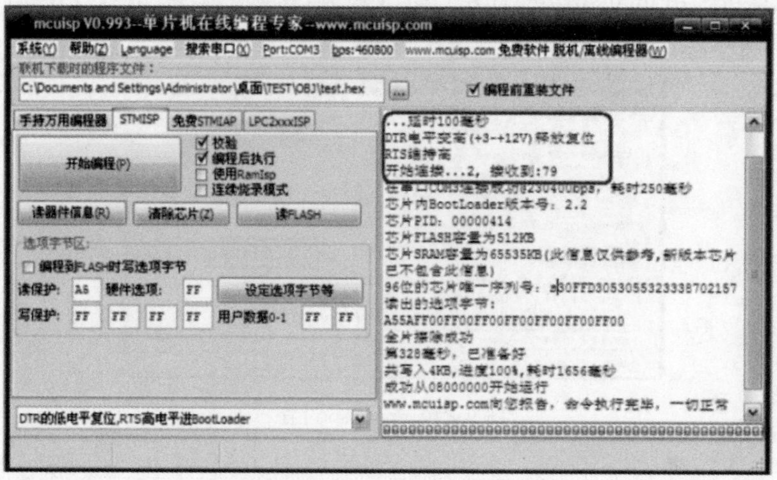

图 9－42　下载完成

在图 9－42 中，用方框圈出了 mcuisp 对一键下载电路的控制过程，其实就是控制 DTR 和 RTS 电平的变化，控制 BOOT0 和 RESET，从而实现自动下载。另外，界面提示已经下载完成(如果老提示：开始连接……需要检查一下，开发板的设置是否正确，是否有其他因素干扰等)，并且从 0X80000000 处开始运行了，打开串口调试助手选择 COM3，会发现从 ALIENTEKminiSTM32 开发板发回来的信息，如图 9－43 所示。

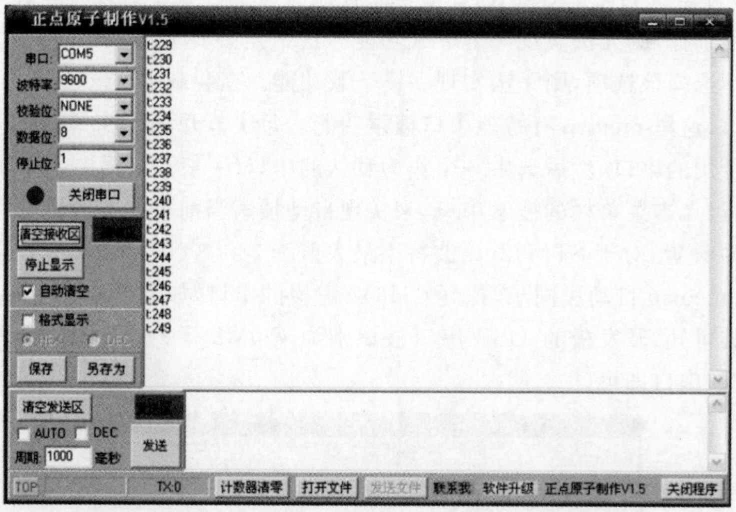

图 9－43　程序开始运行

接收到的数据和仿真结果是一样的，证明程序没有问题。至此，说明代码下载成功，并且也从硬件上验证了代码的正确性。

9.3　STM32 实践

9.3.1　DS18B20 数字温度传感器实验

本小节将向大家介绍 STM32 如何借助单总线技术来实现 STM32 和外部温度传感器(DS18B20)通信，通过读取外部数字温度传感器的温度较为准确地采集环境温度，并把温度显示在 TFTLCD 模块上。本小节分为如下 4 个部分：DS18B20 简介；硬件设计；软件设计；下载验证。

1. DS18B20 简介

DS18B20 是由 DALLAS 半导体公司推出的一种的"1 线总线"接口的温度传感器，它只有一根数据线，在这根数据线上可以挂很多个相同的温度传感器，构成测温系统，供电也通过这根数据线供电。与传统的热敏电阻等测温元件相比，它是一种新型的体积小、适用电压宽、与微处理器接口简单的数字化温度传感器。"1 线总线"结构具有简洁且经济的特点，可使用户轻松地组建传感器网络，从而为测量系统的构建引入全新概念，测量温度范围为－55～＋125℃，精度为±0.5℃。现场温度直接以"1 线总线"的数字方式传输，大大提高了系统的抗干扰性。它能直接读出被测温度，并且可根据实际要求通过简单的编程实现 9～12 位的数字值读数方式。它工作在 3～5.5 V 的电压范围，采用多种封装形式，从而使系统设计灵活、方便，设定分辨率及报警温度存储在 EEPROM 中，掉电后依然保存。

DS18B20 共有 6 种信号类型：复位脉冲、应答脉冲、写 0、写 1、读 0 和读 1。所有这些信号，除了应答脉冲以外，都由主机发出同步信号，并且发送的所有命令和数据都是字节的低位在前。这里我们简单介绍一下这几个信号的时序。

(1)复位脉冲和应答脉冲。单总线上的所有通信都是以初始化序列开始。主机输出低电平，保持低电平时间至少 480 μs，以产生复位脉冲。接着主机释放总线，4.7 kΩ 的上拉电阻将单总线拉高，延时 15～60 μs，并进入接收模式(RX)。接着 DS18B20 拉低总线 60～240 μs，以产生低电平应答脉冲，若为低电平，再延时 480 μs。

(2)写时序。写时序包括写 0 时序和写 1 时序。所有写时序至少需要 60 μs，且在 2 次独立的写时序之间至少需要 1 μs 的恢复时间，两种写时序均起始于主机拉低总线。写 1 时序：主机输出低电平，延时 2 μs，然后释放总线，延时 60 μs。写 0 时序：主机输出低电平，延时 60 μs，然后释放总线，延时 2 μs。

(3)读时序。单总线器件仅在主机发出读时序时，才向主机传输数据，所以，在主机发出读数据命令后，必须马上产生读时序，以便从机能够传输数据。所有读时序至少需要 60 μs，且在 2 次独立的读时序之间至少需要 1 μs 的恢复时间。每个读时序都由主机发起，至少拉低总线 1 μs。主机在读时序期间必须释放总线，并且在时序起始后的 15 μs 之内采样总线状态。典型的读时序过程为：主机输出低电平延时 2 μs，然后主机转入输入模式延时 12 μs，然后读取单总线当前的电平，然后延时 50 μs。在了解了单总线时序之后，我们来看看 DS18B20 的典型温度读取过程，DS18B20 的典型温度读取过程为：复位→发 SKIP ROM 命令(0XCC)→发开始转换命令(0X44)→延时→复位→发送 SKIP ROM 命令(0XCC)→发读存储器命令(0XBE)→连续读出两个字节数据(即温度)→结束。

本章实验功能简介：开机的时候先检测是否有 DS18B20 存在，如果没有，则提示错误。只有在检测到 DS18B20 之后才开始读取温度并显示在 LCD 上，如果发现了 DS18B20，则程序每隔 100 ms 左右读取一次温度数据，并把温度显示在 LCD 上。同样我们也是用 DS0 来指示程序正在运行。

所要用到的硬件资源如下：

(1)指示灯 DS0；

(2)TFTLCD 模块；

(3)DS18B20 温度传感器。

2. 硬件设计

DS18B20 温度传感器属于外部器件（板上没有直接焊接），但是在我们开发板上是有 DS18B20 接口(U6)的，直接插上 DS18B20 即可使用。下面，我们介绍开发板上 DS18B20 接口和 STM32 的连接电路，如图 9-44 所示，STM32 的 PA0 引脚连接 DS18B20 的(U6)的 DQ 引脚，图中 U6 为 DS18B20 的插口(3 脚圆孔座)，将 DS18B20 传感器插入到这个 3 脚圆孔座上面，并用跳线帽短接 1820 与 PA0，就可以通过 STM32 来读取 DS18B20 的温度了。

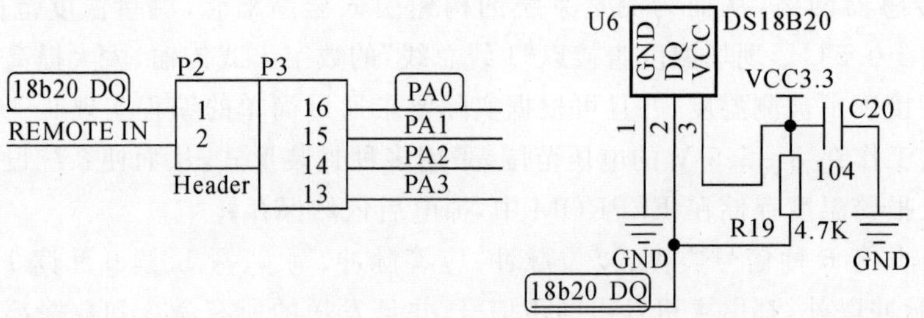

图 9-44 DS18B20 接口与 STM32 的连接电路图

从图 9-44 可以看出，我们使用的是 STM32 的 PA0 来连接 DS18B20 的(U6)的 DQ 引脚，图中 U6 为 DS18B20 的插口(3 脚圆孔座)。将 DS18B20 传感器插入到这个上面，并用跳线帽短接 1820 与 PA0，就可以通过 STM32 来读取 DS18B20 的温度了。连接示意图如图 9-44 所示。

3. 软件设计

打开我们的 DS18B20 数字温度传感器实验工程可以看到我们添加了 ds18b20. c 文件以及其头文件 ds18b20. h 文件，所有 ds18b20 驱动代码和相关定义都分布在这两个文件中。打开 ds18b20. c，该文件代码如下：

```
#include "dsl8b20. h"
#include "delay. h"
//复位 DS18B20
void DS18B20_Rst(void)
{
    DS18B20_IO_OUT(); //SET PAO OUTPUT
    DS18B20_DQ_OUT=0; //拉低 DQ
    delay_us(750); //拉低 750us
    DS 18B20_DQ_OUT=1; //DQ=1
```

```
    delay_us(15);//15US
}
//等待 DS18B20 的回应
//返回 1:未检测到 DS18B20 的存在
//返回 0:存在
u8 DS18B20_Check(void)
{
    u8 retry=O;
    DS 18B20_IO_IN();//SET PAO INPUT
    while (DS 18B20_DQ_IN&&retry<200){retry++; delay_us(l); };
    if(retry>=200)return 1;
    else retry=0;
    while (! DS 18B20_DQ_IN&&retry<240) { retry++; delay_us(l); );
    if(retry>=240)return 1;
    return 0;
}

//从 DS18B20 读取一个位
//返回值:1/0
u8 DS18B20_Read_Bit(void)
{
    u8 data;
    DS18B20_IO_OUT();//SET PA0 OUTPUT
    DS18B20_DQ_OUT=0;
    delay_us(2);
    DS18B20_DQ_OUT=1;
    DS18B20_IO_IN();//SET PA0 INPUT
    delay us(12);
    if(DS18B20_DQ_IN)data=1;
    else data=0;
    delay_us(50);
    return data;
}

//从 DS18B20 读取一个字节
//返回值: 读到的数据
u8 DS18B20 Read_Byte(void)
{
    u8 i,j,dat=0;
    for (i=1;i<=8;i++)
    {
        j=DS18B20_Read_Bit();
        dat=(j<<7)|(dat>>1);
```

```
    }
    return dat;
}
//写一个字节到 DS18B20
//dat:要写入的字节
void DS18B20_Write_Byte(u8 dat)
{
    u8 j;u8 testb;
    DS18B20_IO_OUT();//SET PA0 OUTPUT;
    for (j=1;j<=8;j++)
    {
        testb=dat&0x01;
        dat=dat>>1;
        if (testb)
        {
            DS18B20_DQ_OUT=0;// Write 1
            delay_us(2);
            DS18B20_DQ_OUT=1;
            delay_us(60);
        }
        else
        {
            DS18B20_DQ_OUT=0;// Write 0
            delay_us(60);
            DS18B20_DQ_OUT=1;
            delay_us(2);
        }
    }
}
//开始温度转换
void DS18B20 Start(void)//ds1820 start convert
{
    DS18B20_Rst();
    DS18B20_Check();
    DS18B20_Write_Byte(0xcc)//skip rom
    DS18B20_Write_Byte(0x44;//convert
}
//初始化 DS18B20 的 I/O 接口 DQ,同时检测 DS 的存在
//返回 1:不存在
//返回 0:存在
u8 DS18B20_Init(void)
{
    GPIO InitTypeDef GPIO_InitStructure;
```

```
    RCC_APB2PeriphClockCmd(RCC_APB2Periph_GPIOA,ENABLE);//使能 PORTA 时钟
    GPIO InitStructure.GPIO_ Pin = GPIO_Pin_0;    //PORTA0 推挽输出
    GPIO_InitStructure.GPIO_Mode=GPIO_Mode_Out_PP;
    GPIO_InitStructure.GPIO_Speed= GPIO_Speed_50MHz;
    GPIO_Init(GPIOA,&GPIO_InitStructure);

    GPIO _SetBits(GPIOA,GPIO_Pin_0);     /输出 1
    DS18B20_Rst();
    returmn DS18B20_Check();
} //从 ds18b20 得到温度值
//精度:0.1℃
//返回值:温度值 (-550~1250)
short DS18B20_Get_Temp(void)
{
    u8 temp; u8 TL,TH;
    short tem;
    DS18B20_Start ();          //ds1820 start convert
    DS18B20_Rst();
    DS18B20_Check);
    DS18B20_Write_Byte((0xcc);        //skip rom
    DSI8B20_Write_Byte(0xbe);        //convert
    TL=DS18B20_Read_Byte();          //LSB
    TH=DS18B20_Read_Byte0;           //MSB
    If(TH>7)
    {
        TH=~TH; TL=TL;
        temp=0;//温度为负
    }else temp=1;//温度为正
    tem=TH;//获得高八位
    tem<<=8;
    tem+=TL;//获得低八位
    tem=(float)tem * 0.625;//转换
    If(temp)return tem;//返回温度值
    else return-tem;
}
```

该部分代码就是根据前面介绍的单总线操作时序来读取 DS18B20 的温度值的,DS18B20 的温度通过 DS18B20_Get_Temp 函数读取,该函数的返回值为带符号的短整形数据,返回值的范围为－550～1250,其实就是温度值扩大了 10 倍。接下来我们看看 ds18b20.h 文件的内容:

```
#ifndef_DS18B20_H
#define_DS18B20_H
#include "sys.h"
```

```
//IO方向设置
#define DS18B20_IO_IN() {GPIOA->CRL&=0XFFFFFFF0;GPIOA->CRL|=8<<0;}
#define DS18B20_IO_OUT() {GPIOA->CRL&=0XFFFFFFF0;GPIOA->CRL|=3<<0;
///IO操作函数
#define DS18B20_DQ_OUT  PAout(0)  //数据端口  PA0
#define DS18B20_DQ_IN   PAin(0)   //数据端口  PA0
u8 DS18B20_Init(void);              //初始化 DS18B20
short DS18B20_Get_Temp(void);       //获取温度
void DS18B20_Start(void);           //开始温度转换
void DS18B20_Write_Byte(u8 dat);    //写入一个字节
u8 DS18B20_Read Byte((void);        //读出一个字节
u8 DS18B20_Read_Bit(void);          //读出一个位
u8 DS18B20_Check(void);             //检测是否存在 DS18B20
void DS18B20_Rst(void);             //复位 DS18B20
#endif
#endif
```

然后打开 main.c,主函数代码如下:

```
int main(void)
{
    u8 t=0;
    short temperature;
    delay_init();       //延时函数初始化
    uart_init(9600);    //串口初始化,波特率为 9600
    LED_Init();             //初始化与 LED 连接的硬件接口
    LCD Init();
    POINT_COLOR=RED;//设置字体为红色
    LCD ShowString(60,50,200,16,16,"Mini STM32");
    LCD ShowString(60,70,200,16,16,"DS18B20 TEST");
    LCD_ShowSting(60,90,200,16,16,"ATOM@ALIENTEK");
    LCD_ShowString(60,110,200,16,16,"2021/3/12");
    While(DS18B20_Init())//DS18B20 初始化
    {
        LCD_ShowString(60,130,200,16,16,"DS18B20 Error');delay_ms(200);
        LCD_Fill(60,130,239,130+16,WHITE); delay_ms(200);
    }
    LCD _ShowString(60,130,200,16,16,"DS18B20 OK!");
    POINT_COLOR=BLUE;//设置字体为蓝色
    LCD_ShowString(60,150,200,16,16,"Temp:  .C");

    while(1)
    {
        if(t%10==0)//每 100 ms 读取一次
        {
```

```
        Temperature=DS18B20_Get_Temp();
        if(temperature<0)
        {
            LCD_ShowChar(60+40,150,'-',16,0);              //显示负号
            temperature=-temperature;                      //转为正数
        }else LCD_ShowChar(60+40,' ,150,'-',16,,0);        //去掉负号
        LCD_ShowNum(60+40+8,150,temperature/10,2,16);//显示正数部分
        LCD_ShowNum(60+40+32,150,temperature%10,1,16);//显示小数部分

    }
    delay_ms(10); t++;
    If(t=-20) {t=0;LED0=! LEDO;}
}
```

至此，本章的软件设计就结束了。

4. 下载验证

在代码编译成功之后，通过下载代码到 ALIENTEK MiniSTM32 开发板上，可以看到 LCD 开始显示当前的温度值(假定 DS18B20 已经接上去了，并且 PA0 和 1820 的跳线帽已经短接)，如图 9-45 所示。

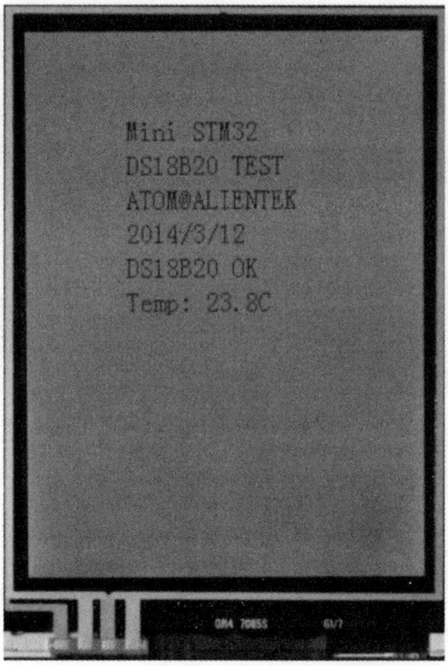

图 9-45　DS18B20 实验效果图

9.3.2　无线通信实验

Alientke MiNiSTM32 开发板带有一个 2.4 GHz 无线模块(NRF24L01 模块)通信接口，采用 8 脚插针方式与开发板连接。本章将以 NRF24L01 模块为例向大家介绍如何在 Alientek

MiNiSTM32 开发板上实现无线通信。使用两块 MiNiSTM32 开发板，一块用于发送收据，另外一块用于接收数据，从而实现无线数据传输。

本小节分为如下 4 个部分：NRF24L01 无线模块简介；硬件设计；软件设计；下载验证。

1. NRF24L01 无线模块简介

NRF24L01 无线模块采用的芯片是 NRF24L01，该芯片的主要特点如下：

(1)工作频段为 2 400～2 480 MHz，该频段属于全球开放的 ISM 频段，免许可证使用。

(2)最高工作速率 2 Mb/s，高效的 GFSK 调制，抗干扰能力强。

(3)125 个可选的频道，满足多点通信和调频通信的需要。

(4)内置 CRC 检错和点对多点的通信地址控制。

(5)1.9～3.6 V 的低工作电压。

(6)可设置自动应答，确保数据可靠传输。

该芯片通过 SPI 接口与外部 MCU 通信，最大的 SPI 速度可以达到 10 MHz。本章实践用到的模块是深圳云佳科技公司生产的 NRF24L01 模块，模块外形和引脚如图 9-46 所示。该模块已经被大量应用，产品成熟、稳定。该模块 VCC 脚的电压范围为 1.9～3.6 V，一般用 3.3V电压，建议不要超过 3.6 V，否则可能烧坏模块，一般用 3.3 V 电压比较合适。除了 VCC 和 GND 脚，其他引脚都可以和 5 V 单片机的 IO 口直连，正是因为其兼容 5 V 单片机的 IO 接口，故在使用上具有很大优势。

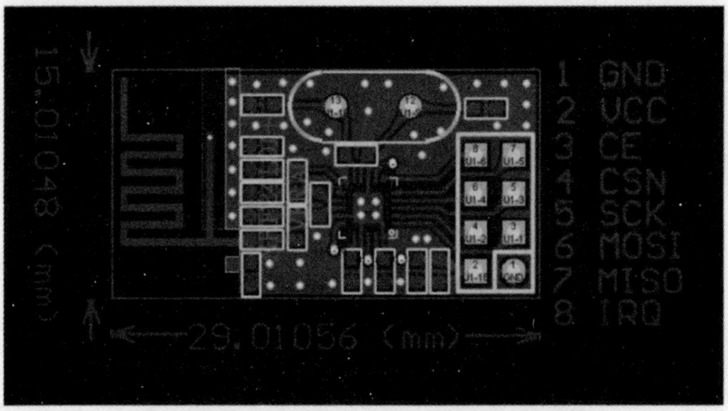

图 9-46　NRF24L01 无线模块外观引脚图

2. 硬件设计

本章实验功能简介：开机的时候先检测 NRF24L01 模块是否存在，在检测到 NRF24L01 模块之后，根据 KEY0 和 KEY1 的设置来决定模块的工作模式，在设定好工作模式之后，就会不停地发送/接收数据，同时用 DS0 指示程序运行状态。所要用到的硬件资源如下：

(1)指示灯 DS0；

(2)KEY0 和 KEY1 按键；

(3)TFTLCD 模块；

(4)NRF24L01 模块。

NRF24L01 模块属于外部模块，这里仅介绍开发板上 NRF24L01 模块接口和 STM32 的连接情况，它们的连接关系如图 9-47 所示。

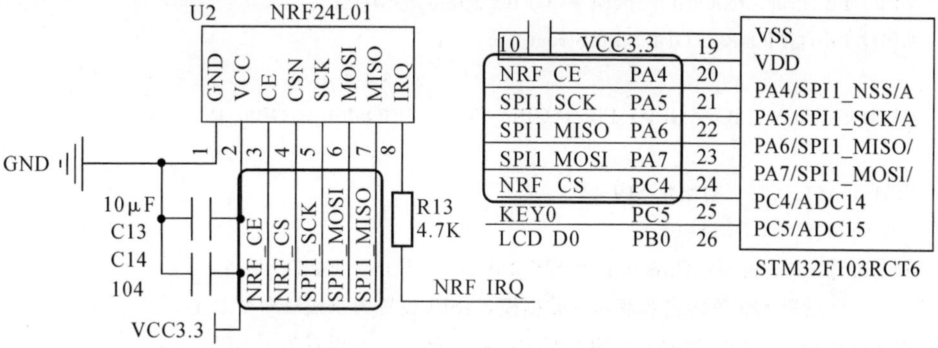

图 9-47 NRF24L01 模块接口与 STM32 连接原理图

NRF24L01 也是和 STM32 的 SPI1 接口相连，同 W25Q64 以及 SD 卡等共用 SPI1 接口，分时复用。需要把 SD 卡和 W25Q64 的片选信号置高，以防止这两个器件对 NRF24L01 的通信造成干扰。由于无线通信实验是双向的，使用 2 套 Alientek MiNiSTM32 开发板来向大家演示通信过程。

3. 软件设计

打开无线通信实验项目工程，可以看到已经加入了 24l01. c 文件和 24l01. h 头文件，所有 24L01 相关的驱动代码和定义都在这两个文件中实现。同时，还加入了之前的 SPI 驱动文件 spi. c 和 spi. h 头文件，因为 24L01 是通过 SPI 接口通信的。打开 24l01. c 文件，输入如下代码：

```
void NRF24L01_Init(void)
{
    GPIO_InitTypeDef GPIO_InitStructure;
    SPI_InitTypeDef SPI_InitStructure;

    RCC_APB2PeriphClockCmd(RCC_APB2PeriphGPIOA|RCC_APB2Periph_GPIOC,ENABLE);

    GPIO_InitStructure.GPI0_Pin =GPIO_Pin_2|GPI0_Pin_3|GPIO_Pin_4;
    GPIO_InitStructure.GPIO_Mode = GPIO_Mode_Out_PP;      //推挽输出
    GPIO_InitStructure.GPIO_Speed = GPIO_Speed_50MHz;
    GPI0_Init(GPIOA, &GPIO_InitStructure);

    GPIO_InitStructure.GPIO_Pin = GPIO_Pin_4;
    GPIO_InitStructure.GPIO Mode= GPIO Mode_Out_PP;      //推挽输出
    GPIO_InitStructure.GPIO_Speed = GPIO_Speed_50MHz;
    GPI0_Init(GPIOC, &GPIO_InitStructure);
    GPIO_SetBits(GPIOC,GPI0_Pin_4);

    GPI0_InitStructure.GPIO_Pin = GPIO_Pin_1;
    GPIO_InitStructure.GPIO Mode= GPIO Mode_IPU;      //上拉输入
```

```
    GPIO_InitStructure.GPIO_Speed = GPIO_Speed_50MHz;
    GPIO_Init(GPIOA, &GPIO_InitStructure);

    GPIO_SetBits(GPIOA,GPIO_Pin_1|GPI0_Pin_2|GPIO_Pin_3|GPI0_Pin_4);

    SPI1_Init();    //初始化 SPI
    SPI_Cmd(SPI1, DISABLE);
    SPI_InitStructure.SPI_Direction = SPI_Direction_2Lines_FullDuplex;
            //设置 SPI 单向或者双向的数据模式:SPI 设置为双线双向全双工
    PI_InitStructure.SPI_Mode = SPI_Mode_Master;    //设置为主 SPI;
    SPI_InitStructure.SPI_DataSize= SPI_DataSize_8b;    //8 位帧结构
    SPI_InitStructure.SPI_CPOL = SPI_CPOL_Low;    //时钟悬空低电平
    SPI_InitStructure.SPI_CPHA= SPI_CPHA_1Edge;    //数据捕获于第一个时钟沿
    SPI_InitStructure.SPI_NSS = SPI_NSS_Soft;    //内部 NSS 信号有 SSI 位控制
    SPI_InitStructure.SPI_BaudRatePrescaler = SPI_BaudRatePrescaler_256;
                    //定义波特率预分频的值:波特率预分频值为 256
    SPI_InitStructure.SPI_FirstBit= SPI_FirstBit_MSB; //数据传输从 MSB 位开始
    SPI_InitStructure.SPI_CRCPolynomial =7; //CRC 值计算的多项式
    SPI_Init(SPI1,&SPI_InitStructure);    //初始化外设 SPIx 寄存器

    NRF24L01_CE=0;  //使能 24L01
    NRF24L01_CSN=1;   //SPI 片选取消
}//检测 24L01 是否存在
//返回值:0,成功;1,失败
u8 NRF24L01_Check(void)
{
    u8 buf[5]={0XA5,0XA5,0XA5,0XA5,0XA5};u8 i;
    SPI2_SetSpeed(SPI_BaudRatePrescaler_8);//SPI 速度为 9 MHz
    NRF24L01_Write_Buf(WRITE_REG+TX_ADDR,buf,5);//写入 5 个字节的地址.
    NRF24L01_Read_Buf(TX_ADDR,buf,5);//读出写入的地址
    for(i=0;i<5;i++)if(buf[i]! =0XA5)break;
    If(i! =5)return 1;//检测 24L01 错误
    return 0;        //检测到 24L01
}
//SPI 写寄存器
//reg:指定寄存器地址
//value:写入的值
u8 NRF24LO1_Write_Reg(u8 reg,u8 value)
{
    u8 status;
    NRF24L01_CSN=0;                 //使能 SPI 传输
    status =SPI2_ReadWriteByte(reg);   //发送寄存器号
```

```
    SPI2_ReadWriteByte(value);                //写入寄存器的值
    NRF24L01_CSN=1;                           //禁止 SPI 传输
    return(status);                           //返回状态值
}
//读取 SPI 寄存器值
//reg:要读的寄存器
u8 NRF24LO1_Read_Reg(u8 reg)
{
    u8 reg_val;
    NRF24L01_CSN = 0;           //使能 SPI 传输
    SPI2_ReadWriteByte(reg);  //发送寄存器号
    reg_val=SPI2_ReadWriteByte(OXFF);//读取寄存器内容
    NRF24L01_CSN = 1;           //禁止 SPI 传输
    return(reg_val);             //返回状态值
}
//在指定位置读出指定长度的数据
//reg:寄存器(位置)
//*pBuf:数据指针
//len:数据长度
//返回值,此次读到的状态寄存器值
u8 NRF24L01_Read_Buf(u8 reg,u8 *pBuf,u8 len)
{
    u8 status, u8_ctr;
    NRF24L01_CSN = 0;       //使能 SPI 传输
    status=SPI2_ReadWriteByte(reg);//发送寄存器值(位置),并读取状态值
    for(u8_ctr=0;u8_ctr<len;u8_ctr++)pBuf[u8_ctr]=SPI2_ReadWriteByte(0XFF);
    NRF24L01_CSN=1;          //关闭 SPI 传输
    return status;           //返回读到的状态值
}
//在指定位置写指定长度的数据
//reg:寄存器(位置)
//*pBuf:数据指针
//len:数据长度
//返回值,此次读到的状态寄存器值
u8 NRF24L01_Write_Buf(u8 reg, u8 *pBuf,u8 len)
{
    u8 status, u8_ctr;
    NRF24L01_CSN = 0;      //使能 SPI 传输
    status = SPI2_ReadWriteByte(reg);//发送寄存器值(位置),并读取状态值
    For(u8_ctr=0;u8_ctr<len;u8_ctr++)SPI2_ReadWriteByte(*pBuf++);//写入数据
    NRF24L01_CSN = 1;      //关闭 SPI 传输
    return status;                 //返回读到的状态值
}
```

```
//启动 NRF24L01 发送一次数据
//txbuf:待发送数据首地址
//返回值:发送完成状况
u8 NRF24L01_TxPacket(u8 * txbuf)
{
    u8 sta;
    SPI2_SetSpeed(SPI_BaudRatePrescaler_8);//SPI 速度为 9 MHz
    NRF24L01_CE=0;
    NRF24L01_Write_Buf(WR_TX_PLOAD,txbuf, TX_PLOAD_WIDTH);//写数据到 TX BUF
    NRF24L01_CE=1;                              //启动发送
    while(NRF24L01_IRQ! =0);                    //等待发送完成
    sta=NRF24L01_Read_Reg(STATUS);              //读取状态寄存器的值
    NRF24L01_Write_Reg(WRITE_REG+STATUS, sta);//清除 TX _DS 或 MAX_RT 中断标志
    If(sta&MAX_TX)//达到最大重发次数
    {
        NRF24L01_Write_Reg(FLUSH_TX, 0xff);//清除 TX FIF0O 寄存器
        return MAX_TX;
    }
    If(sta&TX_OK)return TX_OK;//发送完成
    return Oxff;//其他原因发送失败
}
//启动 NRF24L01 发送一次数据
//txbuf:待发送数据首地址
//返回值:0,接收完成;其他,错误代码
u8 NRF24L01_RxPacket(u8 * rxbuf)
{
    u8 sta;
    SPI2_SetSpeed(SPI_BaudRatePrescaler_8);    //spi 速度为 9 MHz
    sta=NRF24L01_Read_Reg(STATUS);    //读取状态寄存器的值
    NRF24L01_Write_Reg(WRITE_REG+STATUS, sta);  //清除 TX_DS 或 MAX_RT 中断标志
    If(sta&RX_OK)//接收到数据
    {
        NRF24L01_Read_Buf(RD_RX_PLOAD, rxbuf, RX_PLOAD_WIDTH);//读取数据
        NRF24L01_Write_Reg(FLUSH_RX, 0xff);//清除 RX FIFO 寄存器
        return 0;
    }
    return 1;//没收到任何数据
}
//该函数初始化 NRF24L01 到 RX 模式
//设置 RX 地址,写 RX 数据宽度,选择 RF 频道,波特率和 LNA HCURR
//当 CE 变高后,即进入 RX 模式,并可以接收数据了
void NRF24L01_RX_Mode(void)
{
```

```
        NRF24L01_CE=0;
        NRF24L01_Write_Buf(WRITE_REG+RX_ADDR_P0,(u8 *)RX_ADDRESS,RXADR_WIDTH);
        //写 RX 节点地址
        NRF24L01_Write_Reg(WRITE_REG+EN_AA, 0x01);     //使能通道 0 的自动应答
        NRF24L01_Write_Reg(WRITE_REG+EN_RXADDR, 0x01);//使能通道 0 的接收地址
        NRF24L01_Write_Reg(WRITE_REG+RF_CH, 40);    //设置 RF 通信频率
        NRF24L01_Write_Reg(WRITE_REG+RX_PW_PO,RX_PLOAD_WIDTH);
        //选择通道 0 的有效数据宽度
        NRF24L01_Write_Reg(WRITE_REG+RF_SETUP,0x0f);
        //设置 TX 发射参数,0dB 增益,2Mb/s,低噪声增益开启
        NRF24L01_Write_Reg(WRITE_REG+CONFIG,Ox0f);
        //配置基本工作模式的参数;PWR_UP,EN_CRC,16BIT_CRC,接收模式
        NRF24L01_CE = 1; //CE 为高,进入接收模式
    }
    //该函数初始化 NRF24L01 到 TX 模式
    //设置 TX 地址,写 TX 数据宽度,设置 RX 自动应答的地址,填充 TX 发送数据,选择 RF 频道,
    //波特率和 LNA HCURR
    //PWR_UP, CRC 使能
    //当 CE 变高后,即进入 RX 模式,并可以接收数据了
    //CE 为高大于 10us, 则启动发送。
    void NRF24L01_TX_Mode (void)
    {
        NRF24L01_CE=0;
        NRF24L01_Write_Buf(WRITE_REG+TX_ADDR,(u8 *)TX_ADDRESS,TX_ADR_WIDTH);//
写 TX 节点地址
        NRF24L01_Write_Buf(WRITE_REG+RX_ADDR_P0,(u8 *)RX_ADDRESS,RX_ADR_
WIDTH);//设置 TX 节点地址,主要为了使能 ACK
        NRF24L01_Write_Reg(WRITE_REG+EN_AA, 0x01);      //使能通道 0 的自动应答
        NRF24L01_Write_Reg(WRITE_REG+EN_RXADDR, 0x01); //使能通道 0 的接收地址
        NRF24LO1_Write_Reg(WRITE_REG+SETUP_RETR,0xla);
        //设置自动重发间隔时间:500us +86us;最大自动重发次数:10 次
        NRF24L01_Write_Reg(WRITE_REG+RF_CH, 40);        //设置 RF 通道为 40
        NRF24L01_Write_Reg(WRITE_REG+RF_SETUP,0x0f);
        //设置 TX 发射参数,0dB 增益,2Mb/s,低噪声增益开启
        NRF24L01_Write_Reg(WRITE_REG+CONFIG,0x0e);
        //配置基本工作模式的参数;PWR_UP,EN_CRC,16BIT_CRC,接收模式,开启所有中断
        NRF24L01_CE=1;//CE 为高,10 μs 后启动发送
    }
```

最后再看主函数：

```
    int main(void)
    {
        u8 key,mode;
        u16 t=0;
```

```
u8 tmp_buf33];
delay_init();    //延时函数初始化
NVIC_Configuration();
urt_init(9600);  //串口初始化为 9600
LED_Init();      //初始化与 LED 连接的硬件接口
LCD_Init();      //初始化 LCD
KEY_Init();      //按键初始化
NRF24L01_Init();  //初始化 NRF24L01
POINT_COLOR=RED;//设置字体为红色
LCD_ShowString(60,50,200,16,16,"MiniSTM32");
LCD_ShowString(60,70,200,16,16,"NRF24L01 TEST");
LCD_ShowString(60,90,200,16,16,"ATOM@ALIENTEK");
LCD_ShowString(60,110,200,16,16,"2021/3/12");
While(NRF24L01 Check())//检查 NRF24L01 是否在位.
{
    LCD_ShowString(60,130,20016,16,"NRF24L01 Eror!"); delay_ms(200);
    LCD_Fil(60,130,239,130+16,WHITE); delay_ms(200);
}
LCD_ShowString(60,130,20016,16,"NRF24L01 OK!");
While(1)//在该部分确定进入哪个模式!
{
    key=KEY_Scan(0);
    if(key== KEY0_PRES){mode=0; break;}
    else if(key== KEY1_PRES){ mode=1; break;}
    t++;
    if(t=100)LCD_ShowString(10,150,230,16,16,"KEY0:RX_Mode KEY1:TX_Mode");
    if(t=200){LCD_Fill(10,150,230,150+16,WHITE);t=0;}
    delay_ms(5);
}
LCD_Fill(10,150,240,166,WHITE);//清空上面的显示
POINT_COLOR=BLUE;//设置字体为蓝色
If(mode==0)//RX 模式
{
    LCD_ShowString(60,150,200,16,16,"NRF24L01 RX_Mode");
    LCD_ShowString(60,170,200,16,16,"Received DATA:");
   NRF24L01_RX_Mode();
    while(1)
    {
        if(NRF24L01_RxPacket(tmp_buf)==0)//一旦接收到信息,则显示出来
        {
            tmp_buf[32]=0;//加入字符串结束符
            LCD_ShowString(0,190,239,32,16,tmp_buf);
        }else delay_us(100);
```

```
            t++;
            If(t=10000){t=0;LED0=LED0};//大约 1s 钟改变一次状态
        };
}else//TX 模式
{
    LCD_ShowString(60,150.200,16.16,"NRF24L01TX_Mode");
    NRF24L01_TX_Mode();
    mode=';//从空格键开始
    whie(1)
    {
        if(NRF24L01_TxPacket(tmp_buf)==TX_OK)
        {
            LCD_ShowString(60,170,239,32,16,"Sended DATA:");
            LCD_ShowSring(0,190,239,32,16,tmp_buf);
            key=mode;
            for(t=0;<32;t++)
            {
                key++;
                if((key>('~'))key=';
                tmp_buf[t]=key;
            }
            mode++;
            if(mode>'~')mode=';
            tmp_buf[32]=0;//加入结束符
        }else
        {
            LCD_ShowString(60,170,239,32,16,"Send Failed");
            LCD_Fill(0,188,240,218,WHITE);//清空上面的显示
        };
        LED0=! LED0;
        delay_ms(1500);
    };
}
```

以上代码实现了双向无线通信的功能。程序运行时先通过 NRF24L01_Check 函数检测 NRF24L01 是否存在，如果存在，则让用户选择发送模式(KEY1)还是接收模式(KEY0)，再根据用户要求设置 NRF24L01 的工作模式，然后执行相应的数据发送/接收处理。至此，整个实验的软件设计就完成了。

4. 下载验证

在代码编译成功之后，我们通过下载代码到 Alientek MiNiSTM32 开发板上，可以看到 LCD 显示如图 9-48 所示的内容(默认 NRF24L01 已经接上了)。

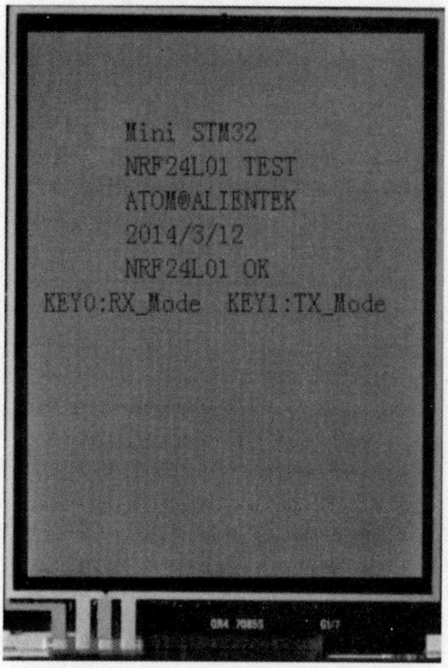

图 9-48　选择工作模式界面

通过 KEY0 和 KEY1 来选择 NRF24L01 模块所要进入的工作模式，两个开发板一个选择发送，一个选择接收就可以了。设置好后通信界面如图 9-49 所示。

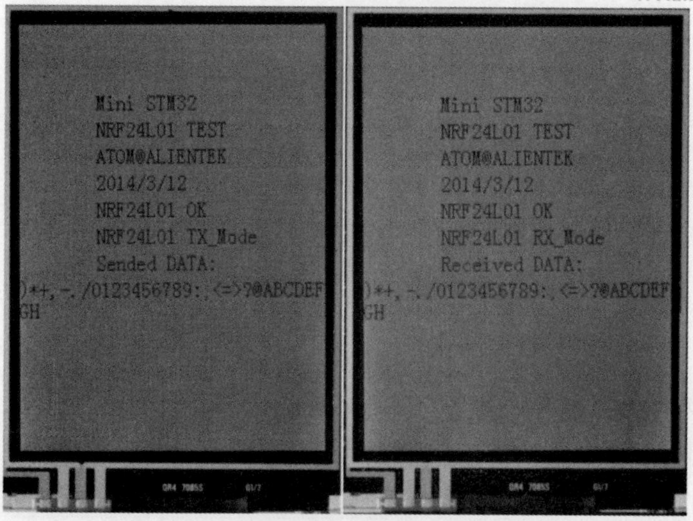

图 9-49　通信界面

图 9-49 中，左侧的图片来自开发板 A，工作在发送模式，右侧的图片来自开发板 B，工作在接收模式，A 发送，B 接收。

9.4　STM32 工程实例——HUG

本节以 ICAN 创新创业大赛优秀获奖作品——HUG 为例，介绍 STM32 在工程应用方面的实例。该作品以其新奇的设计和独特的理念，获得了 2011 年中国大学生物联网创新创业大赛特等奖，2012 年国际微纳米技术应用创新大赛暨国际大学生物联网创新创业大赛一等奖。

1. HUG 简介

HUG 是一对远程互动型不倒翁玩具，触摸和摇晃不倒翁体，即可控制不倒翁内部灯发出不同颜色和频率的光，并可以远程控制另一个不倒翁同步发光。对着不倒翁体特定部位吹气，还可以熄灯。两个 HUG 不倒翁之间的情感互动，主要采用不同颜色和亮度的 LED 灯光来表现。HUG 时尚有趣、物美价廉，特别适合情侣使用。图 9 - 50 为 HUG 实物图。

图 9 - 50　HUG 实物图

HUG 结合了上述应用实例涉及的 MCU、传感器、无线通信模块等，按照功能可以划分为几个部分：控制模块、存储模块、传感模块、呈现模块、通信模块。控制模块对整个系统进行协调控制；传感模块由多种传感器组成，用于采集触摸、运动等信息；呈现模块用来发出不同颜色和频率的光；通信模块建立两个不倒翁之间的唯一联系，实现不倒翁之间各种信息的远程传递。图 9 - 51 是 HUG 的系统结构图。HUG 可实现两个不倒翁之间的情感互动，主要采用不同颜色和亮度的 LED 光来表现。

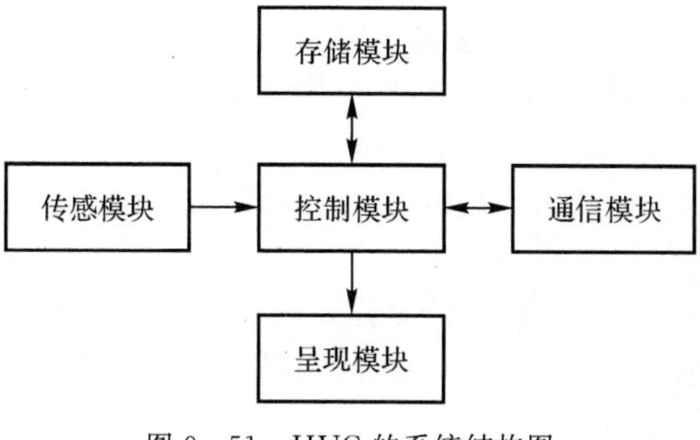

图 9 - 51　HUG 的系统结构图

2. 模块说明

(1)控制模块。控制模块主要是进行整个系统的协调控制，采用了 STM32F103RGT6 作为核心控制器。该控制器关键参数如下：

1)主频：72 MHz，1.25 DMIPS/MHz；

2)封装：LQFP64；

3)闪存：1 024 KB；

4)RAM：96 KB；

5)供电：2.0～3.6 V；

6)16 位定时器：14 个；

7)电机控制定时器：2 个；

8)12 位 ADC：3 个(16 通道)；

9)12 位 DAC：2 个；

10)接口：CAN＊1，通用 I/O＊51，COM＊5，USB 2.0＊1，SDIO＊1，I2C＊1。

丰富的高性能运算单元以及接口使得 STM32F103RGT6 足以胜任 HUG 的设计需要：传感模块数据的采集和处理；模块的存储或读取；数据的通信；LED 显示方式的选择。

(2)传感模块。传感模块主要用来传递情感信息，包括人体的触摸动作、温度等信息。因此，采用的传感器有能检测人体触摸动作的触摸屏、接近式传感器、人体红外传感器等；检测 HUG 晃动或者摆动的加速度计；用于环境检测的温度传感器、湿度传感器；检测声音的麦克风、专用语音芯片等。部分关键传感器选型如下：

1)接近式传感器采用 Intersil 公司提供的 ISL29021，用于检测人体是否靠近或者触摸，该传感器采用红外发射接收方式。当物体靠近传感器时，红外线在物体表面反射，被传感器检测识别，并通过 I2C 总线方式与单片机进行数据交互。

2)加速度计采用 MAXIM 公司提供的 MXC6225X 进行 HUG 的晃动或者摆动检测，该传感器可以检测 X 轴和 Y 轴方向的运动。单片机通过 I2C 与加速度计进行数据交互，以实现位置的判定。

3)温度检测采用 DALLAS 公司提供的 DS18B20，该芯片的精度可达到 0.5℃。单片机通过 I/O 接口进行数据读取，达到温度检测的目的。

4)湿度检测采用了一款输入信号为模拟信号的湿度传感器来实现，经信号调理电路输送给单片机的 A/D 模块进行采样，从而获得湿度参数。

(3)呈现模块。呈现模块主要用来呈现 LED 信息，表现为灯光的闪烁、颜色的变化。该系统中采用 LED 专用驱动芯片 CH452 来对灯光进行控制，具体包括以下几个方面：

1)人体靠近一段时间，点亮固定颜色的 LED 灯；

2)在四个方向晃动或者摆动 HUG 时，可以切换 LED 灯的高亮、模糊暗、快闪、慢闪四种模式；

3)在同一个方向连续晃动或者摆动两次，可以切换灯的颜色，在黄色模式下，则可以切换到循环自动闪模式；

4)面向 HUG，轻轻吹气，可以熄灭 LED 灯。

(4)存储模块。存储模块主要用于传感模块获得的信息或者是控制模块处理的数据，该设计采用 FLASH 进行数据存储。

(5)通信模块。该模块是实现 HUG 之间互动最关键的一步，系统采用 NORDIC 公司提供的 nRF24LU1 进行 HUG 之间的通信。例如，当人体靠近 HUG－A 并向前摆动时，LED 灯点亮白色，HUG－B 通过通信模块通信，同时显示相同的模式；如果 HUG－B 在四个方向摆动，则可以进行四种模式的选择，HUG－A 也可以进行相应的切换，以达到互动的效果。

3. 总结

HUG 综合应用了传感器技术、无线通信技术、运动控制技术，深度挖掘了 STM32F103RGT6 单片机的各种功能；实现了远程动作、温度、光、声音的互动，多种形式的回应让互动变得更加有趣，意义更加深远。产品外形美观，设计精巧，使用简单方便。内置智能电源管理系统，节省电力。采用无线技术摆脱了通信线路的束缚，携带更加方便。采用成对不同性别的设计，一方面突显“成双成对”的温情感官，另一方面，也能无形中扩大使用人群，为产品的影响力和想要传递的人文理念提供基础。

总而言之，该作品无论作为单片机开发应用还是用于推向市场的产品设计都是技术方案成熟、设计新颖、完成度高的优秀案例。

第4篇　创新应用知识产权保护

知识产权特别是专利，是产权化的创新成果，代表着先进的生产力，是发展的战略性资源和竞争力的核心要素。在创新驱动发展的大背景下，迫切需要推动知识产权相关知识的普及运用指导。因此，本篇第10章从理论和实务两方面，介绍专利、商标、著作权等主要知识产权保护的方式，尤其讨论了专利制度、专利申请和专利审查等工科学生最关注的问题。第11章通过往年创新应用典型案例展示专利文件的撰写形式和要求。

第10章　知识产权相关理论

10.1　知识产权概论

10.1.1　引论

2016年5月6日，央视《创业英雄会》的舞台上，出现了前一年度iCAN国际物联网创新创业大赛中国赛区特等奖的项目——“微跑小蛙”，并现场获得15家投资机构的累计共9 800万元的融资，创下该节目开播以来最高融资额记录。

在15家投资机构锐利的商业目光面前，“微跑小蛙”项目所依托的 wipace 醒目商标、5项发明专利和1项国际专利、6项软件著作权登记……每一项知识产权的数据，都为该项目的前景提供法律上的保驾护航。

何为知识产权？由于它涉及经济、管理、科技和法律等不同领域，不同行业对此有不同理解。对于科技领域来说，知识产权是与科技创新紧密联系的。科技创新需要巨大的智力投入和资金投入，知识产权是对科技创新主体“投智”和“投资”的一种保护和回报。

当然，对于微传感器创新应用的每一位参与者来说，由于在这一创作过程中，启用的第一资源一定是每个人的智力劳动，因此，知识产权是微传感器创新应用必不可少的话题。

10.1.2　知识产权的定义与分类

法律界目前对知识产权尚无定论。世界知识产权组织（World Intellectual Property Organization, WIPO）往往通过概括法对知识产权进行定义。

WIPO专家指出：知识产权是指在工业、科学、文学和艺术领域内的智力活动产生的法定权利；知识产权涉及心智创造(creations of the mind)，包括发明、文艺作品、符号、名字、形象和商业设计。

知识产权之所以作为一个概念存在，是因为其保护客体有其特殊性。为了更准确地理解知识产权，我们需要意识到，它与客体为有体物的物权是相对应的。知识产权的客体是无体物、智力物，或抽象物，而非有体物。这也是知识产权与物权最本质的区别。

知识产权的分类有不同的标准，业界对知识产权有过不同分类，例如按知识产权的客体，以知识产权的取得方式，按知识产权的独占性强弱，均可对知识产权进行不同分类。笔者认为，按知识产权的客体不同，并按照前文中 WIPO 对知识产权的定义，通过典型列举加概括的方式进行分类是比较合理易懂的，知识产权的具体分类如图 10－1 所示。

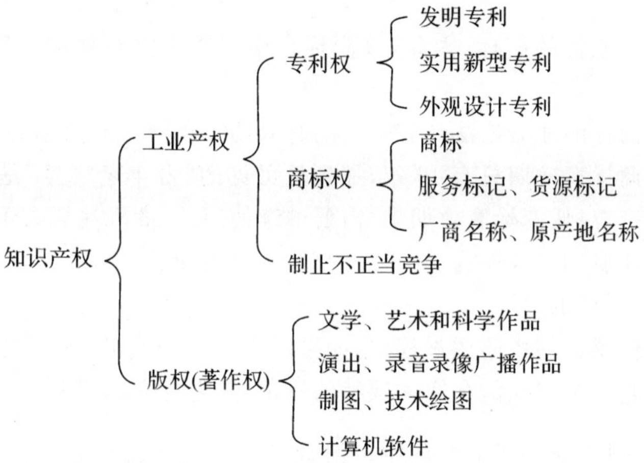

图 10－1　知识产权分类

知识产权制度是近代商品经济发展的产物，是知识社会经济文化发展的需要。知识产权制度是保护人类智力投入(投智)和人力、物力、财力投入(投资)的需要，是改革开放、建立市场经济的需要，是建设物质文明、精神文明和生态文明的需要。总体而言，知识产权制度具有促进文学、艺术、科学、技术和贸易的进步与发展的功能。

具体来说，对于进行微传感器创新应用者来说，由于专利权、商标权、著作权(含计算机软件)的客体，分别是发明创造、商标和作品，这也是进行微传感器创新应用的过程中最有可能产生的智力成果。因此，专利权、商标权、著作权最有可能与微传感器创新应用产生交集。下面我们着重介绍这三类知识产权的基本概念及实务。

10.2　微传感器创新应用与三类主要相关的知识产权

10.2.1　商标权

商标是商品生产者用来区别商品来源的标志，必须具有显著的特征，不易与其他标志相混淆。随着服务商标的出现，商标也从传统意义上的商品商标，演变为商品商标与服务商标的统称。也就是说，商标不是一般意义上的标记，必须是与特定的商品或服务相联系的标记，才能称为商标。

商标权具备知识产权的一般特性，即独占性、地域性和时间性。

(1)是指商标注册权人对其注册商标的排他性占有。独占性即未经商标注册权人的许可，任何人不得在同一种商品或类似的商品或服务上使用与其注册商标相同或相近的商标。例如，前文中，wipace 为"微跑小蛙"项目负责人为北京微跑科技公司所注册的商标，因此该商标只能在该公司的产品上使用，从而使该商品向公众传递商品出处和商品质量等信息，帮助消费者区别商品。

(2)地域性是指商标专用权根据哪一国家或地区的法律取得，该权利只能在其法律所涉及的范围内有效，超过此范围，该商标专用权不受保护。例如，wipace 为根据《中华人民共和国商标法》依法注册取得的商标，因此，该商标在中国境内是有效的，享有法律规定的相应权利。

(3)时间性是指商标的注册依法具有一定的有效期。我国注册商标的有效期是 10 年。有读者不免要问：既然商标有效期只有 10 年，那到处可见的"百年老字号"是怎么产生的呢？答案是：《商标法》还规定，注册商标有效期满，需要继续使用的，商标注册人可按照规定办理续展注册手续；每次续展注册的有效期为 10 年。因此，一个有价值、有存在意义的商标，原则上是可以有无限长的生命周期的。

由以上可见，微传感器创新应用过程中，如果产生了好的作品，尤其是有市场转化前景的样品，就需要考虑给它一个响亮的名字和独特的标记，并进行商标注册。例如"微跑小蛙"的商标 wipace，就巧妙地利用了商标的字母组合发音与项目名称的谐音，其中的"pace"又包含有"跑步、快步"的含义，和"微跑小蛙"产品本身提供的是一种可穿戴跑步体感游戏机的概念契合，加上其标记设计时给予一定的美工造型，就会让人过目不忘。因此，该产品投放市场时，也让消费者印象深刻，目前已经在市场上形成了较显著的标识度。

商标的注册可以个人独立完成或者通过代理机构完成。需要提供给商标局的申请材料包括：①《商标注册申请书》1 份；②申请人身份证明文件复印件、商标图样 5 份；③制定颜色的，还应该分别提供着色图样和黑白稿。国家知识产权局商标局对所提交材料进行初步审定和公告之后，予以商标的核准注册，发给商标注册证并予公告。

10.2.2 著作权

著作权是指著作权人对其文学、艺术和科学作品依法享有的一种民事权利，包括人身权和财产权。著作人身权是作者基于作品依法享有的以人身权益为内容的权利，又称精神权利，包括发表权、署名权、修改权和保护作品完整权；著作财产权是指著作权人通过使用其作品所能得到的财产权益，使用作品的方式包括复制、表演、播放、展览、发行、摄制电影、电视、录像或者改编、翻译、注释、汇编等，著作权人可以自行或授权他人以上述方式使用其作品并获得相应的报酬。

著作权基于作品而产生。我国《著作权法》的第三条对作品的种类做了规定，主要包括以下 9 种作品：①文学作品；②口述作品；③音乐、戏剧、曲艺、舞蹈、杂技艺术作品；④美术、建筑作品；⑤摄影作品；⑥电影作品；⑦工程设计图、产品设计图、地图、示意图等图形作品和模型作品;⑧计算机软件;⑨其他作品。

结合微传感器创新应用,在以上 9 类作品中,最有可能产生的作品包括:①论文,其以文字形式表现,也属于以上文学作品的范畴;②计算机软件,由于微传感器创新应用过程中,必然会涉及大量硬件和软件的使用,其数据和信号的传递、处理、分析过程,通常都是通过计算机程序即代码的形式来实现的,而计算机程序,也属于以上计算机软件的范畴,属于著作权法所保护的作品。此外,在微传感器创新应用过程中,所产生的产品设计图、模型、甚至有些同学为了表达作品给出的 PPT 文稿、影像作品,都属于著作权的保护对象。

清楚了在微传感器创新应用过程中会产生的著作权的保护对象之后,我们可能会有两个问题:如何取得著作权呢?取得著作权之后对我们意味着什么呢?

先来了解一下著作权的取得问题:我国《著作权法》规定,作品不论是否发表,都享有著作权,且著作权自作品创作完成之日起产生。这就意味着,在我国,著作权是自动取得的。而且,对于计算机软件来说,还可以向软件登记机构办理登记手续来获得“计算机软件著作权登记证书”。

自动取得著作权之后,他人要使用作品,必须同著作权人订立许可使用合同或者著作权转让合同。

10.2.3　专利权

专利权是一种法律认定的权利,是国家授予申请人在一段时间内禁止他人未经许可以生产经营为目的实施其专利的权利,而人们俗称的专利,通常是指专利权的简称,也常常指被授予专利权的发明创造本身。

专利权作为无形财产权,也具备知识产权独占性、地域性和时间性的特点。

(1)独占性也称专有性或垄断性。专利权人或其合法受用人可依法独占性行使其专利权。其他人未经专利权人的许可,不得以营利为目的实施其专利,否则就构成侵权。

(2)专利权的地域性指任何一个国家或地区所授予的专利权,只能在该国或地区的范围内受到保护,而在其他国家或地区不发生法律效力。也就是说,各国授予的专利权是相互独立的。

(3)专利权的时间性指的是,专利权人只有在法定的保护期限内享有独占权,一旦保护期届满,权利自动终止。《中华人民共和国专利法》规定,发明专利的保护期限是 20 年,实用新型和外观设计的保护期限是 10 年,均自专利申请之日起算。

作为知识产权的重要议题,我们也必须了解专利权的保护对象。在我国,专利又分为三类:发明、实用新型和外观设计。根据《专利法实施细则》的规定:

1)发明是指对产品或者其改进所提出的新的技术方案,即发明是一项新的技术解决方案。发明可以是产品发明,也可以是方法发明。

2)实用新型是指对产品的形状、构造或者其结合所提出的新的技术方案。与发明专利相比,实用新型专利只限于具有一定形状和结构的产品,其创造性比发明要求低,故通常又称为“小发明”。在其审查授权方面,只进行初步审查,不经过实质审查。

3)外观设计是指对产品的形状、图案或者其结合以及色彩及形状、图案的结合所做出的富有美感并适于工业应用的新设计。

在微传感器创新应用过程中,创新应用诞生的最多的就是全新或者改进的新的技术方案,属于专利权中发明专利或实用新型专利的保护对象。同时,创新应用作品,通常为了提高其展示度,参与者也会花费很多心力用于产品最终的造型和外观设计,这也使得新产品同时还属于专利权中外观设计专利的保护对象。因此,专利权是与微传感器创新应用联系最密切,也是最能体现参与者智力劳动成果的知识产权类别。在往年的微传感器创新应用中,也有过不少专利权出资进行新产品研发创业,以及专利权转让使发明人获得经济奖励和回报的例子,当然也有很多做出了好的技术方案,但是因为没有及时使用法律的武器进行专利权保护,从而错失市场及权益的案例。我们非常有必要清楚地了解专利制度的基本知识,懂得使用专利这一无形的武器,对无形但有价的智力劳动成果进行保护。在接下来的章节中,将对与大家最相关的专利和专利制度、专利申请文件的撰写、专利的审查要求分别进行介绍,并在最后通过几个微传感器创新应用案例的专利申请示例文件展示具体的撰写要点和技巧。

10.3 专利制度和专利法

10.3.1 专利制度

意大利伟大的物理学家和天文学家,近代实验科学的奠基者之一伽利略在向威尼斯市政府递交的申请中,要求对其发明的水泵授予特权。他表示:“这项发明是我的财产,它花费了我大量的努力和许多费用,不得让他人使用,否则是不合适的。”

林肯用他最朴素的语言将专利制度喻为“利益之油”和“科学、技术和经济发展的催化剂”。1860年,林肯总统曾在“发现、发明与改良”的演讲中提到,在没有专利制度之前,人们常常利用他人发明创作的内容,而发明人并未能由自己的发明得到特别利益。但是专利制度改变了这一情况,它确保发明人在一定期间内可以独占地利用他的发明,因此,他进一步认为专利制度可以“为天才之火添加利益之油”,以鼓励新而有用事物的发现与生产。这一名言,道破了专利制度鼓励发明、促进生产的伟大功能。在我国,《中华人民共和国专利法》明确定义:专利制度有鼓励发明创造、提升技术水准、推动发明创造的应用,提高创新能力,促进科技进步和经济社会发展的功能。

智力成果一旦以信息形式公之于众,便失去了私人财产的特点。它与有形物品不同,技术能被许多人使用而不会对发明人造成损耗,新的使用者无须再投资去重新研究开发。如此就不会有人愿意花费投资去开发新技术。专利制度为防止“搭便车”行为,根据发明人的请求,给予其一种排他权,任何人未经权利人许可,都不得使用这种成果。发明人有了这种权利,就可以收回投资并获得利润,为进一步的研究开发积累资金。给发明人以排他性的独占权,这是鼓励发明最简单、最便宜、最有效的手段。

“公开性”是专利制度的重要特征和优点之一。“公开性”体现在专利文献向公众披露。专利制度的导向功能是通过公布的专利文献来体现的。专利文献主要是指各国专利局的正式出版物,具有内容广泛、详尽、出版报道速度快、技术涵盖面广等特点。世界知识产权组织的研究结果表明,全世界最新的发明创新信息90%以上首先都是通过专利文献反映出来的。这也提示大家,要具有检索专利文献获取最新咨讯的习惯和能力。通过专利文献提供的情报信息,可以使自己的攻关方向更加精准,避免重复工作,并且可以开阔视野,启迪创造性思维,并可以尝试着从已有的专利夹缝中寻找新的技术空白点。

10.3.2　专利法

专利法是调整因发明而产生的一定社会关系，促进技术进步和经济发展的法律规范的总和。就其性质而言，专利法既是国内法，又是涉外法；既是确立专利权人的各项权利和义务的实体法，又是规定专利申请、审查、批准一系列程序制度的程序法；既是调整在专利申请、审查、批准和专利实施管理中纵向关系的法律，又是调整专利所有、专利转让和使用许可的横向关系的法律；既是调整专利人身关系的法律，又是调整专利财产关系的法律。

专利法主要包括如下内容：发明专利申请人的资格，专利法保护的对象，专利申请和审查程序，获得专利的条件，专利代理，专利权归属，专利权的发生与消灭，专利权保护期，专利权人的权利和义务，专利实施，转让和使用许可，专利权的保护等。

对于微传感器创新应用的参与者来说，如何撰写一份合格的专利申请文件，以及清楚专利获得授权的条件，是让自己的发明构思能获得专利权保护的最紧要任务，因此，接下来的章节，将分别对专利申请文件的撰写以及专利的审查要求两个方面进行论述。

10.4　专利申请文件的撰写

我国专利权授予实行的是纸面申请和先申请原则，因此，在微传感器创新应用实践过程中，当我们拥有了一个清楚、完整的新产品或新方法的技术方案构思，我们就可以第一时间启动专利申请程序了。

根据专利法第二十六条第一款的规定，申请人如果想就一项发明创造向国家知识产权局专利局提出专利申请，必须提交请求书、说明书及其摘要和权利要求书等文件。这些文件可以由申请人撰写好直接提交，也可以委托专利代理机构来协助完成。但是，即使是委托完成，也需要提供一份包含申请文件所需实质性内容的技术交底书。可以说，一份好的申请文件，或者一份好的技术交底书，决定了专利获得授权和权利维持的良好前景，以及一个有质量的保护范围。

在专利文件的准备中，外观设计由于保护对象是对产品的形状、图案或者其结合以及色彩及形状、图案的结合所做出的富有美感并适于工业应用的新设计，因此，“富有美感”是其重要审查依据，外观设计申请文件主要包括三个方面：请求书、外观设计图片或照片、简要说明。其中，提交的有关图片或者照片应当清楚地显示要求专利保护的产品的外观设计。因此，外观设计文件，主要是能表达清楚外观就可以了，相对来说比较简单。

而发明和实用新型虽然属于两种不同类型的专利，但作为申请文件的撰写，两者是基本一致的。专利法和专利实施细则中涉及申请文件撰写的条款，绝大多数都既适用于发明专利申请，也适用于实用新型专利申请。以下为根据专利法、专利法实施细则及《审查指南》归纳得到的发明和实用新型专利申请文件的撰写要求。

10.4.1　如何撰写专利技术交底书

技术交底书是发明人将自己即将申请专利的发明创造内容以书面形式提交给专利代理机构的参考文件，主要是为了提高专利申请文件的撰写质量和效率，使专利代理人更容易理解发明人发明构思的特点。需要发明人提供的技术交底书主要是发明或实用新型说明书中的相关内容，这些内容都是专利申请文件所必不可少的。主要内容如下。

1. 发明或者实用新型的名称

名称应清楚、简明，采用本技术领域通用的技术名词，以清楚地反映和体现发明的主题以及发明的类型。不要使用杜撰的非技术名词，不得使用人名、地名、商标、型号或者商品名称，也不得使用商业性宣传用语。名称一般不超过25个汉字，化学领域的某些发明可以允许最多到40个汉字。

2. 所属技术领域

发明或者实用新型的技术领域应当是要求保护的发明或者实用新型技术方案所属或者直接应用的具体技术领域，而不是上位的或者相邻的技术领域，也不是发明或者实用新型本身。例如，一项关于挖掘机悬臂的发明，其改进之处是将背景技术中的长方形悬臂截面改为椭圆形截面。其所属技术领域可以写成“本发明涉及一种挖掘机，特别是涉及一种挖掘机悬臂”（具体的技术领域），而不宜写成“本发明涉及一种建筑机械”（上位的技术领域），也不宜写成“本发明涉及挖掘机悬臂的椭圆形截面”或者“本发明涉及一种截面为椭圆形的挖掘机悬臂”（发明本身）。

3. 背景技术

发明或者实用新型说明书的背景技术部分应当写明对发明或者实用新型的理解、检索、审查有用的背景技术，并且尽可能引证反映这些背景技术的文件，尤其要引证与发明或者实用新型专利申请最接近的现有技术文件。说明书中引证的文件可以是专利文件，也可以是非专利文件，例如期刊、杂志、手册和书籍等。对现有技术的简介应包括以下三方面内容：

(1)注明其出处，通常可采用给出对比文件或指出公知公用情况两种方式；引证专利文件的，至少要写明专利文件的国别、公开号，最好包括公开日期；引证非专利文件的，要写明这些文件的标题和详细出处。

(2)简要说明该现有技术的主要相关内容，例如主要的结构和原理，或者所采用的技术手段和方法步骤。

(3)客观地指出背景技术中存在的问题和缺点，但是，仅限于涉及由发明或者实用新型的技术方案所解决的问题和缺点。在可能的情况下，说明存在这种问题和缺点的原因以及解决这些问题时曾经遇到的困难，切忌采用诽谤性语言。

(4)发明目的是指发明或实用新型专利申请的技术方案要解决现有技术中存在的哪些问题。通常针对最接近的现有技术存在的问题结合本发明或实用新型取得的效果提出所要解决的任务。具体要求如下：

1)应与发明或实用新型的主题以及发明的类型相适应；

2)应采用正面语句直接、清楚、客观地写明目的，明确说明要解决的问题；

3)应具体体现出要解决的技术问题，避免采用“节省能源”“提高质量”等笼统的提法，但不得包含技术方案的具体内容。

4)不得采用广告性宣传用语。

(5)技术方案。这一部分是说明书的核心部分，这部分的描述应使所属技术领域的技术人员能够理解，并能达到发明或实用新型的目的。

一项发明或实用新型所采取的技术方案，往往是由若干技术特征的集合构成的。应清楚完整地写明技术方案，包括达到发明目的的全部必要技术特征；如果是产品发明，应该表明产品的构成及各部分之间的关系，各部分都起什么作用；其中属于您发明的部分是什么；如果是方法发明，应该表明该方法由几个步骤构成，每个步骤要求什么条件，各步骤之间是什么关系，各起什么作用等。一般情况下，应用构成该发明或实用新型所必要的技术特征总和的形式公开其实质内容。但有时为了使要求保护的技术范围更加明确，避免产生误解，还应当包括阐述发明或实用新型所必需的重要的附加技术特征，以使人们清楚地了解为达到所说目的，应当采取的技术解决方案是什么。

(6)有益效果。这一部分应清楚、有根据地写明发明或实用新型与现有技术相比具有的有益效果。

通常有益效果可以由产率、质量、精度和效率的提高，能耗、原材料、工序的节省，加工、操作、控制、使用的简便，环境污染的治理或根治，以及有用性能的出现等方面反映出来。具体要求如下：

1)可以用对发明或实用新型结构特点或作用关系进行分析方式、理论说明方式或用实验数据证明的方式或者其结合来描述，不得断言其有益效果，最好通过与现有技术进行比较而得出。

2)对机械或电器等技术领域，多半可结合结构特征和作用方式进行说明。

3)化学领域中的发明，在大多数情况下需要借助于实验数据来说明。对于目前尚无可取的测量方法而不得不依赖于人的感官判断的，例如味道、气味等，可以采用统计方法表示的实验结果来说明有益效果。引用实验数据说明有益效果时，应给出必要的实验条件和方法。

(7)附图说明。附图是为了更直观表述发明或实用新型的内容，可采取多种绘图方式，以充分体现发明点之所在。诸如示意图、方块图、各向视图、局部剖视图、流程图等。对于说明书中有附图的发明专利申请以及所有的实用新型专利申请，在说明书中应集中给出图面说明。其具体要求如下：

1)应按照机械制图的国家标准对附图的图名、图示的内容作简要说明；

2)附图不止一幅的，应当对所有的附图按照顺序编号并作出说明；

3)附图应采用白底黑线图。

对发明专利申请，用文字足以清楚、完整地描述其技术方案的，可以没有附图。实用新型专利申请的说明书必须有附图。

(8)具体实施方式。这一部分通常可结合附图对本发明或实用新型的具体实施方式作进一步详细的说明。不应该理解为说明书内容的简单重复。其目的是使权利要求的每个技术特征具体化，从而使发明实施具体化，使发明或实用新型的可实施性得到充分支持。

一般来说，这一部分至少应具体描述一个最佳实施方式，这种描述的具体化程度应当达到使本专业普通技术人员按照所描述的内容能够重现其发明或实用新型。在描述具体实施方式时，并不要求对已知技术特征作详细展开说明，但必须详细说明区别现有技术的必要技术特征和各附加技术特征，以及各技术特征之间的关系及其功能和作用。

实施方式和实施例的描述应当与申请中所要求保护的技术方案的类型相一致。例如，如果要求保护的是一种产品，那么其实施方式或实施例就应当是体现实施该产品的一种或几种最佳产品；如果要求保护的是一种方法，那么就应当是说明实施该方法的一种或几种最好的实施方法。

当一个实施例足以支持权利要求所概括的技术方案时，说明书中可以只给出一个实施例。

当权利要求(尤其是独立权利要求)覆盖的保护范围较宽,其概括不能从一个实施例中找到依据时,应当给出至少两个不同实施例,以支持要求保护的范围。当权利要求相对于背景技术的改进涉及数值范围时,通常应给出两端值附近(最好是两端值)的实施例,当数值范围较宽时,还应当给出至少一个中间值的实施例。

10.4.2 说明书充分公开

说明书对发明或实用新型作出的清楚、完整的说明,应当达到所述技术领域的技术人员能够实现的程度。说明书是否对请求保护的发明做出了清楚、完整的说明是以所述技术领域的技术人员是否实现该发明为判断标准的。

"能够实现"的含义,是指所述领域技术人员按照说明书记载的内容,就能够实现请求保护的发明或实用新型的技术方案,解决其技术问题,并且产生预期的技术效果。这是写好专利交底书或者专利申请文件的最重要、也最容易出现问题的一个要求,从以往 MEMS 传感器创新应用过程中撰写的技术交底书来看,经常会遇到的一个问题是:仅对撰写本发明或实用新型的基本思路进行一个简要介绍,但具体的技术手段的描述却远不清楚,结果只好被代理机构要求反复修改,极大地延长了受理周期。如果没有修改到"能够实现"的标准,也会因此影响后面的审查过程。

10.4.3 权利要求书清楚

权利要求书应当清楚,是指每一项权利要求应当类型清楚、保护范围清楚,而且由所有权利要求构成的整个权利要求书也应当清楚。

权利要求清楚与否,应当由所属领域的技术人员从技术含义的角度进行分析判断,它具体包括两个方面的要求:类型清楚、保护范围清楚。

例如,有的权利要求的主体名称为"一种……技术""一种……设计",就属于类型不清楚的问题。因为根据前文对三类不同专利的保护对象的介绍可以看出,发明专利只保护两类对象:产品或方法,实用新型专利则只提供对产品类型的保护。这也是为什么前文中,专利技术交底书撰写中提出"专利名称应采用本技术领域通用的技术名词",例如,"一种智能水杯""一种电子音乐产生方法"等,就达到了类型清楚。

又例如,有的权利要求中写道:"一种照明装置,包括照明灯及连接的导线,该导线的电阻很小……"由于该权利要求中记载的"导线电阻很小",在所述领域中没有公认的含义,由此造成权利要求的保护范围不清楚。而权利要求中不允许出现"厚""薄""宽""强""等""左右""大约""接近于""一定的"等字眼,也属于表达不精确的状态,属于保护范围不清楚,不符合要求。

10.4.4 必要技术特征

在谈到必要技术特征之前,我们先了解一下权利要求书中会存在的两类权利要求:独立权利要求和从属权利要求。

独立权利要求是指从整体上反映发明或者实用新型的技术方案,记载解决技术问题的必要技术特征的权利要求。

如果一项权利要求包含了另一项权利要求中的所有技术特征,且对该另一项权利要求的技术方案做了进一步的限定,则该权利要求为从属权利要求。由于从属权利要求用附加的技术特征对所引用的权利要求做了进一步的限定，所以其保护范围落在其所引用的权利要求的保护范围之内。从属权利要求中的附加技术特征，可以是对所引用的权利要求的技术特征作进一步限定的技术特征，也可以是增加的技术特征。

在一件专利申请的所有权利要求中，独立权利要求的保护范围最宽。如果被告的行为侵犯了从属权利要求，则必然侵犯独立权利要求。但是，侵犯独立权利要求的，并不一定侵犯从属权利要求。无论是否侵犯从属权利要求，只要侵犯了独立权利要求，都构成对专利权的侵犯。例如，如果独立权利要求 1 为“一种凳子，其特征在于由三只腿支撑……”，而从属权利要求 2 为“权利要求 1 所述凳子，其特征在于所述腿脚上均有滚动装置……”。如果有人做了有三只腿且每个腿上有滚动装置的凳子，则其侵犯了从属权利要求 2 和独立权利要求 1，但如果该凳子的腿上没有滚动装置，则没有侵犯从属权利要求 2，但侵犯了独立权利要求 1。无论如何，这两种情况都属于侵犯专利权。既然如此，为什么还需要从属权利要求？这主要是为了确保申请获得专利或者在获得专利后维持专利权部分有效。如前述案例，如果他人在申请日前公布了有三只腿（但没有滚动装置）的凳子，则权利要求 1 不具有新颖性。如果权利要求书中没有从属权利要求，该专利申请就不能授予专利或者应当对授予的专利宣告无效。但是，如果有前述从属权利要求，则可以将权利要求 1 删除，使权利要求 2 成为独立权利要求，从而就可以授予专利权或者维持部分专利权有效，避免了因为独立权利要求的范围太宽而无法授权或者被宣告全部无效的情况。此外，在判断是否侵犯专利权时，当独立权利要求的用词含义不明确时，只要能确定被告行为落入了从属权利要求的保护范围，也可以认定被告行为构成侵权，不必判断是否落入独立权利要求的保护范围。

一件专利申请的权利要求书中，应当至少有一项独立权利要求。权利要求书中有两项或者两项以上独立权利要求的，写在最前面的独立权利要求称为第一独立权利要求，其他独立权利要求称为并列独立权利要求。并列独立权利要求也可以引用在前的独立权利要求（例如，并列独立权利要求写成如下的方式：“一种实施权利要求 1 的方法的装置，……”“一种制造权利要求 1 的产品的方法，……”等）。在某些情况下，形式上的从属权利要求（即其包含有从属权利要求的引用部分），实质上不一定是从属权利要求。例如，独立权利要求 1 为：“包括特征 X 的机床”。在后的另一项权利要求为：“根据权利要求 1 所述的机床，其特征在于用特征 Y 代替特征 X”。在这种情况下，后一权利要求也是独立权利要求。

而判断独立权利要求的技术方案是否完整，关键在于审查独立权利要求是否记载了解决技术问题的全部必要技术特征。

而在独立权利要求中仅记载必要技术特征，而不包含非必要技术特征，也是让你的专利也是获得一个尽可能大的保护范围的关键。

10.5　专利的审查

专利的登记制审查是指专利局对专利申请案只进行形式审查，如果手续、文件齐备即给予登记，授予专利权，而不进行实质审查。采用登记制的，其专利往往质量不高。我国现行专利法对实用新型专利及外观设计专利就采取的是这种方式，这在减轻审批压力的同时，也在实践中引发了专利数量泛滥，质量却普遍低下的问题。

对于发明专利来说，对形式审查合格的申请案，自提出申请之日起满一定期限（18 个月）

即予以公布，给予临时保护；在公布后一定年限内经申请人要求专利局进行实质审查，逾期未要求实质审查的，则视为撤回申请。采用延期审查制可减轻审查工作的负担。中国对发明专利的审批采用延期审查制。

对于发明和实用新型来说，中国和多数国家都要求被授予专利权的发明应具备新颖性、创造性和实用性。

新颖性指在提出专利申请之日或优先权日，该项发明是现有技术中所未有的，即未被公知或公用的。凡以书面、磁带、唱片、照相、口头或公然使用等方式已经公开的发明，即丧失其新颖性。新颖性的丧失有其例外，例如，在一些知名的国际展会上首次披露发明的，不一定丧失其新颖性，法律允许发明人在展会后一定期间内提出专利申请。

创造性，指发明在申请专利时比现有技术先进，其程度对所属技术领域的普通专业人员不是显而易见的。虽然与现有技术相比有所改良，但对于该技术领域的普通专业人员而言属于显而易见范畴的，则不能授予专利权。

实用性指发明能够在产业上制造和使用，并且能够产生有意义的效果。例如，任何声称可以制造出永动机的发明，因其不可能具有实用性而无法在多数国家得到专利授权。

上面所称的现有技术，在中国专利法中，是指申请日以前在国内外为公众所知的技术。因此，特别需要注意在项目的创新构思完成以后，把申请专利作为第一个公开技术方案的途径。如果在专利申请日子之前，你的产品在国内外任何地方进行了展示、销售或在任何公开出版物上进行了发表，都会构成现有技术，从而影响专利新颖性和创造性的审查。

第11章　微传感器创新应用案例的专利撰写示例

为了让大家更加有针对性地了解如何撰写专利申请文献或技术交底书，笔者选择了历年微传感器创新应用中几个典型专利申请文件作为案例以供参考。

11.1　专利撰写案例1：多功能熬夜监测与提醒装置

案例介绍：这个作品是2018年度微传感器创新应用的一个优秀作品，其中包括系统软、硬件的设计构思（具体见专利申请文件），同时该产品具有非常可爱的外形。因此，这个作品同时申请了发明专利和外观设计专利。

专利类型：发明专利

发明名称：多功能熬夜监测与提醒装置及其实现方法

专利申请号：201810158513.3

申请日：2018年2月26日

发明人：侯海，李海贞，何洋，马宝腾，李卓，张献

说明书摘要：

本发明公开了一种多功能熬夜监测与提醒装置。该装置采用微传感器检测光照强度并获取系统时间，并对信号进行处理和传输，最后通过声、光、图案等完成提醒功能。本发明提出的多功能熬夜监测与提醒装置外观精美，符合大学生的审美特性，白天放在书桌上不失为一个精美的装饰品，晚上则发挥它的自身功能，开启熬夜监测提醒、香薰助眠功能，督促具有晚睡强迫症，熬夜玩手机、追剧或者打游戏的大学生缩短熬夜时间，保证大学生的充足睡眠，保持他们的健康与美丽。本发明可以自己使用，也可作为礼品赠送。

摘要附图：

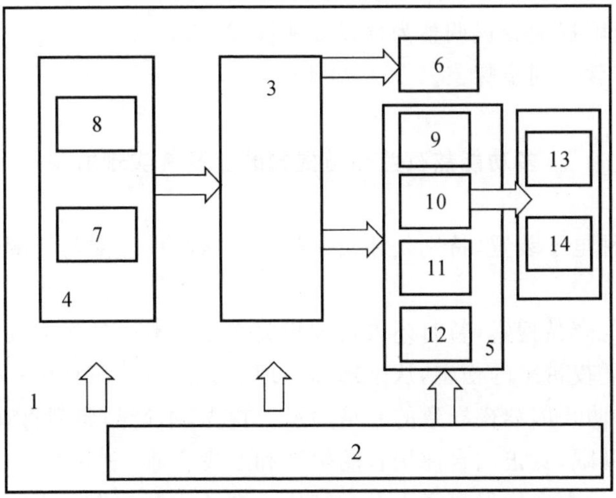

图11-1　多功能熬夜监测与提醒装置及其实现方法摘要附图

权利要求书：

(1)多功能熬夜监测与提醒装置，其特征在于，包括外壳1、香薰装置13、表情装置14、电源模块2、单片机最小系统3、显示模块6、信息采集模块4(包括两个模块：时钟模块7和光传感器模块8)、提醒模块5(包括4个模块：LED照明灯9、步进电机模块10、声音模块11和无线通信模块12)。

所述香薰装置13、表情装置14和外壳1装配在一起，电源模块2给单片机最小系统3、时钟模块7、提醒模块5、显示模块6、光传感器模块8供电；光传感器模块8采集光照强度信息，单片机最小系统3读取光传感器模块8的数据，判断光照强度是否达到阈值；单片机最小系统3通过时钟模块7读取系统当前时间；单片机最小系统3对光照强度以及时间进行判断，控制提醒模块5工作，并通过显示模块6将时间以及熬夜信息显示出来。

(2)如权利要求(1)所述的多功能熬夜监测与提醒装置的实现方法，其特征在于，包括以下步骤：

步骤一：采集当前时间信息 T，获取当前环境光照强度 A。

步骤二：同时对时间 T 和光照强度 A 是否达到阈值 $A_{阈值}$ 进行判断。

先分别设置熬夜时间 $T_1(23:00)$，$T_2(23:30)$，$T_3(24:00)$，$T_4(1:00)$ 和复位时间 $T_0(6:00)$

判断结果有以下几种情况：

情况一，时间未达到熬夜时间 T_1，光照强度 A 未超过 $A_{阈值}$；

情况二，时间未达到熬夜时间 T_1，光照强度 A 超过 $A_{阈值}$；

情况三，时间达到熬夜时间 T_1，光照强度 A 未超过 $A_{阈值}$；

情况四，时间达到熬夜时间 T_1，光照强度 A 超过阈值 $A_{阈值}$；

情况五，时间达到其他预设熬夜时间 T_2，T_3，T_4，光照强度 A 未达 $A_{阈值}$；

情况六，时间达到其他预设熬夜时间 T_2，T_3，T_4，光照强度 A 超过 $A_{阈值}$；

情况七，时间达到复位时间 $T_0(6:00)$。

步骤三：对步骤二所述的7种情况进行相应操作。

对于情况一、情况二、情况三、情况五、情况七，睡眠提醒装置调整为非提醒复位模式；

对于情况四，睡眠提醒装置调整为预设提醒模式 M_1；

对于情况六，睡眠提醒装置调整为预设提醒模式 M_x；

步骤四：重复步骤一到步骤三。

说明书：

多功能熬夜监测与提醒装置及其实现方法

技术领域：

本发明涉及一种电子装置，特别是涉及一种多功能熬夜监测与提醒装置及其实现方法。

背景技术：

通过专利查询与产品搜索，暂时还未找到相关产品。本产品作为一个全新的产品，针对大学生熬夜的原因和熬夜带来的伤害，从生理和心理上进行温和而直接有效的提醒，提供安心睡眠需要的温和条件，防止因熬夜导致的心情烦躁。首先，本产品典型直观地反映熬夜的危害以及恰到好处的香薰助眠，真正贴合使用者的生理和心理需求；利用灯光、香味和温和语音提醒用户早睡，贴切的音量大小确保声音不会对其他人造成干扰，使得产品具有隐私性。其次，本产品根据时间显示不同的灯光，可以很直接地模拟人的皮肤变化，提醒用户长期熬夜会导致皮肤变差等问题，展示的不同表情也能直接地显示出这一变化。

发明内容：

本发明的目的是：针对当今大学生熬夜普遍现象，结合广泛的产品反馈调查和市场产品调查，发明一款新产品来提醒大学生，使他们减少熬夜现象发生，提高睡眠质量。

本发明的技术方案是：提出一种多功能熬夜监测与提醒装置，该装置采用微传感器检测光照强度并获取系统时间，并对信号进行处理和传输，最后通过声、光、图案等完成提醒。

具体来说，所述多功能熬夜监测与提醒装置包括外壳 1、香薰装置 13、表情装置 14、电源模块 2、单片机最小系统 3、显示模块 6、信息采集模块 4(包括两个模块：时钟模块 7 和光传感器模块 8)、提醒模块 5(包括 4 个模块：LED 照明灯 9、步进电机模块 10、声音模块 11 和无线通信模块 12)。

各模块的连接关系是，香薰装置 13、表情装置 14 和外壳 1 装配在一起，电源模块 2 给单片机最小系统 3、时钟模块 7、提醒模块 5、显示模块 6、光传感器模块 8 供电。光传感器模块 8 采集光照强度信息，单片机最小系统 3 读取光传感器模块 8 的数据，判断光照强度是否达到阈值。单片机最小系统 3 通过时钟模块 7 读取系统当前时间。单片机最小系统 3 对光照强度以及时间进行判断，控制提醒模块 5 工作，并通过显示模块 6 将时间以及熬夜信息显示出来。

所述多功能熬夜监测与提醒装置的实现方法，包括以下步骤：

步骤一：采集当前时间信息 T，获取当前环境光照强度 A。

步骤二：同时对时间 T 和光照强度 A 是否达到阈值 $A_{阈值}$ 进行判断。

先分别设置熬夜时间 T_1(23:00)，T_2(23:30)，T_3(24:00)，T_4(1:00) 和复位时间 T_0(6:00)

判断结果有以下几种情况：

情况一，时间未达到熬夜时间 T_1，光照强度 A 未超过 $A_{阈值}$；

情况二，时间未达到熬夜时间 T_1，光照强度 A 超过 $A_{阈值}$；

情况三，时间达到熬夜时间 T_1，光照强度 A 未超过 $A_{阈值}$；

情况四，时间达到熬夜时间 T_1，光照强度 A 超过阈值 $A_{阈值}$；

情况五，时间达到其他预设熬夜时间 T_2，T_3，T_4，光照强度 A 未达 $A_{阈值}$；

情况六，时间达到其他预设熬夜时间 T_2，T_3，T_4，光照强度 A 超过 $A_{阈值}$；

情况七，时间达到复位时间 T_0(6:00)。

步骤三：对步骤二所述的 7 种情况进行相应操作。

对于情况一、情况二、情况三、情况五、情况七，睡眠提醒装置调整为非提醒复位模式；

对于情况四，睡眠提醒装置调整为预设提醒模式 M_1；

对于情况六，睡眠提醒装置调整为预设提醒模式 M_x；

步骤四：重复步骤一到步骤三。

本发明的有益效果是：本发明提出的多功能熬夜监测与提醒装置，外观设计基于被调查者的期许，萌、可爱，精致小巧，简洁大方，符合大学生的审美特性；实现方式人性化，针对大学生熬夜的原因和熬夜带来的伤害，从生理和心理上进行温和而直接有效的提醒。提供安心睡眠需要的温和条件，防止因熬夜导致的心情烦躁；利用典型直观的外观反映熬夜的危害[①随着熬夜时间变长，通过表情变化模拟熬夜使黑眼圈加重，面部表情越来越丑陋疲倦；②通过身体颜色的变化模拟熬夜使皮肤变差;恰到好处的香薰从嗅觉提醒,同时有助睡眠(可选择是否使用此功能)];以及软萌语音提醒,夜晚拥有好心情,真正贴合使用者的生理和心理需求。

白天是书桌上精美的装饰品,晚上则发挥它的自身功能,开启熬夜监测提醒和香薰助眠功能,督促有晚睡强迫症,熬夜玩手机、追剧或者打游戏的大学生缩短熬夜时间,保证大学生的充足睡眠,保持他们的健康与美丽,让他们每天拥有好的状态,做事更有效率;让他们早睡,减少对电子产品的使用,有效降低电量消耗。本产品能耗低,采用充电电池,材料选用安全,无论是对个人还是社会环境都有积极的影响。本产品可以自己使用,也可作为礼品赠送。

附图说明:

图 11-2 是本发明多功能熬夜监测与提醒装置的示意图;

图 11-3 是本发明多功能熬夜监测与提醒装置实现方法流程图。

图 11-2 中,1—外壳,2—电源模块,3—单片机最小系统,4—信息采集模块,5—提醒模块,6—显示屏,7—时钟模块,8—光传感器模块,9—LED 照明灯,10—步进电机模块,11—声音模块,12—无线通信模块,13—香薰装置,14—表情装置。

具体实施方式:

参阅图 11-2,多功能熬夜监测与提醒装置由壳体 1 内部控制组成。其中电源模块 2 由锂电池及充电模块升压模块组成,可向单片机最小系统 3 及信息采集模块 4 及提醒模块 5 提供合适电压;单片机最小系统 3 由单片机芯片及其辅助电路组成;时钟模块 7 主要作用是向单片机最小系统 3 提供当前时间,并且时钟模块 7 具有独立电源,系统断电后,时钟仍可以正常工作;显示模块 6 与单片机最小系统 3 相连,用以显示单片机最小系统 3 所获取到的当前系统时间及当前的熬夜信息;光传感器模块 8 可以向单片机最小系统 3 发送当前的光照强度值,并由单片机最小系统 3 判断光照强度是否达到阈值;步进电机模块 10 由步进电机及其驱动电路组成,单片机最小系统 3 通过向步进电机发送一定脉冲信号控制步进电机旋转角度;香薰装置 13 与表情装置 14 与步进电机 10 配合,步进电机 10 旋转一定角度后,会切换表情显示及控制香薰开闭;LED 照明灯 9 受单片机最小系统 3 控制,LED 灯的颜色有多种,单片机最小系统 3 可以控制灯亮的顺序和时间;声音模块 11 由发声装置及辅助电路组成,受单片机最小系统 3 控制;无线通信模块 12 受单片机最小系统 3 控制,单片机最小系统 3 可通过无线通信模块 12 将使用者熬夜的信息发送给监护人。

本实施例的多功能熬夜监测与提醒装置的具体操作步骤如下:

(1)加入香薰精油,打开熬夜提醒装置的电源。

(2)校正系统时间及设定熬夜时间。

(3)等待系统时间到达设定值。

(4)系统到达预定时间后,熬夜提醒装置使用者附近灯光较亮,单片机最小系统 3 控制步进电机模块 10 旋转一定角度,表情装置 14 切换图案,香薰装置 13 打开。单片机最小系统 3 控制声音模块 11 开启,进行短时语音提醒。单片机最小系统 3 控制 LED 照明灯 9 打开,照在外壳 1 和表情装置 14 上,用来模拟人肤色变化。单片机最小系统 3 控制无线通信模块 12 向监护人发送信息。

(5)关闭周围灯光,熬夜提醒装置复位,即表情装置 14 为初始表情,香薰装置 13 关闭,LED 照明灯 9 关闭。

(6)重复步骤(3)到步骤(5),日复一日提醒。

参阅图 11－3，本实施例的实现方法包括以下步骤：

步骤一：采集时间信息，获取环境光亮度是否达到阈值。

步骤二：对时间 T 进行判断，并对光照强度 A 是否达到阈值 $A_{阈值}$（参考值 500lx，可调）进行判断。判断结果有以下几种情况：

情况一：时间未达到熬夜时间 T_1（23:00），光照强度未超过阈值；

情况二：时间未达到熬夜时间 T_1，光照强度超过阈值；

情况三：时间达到熬夜时间 T_1，光照强度未超过阈值；

情况四：时间达到熬夜时间 T_1，光照强度超过阈值；

情况五：时间达到其他预设熬夜时间 T_2（23:30），T_3（24:00），T_4（1:00），光照强度未达阈值；

情况六：时间达到其他预设熬夜时间 T_2（23:30），T_3（24:00），T_4（1:00），光照强度超过阈值；

情况七：时间达到复位时间 T_0（6:00）。

步骤三：对步骤二所述的 7 种情况进行相应操作。

对于情况一、情况二、情况三、情况五、情况七，认为使用者没有熬夜，睡眠提醒装置调整为复位模式（表情装置 14 为初始表情，香薰装置 13 关闭，LED 照明灯 9 关闭）。

对于情况四，认为使用者开始熬夜，睡眠提醒装置调整为预设提醒模式 M_1，即步进电机模块 10 旋转一定角度，表情装置 14 由初始表情切换至第一个提醒表情，香薰装置 13 打开，LED 照明灯 9 点亮第一个设定颜色暖白色，声音模块 11 初次提醒“已经 23：00 啦”，通信模块向监护人发送开始熬夜信息。

对于情况六，睡眠提醒装置调整为预设提醒模式 M_x（$x=2,3,4$）。M_2 模式下对应时间为 T_2，表情装置 14 切换为第二个表情，LED 照明灯 9 的灯光显淡黄色，声音模块 11 提醒“怎么还不睡，你看看你的黑眼圈儿”，无线通信模块 12 向监护人发送信息。M_3 模式下，对应时间为 T_3，LED 照明灯 9 的灯光显灰黄色，声音模块 11 提醒“又要变丑了喽”，无线通信模块 12 向监护人发送信息。M_4 模式下，LED 照明灯 9 的灯光显灰黄色，声音模块 11 提醒“已经很晚啦，快去睡觉吧”，无线通信模块 12 向监护人发送信息。并且模式 M_x 及时间 T_x 均可以根据需求调整。

步骤四：重复步骤一到步骤三，日复一日。

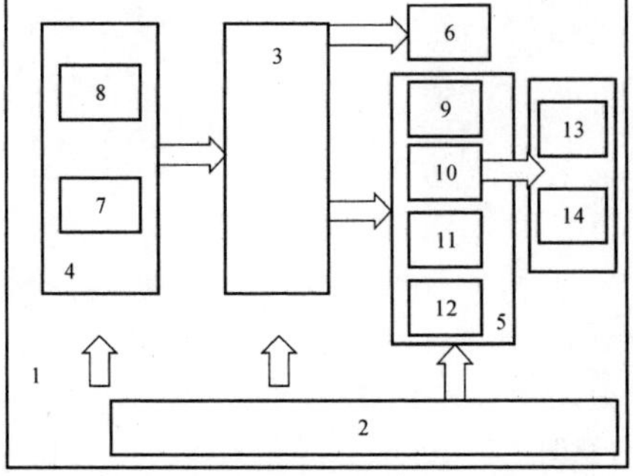

图 11－2　本发明多功能熬夜监测与提醒装置的示意图

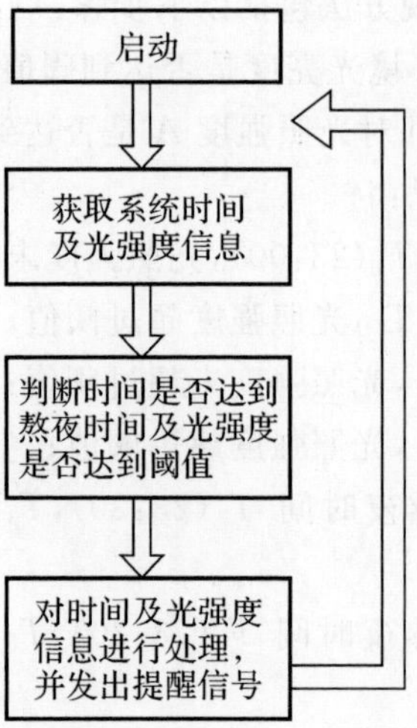

图 11-3　本发明多功能熬夜监测与提醒装置实现方法流程图

专利类型:外观设计专利
实用新型名称:多功能熬夜监测与提醒装置
专利申请号:201830073092.5
申请日:2018 年 2 月 26 日
发明人:侯海,李海贞,何洋,马宝腾,李卓,张献
外观设计图片见图 11-4～图 11-13。

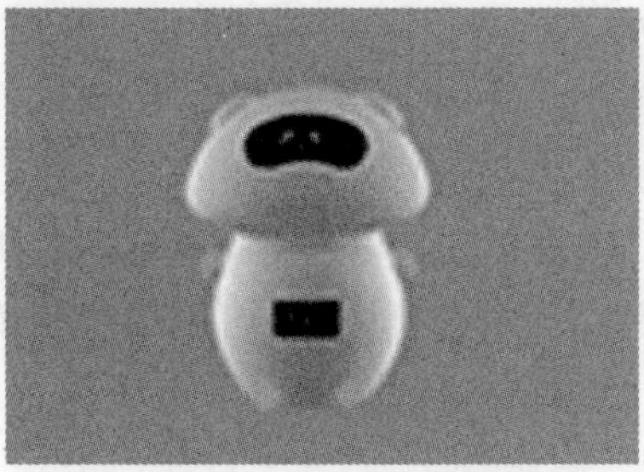

图 11-4　产品主视图

图 11-5　产品左视图

图 11-6　产品右视图

图 11-7　产品后视图

图 11－8　产品顶视图

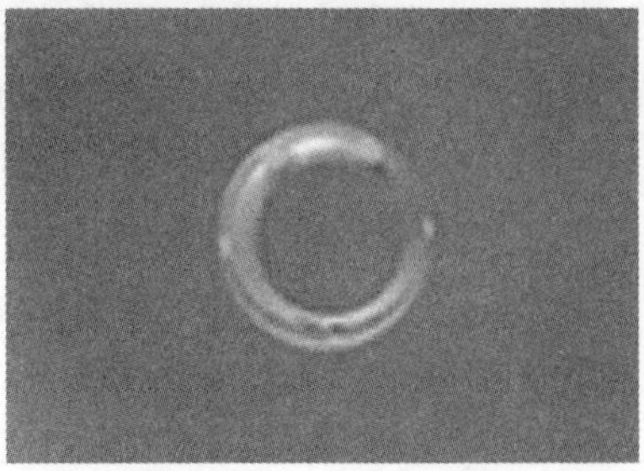

图 11－9　产品底视图

图 11－10　产品立体图

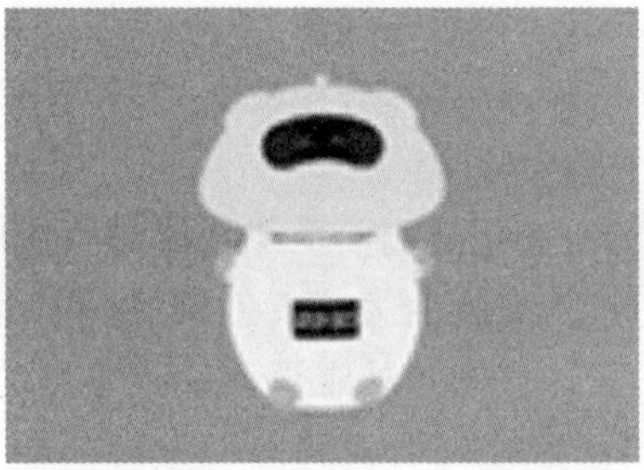

图 11－11　产品使用状态参考图
(23:30—00:00 淡黄色主视图)

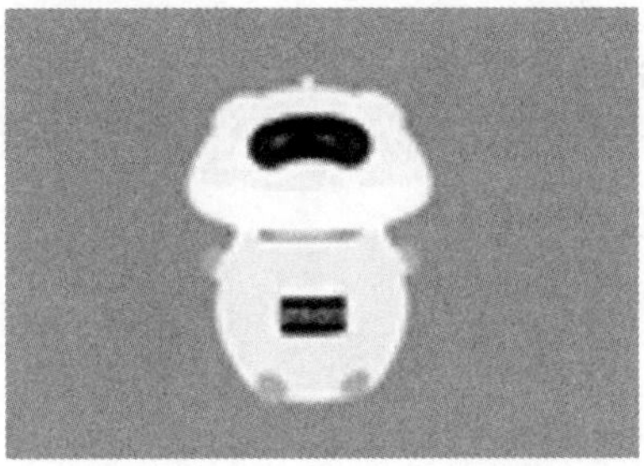

图 11－12　产品使用状态参考图
(23:00—23:00 白色主视图)

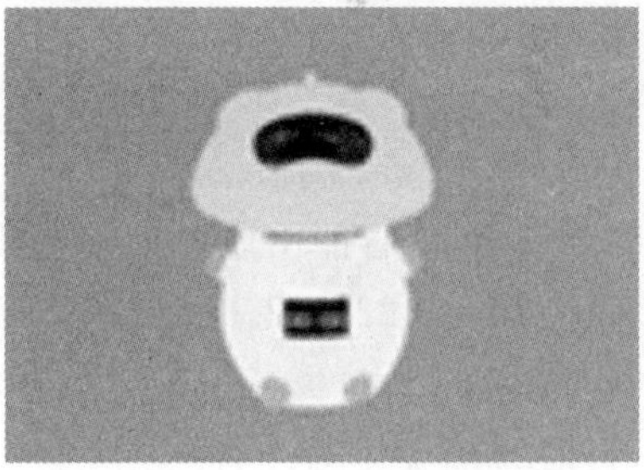

图 11－13　产品使用状态参考图
(00:00—6:00 深黄色主视图)

外观设计简要说明：

(1)本外观设计产品的名称：多功能熬夜监测与提醒装置。

(2)本外观设计产品的用途：

白天是书桌上精美的装饰品，晚上是陪伴精灵，针对熬夜对大学生美丽的伤害，产品从生理和心理上进行温和而直接有效的提醒：表情变化(黑眼圈加重，变疲惫)；灯光变化模拟皮肤变差；香薰让神经更舒缓，睡眠质量高；软萌语音提醒，夜晚好心情；时钟显示时间；监测熬夜并进行有效提醒，使熬夜刷手机、追剧或者打游戏但是又特别担心熬夜使自己变丑的大学生早睡，保持他们的健康与美丽。

(3)本外观设计产品的设计要点:秉持原创原则,结合被调查女大学生对产品外观的期待,萌、可爱,精致小巧,简洁大方,确定出以简易娃娃的形象作为产品外观的原型。添加电子屏幕显示表情,表情为淡蓝色。娃娃的身体前部有一块时钟显示屏,达到显示时间的效果,时钟显示屏上的数字为浅蓝色。娃娃的耳朵,手脚与尾巴部分均能发出淡蓝色的柔和灯光。这些使娃娃本身又带有科技感。选用淡蓝色是因为蓝色是科技感的最好代表色,淡蓝色柔和,能使人心情平静愉悦,有助睡眠。

娃娃底色为白色,象征大学生白皙的皮肤。娃娃的第一状态为非熬夜期间(6:00—23:00),可爱的笑脸,使人看起来心情愉悦,整体不发光。

娃娃的第二状态为熬夜期间(23:00—6:00),分为以下三个时间段:

1)23:00—23:30,难过的表情,有一点黑眼圈(又熬夜,不开心)。头部灯光为暖白色。

2)3:30—00:00,皱眉,黑眼圈加重(怎么还不睡?!)。头部灯光变为淡黄色。

3)00:00—6:00,开始哭泣,黑圆圈最重(我要困晕啦,又要变丑了,伤心到哭泣),头部灯光变为灰黄色。

表情的变化从侧面反映身体对熬夜的抗议,模拟熬夜让精神状态变差,头部灯光由暖白色变为淡黄色,最终变为灰黄色,模拟熬夜使皮肤变差、黯淡无光的过程。

(4)最能表明本外观设计设计要点的图片或照片:产品六视图、立体图和使用状态参考图(见图 11-4～图 11-13)。

(5)请求保护的外观设计包含色彩。

11.2 专利撰写案例2:智能山地车头盔及其实现方法

发明专利名称:智能山地车头盔及其实现方法

专利号:201010221192.0

发明人:何洋,付乾炎,王辉,沈丹东,马炳和,吕湘连,罗剑

申请日:2010年7月8日

授权日:2012年7月25日

说明书摘要:

本发明公开了一种智能山地车头盔及其实现方法,属于山地车运动领域。该系统包括山地车头盔、加速度传感器、外围信号处理电路。外围信号处理电路读取并处理加速度传感器敏感的加速度信号,以实现智能警报和通信功能。该发明的有益效果是:①整个系统集成在山地车头盔上,具有小巧、轻便、智能化、集成化的特点;②采用加速度传感器检测骑行过程中加速度的变化,根据加速度信号幅值大小来判断骑行者是否发生摔倒,根据结果判断是否进行自动警报提示信号的发送,实现了自动报警、通知同伴的目的;③采用麦克风检测骑行过程中的语音信号强度,根据语音信号的强度来控制通信状态的切换,实现了骑行状态中自由通信的功能。

图 11-14 为摘要附图。

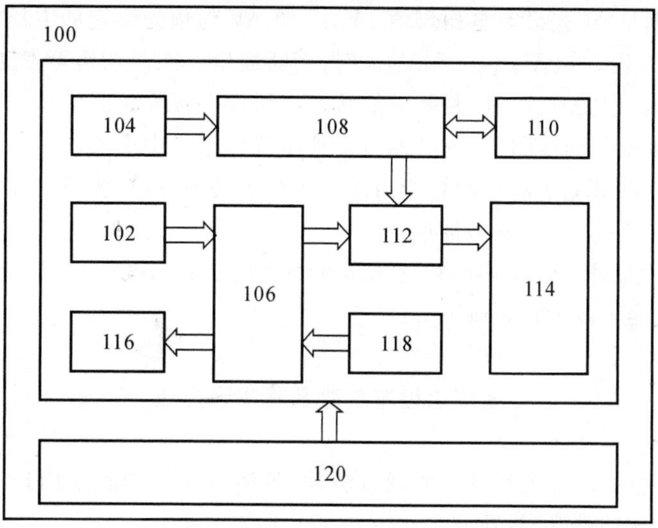

图 11 - 14　智能山地车头盔及其实现方法摘要附图

权利要求书：

(1)一种智能山地车头盔，包括加速度传感器(102)、麦克风(104)、微处理器(106)、语音处理和无线通信模块(108)、射频天线(110)、音频功放电路(112)、扬声器(114)、LED 灯(116)、按键(118)和电源(120)，各部分全部安装在山地车头盔(100)上；电源(120)给其他各个部件供电，微处理器(106)接收加速度传感器(102)输出的模拟信号，判断是否控制语音处理和无线通信模块(108)通过射频天线(110)发出报警信号；微处理器(106)通过发出控制信号，控制音频功放电路(112)、扬声器(114)发出警报提示声音；语音处理和无线通信模块(108)可以接收麦克风(104)检测到的语音信号，并传递给微处理器(106)，微处理器(106)判断并通过对语音处理和无线通信模块(108)的操作来控制系统通信状态的切换；音频功放电路(112)从语音处理和无线通信模块(108)接收到的报警信号、语音信号以及微处理器(106)发出的警报提示音信号，进行功率放大并输出到扬声器(114)；扬声器(114)输出语音信号；LED 灯(116)指示系统工作状态；按键(118)设置系统工作状态。

(2)一种如权利要求(1)所述的智能山地车头盔的实现方法，包括智能警报功能的实现方法和通信功能的实现方法两部分，其智能警报功能的实现方法包括如下步骤：

步骤一：加速度传感器(102) 实时检测山地车骑行过程中的加速度信号 A；

步骤二：对步骤一中产生的加速度信号 A 进行处理判断，决定是否发出警报信号，其处理判断依据是：预先设定加速度阈值 $A_{阈值}$，将 A 与预先设定的加速度阈值 $A_{阈值}$ 进行比较，当 $A \geqslant A_{阈值}$ 时，判断骑行者发生摔倒；

步骤三：微处理器(106) 接收加速度传感器(102) 输出的模拟信号并控制语音处理和无线通信模块(108) 通过射频天线(110) 发出警报信号；

步骤四：重复步骤一到步骤三，连续测试山地车骑行过程中的不同状态并提示、报警。

其通信功能的实现方法包括如下步骤：

步骤一：麦克风(104) 实时检测语音信号强度(dB) 的变化，并转化为电压变化 ΔV；

步骤二：对步骤一中产生的电压变化信号 ΔV 进行处理判断，决定是否进行通信状态的转换，其处理判断依据是，预先设定电压阈值$\Delta V_{阈值}$，将ΔV与预先设定的电压阈值$\Delta V_{阈值}$进行比较，在连续时间0.5s内，当$\Delta V_{平均} \geqslant 5\Delta V_{阈值}$时，判断通信状态需切换至发送状态；在连续时间0.5s内，当$\Delta V_{平均} \leqslant 1/3\Delta V_{阈值}$时，判断通信状态需切换至接收状态；

步骤三：重复步骤一到步骤二，连续测试山地车骑行过程中的不同状态并切换通信状态。

(1) 一种如权利要求(2) 所述的智能山地车头盔的实现方法，其特征在于，所述的$A_{阈值}$满足条件：$2g \leqslant A_{阈值} \leqslant 4g$($g$是重力加速度)。

(2) 一种如权利要求(2) 所述的智能山地车头盔的实现方法，其特征在于，所述的$\Delta V_{阈值}$满足条件：$6\ mV \leqslant \Delta V_{阈值} \leqslant 10\ mV$。

说明书：

智能山地车头盔及其实现方法

技术领域

本发明涉及智能山地车头盔及其实现方法，尤其涉及一种配置在山地车头盔上的智能警报和通信系统，属于山地车运动领域。

背景技术

山地车运动中，为了便于和同伴交流，尤其是在发生危险时能及时通知同伴，需要有合适的报警和通信设备。一般的通信设备(如手机、对讲机)并不适用。使用手机需要保证任何时候都能接收到信号，但在山林里这一点无法保证，并且手机、对讲机等通信装备都需要骑行者手持才能进行通话，这对处于骑行状态下的骑行者来说是非常危险的。更重要的一点是，手机、对讲机不具备自动警报功能，无法在骑行者发生事故后处于严重危险状态(例如昏迷、骨折等)时自动及时通知同伴。

发明内容

为了克服现有通信设备不适合骑行者在骑行状态下自由操作，以及无法在骑行者发生危险时自动警报、通知同伴等问题，本发明提供了一种基于微型传感器的警报和通信系统。它集成在山地车头盔上，使山地车骑行者可以在不需要手持对讲机或手机等的情况下就可以与同伴方便、及时地进行交流，并且在骑行者发生危险时，可以及时地通知同伴。

参阅图11-15和图11-16，本发明公开的一种智能山地车头盔智能警报和通信系统包括加速度传感器(102)、麦克风(104)、微处理器(106)、语音处理和无线通信模块(108)、射频天线(110)、音频功放电路(112)、扬声器(114)、LED灯(116)、按键(118)和电源(120)，上述各部分全部安装在智能山地车头盔(100)上。

电源(120)给其他各个部件供电，微处理器(106)接收加速度传感器(102)输出的模拟信号，判断是否控制语音处理和无线通信模块(108)通过射频天线(110)发出警报信号；微处理器(106)通过发出控制信号，控制音频功放电路(112)、扬声器(114)发出警报提示声音；语音处理和无线通信模块(108)可以接收麦克风(104)检测到的语音信号，并传递给微处理器(106)，微处理器(106)判断并通过对语音处理和无线通信模块(108)的操作来控制系统通信状态的切换；音频功放电路(112)从语音处理和无线通信模块(108)接收到的警报信号、语音信号以及微处理器(106)发出的警报提示音信号，进行功率放大并输出到扬声器(114)；扬声器(114)输出语音信号；LED灯(116)指示系统工作状态；按键(118)设置系统工作状态。

本发明提出的智能山地车头盔的实现包括智能警报功能的实现方法和通信功能的实现方法两部分，其智能警报功能的实现方法包括如下步骤：

步骤一:加速度传感器(102) 实时检测山地车骑行过程中的加速度信号 A;

步骤二:对步骤一中产生的加速度信号 A 进行处理判断,决定是否发出警报信号,其处理判断依据是:预先设定加速度阈值 $A_{阈值}$,$A_{阈值}$ 满足的条件为:$2g \leqslant A_{阈值} \leqslant 4g$;将 A 与预先设定的加速度阈值 $A_{阈值}$ 进行比较,当 $A \geqslant A_{阈值}$ 时,判断骑行者发生摔倒;

步骤三:微处理器(106) 接收加速度传感器(102) 输出的模拟信号并控制语音处理和无线通信模块(108) 通过射频天线(110) 发出警报信号;

步骤四:重复步骤一到步骤三,连续测试山地车骑行过程中的不同状态并提示、报警。

其通信功能的实现方法包括如下步骤:

步骤一:麦克风(104) 实时检测语音信号强度(dB) 的变化,并转化为电压变化 ΔV;

步骤二:对步骤一中产生的电压变化信号 ΔV 进行处理判断,决定是否进行通信状态的转换,其处理判断依据是,预先设定电压阈值 $\Delta V_{阈值}$,$\Delta V_{阈值}$ 满足的条件为 $6\ \text{mV} \leqslant \Delta V_{阈值} \leqslant 10\ \text{mV}$;将 ΔV 与预先设定的电压阈值 $\Delta V_{阈值}$ 进行比较,在连续时间 0.5 s 内,当 $\Delta V_{平均} \geqslant 5\Delta V_{阈值}$ 时,判断通信状态需切换至发送状态;在连续时间 0.5 s 内,当 $\Delta V_{平均} \leqslant 1/3\Delta V_{阈值}$ 时,判断通信状态需切换至接收状态;

步骤三:重复步骤一到步骤二,连续测试山地车骑行过程中的不同状态并切换通信状态。

本发明的有益效果是:采用加速度传感器来检测骑行者在骑行过程中的加速度值的变化,根据加速度信号的变化幅值大小来判断骑行者是否发生摔倒,根据判断结果自动进行警报提示信号的发送,从而实现了自动报警、通知同伴的目的。采用麦克风来检测骑行者在骑行过程中的语音信号强度,根据语音信号的强度来控制通信状态的切换,实现了骑行状态中自由通信的功能。整个系统集成在山地车头盔上,不妨碍山地车骑行者正常骑车。本发明具有小巧轻便、智能化、集成化的优点。

附图说明

图 11-15:本发明提出的智能山地车头盔智能警报与通信系统电路组成示意图。

图 11-16:本发明实施例中智能山地车头盔系统装置示意图。

图 11-15 和图 11-16 中,100—山地车头盔,102—加速度传感器,104—麦克风,106—微处理器,108—语音处理和无线通信模块,110—射频天线,112—音频功放电路,114—扬声器,116—LED 灯,118—按键,120—电源。

具体实施方式

参阅图 11-15 和图 11-16,本发明公开的一种智能山地车头盔智能警报和通信系统包括加速度传感器(102)、麦克风(104)、微处理器(106)、语音处理和无线通信模块(108)、射频天线(110)、音频功放电路(112)、扬声器(114)、LED 灯(116)、按键(118)和电源(120),上述各部分全部安装在智能山地车头盔(100)上。

电源(120)是串联起来的电压为 3.7 V 的两块锂电池,用于给其他各个部件供电;加速度传感器(102)为美新加速度计传感器,型号为 MXC6202XG/H/M/N;微处理器(106)接收加速度计传感器(102)输出的模拟信号,判断是否控制语音处理和无线通信模块(108)通过射频天线(110)发出警报信号;微处理器(106)通过发出控制信号,控制音频功放电路(112)、扬声器(114)发出警报提示声音;语音处理和无线通信模块(108)可以接收麦克风(104)检测到的语音信号,并传递给微处理器(106),微处理器(106)判断并通过对语音处理和无线通信模块(108)的操作来控制系统通信状态的切换;音频功放电路(112)从语音处理和无线通信模块(108)接收到的警报信号、语音信号以及微处理器(106)发出的警报提示音信号，进行功率放大并输出到扬声器(114)，扬声器(114)输出语音信号；LED灯(116)指示系统工作状态；按键(118)设置系统工作状态。

本实施例的智能山地车头盔的具体操作步骤如下：

(1)戴上头盔并打开控制电源；

(2)骑行者之间相互通话；

(3)当骑行者发生摔倒时，头盔发出报警提示声音，同时同伴的头盔接收到报警提示声音并发出警报声；

(4)摘下头盔，关闭电源。

本实施例的智能山地车头盔的实现包括智能警报功能的实现方法和通信功能的实现方法两部分，其智能警报功能的实现方法包括如下步骤：

步骤一：加速度传感器(102) 实时检测山地车骑行过程中的加速度信号 A；

步骤二：对步骤一中产生的加速度信号 A 进行处理判断，决定是否发出警报信号，其处理判断依据是，设定加速度阈值 $A_{阈值}=2g$，将 A 与设定的加速度阈值 $A_{阈值}$ 进行比较，当 $A \geqslant A_{阈值}$ 时，判断骑行者发生摔倒；

步骤三：微处理器(106) 接收加速度传感器(102) 输出的模拟信号并控制语音处理和无线通信模块(108) 通过射频天线(110) 发出警报信号；

步骤四：重复步骤一到步骤三，连续测试山地车骑行过程中的不同状态并提示、报警。

其通信功能的实现方法包括如下步骤：

步骤一：麦克风(104) 实时检测语音信号强度(dB) 的变化，并转化为电压变化 ΔV；

步骤二：对步骤一中产生的电压变化信号 ΔV 进行处理判断，决定是否进行通信状态的转换，其处理判断依据是，设定电压阈值 $\Delta V_{阈值}=8\ \text{mV}$，将 ΔV 与设定的电压阈值 $\Delta V_{阈值}$ 进行比较，在连续时间0.5 s内，当 $\Delta V_{平均} \geqslant 5\Delta V_{阈值}$ 时，判断通信状态需切换至发送状态；在连续时间0.5 s内，当 $\Delta V_{平均} \leqslant 1/3\Delta V_{阈值}$ 时，判断通信状态需切换至接收状态；

步骤三：重复步骤一到步骤二，连续测试山地车骑行过程中不同状态并切换通信状态。

说明书附图：

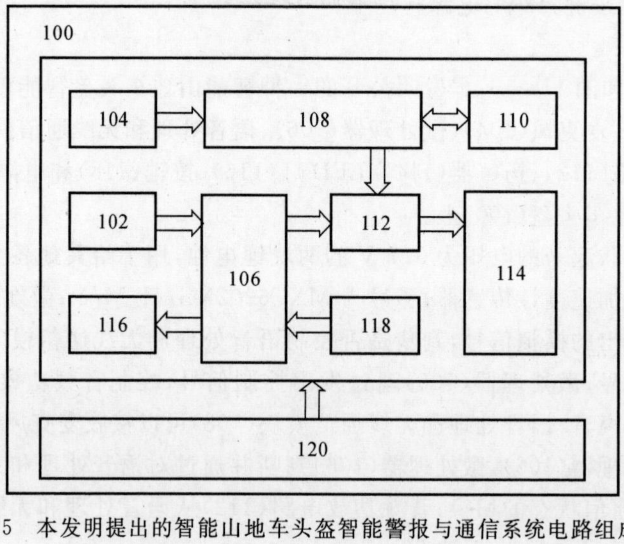

图 11-15　本发明提出的智能山地车头盔智能警报与通信系统电路组成示意图

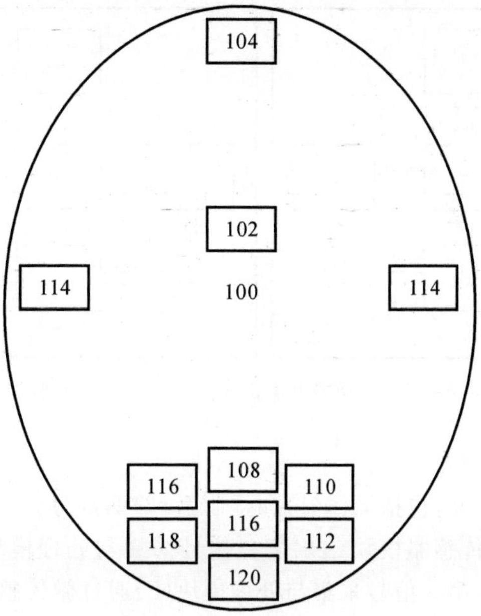

图 11-16　本发明实施例中智能山地车头盔系统装置示意图

11.3　专利撰写案例 3：多功能电子鱼漂及其实现方法

发明专利名称：多功能电子鱼漂及其实现方法

专利号：200910020994.2，

发明人：任森，罗剑，常杰，张星宇，苑曦宸，何洋，吕湘连，苑伟政

申请日：2009 年 1 月 21 日

授权日：2011 年 5 月 18 日

说明书摘要：

本发明公开了一种新的多功能电子鱼漂及其实现方法，属于电子领域。该鱼漂包括漂体(1)和控制盒(2)，其中漂体(1)内部集成了微电池模块(3)、微传感器模块(4)、第一信号采集与处理模块(5)、第一无线通信模块(6)和第一指示灯模块(7)，控制盒(2)由电池模块(8)、声音模块(9)、第二信号采集与处理模块(10)、第二无线通信模块(11)和第二指示灯模块(12)、振动模块(13)六部分构成。该装置采用微传感器采集鱼漂在水中的加速度、压力和温度信号，并利用先进的信息技术对该信号进行处理和传输，通过声、光、振动信号完成提示、报警。本发明不仅解决了广大钓鱼爱好者远距离、夜钓等不利于观漂条件下的垂钓问题，更减小了对钓鱼人的钓技要求，提高了钓鱼运动的娱乐性、可参与性。

摘要附图见图 11-7。

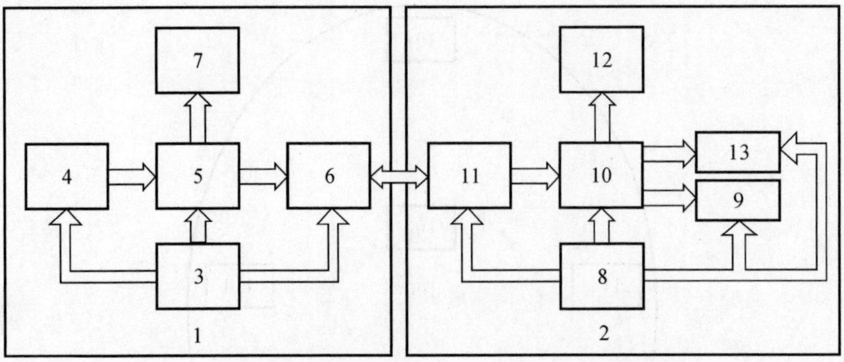

图 11－17　多功能电子鱼漂及其实现方法摘要附图

权利要求书：

(1)一种多功能电子鱼漂，包括漂体(1)和控制盒(2)两部分，其特征在于：所述的漂体(1)内集成微电池模块(3)、微传感器模块(4)、第一信号采集与处理模块(5)、第一无线通信模块(6)和第一指示灯模块(7)，第一信号采集与处理模块(5)通过微传感器模块(4)采集信号，并对信号进行处理，根据处理结果控制第一指示灯模块(7)工作，并控制第一无线通信模块(6)发送数据，微电池模块(3)为微传感器模块(4)、第一信号采集与处理模块(5)、第一无线通信模块(6)供电；所述的控制盒(2)由电池模块(8)、声音模块(9)、第二信号采集与处理模块(10)、第二无线通信模块(11)和第二指示灯模块(12)、振动模块(13)六部分构成，第二信号采集与处理模块(10)通过第二无线通信模块(11)接收数据，并对数据进行处理，根据处理结果控制第二指示灯模块(12)、声音模块(9)和振动模块(13)工作，电池模块(8)为声音模块(9)、第二信号采集与处理模块(10)、第二无线通信模块(11)和振动模块(13)供电。

(2)一种如权利要求(1)所述的多功能电子鱼漂，其特征在于，所述的微传感器模块(4)由微型加速度计、微型压力传感器、微型温度传感器及其辅助电路构成。

(3)一种如权利要求(1)所述的多功能电子鱼漂，其特征在于所述的第一无线通信模块(6)和第二无线通信模块(11)均由无线通信单元及其辅助电路构成，两者的无线通信单元采用相同的工作方式，为无线电工作方式或红外工作方式。

(4)一种如权利要求(1)所述的多功能电子鱼漂，其特征在于，所述的微电池模块(3)由微型电池或微型电池组及其辅助电路构成。

(5)一种如权利要求(1)所述的多功能电子鱼漂，其特征在于，所述的电池模块(8)由电池或电池组及其辅助电路构成。

(6)一种如权利要求(1)所述的多功能电子鱼漂，其特征在于，所述的第一信号采集与处理模块(5)和第二信号采集与处理模块(10)均由嵌入式系统及其辅助电路构成。

(7)一种如权利要求(1)所述的多功能电子鱼漂，其特征在于，所述的第一指示灯模块(7)由指示灯、光导纤维及其辅助电路构成。

(8)一种如权利要求(1)所述的多功能电子鱼漂，其特征在于，所述的声音模块(9)由电子发声器及其辅助电路构成。

(9)一种如权利要求(1)所述的多功能电子鱼漂，其特征在于，所述的第二指示灯模块(12)由指示灯、光导纤维及其辅助电路构成。

(10)一种如权利要求(1)所述的多功能电子鱼漂,其特征在于,所述的振动模块(13)为一个振动产生器。

(11)一种实现权利要求(1)所述的多功能电子鱼漂的方法,其特征在于,包括如下步骤:

步骤 1:采样鱼漂在水中的加速度 a、水压 p 和温度 T;

步骤 2:对 a,p,T 进行处理判断,决定是否发出上鱼报警信号,其处理判断依据是:预先将鱼漂的工作温度范围 $T_{\min} \sim T_{\max}$ 划分成 m 区间,m 为整数,区间端点为 $T_0,T_1,T_2,\cdots,T_m$,其中 $T_0=T_{\min}$,$T_m=T_{\max}$;区间 $(T_0,T_1)(T_1,T_2)\cdots(T_{m-1},T_m)$ 分别对应着不同的加速度和压力判断阈值组 $(a_{阈值11},a_{阈值21},a_{阈值31},a_{阈值41},p_{阈值11},p_{阈值21},p_{阈值31},p_{阈值41})(a_{阈值12},a_{阈值22},a_{阈值32},a_{阈值42},p_{阈值12},p_{阈值22},p_{阈值32},p_{阈值42})\cdots(a_{阈值1m},a_{阈值2m},a_{阈值3m},a_{阈值4m},p_{阈值1m},p_{阈值2m},p_{阈值3m},p_{阈值4m})$,其中 $a_{阈值1i}>a_{阈值3i}>0>a_{阈值4i}>a_{阈值2i}(i=1,2,\cdots,m)$,$p_{阀值3i}>p_{阈值1i}>0>p_{阈值2i}>p_{阀值4i}(i=1,2,\cdots,m)$;其中 $T_{\min},T_{\max},T_j(j=1,2,\cdots,m)$,$(a_{阈值1j},a_{阈值2j},a_{阈值3j},a_{阈值4j},p_{阈值1j},p_{阈值2j},p_{阈值3j},p_{阈值4j})(j=1,2,\cdots,m)$ 可以根据不同鱼种和不同气象条件进行调整;当 T 满足 $T_{j-1}<T<T_j(j=1,2,\cdots m)$ 时,读取相对应的阈值$(a_{阈值1j},a_{阈值2j},a_{阈值3j},a_{阈值4j},p_{阈值1j},p_{阈值2j},p_{阈值3j},p_{阈值4j})$ 并与 a,p 进行比较,在以下 6 种情况下发出上鱼报警信号:

情况一:$a>a_{阈值1j}$;

情况二:$a<a_{阈值2j}$;

情况三:$a_{阈值1j}>a>a_{阈值3j}$ 且 $p>p_{阈值1j}$;

情况四:$a_{阈值2j}<a<a_{阈值4j}$ 且 $p<p_{阈值2j}$;

情况五:$p>p_{阀值3j}$;

情况六:$p<p_{阀值4j}$。

步骤 3:对 p 进行处理判断,并发出提示信号,以表明鱼漂在水中的不同深度,其处理判断依据是:将预先设定好的阈值 p 阈值与 p 进行比较,当 $p \geqslant p$ 阈值时,判断鱼漂已经入水,并计算 $n=(p-p_{阈值})/p$ 参考,不同 n 值对应不同提示信号;其中 $p_{阈值}$ 和 p 参考可以根据鱼种和不同气象条件进行调整;

步骤 4:重复步骤 1 ~ 3,连续测试鱼漂在水中的不同状态并提示、报警。

说明书:

多功能电子鱼漂及其实现方法

技术领域

本发明属于电子领域,涉及一种多功能电子鱼漂及其实现方法,尤其涉及鱼漂的水中状态提示与上鱼报警方法。

背景技术

鱼漂是垂钓时反映鱼儿咬钩情况的工具,使用中主要通过钓鱼人对鱼漂动作的仔细观察并根据自身经验决定提竿时机,因此可以说垂钓现场的光线、钓鱼人的视力和经验技巧决定的渔获的好坏,并且远距离、夜钓等不利于观漂条件下的垂钓问题一直无法根本解决。

目前,市场上已经推出了多种立式发光鱼漂和机械式提竿报警装置,同时形成了一些其他相关专利。其中,立式发光鱼漂主要是在传统立漂的基础上增加了一个发光功能,使漂尾更加醒目,但钓鱼人仍避免不了长时间连续观漂的辛苦;机械式提竿报警装置则是利用鱼上钩时的鱼线传递过来的拉力诱发机械报警,但是该装置使用过程中需要预先绷紧鱼线,同时无法解决鱼吃饵回线情况下的报警问题。

发明内容

为了克服现有技术在不利于观漂条件下垂钓视力容易疲劳，不能灵敏、可靠报警的不足，本发明提出了一种新的多功能电子鱼漂及其实现方法。该鱼漂采用微传感器采集鱼漂在水中的加速度、压力和温度信号，并利用先进的信息技术对该信号进行处理和传输，最后通过声、光、振动信号完成提示、报警。

本发明解决其技术问题所采用的技术方案是：多功能电子鱼漂包括漂体(1)和控制盒(2)两部分；漂体(1)内集成微电池模块(3)、微传感器模块(4)、第一信号采集与处理模块(5)、第一无线通信模块(6)和第一指示灯模块(7)，第一信号采集与处理模块(5)通过微传感器模块(4)采集信号，并对信号进行处理，根据处理结果控制第一指示灯模块(7)工作，并控制第一无线通信模块(6)发送数据，微电池模块(3)为微传感器模块(4)、第一信号采集与处理模块(5)、第一无线通信模块(6)供电；

其中，微电池模块(3)由微型电池或微型电池组及其辅助电路构成；微传感器模块(4)由微型加速度计、微型压力传感器、微型温度传感器及其辅助电路构成；第一信号采集与处理模块(5)由嵌入式系统及其辅助电路构成；第一无线通信模块(6)由无线通信单元及其辅助电路构成，该无线通信单元可以采用无线电工作方式或红外工作方式；第一指示灯模块(7)由指示灯、光导纤维及其辅助电路构成；

控制盒(2)由电池模块(8)、声音模块(9)、第二信号采集与处理模块(10)、第二无线通信模块(11)和第二指示灯模块(12)、振动模块(13)六部分构成，第二信号采集与处理模块(10)通过第二无线通信模块(11)接收数据，并对数据进行处理，根据处理结果控制第二指示灯模块(12)、声音模块(9)和振动模块(13)工作，电池模块(8)为声音模块(9)、第二信号采集与处理模块(10)、第二无线通信模块(11)和振动模块(13)供电。

其中电池模块(8)由电池或电池组及其辅助电路构成；声音模块(9)由电子发声器及其辅助电路构成；第二信号采集与处理模块(10)由嵌入式系统及其辅助电路构成；第二无线通信模块(11)由无线通信单元及其辅助电路构成，并采用与第一无线通信模块(6)相同的工作方式；第二指示灯模块(12)由指示灯、光导纤维及其辅助电路构成；振动模块(13)为一个振动产生器。

本发明提出的多功能电子鱼漂的实现方法，包括以下步骤：

步骤1：采样鱼漂在水中的加速度 a、水压 p 和温度 T；

步骤2：对 a,p,T 进行处理判断，决定是否发出上鱼报警信号，其处理判断依据是：预先将鱼漂的工作温度范围 $T_{\min}\sim T_{\max}$ 划分成 m 区间，m 为整数，区间端点为 $T_0,T_1,T_2,\cdots,T_m$，其中 $T_0=T_{\min}, T_m=T_{\max}$；区间 $(T_0,T_1)(T_1,T_2)\cdots(T_{m-1},T_m)$ 分别对应着不同的加速度和压力判断阈值组 $(a_{阈值11},a_{阈值21},a_{阈值31},a_{阈值41},p_{阈值11},p_{阈值21},p_{阈值31},p_{阈值41})(a_{阈值12},a_{阈值22},a_{阈值32},a_{阈值42},p_{阈值12},p_{阈值22},p_{阈值32},p_{阈值42})\cdots(a_{阈值1m},a_{阈值2m},a_{阈值3m},a_{阈值4m},p_{阈值1m},p_{阈值2m},p_{阈值3m},p_{阈值4m})$，其中 $a_{阈值1i}>a_{阈值3i}>0>a_{阈值4i}>a_{阈值2i}(i=1,3,\cdots,m)$，$p_{阈值3i}>p_{阈值1i}>0>p_{阈值2i}>p_{阈值4i}(i=1,2,\cdots,m)$；其中 $T_{\min},T_{\max},T_j(j=1,2,\cdots,m)$，$(a_{阈值1j},a_{阈值2j},a_{阈值3j},a_{阈值4j},p_{阈值1j},p_{阈值2j},p_{阈值3j},p_{阈值4j})(j=1,2,\cdots,m)$ 可以根据不同鱼种和不同气象条件进行调整；当 T 满足 $T_{j-1}<T<T_j(j=1,2,\cdots,m)$ 时，读取相对应的阈值 $(a_{阈值1j},a_{阈值2j},a_{阈值3j},a_{阈值4j},p_{阈值1j},p_{阈值2j},p_{阈值3j},p_{阈值4j})$ 并与 a,p 进行比较，在以下6种情况下发出上鱼报警信号：

情况一：$a>a_{阈值1j}$；

情况二：$a < a_{阈值2j}$；

情况三：$a_{阈值1j} > a > a_{阈值3j}$ 且 $p > p_{阈值1j}$；

情况四：$a_{阈值2j} < a < a_{阈值4j}$ 且 $p < p_{阈值2j}$；

情况五：$p > p_{阈值3j}$；

情况六：$p < p_{阈值4j}$；

步骤 3：对 p 进行处理判断，并发出提示信号，以表明鱼漂在水中的不同深度，其处理判断依据是，将预先设定好的阈值 $p_{阈值}$ 与 p 进行比较，当 $p \geqslant p_{阈值}$ 时，判断鱼漂已经入水，并计算 $n = (p - p_{阈值})/p_{参考}$，不同 n 值对应不同提示信号；其中 $p_{阈值}$ 和 $p_{参考}$ 可以根据鱼种和不同气象条件进行调整；

步骤 4：重复步骤 1～3，连续测试鱼漂在水中的不同状态并提示、报警。

本发明的有益效果是：通过测试鱼漂在水中的加速度、压力和温度来得到鱼漂的不同运动状态，同时可依据不同使用条件修改系统程序参数，不仅减小了对垂钓现场的光线要求，保证了鱼漂的灵敏度和可靠性，更减小了对钓鱼人的钓技要求，有着广阔的市场空间和发展前景。

下面结合附图和实施例对本发明进一步说明。

附图说明

图 11－18 是本发明的多功能电子鱼漂示意图；

图 11－19 是本发明的多功能电子鱼漂实现方法流程图。

图 11－18 中：1—漂体；2—控制盒；3—微电池模块；4—微传感器模块；5—第一信号采集与处理模块；6—第一无线通信模块；7—第一指示灯模块；8—电池模块；9—声音模块；10—第二信号采集与处理模块；11—第二无线通信模块；12—第二指示灯模块；13—振动模块。

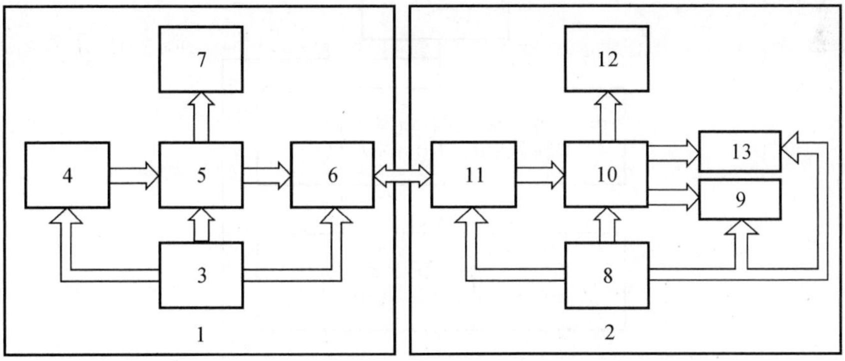

图 11－18　本发明的多功能电子鱼漂示意图

具体实施方式

参阅图 11－18，多功能电子鱼漂由漂体(1)和控制盒(2)两部分构成。漂体(1)采用立式结构，漂身内部集成微电池模块(3)、微传感器模块(4)、第一信号采集与处理模块(5)、第一无线通信模块(6)和第一指示灯模块(7)。其中，微电池模块(3)由微型碱性电池及其辅助电路构成；微传感器模块(4)由微型热对流式加速度计、微型压阻式压力传感器、电阻式温度传感器及其辅助电路构成；第一信号采集与处理模块(5)由嵌入式微控制器(MCU)及其辅助电路构成，其系统程序主要根据夏季鲫鱼的吃饵特点进行设定；第一无线通信模块(6)由无线电射频单元及其辅助电路构成；第一指示灯模块(7)由 LED 指示灯、光导纤维及其辅助电路构成。控制盒

(2)由电池模块(8)、声音模块(9)、第二信号采集与处理模块(10)、第二无线通信模块(11)、第二指示灯模块(12)和振动模块(13)六部分构成。其中,电池模块(8)由微型碱性电池组及其辅助电路构成;声音模块(9)由电子发声器及其辅助电路构成,该报警声音为立体声;第二信号采集与处理模块(10)由嵌入式微控制器(MCU)及其辅助电路构成,其系统程序与漂体(1)内第一信号采集与处理模块(5)对应,主要根据夏季鲫鱼的吃饵特点进行设定;第二无线通信模块(11)由无线电射频单元及其辅助电路构成,该无线电射频单元与漂体(1)第一无线通信模块(6)内的无线电射频单元配套;第二指示灯模块(12)由 LED 指示灯组及其辅助电路构成;振动模块(13)采用电动式振动产生器。

本实施例的多功能电子鱼漂的具体操作步骤如下:

(1)打开控制盒(2)和漂体(1)电源。

(2)选择报警方式,选择报警声音、灯光显示和振动方式。

(3)调漂。漂体(1)入水进入工作状态,垂钓者根据控制盒(2)内第二指示灯模块(12)的显示调整钓组状态,即确定调目和钓目。

(4)挂饵正式抛竿垂钓。

(5)当鱼吃饵时,漂体(1)内第一指示灯模块(7)发出灯光报警,同时控制盒(2)内声音模块(9)发出声音报警、第二指示灯模块(12)发出灯光报警、振动模块(13)发出振动报警。

(6)提竿出水,漂体(1)从工作状态进入休眠状态。

(7)再次垂钓,回到步骤(4);否则结束垂钓,关闭漂体(1)和控制盒(2)电源。

参阅图 11-19,本实施例的多功能电子鱼漂的实现方法,包括以下步骤:

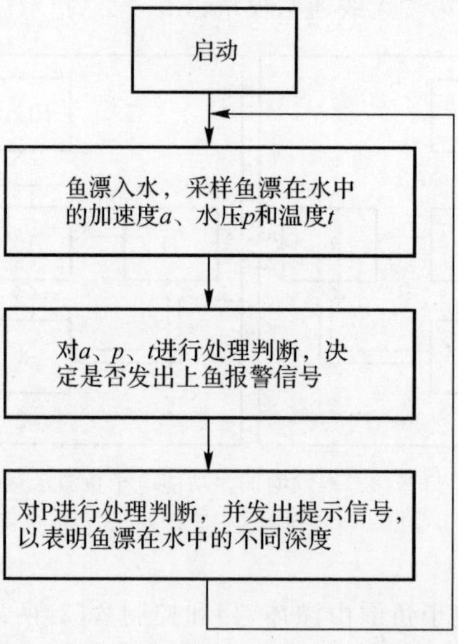

图 11-19 本发明的多功能电子鱼漂实现方法流程图

步骤 1:采样鱼漂在水中的加速度 a、水压 p 和温度 T;

步骤 2:对 a,p,T 进行处理判断,决定是否发出上鱼报警信号。其处理判断依据是:预先将鱼漂的工作温度范围 0~20℃划分成 4 个区间,区间端点为 $T_0=0$℃,$T_1=5$℃,$T_2=10$℃,$T_3=15$℃,$T_4=20$℃。而区间(0℃,5℃)(5℃,10℃)(10℃,15℃)(15℃,20℃)分别对应着不同的加速度和压力判断阈值组(0.1 g,−0.1 g,0.05 g,−0.05 g,100 Pa,−100 Pa,200 Pa,−200 Pa),(0.2 g,−0.2 g,0.1 g,−0.1 g,200 Pa,−200 Pa,300 Pa,−300 Pa),(0.3 g,−0.3 g,0.15 g,−0.15 g,300 Pa,−300 Pa,600 Pa,−600 Pa)(0.4 g,−0.4 g,0.2 g,−0.2 g,400 Pa,−400 Pa,800 Pa,−800 Pa)。当 T 满足 $T_{j-1} < T < T_j (j=1,2,3,\cdots,4)$ 时,读取相对应的阈值($a_{阈值1j}$,$a_{阈值2j}$,$a_{阈值3j}$,$a_{阈值4j}$,$p_{阈值1j}$,$p_{阈值2j}$,$p_{阈值3j}$,$p_{阈值4j}$) 并与 a、p 进行比较。当 $a > a_{阈值1j}$ 或 $a < a_{阈值2j}$ 的时候发出上鱼报警信号;当 $a_{阈值1j} > a > a_{阈值3j}$ 且 $p > p_{阈值1j}$ 的时候发出上鱼报警信号;当 $a_{阈值2j} < a < a_{阈值4j}$ 且 $p < p_{阈值2j}$ 的时候发出上鱼报警信号;当 $p > p_{阈值3j}$ 或 $p < p_{阈值4j}$ 的时候发出上鱼报警信号。

步骤 3:对 p 进行处理判断,并发出提示信号,以表明鱼漂在水中的不同深度。其处理判断依据是:预先设定好的阈值 $p_{阈值} = p_{参考} = 50$ Pa,将 $p_{阈值}$ 与 p 进行比较,当 $p \geqslant p_{阈值}$ 时,判断鱼漂已经入水,并计算 $n = (p - p_{阈值})/p_{参考}$,而不同 n 值对应不同提示信号。

步骤 4:重复步骤 1～3,连续测试鱼漂在水中的不同状态并提示、报警。

11.4　专利撰写案例 4:电子音乐产生方法

发明专利名称:电子音乐产生方法

专利号:200710018416.6

发明人:何洋,毛尧辉,王传清,吕湘连,苑伟政

申请日:2007 年 8 月 3 日

授权日:2011 年 4 月 13 日

说明书摘要:

本发明公开了一种新的电子音乐产生方法,属于电子音乐技术领域。该方法通过检测挥动产生的加速度或角速度信号,根据加速度或角速度信号确定指令信号,按照预先设定的对应关系,根据指令信号从预先存储的真实乐器乐音声数据库中读取相应真实乐器乐音声数据并输出发声,从而实现了通过挥动产生的加速度或角速度信号触发产生电子音乐,是一种新的电子音乐产生方法,新颖有趣,可用作电子乐器、电子玩具等。

图 11-20 为摘要附图。

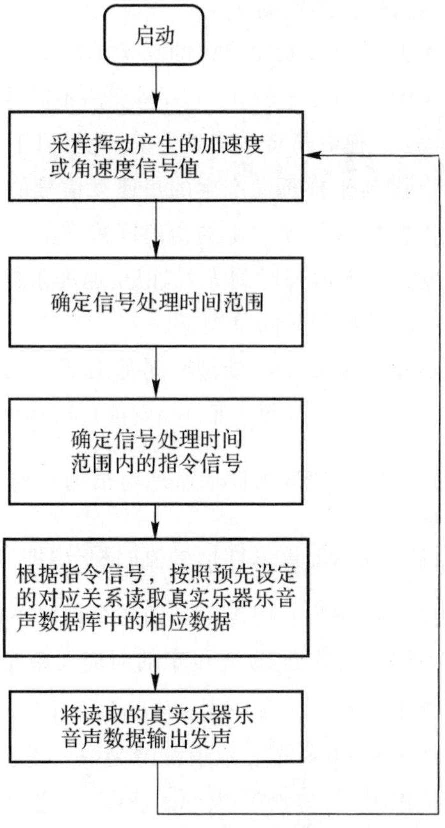

图 11-20　电子音乐产生方法摘要附图

权利要求书:

(1)一种电子音乐产生方法,包括以下步骤:

步骤 1:采样挥动产生的动态加速度信号值 $a_1, a_2, \cdots, a_N$。

步骤 2:根据步骤 1 的加速度采样信号

值确定信号处理时间范围 T，记加速度采样信号值由零变为正的时刻为 t_1，记加速度采样信号值由负变为零的时刻为 t_2，$t_1—t_2$ 的时间段为信号处理时间范围 T。

步骤 3：确定信号处理时间范围 T 内的指令信号 S，指令信号 S 是时间范围 T 内的加速度采样信号绝对值的最大值 $\max|a_i| = \max(|a_m|, |a_{m+1}|, \cdots, |a_n|)(m \leqslant i \leqslant n)$，或者是时间范围 T 内的加速度采样信号绝对值的平均值 $|\overline{a_i}| = \dfrac{1}{n-m+1}\sum_{i=m}^{n}|a_i|(m \leqslant i \leqslant n)$。

步骤 4：根据步骤 3 得到的指令信号 S，按照预先设定的对应关系读取真实乐器乐音声数据库中的相应数据，预先设定的对应关系是，设定指令信号最小值 $A_{\min}$ 和最大值 $A_{\max}$；当指令信号是加速度采样信号绝对值的最大值 $\max|a_i|$ 或加速度采样信号绝对值的平均值 $|\overline{a_i}|$ 时，$A_{\min}$ 取为 $0g$，$A_{\max}$ 取值范围为$(3g \sim 5g)$，其中 g 表示重力加速度；将 $A_{\min}$ 和 $A_{\max}$ 之间值分为 M 个区间，M 为正整数，区间端点为 $A_0, A_1, A_2, \cdots, A_M$，其中，$A_0 = A_{\min}, A_M = A_{\max}$；真实乐器乐音声数据库中存储的是 M 个以数字信号存储的真实乐器乐音声数据，或者是鼓、钗等各种不同真实打击乐器演奏的节奏声数据，或者是多种打击乐器演奏的合成节奏乐段声数据，或者是钢琴、小提琴等各种不同真实乐器演奏的乐音声数据，或者是多种乐器演奏的合成旋律乐段声数据，用 $x_{0,} x_1, x_2, \cdots, x_M$ 表示；区间$(A_0, A_1)(A_1, A_2)\cdots(A_{M-1}, A_M)$ 分别对应着真实乐器乐音声数据 $x_0, x_1, x_2, \cdots, x_M$；当指令信号 S 满足 $A_{j-1} < S < a_j(j = 0, 1, \cdots, M)$ 时，读取相应的真实乐器乐音声数据 x_j。

步骤 5：将步骤 4 读取的真实乐器乐音声数据输出发声。

步骤 6：重复步骤 1 ～ 5，演奏出不同的电子节奏或旋律。

(2) 一种电子音乐产生方法，包括以下步骤：

步骤 1：采样挥动产生的角速度信号值 $\omega_1, \omega_2, \cdots, \omega_N$。

步骤 2：根据步骤 1 的角速度采样信号值确定信号处理时间范围 T，记角速度采样信号值由零变为非零值的时刻为 t_1，记角速度采样信号值由非零值变为零的时刻为 t_2，$t_1—t_2$ 的时间段就是信号处理时间范围 T。

步骤 3：确定信号处理时间范围 T 内的指令信号 S，指令信号 S 是时间范围 T 内的角速度采样信号绝对值的最大值 $\max|\omega_i| = \max(|\omega_m|, |\omega_{m+1}|, \cdots, |\omega_n|)(m \leqslant i \leqslant n)$；或者是时间范围 T 内的角速度采样信号绝对值的平均值 $|\overline{\omega_i}| = \dfrac{1}{n-m+1}\sum_{i=m}^{n}|\omega_i|(m \leqslant i \leqslant n)$；或者是时间范围 T 内角速度采样信号值的积分，即转角值 $\theta = \int_{t_1}^{t_2}\omega_i \mathrm{d}t(m \leqslant i \leqslant n)$。

步骤 4：根据步骤 3 得到的指令信号 S，按照预先设定的对应关系读取真实乐器乐音声数据库中的相应数据，预先设定的对应关系是，设定指令信号最小值 $A_{\min}$ 和最大值 $A_{\max}$；当指令信号是角速度采样信号绝对值的最大值 $\max|\omega_i|$ 或角速度采样信号绝对值的平均值 $|\overline{\omega_i}|$ 时，$A_{\min}$ 取为 0rad/s，$A_{\max}$ 取值范围为$(\pi \sim 2\pi)$rad/s；当指令信号是转角值 θ 时，$A_{\min}$ 取为 $0°$，$A_{\max}$ 取值范围为$90° \sim 360°$；将 $A_{\min}$ 和 $A_{\max}$ 之间值分为 M 个区间，M 为正整数，区间端点为 $A_0, A_1, A_2, \cdots, A_M$，其中，$A_0 = A_{\min}, A_M = A_{\max}$；真实乐器乐音声数据库中存储的是 M 个以数字信号存储的真实乐器乐音声数据，或者是鼓、钗等各种不同真实打击乐器演奏的节奏声数据，或者是

多种打击乐器演奏的合成节奏乐段声数据，或者是钢琴、小提琴等各种不同真实乐器演奏的乐音声数据，或者是多种乐器演奏的合成旋律乐段声数据，用 $x_0, x_1, x_2, \cdots, x_M$ 表示；区间 $(A_0, A_1)(A_1, A_2)\cdots(A_{M-1}, A_M)$ 分别对应着真实乐器乐音声数据 $x_0, x_1, x_2, \cdots, x_M$；当指令信号 S 满足 $A_{j-1} < S < A_j (j=0,1,\cdots,M)$ 时，就读取相应的真实乐器乐音声数据 x_j。

步骤 5：将步骤 4 读取的真实乐器乐音声数据输出发声。

步骤 6：重复步骤 1～5，演奏出不同的电子节奏或旋律。

说明书：

电子音乐产生方法

技术领域：

本发明涉及一种电子音乐产生方法，属于电子音乐技术领域。

背景技术：

随着电子技术的进步，电子音乐技术得到了发展。电子琴、电吉他等成为常见的电子乐器。电子琴是通过键盘弹奏方式产生电子音乐。电吉他是通过拨弦方式产生电子音乐。

此外，专利 01118622.4 公布了一种“利用计算机实现电子键盘弹奏出真实乐器声音的方法”，该方法包括：①弹奏真实的乐器，将每一乐器每一个音符的每一弹奏方式的声音都以数字形式录制下来，形成一种包含各种真实乐器声音的数据库。在该数据库里，每一乐器的每一音符的每一种弹奏方式都有对应的声音数据。②利用和计算机联机的电子键盘弹奏音乐，键盘每一按键对应一识别码，计算机根据传输来的按键识别码调用真实乐器声音数据库中对应的声音数据，传输给声卡发出声音。该方法优点在于在已有计算机的情况下，用很少的费用即可实现弹奏出各种真实乐器声音的高级电子琴的功能，同时还可实现即时在中低档声卡上也能够高质量地欣赏 MIDI 音乐的功能。但是，上述方法要求必须有计算机设备才能实现，无论是台式机还是笔记本电脑，体积仍然相对较大，其音乐产生方式仍然是传统的键盘弹奏方式。

发明内容：

为克服已有电子音乐技术只能以键盘弹奏方式或拨弦方式产生电子音乐的不足，本发明提出一种新的电子音乐产生方法，该方法通过挥动产生的加速度或角速度信号触发产生电子音乐。

本发明的技术方案是：

一种电子音乐产生方法，包括以下步骤：

(1) 采样挥动产生的动态加速度信号值 $a_1, a_2, \cdots, a_N$。

(2) 根据步骤(1) 的加速度采样信号值确定信号处理时间范围 T，对于一次挥动动作过程，其运动状态变化过程为静止 — 运动 — 静止，其速度变化过程为零 — 该过程最大速度 — 零，其动态加速度变化过程为零 — 正加速度 — 零 — 负加速度 — 零，因此，信号处理时间范围 T 的确定标准是，记加速度采样信号值由零变为正的时刻为 t_1，记加速度采样信号值由负变为零的时刻为 t_2，t_1—t_2 的时间段为信号处理时间范围 T，时间范围 T 内的加速度采样信号值为 $a_m, a_{m+1}, \cdots, a_n (1 \leqslant m < n \leqslant N)$。

(3) 确定信号处理时间范围 T 内的指令信号 S，指令信号 S 可以是时间范围 T 内的加速度

采样信号绝对值的最大值 $\max|a_i|=\max(|a_m|,|a_{m+1}|,\cdots,|a_n|)(m\leqslant i\leqslant n)$，或者是时间范围 T 内的加速度采样信号绝对值的平均值 $|\overline{a_i}|=\dfrac{1}{n-m+1}\sum\limits_{i=m}^{n}|a_i|(m\leqslant i\leqslant n)$。

(4) 根据步骤(3)得到的指令信号 S，按照预先设定的对应关系读取真实乐器乐音声数据库中的相应数据；预先设定的对应关系是，设定指令信号最小值 $A_{\min}$ 和最大值 $A_{\max}$；当指令信号是加速度采样信号绝对值的最大值 $\max|a_i|$ 或加速度采样信号绝对值的平均值 $|\overline{a_i}|$ 时，根据挥动动作实验，$A_{\min}$ 取为 $0g$，$A_{\max}$ 取值范围为 $(3g\sim5g)$，其中 g 表示重力加速度；将 $A_{\min}$ 和 $A_{\max}$ 之间值分为 M 个区间，M 为正整数，区间端点为 $A_0,A_1,A_2,\cdots,A_M$，其中，$A_0=A_{\min}$，$A_M=A_{\max}$；真实乐器乐音声数据库中存储的是 M 个以数字信号存储的真实乐器乐音声数据，可以是鼓、钗等各种不同真实打击乐器演奏的节奏声数据，或者是多种打击乐器演奏的合成节奏乐段声数据，或者是钢琴、小提琴等各种不同真实乐器演奏的乐音声数据，或者是多种乐器演奏的合成旋律乐段声数据，用 $x_1,x_2,\cdots,x_M$ 表示；区间 $(A_0,A_1)(A_1,A_2)\cdots(A_{M-1},A_M)$ 分别对应着真实乐器乐音声数据 $x_1,x_2,\cdots,x_M$；当指令信号 S 满足 $A_{j-1}<S<A_j(j=1,2,\cdots,M)$ 时，就读取相应的真实乐器乐音声数据 x_j。

(5) 将步骤(4)读取的真实乐器乐音声数据输出发声。

(6) 重复步骤(1)～(5)，产生不同的电子节奏或旋律。

另一种电子音乐产生方法，包括以下步骤：

(1) 采样挥动产生的角速度信号值 $\omega_1,\omega_2,\cdots,\omega_N$。

(2) 根据步骤(1)的角速度采样信号值确定信号处理时间范围 T，对于一次挥动动作过程，其运动状态变化过程为静止 — 运动 — 静止，其角速度变化过程为零 — 该过程最大角速度 — 零，因此，信号处理时间范围 T 的确定标准是，记角速度采样信号值由零变为非零值的时刻为 t_1，记角速度采样信号值由非零值变为零的时刻为 t_2，t_1—t_2 的时间段就是信号处理时间范围 T，时间范围 T 内的角速度采样信号值为 $\omega_m,\omega_{m+1},\cdots,\omega_n(1\leqslant m<n\leqslant N)$。

(3) 确定信号处理时间范围 T 内的指令信号 S，指令信号 S 可以是时间范围 T 内的角速度采样信号绝对值的最大值 $\max|\omega_i|=\max(|\omega_m|,|\omega_{m+1}|,\cdots,|\omega_n|)(m\leqslant i\leqslant n)$，或者是时间范围 T 内的角速度采样信号绝对值的平均值 $|\overline{\omega_i}|=\dfrac{1}{n-m+1}\sum\limits_{i=m}^{n}|\omega_i|(m\leqslant i\leqslant n)$；或者是时间范围 T 内角速度采样信号值的积分，即转角值 $\theta=\int_{t_1}^{t_2}\omega_i\,\mathrm{d}t(m\leqslant i\leqslant n)$。

(4) 根据步骤(3)得到的指令信号 S，按照预先设定的对应关系读取真实乐器乐音声数据库中的相应数据，预先设定的对应关系是，设定指令信号最小值 $A_{\min}$ 和最大值 $A_{\max}$；当指令信号是角速度采样信号绝对值的最大值 $\max|\omega_i|$ 或角速度采样信号绝对值的平均值 $|\overline{\omega_i}|$ 时，根据挥动动作实验，$A_{\min}$ 取为 0rad/s，$A_{\max}$ 取值范围为 $(\pi\sim2\pi)$rad/s；当指令信号是转角值 θ 时，$A_{\min}$ 取为 $0°$，$A_{\max}$ 取值范围为 $90°\sim360°$；将 $A_{\min}$ 和 $A_{\max}$ 之间值分为 M 个区间，M 为正整数，区间端点为 $A_0,A_1,A_2,\cdots,A_M$，其中，$A_0=A_{\min}$，$A_M=A_{\max}$；真实乐器乐音声数据库中存储的是 M 个以数字信号存储的真实乐器乐音声数据，可以是鼓、钗等各种不同真实打击乐器演奏的

节奏声数据，或者是多种打击乐器演奏的合成节奏乐段声数据，或者是钢琴、小提琴等各种不同真实乐器演奏的乐音声数据，或者是多种乐器演奏的合成旋律乐段声数据，用 x_1，x_2，…，x_M 表示；区间 $(A_0, A_1)(A_1, A_2)\cdots(A_{M-1}, A_M)$ 分别对应着真实乐器乐音声数据 $x_1, x_2, \cdots, x_M$；当指令信号 S 满足 $A_{j-1} < S < A_j (j = 1, 2, \cdots, M)$ 时，就读取相应的真实乐器乐音声数据 x_j。

(5) 将步骤(4) 读取的真实乐器乐音声数据输出发声。

(6) 重复步骤(1) ～ (5)，产生不同的电子节奏或旋律。

本发明的有益效果是：由于采用了以下技术，即检测挥动产生的加速度或角速度信号，根据加速度或角速度信号确定指令信号，按照预先设定的对应关系，根据指令信号从预先存储的真实乐器乐音声数据库中读取相应真实乐器乐音声数据并输出发声，从而实现了通过挥动产生的加速度或角速度信号触发产生电子音乐。

下面结合附图和实施例对本发明进一步说明。

附图说明：

图 11－21 是本发明实施方式的电子音乐产生方法流程图；

图 11－22 是本发明实施方式的一次挥动过程速度和加速度示意图；

图 11－23 是本发明实施方式的一次挥动过程角速度示意图；

图 11－24 是本发明实施方式 2 的转角对应不同音高乐音原理示意图。

实施例一：

一种电子音乐产生方法，包括以下步骤：

(1) 采样挥动产生的动态加速度信号值 $a_1, a_2, \cdots, a_N$。

(2) 根据步骤(1) 的加速度采样信号值确定信号处理时间范围 T，对于一次挥动动作过程，其运动状态变化过程为静止 — 运动 — 静止，参阅图 11－22，其速度变化过程为零 — 该过程最大速度 — 零，其加速度变化过程为零 — 正加速度 — 零 — 负加速度 — 零，因此，信号处理时间范围 T 的确定标准是，记加速度采样信号值由零变为正的时刻为 t_1，记加速度采样信号值由负变为零的时刻为 t_2，t_1—t_2 的时间段为信号处理时间范围 T。

(3) 确定信号处理时间范围 T 内的指令信号 S，指令信号 S 为时间范围 T 内的加速度采样信号绝对值的最大值 $\max|a_i| = \max(|a_m|, |a_{m+1}|, \cdots, |a_n|)(m \leqslant i \leqslant n)$。

(4) 根据步骤(3) 得到的指令信号 S，按照预先设定的对应关系读取真实乐器乐音声数据库中的相应数据，预先设定的对应关系是，设定指令信号最小值 $A_{\min} = 0g$，最大值 $A_{\max} = 3g$，其中 g 表示重力加速度，将 $0g$ 和 $3g$ 之间的加速度值分为 15($M=15$) 个区间，区间端点为 $0g$，$A_1, A_2, \cdots, 3g$，真实乐器乐音声数据库中存储的是以数字信号存储的小军鼓演奏的不同强弱的节奏声 $x_1, x_2, \cdots, x_{15}$，区间 $(0g, A_1)(A_1, A_2)\cdots(A_{14}, 3g)$ 分别对应着节奏声 $x_1, x_2, \cdots, x_{15}$，当指令信号 S 满足 $A_{j-1} < S < A_j (j=1, 2, \cdots, M)$ 时，就读取相应的真实乐器节奏声数据 x_j。

(5) 将步骤(4) 读取的真实乐器节奏声数据输出发声。

(6) 重复步骤(1) ～ (5)，产生不同的电子节奏。

另外，步骤(3) 中的指令信号 S 还可以为时间范围 T 内的加速度采样信号绝对值的平均值

$|\overline{A}|=\frac{1}{n-m+1}\sum_{i=m}^{n}|a_i|(m\leqslant i\leqslant n)$。

另外，步骤(4) 中根据指令信号 S 读取的真实乐器乐音声数据库中的相应数据还可以是除小军鼓外别的真实打击乐器演奏的节奏声数据，或者是多种打击乐器演奏的合成节奏乐段声数据，或者是钢琴、小提琴等各种不同真实乐器演奏的乐音声数据，或者是多种乐器演奏的合成旋律乐段声数据。

实施例二：

一种电子音乐产生方法，包括以下步骤：

(1) 采样挥动产生的角速度信号值 $\omega_1,\omega_2,\cdots,\omega_N$。

(2) 根据步骤(1) 的角速度采样信号值确定信号处理时间范围 T，对于一次挥动动作过程，其运动状态变化过程为零静止 — 运动 — 静止，参阅图 11 - 23，其角速度变化过程为零 — 该过程最大角速度 — 零，因此，信号处理时间范围 T 的确定标准是：记角速度采样信号值由零变为非零值的时刻为 t_1，记角速度采样信号值由非零值变为零的时刻为 t_2，t_1—t_2 的时间段就是信号处理时间范围 T，时间范围 T 内的角速度采样信号值为 $\omega_m,\omega_{m+1},\cdots,\omega_n(1\leqslant m<n\leqslant N)$。

(3) 确定信号处理时间范围 T 内的指令信号 S，指令信号 S 是时间范围 T 内角速度采样信号值的积分值 $\theta=\int_{t_1}^{t_2}\omega_i\mathrm{d}t(m\leqslant i\leqslant n)$，表示从 t_1—t_2 转过的转角。

(4) 根据步骤(3) 得到的指令信号 S，按照预先设定的对应关系读取真实乐器乐音声数据库中的相应数据，预先设定的对应关系是，设定指令信号最小值 $A_{\min}=0°$，最大值 $A_{\max}=180°$，参阅图 11 - 24，将 0 ～ 180° 之间的转角值均分为 14($M=14$) 个区间，区间端点为 0°，A_1，A_2，…，180°，真实乐器乐音声数据库中存储的是以数字形式录制下来的真实钢琴演奏的简谱“1 2 3 4 5 6 7 $\dot{1}\dot{2}\dot{3}\dot{4}\dot{5}\dot{6}\dot{7}$”的乐音声数据，用 $x_1,x_2,\cdots,x_{14}$ 表示，区间$(0°,A_1)(A_1,A_2)\cdots(A_{13},180°)$分别对应着真实乐器乐音声数据 $x_1,x_2,\cdots,x_{14}$，当指令信号 S 满足 $A_{j-1}<S<A_j(j=1,2,\cdots,M)$ 时，就读取相应的真实乐器节奏声数据 x_j。

(5) 将步骤(4) 读取的真实乐器乐音声数据输出发声。

(6) 重复步骤(1) ～ (5)，产生不同的电子旋律。

另外，步骤(3) 中的指令信号 S 还可以是时间范围 T 内的角速度采样信号绝对值的最大值 $\max|\omega_i|=\max(|\omega_m|,|\omega_{m+1}|\cdots|\omega_n|)(m\leqslant i\leqslant n)$，或者是时间范围 T 内的角速度采样信号绝对值的平均值 $|\overline{\omega}|=\frac{1}{n-m+1}\sum_{i=m}^{n}|\omega_i|(m\leqslant i\leqslant n)$。

另外，步骤(4) 中根据指令信号 S 读取的真实乐器乐音声数据库中的相应数据还可以是鼓、钗等各种不同真实打击乐器演奏的节奏声数据，或者是多种打击乐器演奏的合成节奏乐段声数据，或者是除钢琴外别的真实乐器演奏的乐音声数据，或者是多种乐器演奏的合成旋律乐段声数据。

说明书附图如图 11 - 21～图 11 - 24 所示。

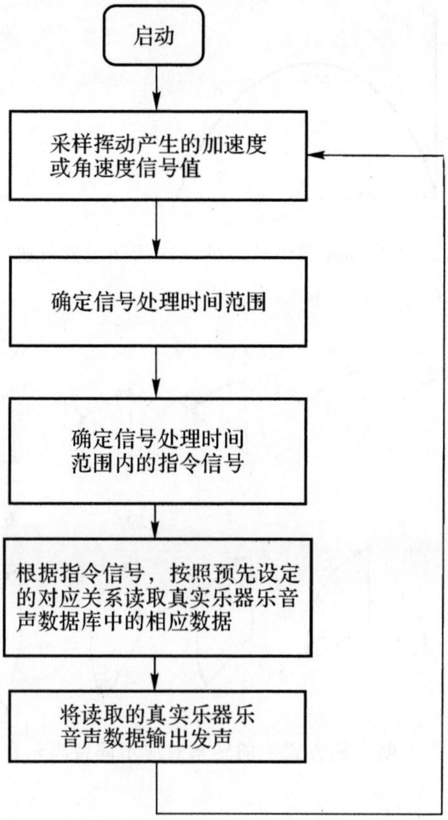

图 11-21　本发明实施方式 1 的电子音乐产生方法流程图

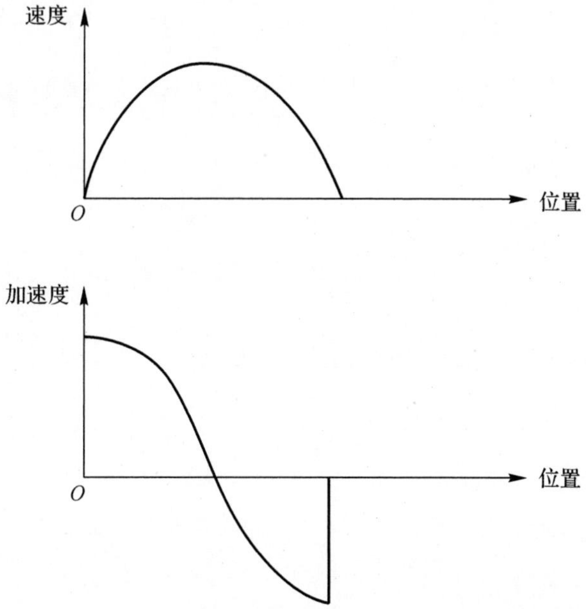

图 11-22　本发明实施方式 2 的一次挥动过程速度和加速度示意图

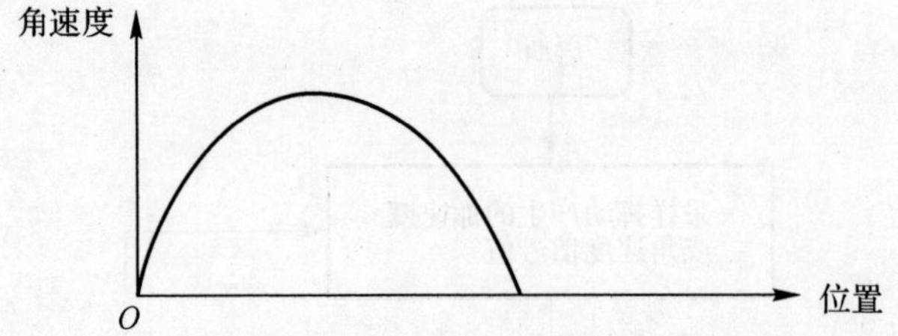

图 11－23　本发明实施方式 2 的一次挥动过程角速度示意图

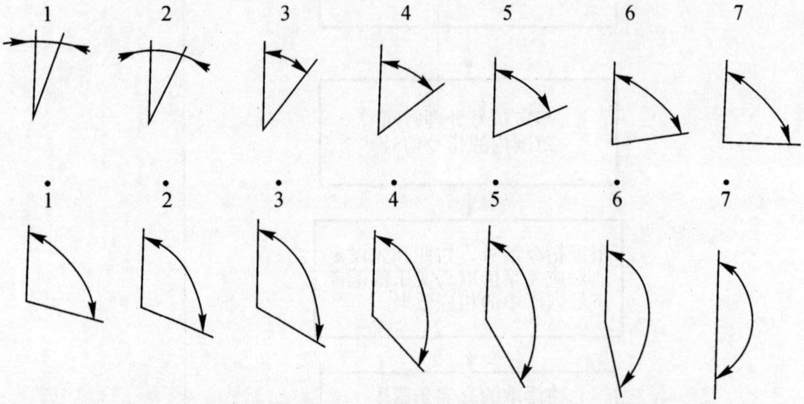

图 11－24　本发明实施方式 2 的转角对应不同音高乐音原理示意图

参 考 文 献

[1] 李新庚. 创新创业基础[M]. 北京:人民邮电出版社,2016.

[2] 康桂花,姚松. 创新创业基础[M]. 北京:科学出版社,2017.

[3] 董景新. 微惯性仪表:微机械加速度计[M]. 北京:清华大学出版社, 2002.

[4] 以光衢. 惯性导航原理[M]. 北京:航空工业出版社,1987.

[5] 秦永元,张洪钺,汪叔华. 卡尔曼滤波与组合导航原理[M]. 3 版. 西安:西北工业大学出版社,2015.

[6] 秦永元. 惯性导航[M]. 2 版. 北京:科学出版社,2014.

[7] 袁信,郑谔. 捷联式惯性导航原理[M]. 南京:南京航空航天大学出版社,1985.

[8] 王寿荣,黄丽斌,杨波. 微惯性仪表与微系统[M]. 北京:兵器工业出版社,2011.

[9] 胡波. 传感器与检测技术实验指导[M]. 合肥:中国科学技术大学出版社,2017.

[10] 刘军. 原子教你 STM32[M]. 北京:北京航空航天大学出版社,2013.

[11] 陈吕洲, Arduino 程序设计基础[M]. 2 版. 北京:北京航空航天大学出版社, 2015.

[12] 杨帆,李欣,徐军,等. Arduino 从入门到精通 10 讲[M]. 2 版. 北京:电子工业出版社,2017.